普通高等教育“十一五”国家级规划教材
科学出版社“十四五”普通高等教育本科规划教材
生命科学经典教材系列

酶工程

（第五版）

主编 韩双艳 郭 勇
参编 杜红延 梁书利 王 斌 赵风光

科学出版社
北 京

内 容 简 介

本书是在2016年郭勇编著、科学出版社出版的普通高等教育“十一五”国家级规划教材《酶工程》（第四版）的基础上，根据国内外酶工程的最新进展，结合笔者的教学实践和科研成果修改补充而成。本书主要介绍酶的生产和应用的基本理论、基本技术及其最新进展和发展趋势。内容包括10章，分别为绪论、微生物发酵产酶、动植物细胞培养产酶、酶的提取与分离纯化、酶分子修饰、酶固定化、酶的非水相催化、酶的分子定向进化、酶反应器和酶的应用。书中配套思考题答案、延伸阅读、音频、视频、微课、动画等数字资源。同时，为了方便教师授课，本书还提供精美课件供教师参考。

本书可供高等院校生物工程、生物技术、生物科学等专业的本科生和研究生作为教材使用，也可供相关专业的教师、科研工作者和工程技术人员参考。

图书在版编目（CIP）数据

酶工程／韩双艳，郭勇主编．—5版．—北京：科学出版社，2024.1

普通高等教育“十一五”国家级规划教材　科学出版社“十四五”普通高等教育本科规划教材　生命科学经典教材系列

ISBN 978-7-03-077811-6

Ⅰ．①酶…　Ⅱ．①韩…　②郭…　Ⅲ．①酶工程－高等学校－教材　Ⅳ．① Q814

中国国家版本馆CIP数据核字（2024）第004217号

责任编辑：席　慧　韩书云／责任校对：严　娜

责任印制：赵　博／封面设计：无极书装

科学出版社 出版

北京东黄城根北街16号

邮政编码：100717

http://www.sciencep.com

三河市骏杰印刷有限公司印刷

科学出版社发行　各地新华书店经销

*

1994年8月第　一　版　开本：787×1092　1/16

2024年1月第　五　版　印张：18

2025年1月第三十三次印刷　字数：450 000

定价：69.80元

（如有印装质量问题，我社负责调换）

第五版前言

本书是在2016年科学出版社出版的普通高等教育“十一五”国家级规划教材、生命科学经典教材系列之一《酶工程》(第四版)的基础上，融合国内外酶工程领域最新科研进展和发展动态，结合笔者教学科研成果修改补充而成。

《酶工程》(第四版)出版发行以来，在国内众多高校作为相关专业本科生和研究生的教材被广泛使用，教学效果良好，深受广大师生喜爱。

自1994年第一版出版以来，《酶工程》近30年间经过多次改版，已经形成了清晰的知识脉络和内容体系。在本次修改中，教材总体布局与第四版基本相同，但在以下三个方面做了适当修改。一是强化应用案例。注重理论与实践结合，添加实际案例。第四章和第九章中均单列一节介绍应用实例，引导读者在应用场景中学习和理解酶工程技术。同时，图片多用实物图或实物图与示意图的对比图，进一步贴近实际应用情境。二是更新技术体系。第六章引入了位点定向固定化及微生物细胞表面展示固定化等新型固定化方法，第八章增加了临时模板随机嵌合技术等新发展起来的定向进化策略及基于高通量液滴微流控新装备的筛选系统，这些凸显了教材内容体系的前沿性。三是丰富配套材料。完善了彩图、思维导图、短视频等教学资源，使得教材兼具科学性、知识性和趣味性。

本书在撰写过程中得到了华南理工大学和科学出版社的精心指导，并承蒙兄弟院校有关专家、学者的热情帮助，在此一并表示衷心的感谢。

酶工程技术发展迅速，新技术、新方法、新装备层出不穷，知识体系不断丰富更新。虽然第五版更新了一些内容，但限于笔者认识局限，书中的错漏和不当之处恳请读者批评指正。

编　者

2023年12月

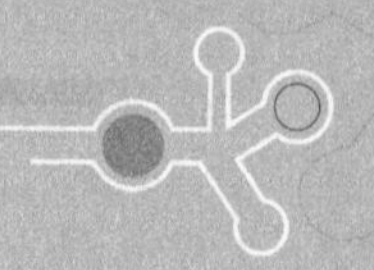

第一版前言

根据1990年5月高等学校发酵工程专业教材委员会全体委员会议决定，为了适应学科发展的要求，新编《酶工程》，供发酵工程和相关专业的研究生或本科高年级学生作为教材使用。由郭勇负责主编，伦世仪担任主审。

本书的第一、二、三、四、五、八章由郭勇编写，第六、七章由莫开国编写。

在编写过程中，得到华南理工大学、无锡轻工业学院及各有关院校领导的关怀和支持，保证了编写工作的顺利进行。并承蒙有关专家、教授的热情支持和帮助，提供了不少的资料和宝贵意见，谨致衷心感谢。

由于酶工程是一门新兴的、发展神速的学科，往往书未印出，某些方面又有了新的发展。加上编者水平所限，不当之处，诚请读者批评指正。

编　者

1993年

目　录

第一章 绪　　论

酶是具有生物催化功能的生物大分子。按照分子中起催化作用的主要组分的不同，自然界中天然存在的酶可以分为蛋白类酶（proteozyme，protein enzyme，P酶）和核酸类酶（ribozyme，RNA enzyme，R酶）两大类别。蛋白类酶分子中起催化作用的主要组分是蛋白质；核酸类酶分子中起催化作用的主要组分是核糖核酸（RNA）。

酶的生产、改性和应用的技术过程称为酶工程。

酶的生产（enzyme production）是指通过各种方法获得人们所需的酶的技术过程。各种动物、植物、微生物细胞在适宜的条件下都可以合成各种各样的酶。人们可以采用各种适宜的细胞，在人工控制条件的生物反应器中生产多种多样的酶，然后通过各种生化技术分离纯化获得所需的酶。

酶的改性（enzyme modification）是通过各种方法改进酶的催化特性的技术过程，主要包括酶分子修饰、酶的固定化、酶的非水相催化和酶定向进化等。在酶的生产和应用过程中，人们发现酶具有稳定性较差、催化效率不够高、游离酶通常只能使用一次等缺点，为此研究、开发了各种酶的改性技术，以促进酶的优质生产和高效应用。

酶的应用（enzyme application）是通过酶的催化作用获得人们所需的物质，除去不良物质，或者获取所需信息的技术过程。在一定的条件下，酶可催化各种生化反应，而且酶的催化作用具有催化效率高、专一性强和作用条件温和等显著特点，所以酶在医药、食品、轻工、化工、环保、能源和生物工程等领域被广泛应用。

酶工程的主要内容包括：微生物发酵产酶，动植物细胞培养产酶，酶的提取与分离纯化，酶分子修饰，酶的固定化，酶的非水相催化，酶定向进化，酶反应器和酶的应用等。

酶工程的主要任务是经过预先设计，通过人工操作，生产获得人们所需的优质酶，并通过各种方法改进酶的催化特性，充分发挥其催化功能，对酶进行高效应用。

第一节　酶的基本概念与发展历史

人们对酶的认识经历了一个不断发展、逐步深入的过程。

我们的祖先在几千年前就已经不自觉地利用酶的催化作用来制作食品和治疗疾病。据文献记载，我国在4000多年前的夏朝就已经掌握了酿酒技术；在3000多年前的周朝，就会制造饴糖、食酱等食品；在2500多年前的春秋战国时期，就懂得用曲来治疗消化不良等疾病。在生产和生活活动过程中，我们的先人们创造了“酶”这个汉字，然而，人们从18世纪初才开始认识酶的作用和特性。300年来，人们对酶的认识不断深入和扩展。

1716年（康熙五十五年）的《康熙字典》中就收录了“酶”字，并给出了“酶者，酒母也”这个确切的定义。酶乃酒之母，酒乃酶所生，酒是通过酶的作用而生成的，表明我国学者对酶的作用已经有了初步的认识，这比库内（Kuhne）在1878年提出“enzyme”（来自希腊文，其意思是“在酵母中”）这个词早了100多年。

1833年，帕扬（Payen）和佩尔索（Persoz）从麦芽的水抽提物中用乙醇沉淀得到一种可使淀粉水解生成可溶性糖的物质，称之为淀粉酶（diastase），并指出了它的热不稳定性，初步触及了酶的性质。

1894年，德国化学家菲舍尔（Fisher）根据糖化酶的特点建立了“锁钥”学说，提出酶的功能由底物分子的立体结构决定。

1896年，布希纳（Buchner）兄弟发现酵母的无细胞抽提液也能将糖发酵成乙醇，这就表明酶不仅在细胞内，在细胞外也可以在一定的条件下进行催化作用。此后，不少科技工作者对酶的催化特性和催化作用理论进行了广泛的研究。为此，爱德华·布希纳（Eduard Buchner）获得1907年诺贝尔化学奖。

1902年，亨利（Henri）根据蔗糖酶催化蔗糖水解的实验结果，提出中间产物学说，他认为在底物转化成产物之前，必须首先与酶形成中间复合物，然后再转变为产物，并重新释放出游离的酶。

1913年，米凯利斯（Michaelis）和门滕（Menten）根据中间产物学说，推导出酶催化反应的基本动力学方程———米氏方程：

$$V=\frac{V_m[S]}{K_m+[S]}$$

式中，V为反应速率；[S]为底物浓度；V_m为最大反应速率；K_m为米氏常数，为酶催化反应速率等于最大反应速率一半时的底物浓度。

1925年，布里格斯（Briggs）和何尔登（Haldame）修正了米氏方程，提出了稳态学说。经过百年验证，米氏方程已经被证明能够精确描述数千种不同酶类的整体动力学行为。

在这近100多年中，人们从酶的作用、酶的性质和酶的催化等方面逐步认识到“酶是生物体产生的具有生物催化功能的物质”，但是尚未搞清楚究竟是哪一类物质。1920年，德国化学家威尔斯塔特（Willstater）将过氧化物酶纯化12 000倍，酶活性很高，但是检测不到蛋白质，所以认为酶不是蛋白质，这是当时的检测技术较为落后所致。1926年，萨姆纳（Sumner）首次从刀豆提取液中分离纯化得到脲酶结晶，并证明它具有蛋白质的性质。后来对一系列酶的研究，都证实酶的化学本质是蛋白质。为此，Sumner获得1946年诺贝尔化学奖。在此后的50多年中，人们普遍接受“酶是具有生物催化功能的蛋白质”这一概念。

语音讲解 1-1

关于“酶的本质研究史”的语音讲解，请扫描二维码。

1960年，雅各布（Jacob）和莫诺（Monod）提出操纵子学说，阐明了酶生物合成的基本调节机制。

1982年，切克（Cech）等发现四膜虫（*Tetrahymena*）细胞的26S rRNA前体具有自我剪接（self-splicing）功能。该RNA前体约有6400个核苷酸，含有一个内含子（intron）[或称为间插序列（intervening sequence，IVS）]和两个外显子（exon），在成熟过程中，通过自我催化作用，将间插序列切除，并使两个外显子连接成成熟的RNA，这个过程称为剪接。这种剪接不需要蛋白质存在，但必须有鸟苷或5′-GMP和镁离子参与。Cech将之称为自我剪接反应，认为RNA也具有催化活性，并将这种具有催化活性的RNA称为ribozyme。

1983年，阿尔特曼（Altman）等发现核糖核酸酶P（RNase P）的RNA部分M1 RNA具有核糖核酸酶P的催化活性。其可以在高浓度镁离子存在的条件下，单独催化tRNA前体从5′

端切除某些核苷酸片段而成为成熟的tRNA。而该酶的蛋白质部分C_5蛋白却没有酶活性。

RNA具有生物催化活性这一发现改变了有关酶的概念，被认为是生物科学领域最令人鼓舞的发现之一，为此，Cech和Altman共同获得1989年诺贝尔化学奖。此后新发现的核酸类酶越来越多。现在知道的核酸类酶具有自我剪接、自我剪切和催化分子间反应等多种功能；作用底物有RNA、DNA、糖类、氨基酸酯等；研究表明，核酸类酶具有完整的空间结构和活性中心，有其独特的催化机制，具有很强的底物专一性，其反应动力学也符合米氏方程的规律。可见，核酸类酶具有生物催化剂的所有特性，是一类由RNA组成的酶。由此引出“酶是具有生物催化功能的生物大分子（蛋白质或RNA）”的新概念。按照酶分子中起催化作用的主要组分的不同，自然界中天然存在的酶可以分为蛋白类酶（proteozyme，protein enzyme，P酶）和核酸类酶（ribozyme，RNA enzyme，R酶）两大类别（图1-1）。蛋白类酶分子中起催化作用的主要组分是蛋白质，核酸类酶分子中起催化作用的主要组分是核糖核酸（RNA）。现已鉴定出4000多种酶，已得到数百种的酶结晶，而且每年都有新酶被发现。

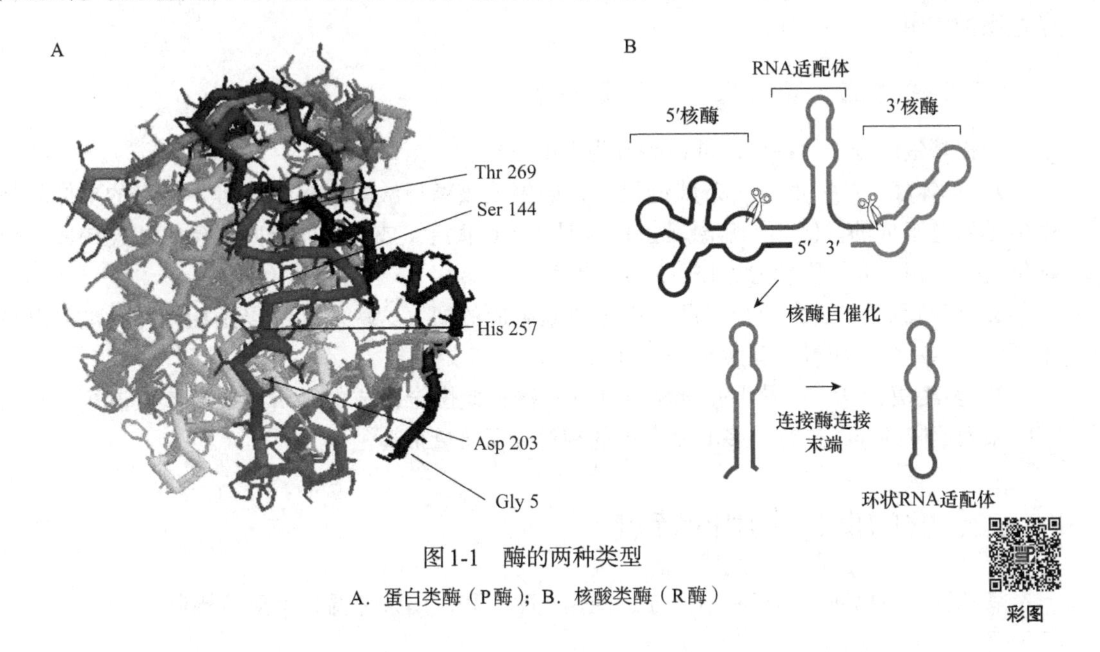

图1-1 酶的两种类型

A. 蛋白类酶（P酶）；B. 核酸类酶（R酶）

第二节 酶的化学性质及催化作用的特点

一、酶的化学性质

（一）酶的化学本质

酶的化学本质除有催化活性的RNA外，几乎都是蛋白质。

（二）酶的化学组成

酶作为一类具有催化功能的蛋白质（除核酸类酶外），与其他蛋白质一样，相对分子质量很大，一般从1万到几十万以至百万以上。

从化学组成来看，酶可分为单纯蛋白质和缀合蛋白质两类。单纯蛋白质的酶类，除了蛋白质外，不含其他物质，如脲酶、蛋白酶、淀粉酶等；缀合蛋白质，除了蛋白质外，还结合一些对热稳定的非蛋白质小分子物质或金属离子，蛋白质部分称为脱辅酶，其他组分称为辅因子，脱辅酶和辅因子结合后形成的复合物称为“全酶”，即全酶＝脱辅酶＋辅因子，二者同时存在时才起催化作用，二者各自单独存在时都没有催化作用。酶的辅因子包括金属离子及有机化合物，根据它们与脱辅酶结合的松紧程度不同，可分为两类：辅酶和辅基。辅酶与脱辅酶的结合比较松弛，可以通过透析的方式除去；辅基以共价键和脱辅酶结合，不能通过透析除去，需要经过一定的化学处理才能和蛋白质分开。每一种需要辅酶（辅基）的脱辅酶往往只能与一特定的辅酶（辅基）结合。但生物体内辅酶（辅基）数目有限，而酶种类繁多，因而同一种辅酶（辅基）往往可以与多种不同的脱辅酶结合而表现出多种不同的催化作用。例如，3-磷酸甘油醛脱氢酶 、乳酸脱氢酶都需要辅酶Ⅰ，但各自催化不同的底物脱氢。这说明脱辅酶部分决定酶催化的专一性，辅酶（辅基）通常是起着传递电子、原子或某些化学基团的作用。

（三）单体酶、寡聚酶、多酶复合体

根据酶蛋白分子的特点，可将酶分为以下三类。

1. 单体酶 一般由一条肽链组成，如牛胰核糖核酸酶、溶菌酶等。但有的单体酶是由多条肽链组成的。例如，胰凝乳蛋白酶是由3条肽链组成的，肽链间二硫键相连构成一个共价整体。相对分子质量为（13～35）$\times 10^3$。

2. 寡聚酶 是由两个或两个以上亚基组成的酶，这些亚基可以是相同的，也可以是不同的。相对分子质量一般大于35×10^3。

3. 多酶复合体 是由几种酶靠非共价键彼此嵌合而成的。所有反应依次连接，有利于一系列反应的连续进行。多酶复合体的相对分子质量很高。

二、酶的催化作用的特点

酶是生物催化剂，具有专一性强、催化效率高和作用条件温和等显著特点。

（一）酶催化作用的专一性强

酶的专一性是指在一定的条件下，一种酶只能催化一种或一类结构相似的底物进行某种类型反应的特性。

酶催化作用的专一性是酶最重要的特性之一，也是酶与其他非酶催化剂的最主要区别。细胞中有秩序的物质代谢规律，就是依靠酶的专一性来实现的。酶的专一性也是酶在各个领域广泛应用的重要基础。

酶的专一性按其严格程度的不同，可以分为绝对专一性和相对专一性两大类。

1. 绝对专一性 一种酶只能催化一种底物进行一种反应，这种高度的专一性称为绝对专一性。当酶作用的底物含有不对称碳原子时，酶只能作用于异构体的一种。这种绝对专一性称为立体异构专一性。例如，乳酸脱氢酶［EC 1.1.1.27］催化丙酮酸进行加氢反应生成L-乳酸：

$$\underset{\text{(丙酮酸)}}{\begin{array}{c} CH_3 \\ | \\ C=O \\ | \\ COOH \end{array}} \underset{\text{NADH} \quad \text{NAD}^+}{\xrightleftharpoons{\text{乳酸脱氢酶}}} \underset{\text{(L-乳酸)}}{\begin{array}{c} CH_3 \\ | \\ H-C-OH \\ | \\ COOH \end{array}}$$

而D-乳酸脱氢酶［EC 1.1.1.28］却只能催化丙酮酸加氢生成D-乳酸：

$$\underset{\text{(丙酮酸)}}{\begin{array}{c} CH_3 \\ | \\ C=O \\ | \\ COOH \end{array}} \underset{\text{NADH} \quad \text{NAD}^+}{\xrightleftharpoons{\text{D-乳酸脱氢酶}}} \underset{\text{(D-乳酸)}}{\begin{array}{c} CH_3 \\ | \\ HO-C-H \\ | \\ COOH \end{array}}$$

核酸类酶也同样具有绝对专一性。例如，四膜虫26S rRNA 前体等催化自我剪接反应的R酶，只能催化其本身RNA 分子进行反应，而对于其他分子一概不发挥作用。

再如，L-19ⅣS是含有395个核苷酸的核酸类酶，该酶催化底物GGCCUCUAAAAA 与鸟苷酸（G）反应，生成产物GGCCUCU＋GAAAAA，但是对寡核苷酸GGCCUGUAAAAA及GGCCGCUAAAAA 等一概不发挥作用。

2. 相对专一性 一种酶能够催化一类结构相似的底物进行某种相同类型的反应，这种专一性称为相对专一性。

相对专一性又可分为键专一性和基团专一性。

键专一性的酶能够作用于具有相同化学键的一类底物。例如，酯酶可催化所有含酯键的酯类物质水解生成醇和酸：

$$\underset{\text{(酯)}}{R-\overset{\overset{\displaystyle O}{\|}}{C}-O-R'} + \underset{\text{(水)}}{H_2O} \xrightarrow{\text{酯酶}} \underset{\text{(酸)}}{R-COOH} + \underset{\text{(醇)}}{R'-OH}$$

基团专一性的酶则要求底物含有某一相同的基团。例如，胰蛋白酶［EC 3.4.3.14］选择性地水解含有赖氨酰或精氨酰的羰基的肽键，所以，凡是含有赖氨酰或精氨酰羰基肽键的物质，不管是酰胺、酯或多肽、蛋白质都能被该酶水解。

再如，核酸类酶 M1 RNA（核糖核酸酶 P 的 RNA 部分）能催化 tRNA 前体5′端的成熟。要求底物核糖核酸的3′端部分是一个tRNA，而对其5′端部分的核苷酸链的顺序和长度没有要求，催化反应的产物为一个成熟的tRNA 分子和一个低聚核苷酸。

（二）酶的催化效率高

酶催化作用的另一个显著特点是酶的催化效率高。

酶催化效率的高低可以用酶催化的转换数K_{cat}来表示，酶催化的转换数是指每个酶分子每分钟催化底物转化为产物的分子数，即每摩尔酶每分钟催化底物转化为产物的摩尔数。

酶催化的转换数一般为$10^3 min^{-1}$左右，如β-半乳糖苷酶催化的转换数为$12.5\times10^3 min^{-1}$，碳酸酐酶催化的转换数最高，达到$3.6\times10^7min^{-1}$。

酶的催化效率比非酶催化反应的效率高10^7～10^{13}倍。例如，过氧化氢（H_2O_2）可以在铁离子和过氧化氢酶的催化作用下分解成为氧气和水（$2H_2O_2 \longrightarrow 2H_2O + O_2$）。在一定条件下，1mol铁离子每分钟可催化$10^{-5}$mol过氧化氢分解；在相同条件下，1mol过氧化氢酶每分钟却可以催化10^5mol的过氧化氢分解，过氧化氢酶的催化效率是铁离子的10^{10}倍。

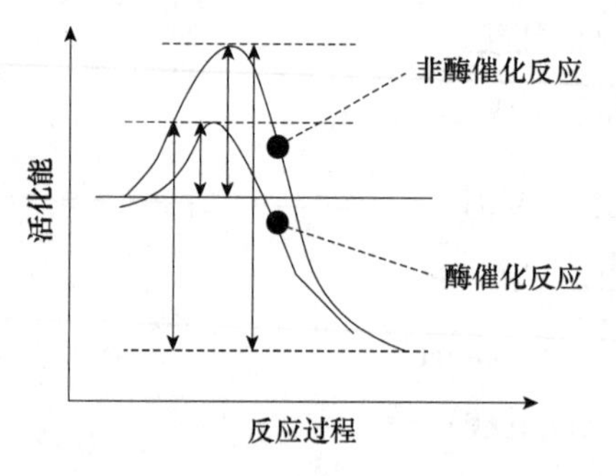

图1-2 酶与非酶催化所需的活化能

酶的催化效率之所以这么高，是由于酶催化可以使反应所需的活化能显著降低。

底物分子要发生反应，首先要吸收一定的能量成为活化分子。活化分子进行有效碰撞才能发生反应形成产物。在一定的温度条件下，1mol的初态分子转化为活化分子所需的自由能称为活化能，其单位为焦耳/摩尔（J/mol）。酶催化和非酶催化反应所需的活化能有显著差别，如图1-2所示。

从图1-2中可以看到，酶催化反应比非酶催化反应所需的活化能要低得多。例如，过氧化氢（H_2O_2）分解为水和氧气的反应，无催化剂存在时，所需的活化能为75.24kJ/mol；以钯为催化剂时，催化所需的活化能为48.94kJ/mol；而在过氧化氢酶的催化作用下，活化能仅需8.36kJ/mol。

（三）酶催化作用的条件温和

酶催化作用与非酶催化作用的另一个显著差别是酶催化作用的条件温和。酶的催化作用一般都在常温、常压、pH近乎中性的条件下进行。与之相反，一般非酶催化作用往往需要高温、高压和极端的pH条件。因此，采用酶作为催化剂，有利于节省能源、减少设备投资、优化工作环境和劳动条件。

究其原因，一是由于酶催化作用所需的活化能较低，二是由于酶是具有生物催化功能的生物大分子。在高温、高压、过高或过低pH等极端条件下，大多数酶会变性失活而失去其催化功能。

第三节 酶的活性部位和作用机制

一、酶的活性部位

通过各种研究发现，酶的特殊催化能力只局限在大分子的一定区域，只有少数氨基酸残基参与底物结合及催化作用。这些特异的氨基酸残基比较集中的区域，即与酶活力直接相关的区域，称为酶的活性部位（active site）或活性中心（active center）。通常将活性部位分为结合部位和催化部位。结合部位负责与底物的结合，决定酶的专一性。催化部位负责催化底物的键断裂形成新键，决定酶的催化能力。如图1-3所示，雷文（Raven）和穆迪（Moody）

于2014年解析了细胞色素c过氧化物酶的活性中心。

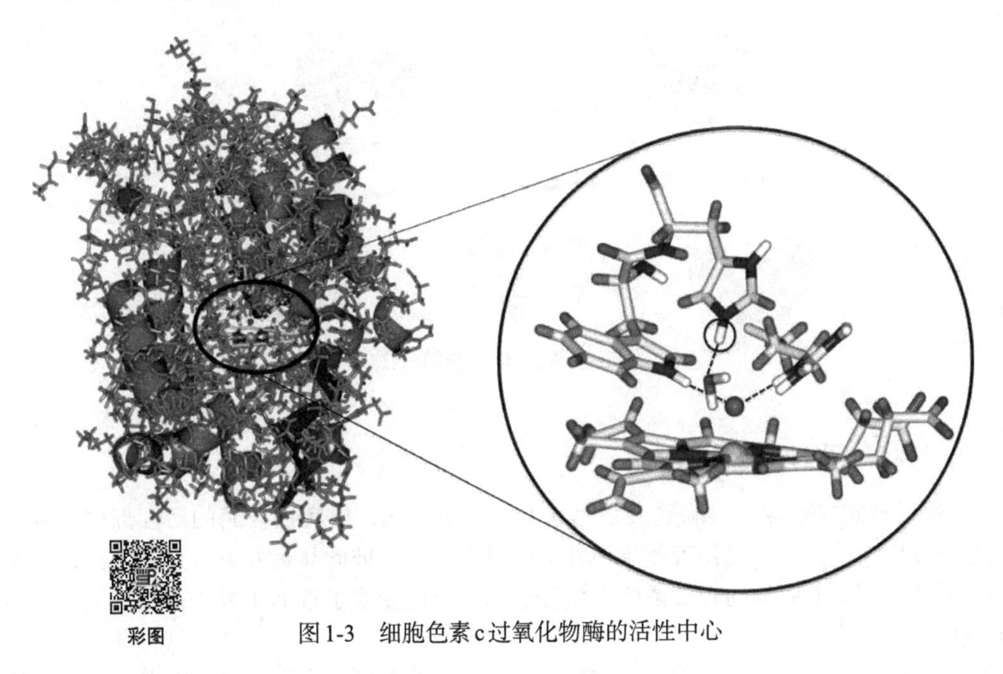

图1-3 细胞色素c过氧化物酶的活性中心

二、酶的作用机制

酶之所以能够降低活化能加速化学反应，比较圆满的解释是中间产物学说，即酶促反应是分两步进行的，酶（E）与底物（S）反应前，先形成一个不稳定的过渡态中间复合物（ES），然后再分解为产物（P）并释放出酶。两步反应所需的活化能总和比无催化剂存在时发生的一步反应所需的活化能要低得多。目前借助电子显微镜或X射线晶体学的方法已观察到酶-底物中间复合物的存在。

$$E+S \underset{k_{-1}}{\overset{k_1}{\rightleftharpoons}} ES \underset{k_{-2}}{\overset{k_2}{\rightleftharpoons}} E+P$$

式中，k_1、k_{-1}、k_2、k_{-2}为速率常数。

（一）酶作用专一性机制

1. “锁钥”学说 早在1894年，Fisher就提出了“锁钥”学说，来解释酶的专一性，即酶与底物为锁与钥匙的关系，底物的形状和酶的活性部位被认为彼此相适应，两种形状是刚性和固定的，当它们正确地组合在一起时，正好互补（图1-4）。但该学说的局限性是不能解释酶的逆反应。

2. 诱导契合学说 研究证明，当底物与酶相遇时，可诱导酶的构象发生相应的变化，使活性部位的基团达到正确的排列和定向，从而使酶和底物契合而形成中间络合物并引起底物发生反应。此外，酶也可以使底物发生形变，迫使其构象近似于它的过渡态（图1-4）。近年来，科学家对羧肽酶等进行了X射线衍射研究，研究结果有力地支持了这个学说。

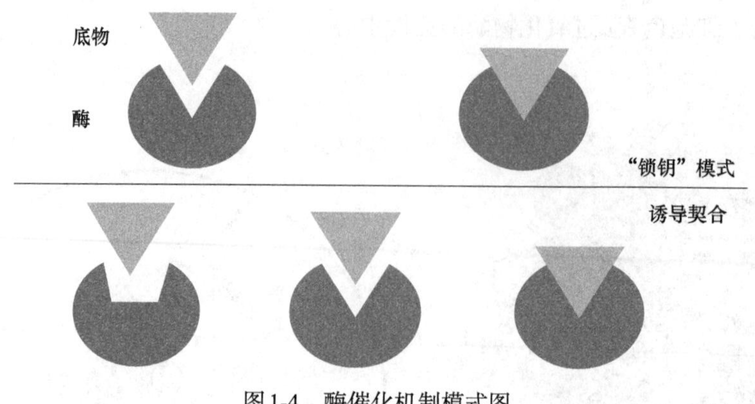

图1-4 酶催化机制模式图

（二）酶作用高效率的机制

1. 邻近与定向效应 酶受底物诱导发生构象变化，使底物与酶的活性部位契合。对于双分子反应来说，两个底物若能集中在酶的活性部位，彼此靠近并有一定的取向，就大大提高了酶活性部位上底物的有效浓度，使分子间的反应变成了近似于分子内的反应，从而增加了反应速率。

2. 底物分子敏感键扭曲变形 酶活性部位的结构有一种可适应性，当专一性底物与活性部位结合时，可以诱导酶分子构象的变化，使反应所需的酶的结合基团与催化基团正确地排列和定位，并使催化基团能够邻近待断裂的化学键。与此同时，变化的酶分子又使底物分子的敏感键产生“张力”，甚至“变形”，从而促进酶-底物络合物进入过渡态，降低了反应的活化能，加速了酶促反应。

3. 酸碱催化 酸碱催化作用一般是指构成酶活性部位的极性基团，在底物的变化中起质子供体或受体的作用，从而加速反应的一类催化机制。可以提供质子或者接收质子而引起酸碱催化功能的基团有谷氨酸、天冬氨酸侧链上的羧基，丝氨酸、酪氨酸中的羟基，半胱氨酸中的巯基、赖氨酸侧链上的氨基，精氨酸中的胍基与组氨酸中的咪唑基。

4. 共价催化 一些酶存在另一种提高催化反应速率的机制，即共价催化。它是指处于酶活性部位的极性基团在催化底物发生反应的过程中首先以共价键与底物结合，生成一个活性很高的共价型的中间产物，此中间产物很容易转化为最终产物，因此大大降低了反应所需的活化能，整体反应速率明显加快。

5. 活性部位微环境的影响 酶分子中的非极性侧链一般在分子内部组成疏水区，而表面则为极性基团组成的亲水区，也就是说在酶分子中不同区域的微环境有着很大的区别。酶的活性部位内部是非极性的，可排斥极性较高的水分子，介电常数较低，增强了底物分子的敏感键和酶的催化基团之间的相互作用，有助于加快反应的进行。酶活性部位的疏水环境显著地提高了酶的催化效率。

第四节 影响酶催化作用的因素

酶的催化作用受到底物浓度、酶浓度、温度、pH、抑制剂、激活剂等诸多因素的影响。

在酶的应用过程中，必须控制好各种环境条件，以充分发挥酶的催化功能。

一、底物浓度的影响

底物浓度是决定酶催化反应速率的主要因素。在其他条件不变的情况下，酶催化反应速率与底物浓度的关系如图1-5所示。

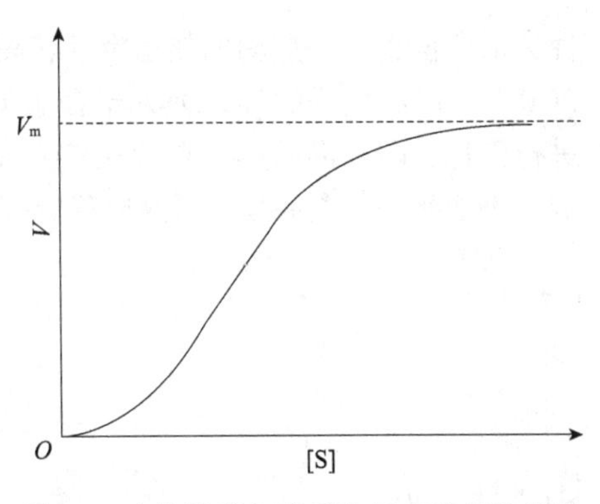

图1-5 底物浓度与酶催化反应速率的关系

从图1-5中可以看到，在底物浓度较低的情况下，酶催化反应速率与底物浓度成正比，反应速率随着底物浓度的增加而加快。当底物浓度达到一定的数值时，反应速率的上升不再与底物浓度成正比，而是逐步趋向平衡。

为了解析这一现象，不少人进行了研究。1913年，米凯利斯（Michaelis）和门滕（Menten）在前人研究的基础上推导出著名的米氏方程：

$$V=\frac{V_m[S]}{K_m+[S]}$$

这一酶催化反应的基本动力学方程阐明了底物浓度与酶催化反应速率之间的定量关系。在底物浓度过高时，有些酶的反应速率反而下降，这是由于某些底物在浓度过高时对酶有抑制作用。

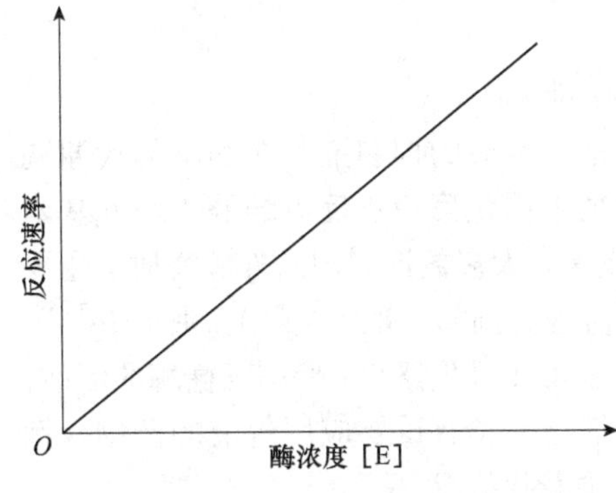

图1-6 酶浓度与反应速率的关系

二、酶浓度的影响

在底物浓度足够高的条件下，酶催化反应速率与酶浓度成正比，如图1-6所示。它们之间的关系可以用$V=k[E]$表示（k为速率常数）。

三、温度的影响

每一种酶的催化反应都有其适宜温度范围和最适温度。在适宜温度范围内，酶才能够进行催化反应；在最适温度条件下，酶的催化反应速率达到最大，如图1-7所示。

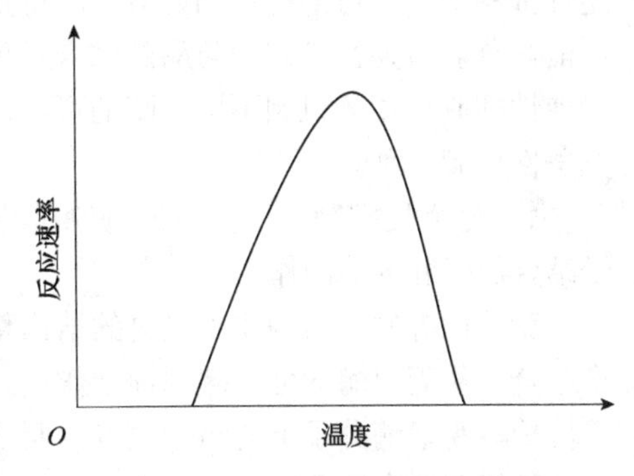

图1-7 温度与反应速率的关系

一方面，在其他条件相同的情况下，温度每升高10℃，化学反应速率增加1～2倍；另一方面，酶是生物大分子，当温度升高时，酶的活性会受到影响，甚至引起变性而丧失其催化活性。这两个方面综合的结果，在某一特定温度的条件下，酶催化反应速率达到最大，这就是最适温度。超过最适温度，反应速率逐步降低，一般酶在60℃以上容易变性失活，但也有一些酶的热稳定性较高。例如，在聚合酶链反应（polymerase chain reaction，PCR）中广泛使用的*Taq* DNA聚合酶（*Taq* DNA polymerase）在95℃条件下仍然可以稳定地进行催化；耐高温的α-淀粉酶在90℃甚至更高的温度条件下，仍然可以正常地发挥其催化功能。添加酶的作用底物或者某些稳定剂，可以适当提高酶的热稳定性。

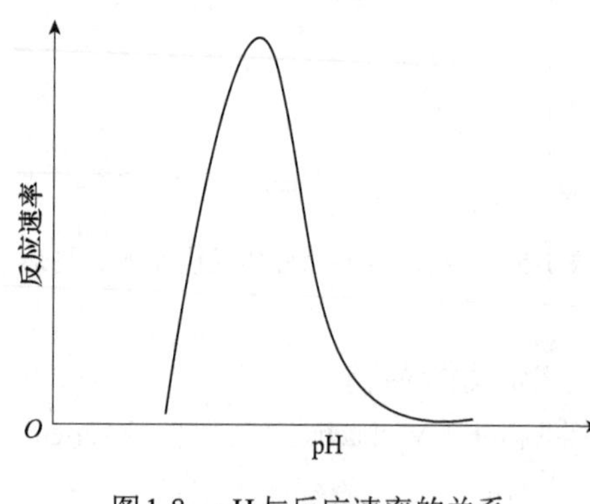

图1-8　pH与反应速率的关系

四、pH的影响

酶的催化作用与反应液的pH有很大关系。每一种酶都有其各自的适宜pH范围和最适pH。只有在适宜pH范围内，酶才能显示其催化活性。在最适pH条件下，酶催化反应速率达到最大，如图1-8所示。pH过高或过低，都可能引起酶的变性失活。因此，在酶催化反应过程中，都必须控制好pH条件。

pH之所以影响酶的催化作用，主要是由于在不同的pH条件下，酶分子和底物分子中基团的解离状态发生改变，从而影响酶分子的构象，以及酶与底物的结合能力和催化能力。在极端的pH条件下，酶分子的空间结构发生改变，从而引起酶的变性失活。

五、抑制剂的影响

能够使酶的催化活性降低或者丧失的物质称为酶的抑制剂。

有些抑制剂是细胞正常代谢的产物，它可以作为某一种酶的抑制剂，在细胞的代谢调节中起作用。例如，色氨酸抑制剂抑制色氨酸合成途径中催化第一步反应的酶（邻氨基苯甲酸合成酶）的催化活性，从而调节色氨酸的生物合成等。大多数抑制剂是外源物质。主要的外源抑制剂有各种无机离子、小分子有机物和蛋白质等。例如，银（Ag^{+}）、汞（Hg^{2+}）、铅（Pb^{2+}）等重金属离子对许多酶均有抑制作用，抗坏血酸（维生素C）抑制蔗糖酶的活性，胰蛋白酶抑制剂抑制胰蛋白酶的活性等。有些酶抑制剂是一类有重要应用价值的药物。例如，胰蛋白酶抑制剂治疗胰腺炎，胆碱酯酶抑制剂治疗血管疾病等。

在抑制剂的作用下，酶的催化活性降低甚至丧失，从而影响酶的催化功能。抑制剂有可逆性抑制剂和不可逆抑制剂之分。不可逆抑制剂与酶分子结合后，抑制剂难以除去，酶活性不能恢复。可逆性抑制剂与酶的结合是可逆的，只要将抑制剂除去，酶活性即可恢复。根据可逆性抑制作用的机制不同，酶的可逆性抑制作用可以分为竞争性抑制、非竞争性抑制和反竞争性抑制三种。

1．竞争性抑制　竞争性抑制（competitive inhibition）是指抑制剂和底物竞争与酶分子结合而引起的抑制作用。

竞争性抑制剂与酶作用底物的结构相似，它与酶分子结合以后，底物分子就不能与酶分子结合，从而对酶的催化起到抑制作用。例如，丙二酸是琥珀酸的结构类似物，它们可以竞争琥珀酸脱氢酶分子上的结合位点，而琥珀酸脱氢酶只能催化琥珀酸脱氢，所以丙二酸是琥珀酸脱氢酶的竞争性抑制剂。

竞争性抑制的效果强弱与竞争性抑制剂的浓度［I］、底物浓度及抑制剂和底物与酶的亲和力大小有关。随着底物浓度增加，酶的抑制作用减弱。

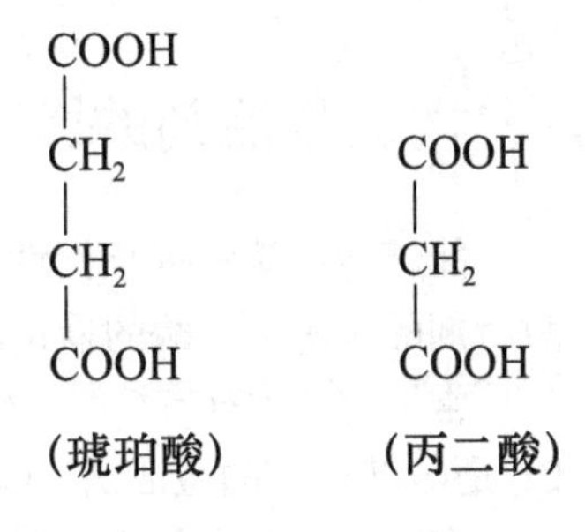

竞争性抑制的特点是酶催化反应的最大反应速率V_m不变，而米氏常数K_m增大，如图1-9所示。

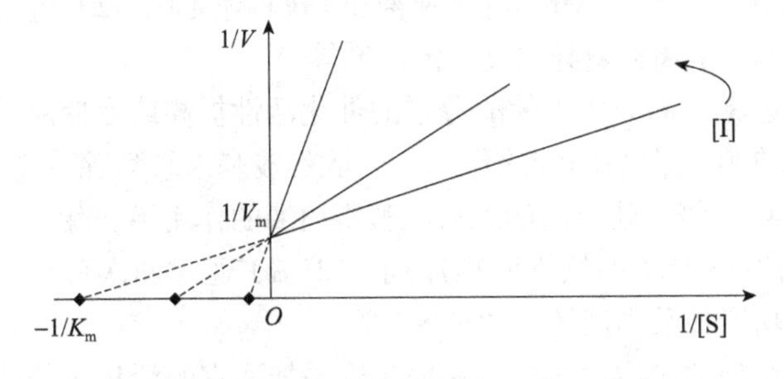

图1-9 线性竞争性抑制的K_m和V_m变化

2．非竞争性抑制 非竞争性抑制（noncompetitive inhibition）是指抑制剂与底物分别与酶分子上的不同位点结合，从而引起酶活性降低的抑制作用。

由于非竞争性抑制剂是与酶的活性中心以外的位点结合，因此抑制剂的分子结构可能与底物分子的结构毫不相关，增加底物浓度也不能使非竞争性抑制作用逆转。

非竞争性抑制的特点是最大反应速率V_m减小，而米氏常数K_m不变，如图1-10所示。

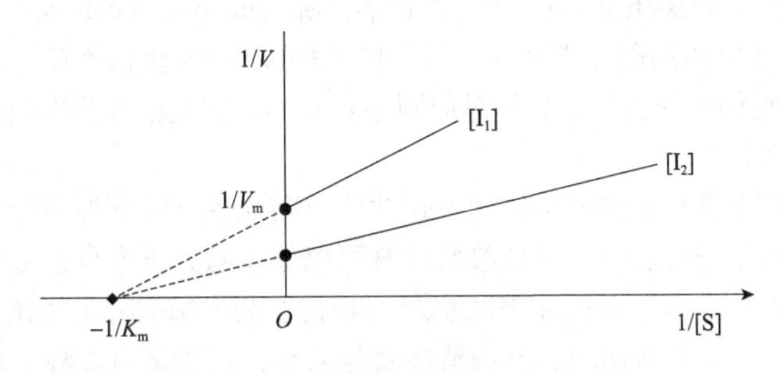

图1-10 非竞争性抑制的K_m和V_m变化

3．反竞争性抑制 在底物与酶分子结合生成中间复合物后，抑制剂再与中间复合物结合而引起的抑制作用称为反竞争性抑制（uncompetitive inhibition）。

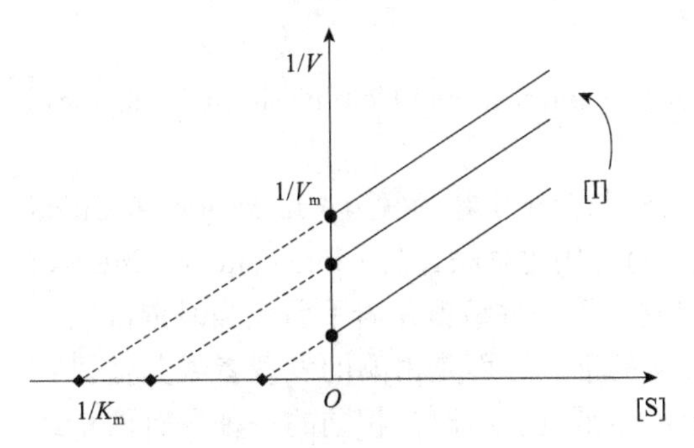

图1-11 反竞争性抑制的K_m和V_m变化

反竞争性抑制剂不能与未结合底物的酶分子结合，只有当底物与酶分子结合以后，底物的结合引起酶分子结构的某些变化，使抑制剂的结合部位展现出来，抑制剂才能结合并产生抑制作用。所以也不能通过增加底物浓度使反竞争性抑制作用逆转。

反竞争性抑制的特点是最大反应速率V_m和米氏常数K_m同时减小，如图1-11所示。

六、激活剂的影响

能够增加酶的催化活性或使酶的催化活性显示出来的物质称为酶的激活剂或活化剂。在激活剂的作用下，酶的催化活性提高或者由无活性的酶原生成有催化活性的酶。

常见的激活剂有Ca^{2+}、Mg^{2+}、Co^{2+}、Zn^{2+}、Mn^{2+}等金属离子和Cl^-等无机负离子。例如，Cl^-是α-淀粉酶的激活剂，Co^{2+}和Mg^{2+}是葡萄糖异构酶的激活剂等。

有的酶也可以作为激活剂，通过激活剂的作用使酶分子的催化活性提高或者使酶的催化活性显示出来。例如，天冬氨酸酶在胰蛋白酶的催化作用下，从其羧基末端切除一个肽段，可以使天冬氨酸酶的催化活性提高4～5倍；胰蛋白酶原可在胰蛋白酶的作用下，除去一个六肽，从而显示出胰蛋白酶的催化活性；RNA的线性间插序列（LIVS）通过两次环化，从其5′端切除19个核苷酸残基，形成多功能核酸类酶（L-19 IVS）等。

为了充分发挥酶的催化功能，在酶的应用过程中，一般应当添加适宜的活化剂使酶得以活化。

第五节　酶的分类与命名

现在已知的在自然界天然存在的酶达几千种之多。为了准确地识别某一种酶，避免发生混乱或误解，在酶学和酶工程领域，要求每一种酶都有准确的名称和明确的分类，为此必须掌握酶的分类（enzyme classification）和酶的命名（enzyme nomenclature）的原则和方法。

按照分子中起催化作用的主要组分的不同，酶可以分为蛋白类酶（P酶）和核酸类酶（R酶）两大类别。它们的分类和命名的总原则是相同的，都是根据酶作用的底物和催化反应的类型进行分类和命名。

由于两大类别的酶具有不同的结构和催化功能，因此各自的分类和命名有所不同。蛋白类酶只能催化其他分子进行反应，而核酸类酶既可以催化酶分子本身也可以催化其他分子进行反应，因此，两者分类与命名的显著区别之一是在核酸类酶的分类中出现了分子内催化R酶、分子间催化R酶、自我剪切酶、自我剪接酶等名称，这在蛋白类酶中是没有的。酶的分类归纳如图1-12所示。

一、蛋白类酶的分类与命名

对于蛋白类酶的分类和命名，国际酶学委员会（International Commission of Enzymes）做了大量的工作。

国际酶学委员会成立于1956年，由国际生物化学与分子生物学联盟（International Union of Biochemistry and Molecular Biology）及国际纯粹与应用化学联合会（International Union of Pure and Applied Chemistry）领导。该委员会一成立，第一件事就是着手研究当时混乱的酶的名称问题。在当时，酶的命名没有一个普遍遵循的准则，而是由酶的发现者或其他研究者根据个人的意见给酶定名，这就不可避免地会产生混乱。有时，相同的一种酶有两个或多个不同的名称，如催化淀粉水解生成糊精的酶有液化型淀粉酶（liquefacient amylase）、糊

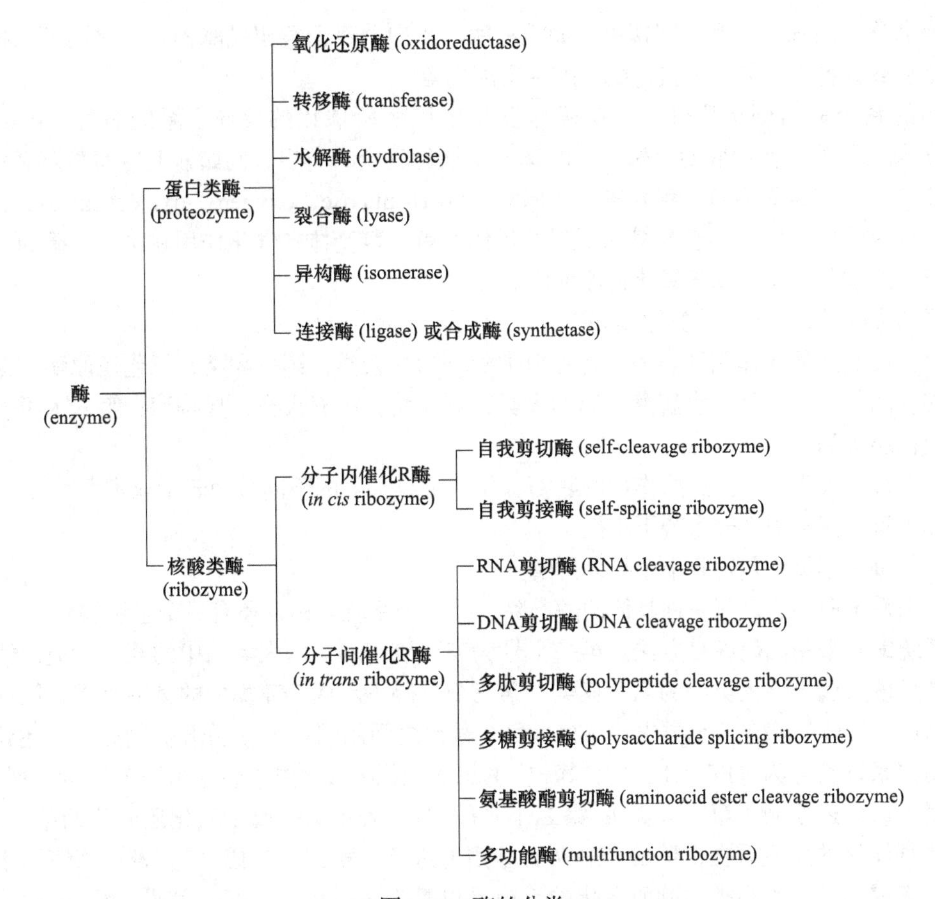

图1-12 酶的分类

精淀粉酶（dextrineamylase）、α-淀粉酶（α-amylase）等多个名字。相反，有时一个名称却用以表示两种或多种不同的酶。例如，琥珀酸氧化酶（succinate oxidase）这一名字，曾经用于琥珀酸脱氢酶（succinate dehydrogenase）、琥珀酸半醛脱氢酶（succinic semial-dehyde dehydrogenase）、$NAD(P)^+$琥珀酸半醛脱氢酶（succinic semialdehyde dehydrogenase［$NAD(P)^+$］）等多种不同的酶。还有些酶的名称则令人费解，如触酶（catalase）、黄酶（yellow enzyme）、间酶（zwischenferment）等。而高峰淀粉酶（Taka-diastase）则来自日本学者高峰让吉的姓氏，他于1894年首次从米曲霉中制备得到一种淀粉酶制剂，用作消化剂，并将之命名为高峰淀粉酶。由此可见，确立酶的分类和命名原则，在当时是急需解决的问题。

国际酶学委员会于1961年在《酶学委员会的报告》中提出了酶的分类与命名方案，获得了国际生物化学与分子生物学联盟的批准。此后经过多次修订，不断得到补充和完善。

根据国际酶学委员会的建议，每一种具体的酶都有其推荐名和系统命名。

推荐名是在惯用名称的基础上，加以选择和修改而成的。酶的推荐名一般由两部分组成：第一部分为底物名称，第二部分为催化反应的类型，后面加一个“酶”字（-ase）。不管酶催化的反应是正反应还是逆反应，都用同一个名称。例如，葡萄糖氧化酶（glucose oxidase），表明该酶的作用底物是葡萄糖，催化的反应类型属于氧化反应。

对于水解酶类，其催化水解反应，在命名时可以省去说明反应类型的“水解”字样，只在底物名称之后加上“酶”字即可，如淀粉酶、蛋白酶、乙酰胆碱酶等。有时还可以再加上酶的来源或其特性，如木瓜蛋白酶、酸性磷酸酶等。

酶的系统命名则更详细、更准确地反映出该酶所催化的反应。系统名称（systematic name）包括了酶的作用底物、酶作用的基团及催化反应的类型。例如，上述葡萄糖氧化酶的系统命名为“β-D-葡萄糖：氧1-氧化还原酶”（β-D-glucose，oxygen 1-oxidoreductase），表明该酶所催化的反应以β-D-葡萄糖为脱氢的供体，氧为氢受体，催化作用在第一个碳原子基团上进行，所催化的反应属于氧化还原反应。

蛋白类酶（P酶）的分类原则如下。

（1）按照酶催化作用的类型，将蛋白类酶分为六大类：第一大类，氧化还原酶；第二大类，转移酶；第三大类，水解酶；第四大类，裂合酶；第五大类，异构酶；第六大类，合成酶（或称连接酶）。

（2）每个大类中，按照酶作用的底物、化学键或基团的不同分为若干亚类。

（3）每一亚类中再分为若干小类。

（4）每一小类中包含若干个具体的酶。

根据系统命名法，每一种具体的酶，除了有一个系统名称，还有一个系统编号。

系统编号采用四码编号方法。第一个号码表示该酶属于六大类酶中的某一大类，第二个号码表示该酶属于该大类中的某一亚类，第三个号码表示属于亚类中的某一小类，第四个号码表示这一具体的酶在该小类中的序号。每个号码之间用圆点（.）分开。例如，上述葡萄糖氧化酶的系统编号为［EC 1.1.3.4］。其中，EC表示国际酶学委员会；第一个号码“1”表示该酶属于氧化还原酶（第一大类）；第二个号码“1”表示该酶属于氧化还原酶的第一亚类，该亚类所催化的反应系在供体的CH—OH基团上进行；第三个号码“3”表示该酶属于第一亚类的第三小类，该小类的酶所催化的反应是以氧为氢受体；第四个号码“4”表示该酶在小类中的特定序号。

现将蛋白类酶系统分类的六大类酶简介如下。

1. 氧化还原酶（oxidoreductase） 催化氧化还原反应的酶称为氧化还原酶。其反应通式为

$$AH_2 + B \Longrightarrow A + BH_2$$

被氧化的底物（AH_2）为氢或电子供体，被还原的底物（B）为氢或电子受体。系统命名时，将供体写在前面，受体写在后面，然后再加上氧化还原酶字样，如醇：NAD^+氧化还原酶，表明其氢供体是醇，氢受体是NAD^+。其推荐名采用某供体脱氢酶，如醇脱氢酶（alcohol dehydrogenase），其催化反应式为：醇$+NAD^+ \Longrightarrow$ 醛或酮$+NADH+H^+$；或某受体还原酶，如延胡索酸还原酶（fumarate reductase），其催化反应式为：琥珀酸$+NAD^+ \Longrightarrow$ 延胡索酸$+NADH+H^+$；以氧作为氢受体时用某受体氧化酶的名称，如葡萄糖氧化酶（glucose oxidase），其催化反应式为：葡萄糖$+O_2 \Longrightarrow$ 葡萄糖酸$+H_2O_2$等。

2. 转移酶（transferase） 催化某基团从供体化合物转移到受体化合物上的酶称为转移酶。其反应通式为

$$AB + C \Longrightarrow A + BC$$

其系统命名是“供体：受体某基团转移酶”。例如，L-丙氨酸：2-酮戊二酸氨基转移

酶，表明该酶催化氨基从L-丙氨酸转移到2-酮戊二酸。推荐名为受体（或供体）某基团转移酶，如丙氨酸氨基转移酶（其催化反应式为：L-丙氨酸＋2-酮戊二酸 ══ 丙酮酸＋L-谷氨酸）等。

3. 水解酶（hydrolase） 催化各种化合物进行水解反应的酶称为水解酶。其反应通式为

$$AB + H_2O = AOH + BH$$

该大类酶的系统命名是先写底物名称，再写发生水解作用的化学键位置，后面加上“水解酶”。例如，核苷酸磷酸水解酶，表明该酶催化反应的底物是核苷酸，水解反应发生在磷酸酯键上。其推荐名则在底物名称的后面加上一个“酶”字，如核苷酸酶（其催化反应式为：核苷酸＋H_2O ══ 核苷＋H_3PO_4）等。

4. 裂合酶（lyase） 催化一个化合物裂解成为两个较小的化合物及其逆反应的酶称为裂合酶。其反应通式为

$$AB = A + B$$

一般裂合酶在裂解反应方向只有一个底物，而在缩合反应方向却有两个底物。催化底物裂解为产物后，产生一个双键。

该大类酶的系统命名为“底物-裂解的基团-裂合酶”，如L-谷氨酸-1-羧基-裂合酶，表明该酶催化L-谷氨酸在1-羧基位置发生裂解反应。其推荐名是在裂解底物名称后面加上“脱羧酶”（decarboxylase）、“醛缩酶”（aldolase）、“脱水酶”（dehydratase）等，在缩合反应方向更为重要时，则用“合酶”（synthase）这一名称。例如，谷氨酸脱羧酶（L-谷氨酸 ══ γ-氨基丁酸＋CO_2）、苏氨酸醛缩酶（L-苏氨酸 ══ 甘氨酸＋乙醛）、柠檬酸脱水酶（柠檬酸 ══ 顺乌头酸＋水）、乙酰乳酸合酶（2-乙酰乳酸＋CO_2 ══ 2-丙酮酸）等。

5. 异构酶（isomerase） 催化分子内部基团位置或构象转换的酶称为异构酶。其反应通式为

$$A = B$$

异构酶按照异构化的类型不同分为不同亚类。命名时分别在底物名称的后面加上“异构酶”（isomerase）、“消旋酶”（racemase）、“变位酶”（mutase）、“表异构酶”（epimerase）、“顺反异构酶”（*cis-trans*-isomerase）等。例如，木糖异构酶（其催化反应式为：D-木糖 ══ D-木酮糖）、丙氨酸消旋酶（其催化反应式为：L-丙氨酸 ══ D-丙氨酸）、磷酸甘油酸磷酸变位酶（其催化反应式为：2-磷酸-D-甘油酸 ══ 3-磷酸-D-甘油酸）、醛糖1-表异构酶（其催化反应式为：α-D-葡萄糖 ══ β-D-葡萄糖）、顺丁烯二酸顺反异构酶（其催化反应式为：顺丁烯二酸 ══ 反丁烯二酸）等。

6. 连接酶（ligase）或合成酶（synthetase） 连接酶是伴随着ATP等核苷三磷酸的水解，催化两个分子进行连接反应的酶。其反应通式为

$$A + B + ATP = AB + ADP + Pi \text{（或}AB + AMP + PPi\text{）}$$

该大类酶的系统命名是在两个底物的名称后面加上“连接酶”，如谷氨酸：氨连接酶，其催化反应式为

L-谷氨酸＋氨＋ATP ══ L-谷氨酰胺＋ADP＋Pi

而推荐名则是在合成产物名称之后加上“合成酶”，如天冬酰胺合成酶，其催化反应式为

L-天冬氨酸＋氨＋ATP ══ L-天冬酰胺＋AMP＋PPi

二、核酸类酶的分类

自1982年以来，被发现的核酸类酶越来越多，对它的研究也越来越广泛和深入。但是对于其分类和命名还没有统一的原则和规定。

根据核酸类酶的作用底物、催化反应类型、结构和催化特性等的不同，对R酶采用下列分类原则。

（1）根据酶作用的底物是其本身RNA分子还是其他分子，将R酶分为分子内（*in cis*）催化R酶和分子间（*in trans*）催化R酶两大类。

（2）在每个大类中，根据酶的催化类型不同，将R酶分为若干亚类，如剪切酶、剪接酶、多功能酶等。据此，可将分子内催化R酶分为自我剪切酶、自我剪接酶等亚类；分子间催化R酶可以分为RNA剪切酶、DNA剪切酶、氨基酸酯剪切酶、多肽剪切酶、多糖剪接酶、多功能酶等亚类。

由于蛋白类酶和核酸类酶的命名和分类原则有所区别。为了便于区分两大类别的酶，有时催化的反应相似，在蛋白类酶和核酸类酶中的命名却有所不同。例如，催化大分子水解生成较小分子的酶，在核酸类酶中属于剪切酶，在蛋白类酶中则属于水解酶；核酸类酶中的剪接酶可以催化剪切与连接反应，蛋白类酶中的转移酶也催化相似的反应，可以从一个分子中将某个基团剪切下来，连接到另一个分子中去等。

现根据现有资料，将R酶的初步分类简介如下。

1．分子内催化R酶 分子内（*in cis*）催化R酶是指催化本身RNA分子进行反应的一类核酸类酶。该大类酶均为RNA前体。由于这类酶是催化分子内反应，所以冠以“自我”（self）字样。

根据酶所催化的反应类型，可以将该大类酶分为自我剪切酶和自我剪接酶等。

1）自我剪切酶 自我剪切酶（self-cleavage ribozyme）是指催化本身RNA进行剪切反应的R酶。

具有自我剪切功能的R酶是RNA的前体。它可以在一定条件下催化本身RNA进行剪切反应，使RNA前体生成成熟的RNA分子和另一个RNA片段。例如，1984年，阿皮里翁（Apirion）发现T_4噬菌体RNA前体可以进行自我剪切，将含有215个核苷酸（nt）的前体剪切成为含139个核苷酸的成熟RNA和另一个含76个核苷酸的片段。

2）自我剪接酶 自我剪接酶（self-splicing ribozyme）是在一定条件下催化本身RNA分子同时进行剪切和连接反应的R酶。

自我剪接酶都是RNA前体。它可以同时催化RNA前体本身的剪切和连接两种类型的反应。根据其结构特点和催化特性的不同，自我剪接酶可分为含Ⅰ型IVS的R酶和含Ⅱ型IVS的R酶等。

Ⅰ型IVS均与四膜虫rRNA前体的间插序列（IVS）的结构相似，在催化rRNA前体的自我剪接时，需要鸟苷（或5′-鸟苷酸）及镁离子（Mg^{2+}）参与。

Ⅱ型IVS则与细胞核mRNA前体的IVS相似，在催化mRNA前体的自我剪接时，需要镁离子参与，但不需要鸟苷或鸟苷酸。

2．分子间催化R酶 分子间（*in trans*）催化R酶是催化其他分子进行反应的核酸类酶。

根据所作用的底物分子的不同，该类R酶可以分为若干亚类。根据现有资料介绍如下。

1）*RNA剪切酶* RNA剪切酶（RNA cleavage ribozyme）是催化其他RNA分子进行剪切反应的R酶。

例如，1983年Altman发现大肠杆菌核糖核酸酶P（RNase P）的核酸组分M1 RNA在高浓度镁离子存在的条件下，具有该酶的催化活性，而该酶的蛋白质部分C5蛋白并无催化活性。M1 RNA可催化tRNA前体的剪切反应，除去部分RNA片段，而成为成熟的tRNA分子。后来的研究证明，许多原核生物的核糖核酸酶P中的RNA（RNase P-RNA）也具有剪切tRNA前体生成成熟tRNA的功能。

2）*DNA剪切酶* DNA剪切酶（DNA cleavage ribozyme）是催化DNA分子进行剪切反应的R酶。

1990年，研究人员发现核酸类酶除了以RNA为底物，有些R酶还可以DNA为底物，在一定条件下催化DNA分子进行剪切反应。

3）*多糖剪接酶* 多糖剪接酶（polysaccharide splicing ribozyme）是催化多糖分子进行剪切和连接反应的R酶。例如，兔肌1,4-α-D-葡聚糖分支酶［EC 2.4.1.18］是一种催化直链葡聚糖转化为支链葡聚糖的糖链转移酶，分子中含有蛋白质和RNA。其RNA组分由31个核苷酸组成，它单独存在时具有类似分支酶的催化功能，即该RNA可以催化糖链的剪切和连接反应，属于多糖剪接酶。

4）*多肽剪切酶* 多肽剪切酶（polypeptide cleavage ribozyme）是催化多肽进行剪切反应的R酶。其是在1992年被发现的。

5）*氨基酸酯剪切酶* 氨基酸酯剪切酶（aminoacid ester cleavage ribozyme）是催化氨基酸酯进行剪切反应的R酶。

1992年，研究人员发现了以氨基酸酯为底物的R酶。该酶同时具有氨基酸酯的剪切作用、氨酰基-tRNA的连接作用和多肽的剪接作用等功能。

6）*多功能酶* 多功能酶（multifunction ribozyme）是催化其他分子进行多种反应的R酶。例如，L-19 IVS是一种多功能酶，能够催化其他RNA分子进行下列多种类型的反应。

RNA剪接作用：$2C_pC_pC_pC_pC = C_pC_pC_pC_pC_pC + C_pC_pC_pC$

末端剪切作用：$C_pC_pC_pC_pC = C_pC_pC_pC + C_p$

限制性内切作用：$\cdots C_pU_pC_pU_pG_pN\cdots = \cdots C_pU_pC_pU_p + G_pN\cdots$

转磷酸作用：$C_pC_pC_pC_pC_pC_p + U_pC_pU = C_pC_pC_pC_pC_pC + U_pC_pU_p$

去磷酸作用：$C_pC_pC_pC_pC_pC_p = C_pC_pC_pC_pC_pC + Pi$

第六节 酶活力的测定

在酶的研究、生产和应用过程中，经常需要进行酶的活力测定，以确定酶量的多少及其变化情况。

酶活力是指在一定条件下，酶所催化的反应初速度。在外界条件相同的情况下，反应速率越大，意味着酶的活力越高。

酶催化反应速率通常用单位时间（t）内底物的减少量（dS）或产物的增加量（dP）表示，即

$$V=-\frac{dS}{dt}=\frac{dP}{dt}$$

一、酶活力测定的方法

酶活力测定的方法多种多样，如化学测定法、光学测定法、气体测定法等。对酶活力测定的要求是快速、简便、准确。

酶活力测定通常包括两个阶段。首先在一定条件下，酶与底物反应一段时间，然后再测定反应液中底物或产物的变化量。一般经过以下几个步骤。

（1）根据酶催化的专一性，选择适宜的底物，并配制成一定浓度的底物溶液。所使用的底物必须均匀一致，达到酶催化反应所要求的纯度。在测定酶活力时，所使用的底物溶液一般要求新鲜配制，有些反应所需的底物溶液也可预先配制后置于冰箱保存备用。

（2）根据酶的动力学性质，确定酶催化反应的温度、pH、底物浓度、激活剂浓度等反应条件。温度可以选择在室温（25℃）、体温（37℃）、酶反应最适温度或其他选用的温度；pH应是酶催化反应的最适pH；底物浓度应该大于$5K_m$等。反应条件一旦确定，在整个反应过程中应尽量保持恒定不变。因此，反应应在恒温槽中进行，并采用一定浓度和一定pH的缓冲液以保持pH的恒定。有些酶催化反应要求一定浓度的激活剂等条件，应适量添加。

（3）在一定的条件下，将一定量的酶液和底物溶液混合均匀，适时记下反应开始的时间。

（4）反应到一定的时间，取出适量的反应液，运用各种生化检测技术，测定产物的生成量或底物的减少量。为了准确地反映酶催化反应的结果，应尽量采用快速、简便的方法立即测出结果。若不能立即测出结果的，则要及时终止反应，然后再测定。

终止酶反应的方法很多，常用的有：①反应时间一到，立即取出适量的反应液，置于沸水浴中，加热使酶失活；②加入适宜的酶变性剂，如三氯乙酸等，使酶变性失活；③加入酸或碱溶液，使反应液的pH迅速远离催化反应的最适pH，而使反应终止；④将取出的反应液立即置于低温冰箱、冰粒堆或冰盐溶液中，使反应液的温度迅速降低至10℃以下，而终止反应。在实际使用时，要根据酶的特性、反应底物和产物的性质，以及酶活力测定的方法等加以选择。

测定反应液中底物的减少量或产物的生成量，可采用化学检测、光学检测、气体检测等生化检测技术。例如，用化学滴定法测定糖化酶水解淀粉生成的葡萄糖的量；用分光光度法测定碱性磷酸酶水解硝基酚磷酸（NPP）生成的对硝基酚的量；用华勃氏呼吸仪测定谷氨酸脱羧酶裂解谷氨酸生成的二氧化碳的量等。一种酶可以有多种测定方法，要根据实际情况选用。

二、酶活力单位

酶活力的高低是以酶活力的单位数来表示的。为此，首先需要对酶的活力单位下一个确切的定义。

世界各地实际使用的酶活力单位的定义各不相同。由于测定方法和使用习惯不一样，同一种酶往往有多种不同的酶活力单位。为统一起见，1961年国际生物化学与分子生物学联盟规定：在特定条件下（温度可采用25℃，pH等条件均采用最适条件），将每分钟催化1μmol的底物转化为产物的酶量定义为1个酶活力单位。这个单位称为国际单位（IU）。由于这个规定没有法律效力，因此现在实际使用的酶活力单位多种多样，在酶的研究和使用过程中，务必注意酶活力单位的定义。

国际上另一个常用的酶活力单位是卡特（kat）。在特定条件下，将每秒催化1mol底物转化为产物的酶量定义为1卡特（kat）。

上述两种酶活力单位之间可以互相换算，即

$$1\text{kat}=1\text{mol/s}=60\text{mol/min}=60\times10^6\mu\text{mol/min}=6\times10^7\text{IU}$$

为了比较酶制剂的纯度和活力的高低，常常采用比活力这个概念。酶的比活力是酶纯度的量度指标，是指在特定条件下，单位质量（mg）蛋白质或RNA所具有的酶活力单位数。

酶比活力＝酶活力（单位）/mg（蛋白质或RNA）

三、酶催化的转换数与催化周期

酶催化的转换数K_{cat}，又称为摩尔催化活性（molar catalytic activity），是指每个酶分子每分钟催化底物转化的分子数，即每摩尔酶每分钟催化底物转化为产物的摩尔数。

酶催化的转换数是酶催化效率的量度指标，酶催化的转换数越大，表明酶的催化效率越高。酶催化的转换数通常用每微摩尔酶的酶活力单位数表示，单位为min^{-1}。

$$K_{cat}=\frac{\text{底物转变摩尔数（mol）}}{\text{酶摩尔数·分钟（mol·min）}}=\frac{\text{酶活力单位数（IU）}}{\text{酶微摩尔数（μmol）}}$$

一般酶催化的转换数在10^3min^{-1}左右，如β-半乳糖苷酶催化的转换数为$12.5\times10^3\text{min}^{-1}$，碳酸酐酶催化的转换数最高，达到$3.6\times10^7\text{min}^{-1}$。

酶催化转换数的倒数称为酶的催化周期（T）。催化周期是指酶进行一次催化所需的时间，单位为毫秒（ms）或微秒（μs），即

$$T=1/K_{cat}$$

例如，上述碳酸酐酶的催化周期$T=\dfrac{1\times60\times10^6}{3.6\times10^7}=1.7$（μs）。

四、固定化酶的活力测定

固定在水不溶性载体上，在一定的空间范围内起催化作用的酶称为固定化酶。固定化酶由于与载体的相互作用，其性质与游离酶有所不同，故其活力测定方法也有些区别。

现将固定化酶常用的活力测定方法介绍如下。

1. 振荡测定法　称取一定质量的固定化酶，放进一定形状、一定大小的容器中，加入一定量的底物溶液，在特定的条件下，一边振荡或搅拌，一边进行催化反应。经过一定时间，取出一定量的反应液进行酶活力测定。

固定化酶反应液的测定方法与游离酶反应液的测定方法完全相同。但在固定化酶反应时，振荡或搅拌方式和速度对酶反应速率有很大影响。在振荡或搅拌速度不高时，反应速率

随振荡或搅拌速度的增加而升高，在达到一定速度后，反应速率不再升高。若振荡或搅拌速度过高，则可能破坏固定化酶的结构，缩短固定化酶的使用寿命。所以，在测定固定化酶的活力时，要在一定的振荡或搅拌速度下进行，速度的变化对反应速率有明显的影响。此外，底物浓度、pH、反应温度、激活剂浓度、抑制剂浓度、反应时间等条件可以与游离酶活力测定时的条件相同，也可以根据固定化酶的特性不同而选择适宜的条件，最好在固定化酶应用的工艺条件下进行活力测定。

2. 酶柱测定法 将一定量的固定化酶装进具有恒温装置的反应柱中，在适宜的条件下让底物溶液以一定的流速流过酶柱，收集流出的反应液。测定反应液中底物的消耗量或产物的生成量，再计算酶活力。测定方法与游离酶反应液的测定方法相同。底物溶液流经酶柱的速度对反应速率有很大的影响。在不同的流速条件下，反应速率不同。在某一适宜的流速条件下，反应速率达到最大。所以，测定固定化酶的活力要在恒定的流速条件下进行。而且，反应柱的形状和径高比都对反应速率有明显的影响，必须固定不变。此外，底物浓度、pH、反应温度、激活剂和抑制剂浓度、离子强度等条件可以与游离酶活力测定的条件相同，也可以选用固定化酶反应的最适条件，最好与实际应用时的工艺条件相同。

3. 连续测定法 利用连续分光光度法等测定方法可以对固定化酶反应液进行连续测定，从而测定固定化酶的酶活力。测定时，可将振荡反应器中的反应液连续引到连续测定仪（如双光束紫外分光光度计等）的流动比色杯中进行连续分光测定，或者让固定化酶柱流出的反应液连续流经流动比色杯进行连续分光测定。固定化酶活力的连续测定，可以及时并准确地知道某一时刻的酶活力变化情况，对利用固定化酶进行连续生产和自动控制有重大意义。

4. 固定化酶的比活力测定 游离酶的比活力可以用每毫克（mg）酶蛋白或酶RNA所具有的酶活力单位数表示。在固定化酶中，一般采用每克（g）干固定化酶所具有的酶活力单位数表示。在测定固定化酶的比活力时，可先用湿固定化酶测定其酶活力，再在一定的条件下干燥，称取固定化酶的干重，然后计算出固定化酶的比活力，也可以称取一定量的干固定化酶，让它在一定条件下充分溶胀后进行酶活力测定，再计算出固定化酶的比活力。

对于酶膜、酶管、酶板等固定化酶，其比活力则可以用单位面积的酶活力单位表示，即

$$比活力=酶活力单位/cm^2$$

5. 酶结合效率与酶活力回收率的测定 酶在进行固定化时，并非所有的酶都成为固定化酶，而总是有一部分酶没有与载体结合在一起，所以需要测定酶结合效率或酶活力回收率，以确定固定化的效果。

酶结合效率又称为酶的固定化率，是指酶与载体结合的百分率。酶结合效率的计算一般由用于固定化的总酶活力减去未结合的酶活力所得到的差值，再除以用于固定化的总酶活力而得到，即

$$酶结合效率=\frac{用于固定化的总酶活力-未结合的酶活力}{用于固定化的总酶活力}\times 100\%$$

未结合的酶活力，包括固定化后滤出固定化酶后的滤液及洗涤固定化酶的洗涤液中所含的酶活力的总和。

酶活力回收率是指固定化酶的总活力与用于固定化的总酶活力的百分率。

$$酶活力回收率=\frac{固定化酶总活力}{用于固定化的总酶活力}\times 100\%$$

当固定化方法对酶活力没有明显影响时，酶结合效率与酶活力回收率的数值相近。然而，固定化载体和固定化方法往往对酶活力有一定的影响，两者的数值往往有较大的差别。所以，通常都通过测定酶结合效率来表示固定化的效果。

6. 相对酶活力的测定 具有相同酶蛋白（或酶RNA）量的固定化酶活力与游离酶活力的比值称为相对酶活力。相对酶活力与载体结构、固定化酶颗粒大小、底物分子质量的大小及酶结合效率等有密切关系。相对酶活力的高低表明了固定化酶应用价值的大小。相对酶活力太低的固定化酶一般没有使用价值。在固定化酶的研制过程中，应从固定化载体、固定化技术等方面进行研究和改进，以尽量提高固定化酶的相对酶活力。

第七节 酶的生产方法

酶的生产是指通过人工操作而获得所需的酶的技术过程。

酶的生产方法可以分为提取分离法、生物合成法和化学合成法3种。其中，提取分离法是最早采用而沿用至今的方法，生物合成法是20世纪50年代以来酶生产的主要方法，而化学合成法由于工艺复杂、成本高等原因，至今仍难以工业化生产。

一、提取分离法

提取分离法是采用各种提取、分离、纯化技术从动物、植物的组织、器官、细胞或微生物细胞中将酶提取出来，再进行分离纯化的技术过程。提取分离法是最早采用的酶生产方法，现在仍然继续使用。此法中所采用的各种提取、分离、纯化技术在其他的酶生产方法中也是重要的技术环节。

酶的提取是指在一定的条件下，用适当的溶剂处理含酶原料，使酶充分溶解到溶剂中的过程。主要的提取方法有盐溶液提取、酸溶液提取、碱溶液提取和有机溶剂提取等。

在酶的提取时，首先应当根据酶的结构和性质选择适当的溶剂。一般来说，亲水性的酶要采用水溶液提取，疏水性的酶或者被疏水物质包裹的酶要采用有机溶剂提取；等电点偏于碱性的酶应采用酸性溶液提取，等电点偏于酸性的酶应采用碱性溶液提取。在提取过程中，应当控制好温度、pH、离子强度等各种提取条件，以提高提取率并防止酶的变性失活。

酶的分离纯化是采用各种生化分离技术，诸如离心分离、过滤与膜分离、萃取分离、沉淀分离、层析分离、电泳分离，以及浓缩、结晶、干燥等，使酶与各种杂质分离，达到所需的纯度，以满足使用的要求。

酶的分离纯化技术多种多样，选用的时候要认真考虑：①目标酶分子特性及其他物理、化学性质；②酶分子和杂质的主要性质差异；③酶的使用目的和要求；④技术实施的难易程度；⑤分离成本的高低；⑥是否会造成环境污染等。

提取分离法设备较简单，操作较方便，但是必须首先获得含酶的动物、植物的组织或细胞，这就使该法受到生物资源、地理环境、气候条件等的影响，或者先培养微生物，获得微生物细胞后，再从细胞中提取所需的酶，使工艺路线变得较为繁杂。所以，20世纪50年代以后，随着发酵技术的发展，许多酶都采用生物合成法进行生产。然而，在动物、植物资源或微生物菌体资源丰富的地区或者对于某些难以用生物合成法生产的酶，从动物、植物或微生物的组织、细胞中提取所需的酶，仍然有其实用价值，至今仍在使用。例如，从木瓜中提取分离木瓜蛋白酶、木瓜凝乳蛋白酶；从菠萝皮中提取分离菠萝蛋白酶；从动物的胰脏中提取分离胰蛋白酶、胰淀粉酶、胰脂肪酶或这些酶的混合物——胰酶；从柠檬酸发酵后得到的黑曲霉菌体中提取分离果胶酶等。

酶的分离提取技术不但在酶的提取分离法生产中使用，而且在采用其他生产方法生产酶的过程中也是不可缺少的技术。此外，在酶的结构与功能、酶的催化机制、酶催化动力学等酶学研究方面也是必不可缺的重要手段。

二、生物合成法

生物合成法是20世纪50年代以来酶的主要生产方法。它是利用微生物细胞、植物细胞或动物细胞的生命活动而获得人们所需酶的技术过程。根据所使用的细胞种类不同，生物合成法可以分为微生物发酵产酶、植物细胞培养产酶和动物细胞培养产酶。

自从1949年细菌α-淀粉酶发酵成功以来，生物合成法就成为酶的主要生产方法。

生物合成法产酶首先要通过筛选、诱变、细胞融合、基因重组等方法获得优良的产酶细胞，然后在人工控制条件的生物反应器中进行细胞培养，通过细胞内物质的新陈代谢作用，生成各种代谢产物，再经过分离纯化得到人们所需的酶。

微生物发酵产酶根据细胞培养方式的不同，可以分为液体深层培养发酵、固体培养发酵、固定化细胞发酵、固定化原生质体发酵等。

（1）现在普遍使用的是液体深层培养发酵技术。例如，利用枯草杆菌生产淀粉酶、蛋白酶，利用黑曲霉生产糖化酶、果胶酶，利用大肠杆菌生产谷氨酸脱羧酶、多核苷酸聚合酶等。随着生物技术的发展，有些原来存在于动物、植物细胞中的酶也可以通过DNA重组技术，将其基因转入微生物细胞，再通过发酵方法进行酶的生产。例如，将从动物细胞中获得的组织纤溶酶原激活剂（tPA，一种丝氨酸蛋白酶）基因、从植物细胞获得的木瓜蛋白酶基因等克隆到大肠杆菌等微生物细胞中获得基因工程菌，再通过基因工程菌发酵而获得所需的酶。常用于液体深层培养发酵产酶的微生物有芽孢杆菌、酵母、丝状真菌（图1-13）。

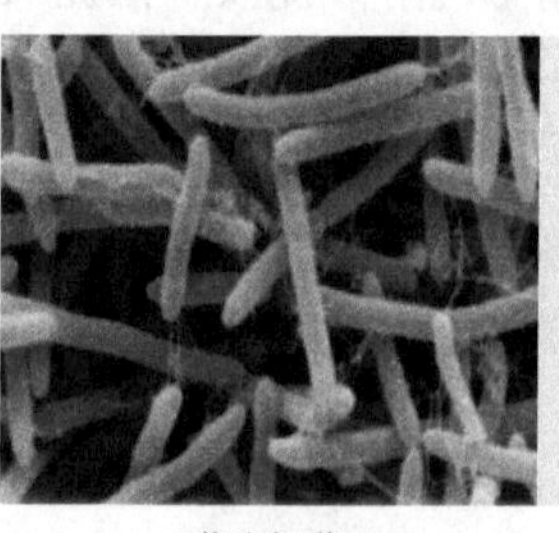
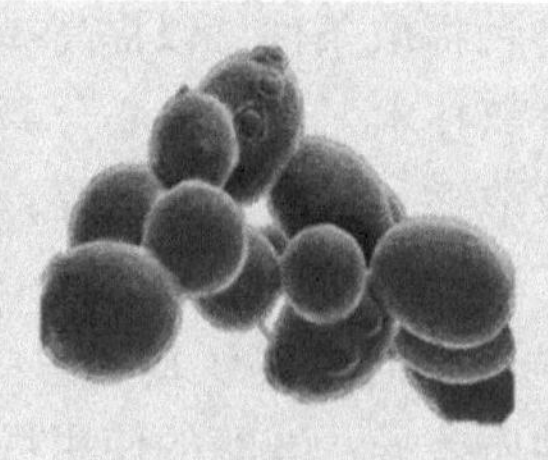
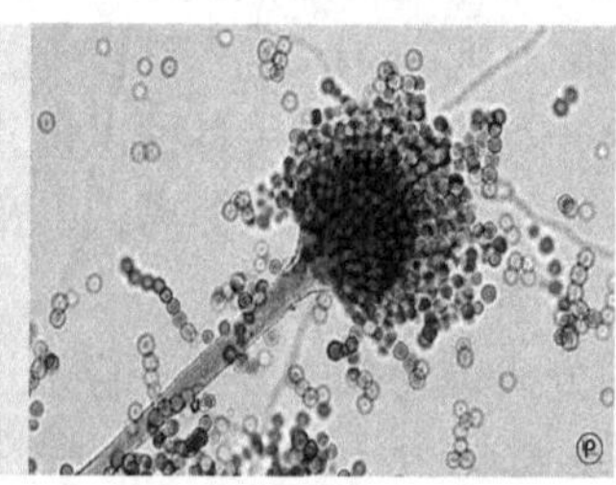

彩图 芽孢杆菌 酵母 丝状真菌

图1-13 常用于液体深层发酵产酶的微生物

（2）固体培养发酵是指培养基呈固态，虽然含水丰富，但是在没有或几乎没有自由流动水的状态下进行的一种或多种微生物发酵过程。固体培养发酵的微生物种类主要有细菌、放线菌、酵母、霉菌和担子菌。目前应用最广泛的是霉菌。农业废弃物一直都被认为是固体培

延伸阅读1-1

养发酵最好的基质，直接利用农产品加工下脚料或纤维废料进行生产，原料成本低，并且能减少环境污染，解决了处理这些废料所带来的一系列问题。农业废弃物特别适合丝状真菌固体培养发酵，因为真菌能通过菌丝体顶端的细胞膨胀压力刺入这些固体基质。

推荐扫码阅读综述《酶的固体发酵生产研究进展》。

（3）固定化细胞发酵适用于胞外酶等可以分泌到细胞外产物的生产。例如，固定化枯草杆菌细胞生产α-淀粉酶，固定化黑曲霉细胞生产糖化酶、果胶酶等。

（4）固定化原生质体发酵则适合于生产原来存在于细胞内的酶和其他胞内产物。例如，固定化枯草杆菌原生质体生产碱性磷酸酶，固定化黑曲霉原生质体生产葡萄糖氧化酶，固定化谷氨酸棒杆菌原生质体生产谷氨酸脱氢酶等。由于固定化原生质体解除了细胞壁的扩散障碍，可以使某些胞内酶分泌到细胞外。

20世纪70年代以来，兴起并发展了植物细胞培养和动物细胞培养技术，使酶的生产方法进一步发展。动植物细胞培养产酶，首先需获得优良的动植物细胞，然后利用动植物细胞在人工控制条件的生物反应器中培养，经过细胞的生命活动合成酶，再经分离纯化，得到所需的酶。例如，利用大蒜细胞培养生产超氧化物歧化酶，利用木瓜细胞培养生产木瓜蛋白酶、木瓜凝乳蛋白酶，利用人黑色素瘤细胞培养生产血纤维蛋白溶酶原激活剂等。

生物合成法与提取分离法比较，具有生产周期较短，酶的产率较高，不受生物资源、地理环境和气候条件等的影响等显著特点。但是它对发酵设备和工艺条件的要求较高。在生产过程中必须进行严格的控制。

现在，酶制剂工业已成为国民经济中重要的产业，各国都十分重视酶制剂的发展。目前国际上知名的酶制剂公司主要有丹麦的诺维信公司、美国的杜邦公司，还有德国的AB酶制剂公司等。其中，诺维信公司是全球最大的酶制剂生产商，产品应用于与人类生活息息相关的各种产品中，其酶制剂产品占比超过全球40%的市场份额。在酶制剂领域，杰能科是仅次于诺维信的全球第二大酶制剂公司，2005年丹尼斯克完成对杰能科的收购，杰能科正式并入丹尼斯克旗下，但在2011年杜邦斥资63亿美元收购丹尼斯克，将确立杜邦公司在全球工业生物技术领域的二号地位。另外，德国AB酶制剂公司也是国际上比较著名的酶制剂公司。

三、化学合成法

化学合成法是20世纪60年代中期出现的新技术。1965年，我国人工合成胰岛素的成功开创了蛋白质化学合成的先河。1969年，采用化学合成法得到含有124个氨基酸的核糖核酸酶。其后，RNA的化学合成也取得成功，可以采用化学合成法进行核酸类酶（ribozyme）的人工合成和改造。现在已可以采用合成仪进行酶的化学合成。然而由于酶的化学合成要求单体达到很高的纯度，化学合成的成本高，而且只能合成那些已经研究清楚其化学结构的酶，这就使化学合成法受到限制，难以工业化生产。然而利用化学合成法进行酶的人工模拟和化学修饰，认识和阐明生物体的行为和规律，设计和合成具有酶的催化特点又克服酶的弱点的高效非酶催化剂等方面却成为人们关注的课题，具有重要的理论意义和发展前景。

模拟酶是在分子水平上模拟酶活性中心的结构特征和催化作用机制，设计并合成的仿酶体系。

现在研究较多的小分子仿酶体系有环糊精模型、冠醚模型、卟啉模型、环芳烃模型等大环化合物模型。例如，利用环糊精模型已经获得了酯酶、转氨酶、氧化还原酶、核糖核酸酶等多种酶的模拟酶，取得可喜进展。环糊精（cyclodextrin）是由6～8个葡萄糖单位通过1,4-葡萄糖苷键结合而成的环状寡聚糖，其外侧亲水，内部疏水，类似酶的微环境。通过化学修饰法，在环糊精的分子上引入催化基团，就可能成为一种模拟酶。

大分子仿酶体系有分子印迹酶模型和胶束酶模型等。例如，利用分子印迹酶模型已经得到二肽合成酶、酯酶、过氧化物酶、氟水解酶等多种酶的模拟酶。分子印迹（molecular imprinting）是制备对某一种特定分子（印迹分子）具有选择性的聚合物的过程。制备过程一般包括：①选择好印迹分子；②选择好单体，让其与印迹分子互相作用，并在印迹分子周围聚合成聚合物；③将印迹分子从聚合物中除去。于是聚合物中就形成了与印迹分子形状相同的空穴，可以与印迹分子特异地结合。如果选择的印迹分子是某种酶的作用底物，此聚合物就可能是一种印迹酶。例如，莫斯巴赫（Mosbach）等以天冬氨酸、苯丙氨酸及天苯二肽为印迹分子，以甲基丙烯酸甲酯为单体、二亚乙基甲基丙烯酸甲酯为交联剂，聚合得到具有催化二肽合成能力的二肽合成酶的模拟酶。如图1-14所示，李晓伟博士后和赵缤教授通过自组装胶束分子印迹技术构筑了一类适合于羟醛缩合反应的水溶性分子印迹纳米颗粒。

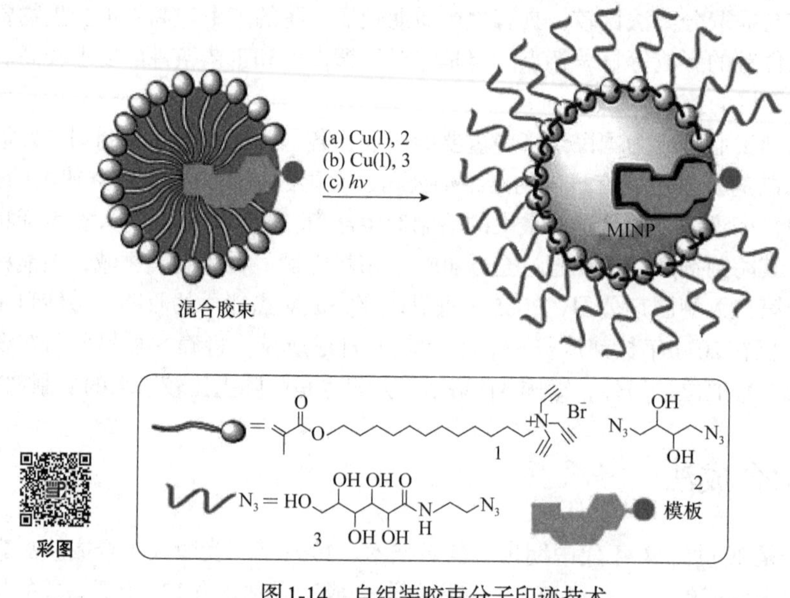

图1-14　自组装胶束分子印迹技术

MINP. 手性分子印迹纳米颗粒

随着科学的发展和技术的进步，酶的生产技术将进一步发展和完善。人们将可以根据需要生产得到更多更好的酶，以满足世界科技和经济发展的要求。

第八节　酶工程发展概况

酶工程是在酶的生产和应用过程中逐步形成并发展起来的学科。虽然在几千年前先辈已经开始不自觉地进行酶的应用，但是目标明确地进行酶的生产和应用是从19世纪末开始的。

1894年，高峰让吉首先从米曲霉中制备得到高峰淀粉酶，用作消化剂，开创了近代酶的生产和应用的先例；1908年，罗姆（Rohm）从动物胰脏中制得胰酶，用于皮革的软化；1908年，布瓦丹（Boidin）制备得到细菌淀粉酶，用于纺织品的退浆；1911年，沃勒斯坦（Wallerstein）从木瓜中获得木瓜蛋白酶，用于啤酒的澄清；此后，酶的生产和应用逐步发展。然而，在近半个世纪的时间里，人们都是停留在从动物、植物或微生物细胞中提取酶并加以应用的阶段。这种方法由于受到原料来源和分离纯化技术的制约，大规模的工业化生产受到一定限制。

1949年，利用微生物液体深层培养方法进行细菌α-淀粉酶的发酵生产揭开了现代酶制剂工业的序幕。20世纪50年代以后，随着发酵工程技术的发展，许多酶制剂都采用微生物发酵方法生产。由于微生物种类繁多，生长繁殖迅速，在人工控制条件的生物反应器中进行生产，便于管理，这就使酶的生产得以大规模发展。

1960年，法国的雅各布（Jacob）和莫诺（Monod）提出操纵子学说，阐明了酶生物合成的调节机制，使酶的生物合成可以按照人们的意愿加以调节控制。在酶的发酵生产中，依据操纵子学说，进行诱导和解除阻遏等调节控制，就有可能显著提高酶的产率。

20世纪70年代迅速发展起来的动植物细胞培养技术，继微生物发酵生产酶之后，已成为酶生产的又一种途径。植物细胞和动物细胞都可以如同微生物细胞一样，在人工控制条件的生物反应器中进行培养，通过细胞的生命活动，得到人们所需的各种产物，其中包括各种酶。例如，通过植物细胞培养可以获得超氧化物歧化酶（SOD）、木瓜蛋白酶、木瓜凝乳蛋白酶、过氧化物酶、糖苷酶、糖化酶等。通过动物细胞培养可以获得血纤维蛋白溶酶原活化剂、胶原酶等。

随着酶生产的发展，酶的应用越来越广泛。由于酶具有专一性强、催化效率高、作用条件温和等显著特点，在医药、食品、轻工、化工、能源、环保和科研等领域广泛应用。

在酶的应用过程中，人们注意到酶的一些不足之处。例如，大多数酶不能耐受高温、强酸、强碱、有机溶剂等作用，稳定性较差；酶通常在水溶液中与底物作用，只能作用一次；酶在反应液中与反应产物混在一起，使产物的分离纯化较为困难等。针对这些不足，人们从多方面进行研究，寻找各种对酶的催化特性进行改进的方法，以便更好地发挥酶的催化功能，满足人们对酶使用的要求。

通过各种方法改进酶的催化特性的技术过程称为酶的改性（enzyme improving）。酶的改性技术主要有酶分子修饰（enzyme molecular modification）、酶固定化（enzyme immobilization）、酶的非水相催化（enzyme catalysis in non-aqueous system）、酶定向进化（enzyme directed evolution）等。

1916年，美国的内尔松（Nelson）和格里芬（Griffin）发现，蔗糖酶吸附在骨炭上，该酶仍然显示出催化活性。1953年，德国的格鲁布霍费尔（Grubhofer）和施莱特（Schleith）首先将聚氨基苯乙烯树脂重氮化，然后将淀粉酶、胃蛋白酶、羧肽酶和核糖核酸酶等与上述载体结合，制成固定化酶。到了20世纪60年代，固定化技术迅速发展。1969年，日本的千畑一郎首次在工业上应用固定化氨基酰化酶进行DL-氨基酸拆分而生产L-氨基酸。从此学者开始用“酶工程”这个名词来代表酶的生产和应用的科学技术领域。1971年，在美国举行了第一届国际酶工程学术会议，会议的主题是固定化酶。

固定化酶具有提高稳定性、可以反复使用或连续使用较长的一段时间、易于与产物分离等显著特点，但是固定化技术较为繁杂，而且用于固定化的酶要首先经过分离纯化。为了省去酶分离纯化的过程，出现了固定在菌体中的固定化酶（又称为固定化死细胞或固定化静止细胞）技术。1973年，日本成功地利用固定在大肠杆菌菌体中的天冬氨酸酶，由反丁烯二酸连续生产L-天冬氨酸。现在已经有多种固定化酶用于大规模工业化生产。例如，利用固定化葡萄糖异构酶由葡萄糖生产果葡糖浆，利用固定化青霉素酰化酶生产半合成青霉素或头孢菌素，利用固定化延胡索酸酶由反丁烯二酸生成L-苹果酸，利用固定化β-半乳糖苷酶生产低乳糖奶，利用固定化天冬氨酸-β-脱羧酶由天冬氨酸生产L-丙氨酸等。

在固定化酶的基础上，又发展了固定化细胞（固定化活细胞或固定化增殖细胞）技术。1978年，日本科学家用固定化细胞生产α-淀粉酶研究成功。此后，采用固定化细胞生产蛋白酶、糖化酶、果胶酶、溶菌酶、天冬酰胺酶等的研究相继取得进展。1984年开始，笔者等在固定化细胞生产α-淀粉酶、糖化酶、果胶酶等的研究方面取得可喜成果。固定化细胞可以反复或连续用于酶的发酵生产，有利于提高酶的产率、缩短发酵周期，然而只能用于生产胞外酶等容易分泌到细胞外的产物。

胞内酶等许多胞内产物之所以不能分泌到细胞外，原因是多方面的，其中细胞壁作为扩散障碍是阻止胞内产物向外分泌的主要原因之一。因此，若能除去细胞壁这一扩散障碍，就有可能使较多的胞内产物分泌到细胞外。为此，人们进行了固定化原生质体技术的研究。1986年开始，笔者等采用固定化原生质体生产碱性磷酸酶、葡萄糖氧化酶、谷氨酸脱氢酶等的研究相继取得成功，为胞内酶连续生产开辟了新途径。

酶的性质和催化功能是由酶分子的特定结构决定的。如果酶分子的结构发生改变，就可能引起酶的性质和催化功能的改变。

通过各种方法使酶分子的结构发生某些改变，从而改变酶的某些特性和功能的技术过程称为酶分子修饰。20世纪80年代以来，酶分子修饰技术发展很快，修饰方法主要有酶分子主链修饰、酶分子侧链基团修饰、酶分子组成单位置换修饰、酶分子中金属离子置换修饰和物理修饰等。广义来说，酶的固定化技术也属于酶分子修饰技术的一种。两者的主要区别在于固定化酶是水不溶性的，而修饰酶则仍旧是水溶性的。通过酶分子修饰，可以提高酶的催化效率，增强酶的稳定性，消除或降低酶的抗原性等。所以，酶分子修饰技术已经成为酶工程中具有重要意义和广阔应用前景的研究、开发领域。尤其是20世纪80年代中期发展起来的蛋白质工程，已把酶分子修饰与基因工程技术结合在一起。通过基因定点突变技术，可把酶分子修饰后的信息储存于DNA之中，经过基因克隆和表达，就可以通过生物合成的方法不断获得具有新的特性和功能的酶，使酶分子修饰展现出更广阔的前景。

1984年，克利巴诺夫（Klibanov）等进行了有机介质中酶的催化作用的研究，发现脂肪酶在有机介质中不但具有催化活性，而且具有很高的热稳定性，改变了酶只能在水溶液中进行催化的传统观念。此后，有机介质中催化的研究迅速发展。与水溶液中酶的催化相比，酶在有机介质中的催化具有提高非极性底物或产物的溶解度、进行在水溶液中无法进行的合成反应、减少产物对酶的反馈抑制作用、提高手性化合物不对称反应的对映体选择性等显著特点，具有重要的理论意义和应用前景。

20世纪90年代以来，随着易错PCR（error-prone PCR）技术、DNA重排（DNA shuffling）技术、基因家族重排（gene family shuffling）技术等体外基因随机突变技术及各种高通量筛选（high-throughput screening）技术的发展，酶定向进化（enzyme directed evolution）、酶理性设计、酶半理性设计技术已经发展成为改进酶催化特性的强有力手段。

（1）酶定向进化技术是模拟自然进化过程（随机突变和自然选择等），在体外进行基因的随机突变，建立突变基因文库，通过人工控制条件的特殊环境，定向选择得到具有优良特性的酶的突变体的技术过程。2018年，作为酶催化领域，尤其是分子定向进化的先驱，弗朗西斯·阿诺德（Frances H. Arnold）因研究酶的定向进化而获得了诺贝尔化学奖。

酶定向进化不需要事先了解酶的结构、催化功能、作用机制等有关信息，应用面广；在体外人为地进行基因的随机突变，短时间内可以获得大量不同的突变基因，建立突变基因文库；在人工控制条件的特殊环境中进行定向选择，进化方向明确，目的性强。酶的定向进化是一种快速有效地改进酶的催化特性（底物特异性、催化活性、稳定性、对映体选择性等）的手段，通过酶的定向进化，有可能获得具有优良特性的新酶分子，酶定向进化已经成为酶工程研究的热点。

（2）酶半理性设计是在结构或功能知识的基础上，在人工选定位置或区域内进行随机突变，创建一个小而精确的突变库。

（3）酶理性设计需要充分了解酶的空间结构和催化机制，通过计算机预测某位点突变对催化性能的影响，从而对酶蛋白改造进行设计指导和虚拟筛选，进而对酶的结构进行精准调控。近年来，随着计算机技术的快速发展，计算机辅助设计和机器学习设计、从头设计等技术将为酶智能化改造提供更加有力的工具。

延伸阅读1-2

推荐扫码阅读综述《酶工程：从人工设计到人工智能》。

中国科学院微生物研究所的吴边研究员团队通过使用人工智能计算技术，实现了自然界未曾发现的催化反应。如图1-15所示，研究者对芽孢杆菌来源的天冬氨酸酶进行了分子重设计，成功获得了一系列具有绝对位置选择性与立体选择性的人工β-氨基酸合成酶。

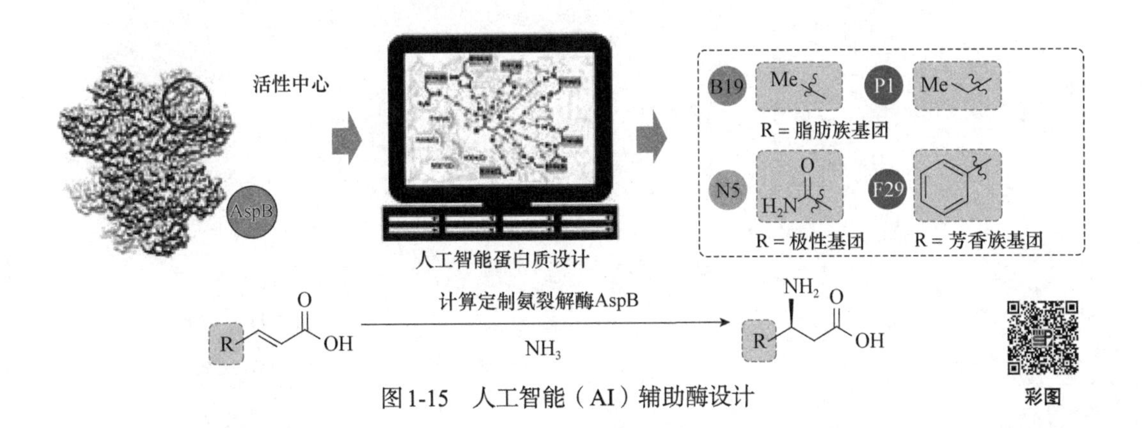

图1-15 人工智能（AI）辅助酶设计

经过100多年的发展，酶工程已经成为生物工程的主要内容之一，在世界科技和经济的发展中起着重要作用。今后随着工业生物技术的发展，酶工程将继续向纵深发展，显示出更为广阔的前景。

复习思考题

1. 何谓酶工程，试述其主要内容和任务。
2. 酶有哪些显著的催化特性?
3. 简述影响酶催化作用的主要因素。
4. 举例说明酶催化的绝对专一性和相对专一性。
5. 简述蛋白类酶和核酸类酶的分类和命名有何异同。
6. 简述酶活力单位的概念和测定酶活力的基本步骤。
7. 简述酶的定向进化、半理性设计、理性设计的区别。
8. 试述酶工程的发展概况与前景。

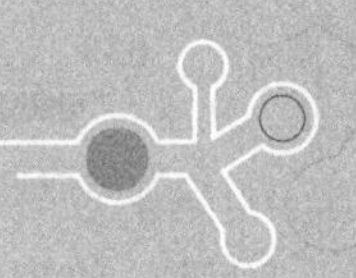

第二章 微生物发酵产酶

经过预先设计，通过人工操作，利用微生物的生命活动获得所需的酶的技术过程，称为酶的发酵生产。

酶的发酵生产是当今生产大多数酶的主要方法，这是因为微生物的研究历史较长，而且微生物具有种类多、繁殖快、易培养、代谢能力强等特点。

酶发酵生产的前提之一是根据产酶的需要，选育得到性能优良的微生物。一般来说，优良的产酶微生物应当具备下列条件：①酶的产量高；②产酶稳定性好；③容易培养和管理；④利于酶的分离纯化；⑤安全可靠、无毒性等。

语音讲解 2-1

关于“产酶微生物应当具备的条件”的语音讲解请扫描二维码。

酶的发酵生产根据微生物培养方式的不同，可以分为固体培养发酵、液体深层发酵、固定化微生物细胞发酵和固定化微生物原生质体发酵等。

1）固体培养发酵　固体培养发酵的培养基，以麸皮、米糠等为主要原料，加入其他必要的营养成分，制成固体或者半固体的麸曲，经过灭菌、冷却后，接种产酶微生物菌株，在一定条件下进行发酵，以获得所需的酶。我国传统的各种酒曲、酱油曲等都是采用这种方式进行生产的。其主要目的是获得所需的淀粉酶类和蛋白酶类，以催化淀粉和蛋白质的水解。固体培养发酵的优点是设备简单，操作方便，麸曲中酶的浓度较高，特别适用于各种霉菌的培养和发酵产酶；其缺点是劳动强度较大，原料利用率较低，生产周期较长。

2）液体深层发酵　液体深层发酵是采用液体培养基，置于生物反应器中，经过灭菌、冷却后，接种产酶细胞，在一定的条件下进行发酵生产，得到所需的酶。液体深层发酵不仅适合于微生物细胞的发酵生产，也可以用于植物细胞和动物细胞的培养。液体深层发酵的机械化程度较高，技术管理较严格，酶的产率较高，质量较稳定，产品回收率较高，是目前酶发酵生产的主要方式。

3）固定化微生物细胞发酵　固定化微生物细胞发酵是20世纪70年代后期在固定化酶的基础上发展起来的发酵技术。固定化细胞是指固定在水不溶性的载体上，在一定的空间范围内进行生命活动（生长、繁殖和新陈代谢等）的细胞。固定化细胞发酵具有如下特点：①细胞密度大，可提高产酶能力；②发酵稳定性好，可以反复使用或连续使用较长的时间；③细胞固定在载体上，流失较少，可以在高稀释率的条件下连续发酵，利于连续化、自动化生产；④发酵液中含菌体较少，利于产品分离纯化，提高产品质量等。

延伸阅读 2-1

推荐扫码阅读综述《凝胶珠固定化细胞发酵研究进展》。

4）固定化微生物原生质体发酵　固定化微生物原生质体发酵是20世纪80年代中期发展起来的技术。固定化原生质体是指固定在载体上，在一定的空间范围内进行新陈代谢的原生质体。固定化微生物原生质体发酵具有下列特点：①固定化原生质体由于除去了细胞壁这一扩散屏障，有利于胞内物质透过细胞膜分泌到细胞外，可以使原来属于胞内产物的胞内酶等分泌到细胞外，这样就可以不经过细胞破碎和提取工艺，直接从发酵液中分离得到所需的发酵产物，为胞内酶等胞内物质的工业化生产开辟崭新的途径；②采用固定化原生质体发酵，使原来存在于细胞间质中的物质，如碱性磷酸酶等，游离到细胞外，变为胞外产物；③固定化原生质体由于有载体的保护作用，稳定性较好，可以连续或重复使用较长的一段时间。然而固定化原生质体的制备较复杂，培养基中需要维持较高的渗透压，还要防止细胞壁的再生等，都是有待研究解决的课题。

第一节 微生物细胞中酶生物合成的调节

已经发现的酶有几千种，可以分为两大类别：蛋白类酶和核酸类酶。酶的生物合成主要是指细胞内RNA和蛋白质的合成过程。生物体的所有遗传信息，除了一部分RNA病毒以外，都储存在遗传信息载体DNA分子中。1958年，克里克（Crick）提出中心法则，他认为在通常的细胞中，遗传信息的传递方向如下：

$$\text{DNA} \xrightarrow{\text{转录}} \text{RNA} \xrightarrow{\text{翻译}} \text{蛋白质}$$

某种细胞要合成某种酶分子，首先该细胞的DNA分子中必须存在该酶所对应的基因。根据中心法则，DNA分子可以通过复制，生成具有与原有DNA相同遗传信息的新的DNA分子，再通过转录把遗传信息传递给RNA，然后通过翻译成为多肽链。

生成的RNA或多肽链经过加工、组装而成为具有完整空间结构的酶分子。

细胞内酶的生物合成要经过一系列的步骤，需要诸多因素的参与，在转录和翻译过程中，许多因素都对酶的生物合成起到调节控制作用。

根据微生物细胞生长与产酶的关系，酶的生物合成有同步合成型（生长偶联型）、中期合成型、延续合成型和滞后合成型（非生长偶联型）4种模式，不同合成模式的酶，其生物合成过程的调节方式有所不同。

一、酶生物合成的基本过程

（一）RNA的生物合成——转录

转录是以DNA为模板，以核苷三磷酸为底物，在依赖于DNA的RNA聚合酶（转录酶）的作用下，生成RNA的过程。RNA的转录过程主要包括三个步骤，即转录的起始、RNA链的延伸和RNA链合成的终止。在原核生物和真核生物中，除了转录酶、转录的调节及转录生成的RNA前体的加工以外，转录过程大致相同。现以大肠杆菌的转录为例，说明转录的主要过程。

1. 转录的起始 RNA生物合成的起始位点是在DNA的启动基因（启动子）上，识别启动基因的任务由σ因子完成。所以，只有带σ因子的全酶才能与DNA分子中的启动基因结合，选择其中一条链为模板进行RNA的生物合成。σ因子是转录起始所必需的，故又称为启动因子，起始以后，σ因子的任务完成，接着进行的RNA链的延伸则由核心酶催化进行。

转录起始阶段的主要过程如下。

（1）全酶的形成：核心酶与σ因子结合成为全酶。

（2）酶与模板结合：全酶与模板DNA结合生成不稳定的复合物，全酶可沿着模板DNA

移动，寻找识别位点。

（3）酶与启动基因结合：全酶与模板DNA的启动基因结合，生成酶与启动基因的复合物。

（4）模板DNA局部变性：DNA的双螺旋部分解链。

（5）转录开始：全酶移至转录起点，生成稳定的酶-DNA复合物，按照碱基互补原则结合进第一个核苷三磷酸，转录正式开始，σ因子释放出来。研究表明，第一个结合进去的核苷三磷酸几乎都是嘌呤核苷酸（ATP或GTP）。

2. RNA链的延伸 随着第一个核苷三磷酸的结合，起始阶段即告结束，随即进入RNA链的延伸阶段。

从起始阶段到延伸阶段，RNA聚合酶分子的构象发生变化，原来含有σ因子的全酶随着σ因子的释放而成为核心酶。核心酶可以沿着模板DNA分子移动。

在RNA链的延伸阶段，核心酶沿着模板DNA移动，DNA的双链逐渐解旋，按照模板上的碱基顺序，逐个加入与其互补的核苷三磷酸，通过3′,5′-磷酸二酯键聚合生成多聚核苷酸链，同时放出焦磷酸。生成的多聚核苷酸链与模板立即分开，DNA分子原来解开的两条链又重新缠绕形成双螺旋，如图2-1所示。

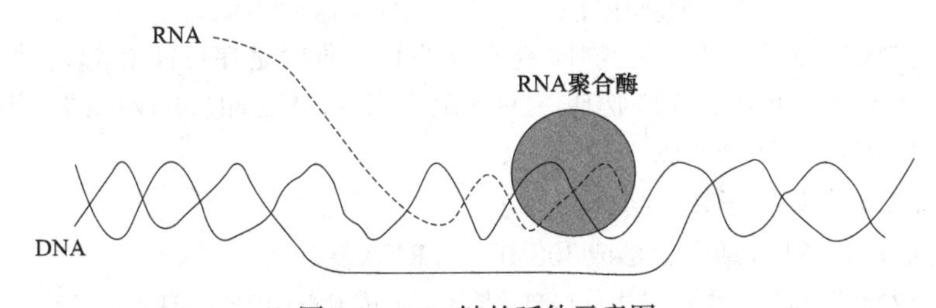

图2-1 RNA链的延伸示意图

3. RNA链合成的终止 模板DNA分子上每一个基因或每一个操纵子都含有一个终止信号——终止子，或称为终止基因。当RNA聚合酶转录到达这个信号时，合成的RNA分子及RNA聚合酶与模板DNA分离，RNA链的合成便被终止。

4. RNA前体的加工 经过转录获得的产物并非成熟的RNA分子，而是RNA前体。RNA前体一般比成熟的RNA分子大，而且缺少成熟RNA所必需的一些要素，如稀有碱基、5′端及3′端的某些基团等，在真核生物的RNA前体中往往还含有内含子。因此，细胞内所有新合成的RNA（tRNA、mRNA和rRNA）前体都必须经过加工才能变成成熟的RNA分子。RNA前体的加工包括一系列酶的催化反应，这些酶反应主要包括剪切反应、剪接反应、末端连接反应和核苷修饰反应等。

（二）蛋白质的生物合成——翻译

以mRNA为模板，以各种氨基酸为底物，在核糖核蛋白体上通过各种tRNA、酶和辅因子的作用，合成多肽链的过程称为翻译。翻译是将mRNA分子上的碱基排列次序转变为多肽链上氨基酸排列次序的过程。不同的生物，其蛋白质的生物合成过程虽然有些差别，但是基本过程均包括氨基酸活化、肽链合成的起始、肽链的延伸、肽链合成的终止及新生肽链（即蛋白质前体）的加工等。

1. 氨基酸活化生成氨酰tRNA 氨基酸在氨酰tRNA合成酶的催化作用下，由ATP提供能量，与特定的tRNA结合生成氨酰tRNA。其反应如下：

$$\text{AA（氨基酸）}+\text{tRNA}+\text{ATP}\xrightarrow{\text{氨酰tRNA合成酶}}\text{AA-tRNA（氨酰tRNA）}+\text{AMP}+\text{PPi}$$

这个反应实际上分两步完成。第一步是氨基酸活化生成氨酰腺苷酸-酶复合物。

$$\text{AA}+\text{ATP}+\text{E（酶）}=\!=\!=\text{E-AA-AMP}+\text{PPi}$$

第二步是氨酰基转移到tRNA 3′端的羟基上，生成氨酰tRNA，同时使酶游离出来。

$$\text{E-AA-AMP}+\text{tRNA}=\!=\!=\text{AA-tRNA}+\text{E}+\text{AMP}$$

氨酰tRNA合成酶具有识别氨基酸和识别其对应的tRNA的功能。每一种氨基酸至少有一种氨酰tRNA合成酶，有些氨基酸可以有多种与其对应的氨酰tRNA合成酶。

对于真核生物，肽链合成时的第一个氨基酸是甲硫氨酸，起始tRNA是Met-tRNA^{Met}。而大肠杆菌等原核生物，其肽链合成时的第一个氨基酸是甲酰甲硫氨酸，起始tRNA是fMet-tRNA^{f}，它是在氨酰tRNA合成酶催化甲硫氨酸与tRNA^{f}结合后，再在甲酰转移酶的作用下，经甲酰化而生成甲酰甲硫氨酰tRNA^{f}。

$$\text{Met}+\text{tRNA}^{\text{f}}+\text{ATP}\xrightarrow{\text{氨酰tRNA合成酶}}\text{Met-tRNA}^{\text{f}}+\text{AMP}+\text{PPi}$$

$$\text{Met-tRNA}^{\text{f}}\xrightarrow{\text{甲酰转移酶}}\text{fMet-tRNA}^{\text{f}}$$

2. 肽链合成的起始 原核生物肽链合成的起始阶段是在GTP和起始因子（initiation factor，IF）的参与下，核糖体30S亚基、fMet-tRNA^{f}、mRNA和50S亚基结合组成起始复合物的过程。主要包括以下5个步骤。

（1）30S亚基与起始因子IF-3结合。

（2）30S亚基与mRNA结合，形成30S-IF-3-mRNA复合物。

（3）fMet-tRNA^{f}与起始因子IF-2及GTP结合，生成fMet-tRNA^{f}-IF-2-GTP。

（4）在起始因子IF-1的参与下，fMet-tRNA^{f}-IF-2-GTP与30S-IF-3-mRNA结合生成30S起始复合物。在此30S起始复合物中，fMet-tRNA^{f}上的反密码子正好与mRNA上的起始密码子AUG结合。

（5）50S亚基与上述30S起始复合物结合，形成完整的70S核糖体。同时放出IF-1、IF-2、IF-3，并使GTP水解生成GDP和Pi。在此70S核糖体形成时，fMet-tRNA^{f}位于70S核糖体的“P”位（肽酰基位），而它的“A”位（氨酰基位）是空位。

原核生物肽链合成的起始阶段如图2-2所示。

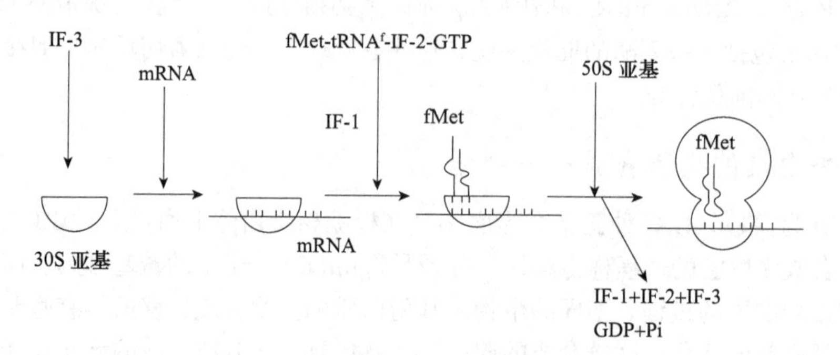

图2-2 原核生物肽链合成的起始阶段

3. 肽链的延伸 在延伸因子（elongation factor，EF；原核细胞进行翻译时需要三种延伸因子，EF-Tu、EF-Ts和EFG，其中前两者可以复合为EF-T）的参与下，与mRNA上的密码子对应的氨酰tRNA进入核糖体的A位；通过肽基转移酶（peptidyl transferase）的作用，P位上fMet-$tRNA^f$的甲酰甲硫氨酰基转移到A位氨酰tRNA的氨基上以肽键结合，形成肽酰tRNA；接着，mRNA与核糖体相对移动一个密码子（3个碱基）的距离，A位上的肽酰tRNA转移至P位，而原来在P位的$tRNA^f$游离出去；然后根据mRNA上的密码子编排，下一个氨酰tRNA进入A位，再重复上述的转肽和移位过程，使肽链不断延伸，直至终止密码子为止。

肽链的延伸过程主要包括以下4个步骤。

（1）延伸因子EF-T与氨酰tRNA（AA_1-$tRNA^1$）及GTP结合生成复合物。

（2）AA_1-$tRNA^1$进入核糖体的A位，同时放出EF-T，GTP水解生成GDP和Pi。

（3）肽基转移酶将P位fMet-$tRNA^f$的fMet转至A位AA_1-$tRNA^1$的氨基上，以肽键结合生成肽酰tRNA（fMet-AA_1-$tRNA^1$）。

（4）在延伸因子EF-G和GTP的参与下，mRNA与核糖体相对移动一个密码子的距离，使原来在A位上的肽酰tRNA（fMet-AA_1-$tRNA^1$）移位至P位，A位又成为空位，同时放出EF-G、GDP、Pi和$tRNA^f$。

然后，下一个氨酰tRNA（AA_2-$tRNA^2$）进入A位，重复上述步骤（3）～（4），使肽链不断延伸，直至终止因子为止。肽链的延伸过程如图2-3所示。

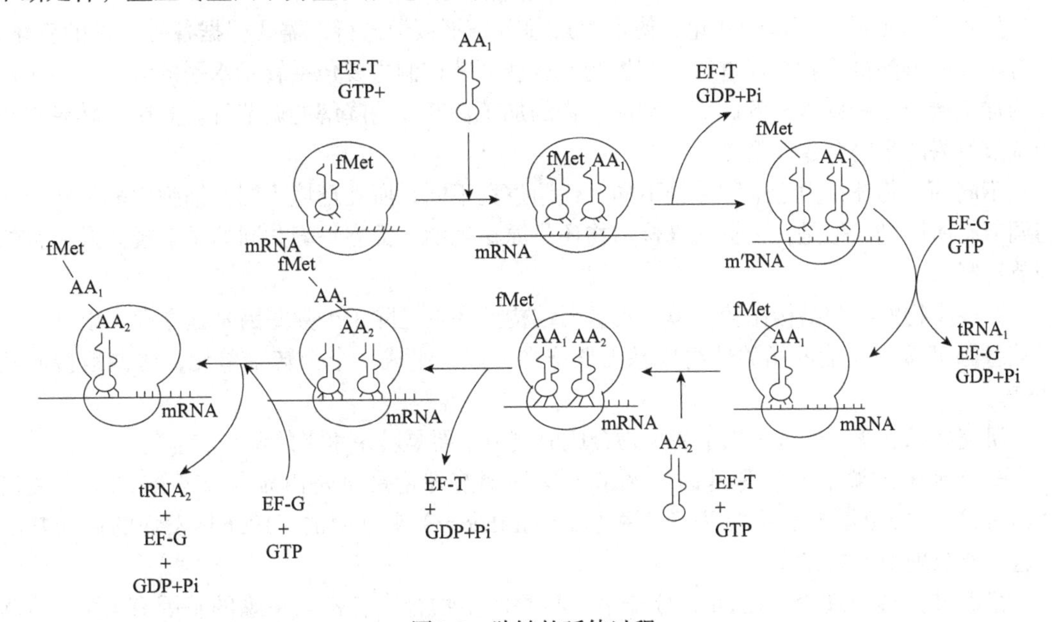

图2-3 肽链的延伸过程

4. 肽链合成的终止 随着肽链的延伸，mRNA与核糖体在不断地相对移动。当mRNA分子中的终止密码子（UAA、UAG、UGA）移动到核糖体的A位时，没有相应的氨酰tRNA进入，此时释放因子（release factor，RF）进入A位与终止密码子结合。

有研究表明，释放因子有两种。其中，RF-1可与UAA或UAG结合，而RF-2可与UAA或UGA结合。

在释放因子进入核糖体的A位后，已经合成的肽链从P位移至A位时，就被释放出来。

随之核糖体解离成两个亚基，可以用于下一次肽链的合成。

5. 蛋白质前体的加工 新合成的多肽链必须经过加工修饰才能成为有功能的蛋白质。主要的加工修饰过程包括N端甲酰甲硫氨酸或甲硫氨酸的切除、二硫键的形成、肽链的剪切、氨基酸侧链修饰、肽链的折叠和亚基的聚合等。经过加工后的蛋白质才具有完整的空间结构。

二、酶生物合成的调节

每一个生物细胞都可以在一定的条件下合成多种多样的酶。有的酶在细胞中的量比较恒定，环境因素对这些酶的合成速率影响不大，这类酶称为组成型酶（constitutive enzyme），如DNA聚合酶、RNA聚合酶、糖酵解途径的各种酶等。而有些酶在细胞中的含量却变化很大，其合成速率明显受到环境因素的影响，这类酶称为适应型酶（adaptive enzyme）或调节型酶（regulated enzyme）。例如，大肠杆菌β-半乳糖苷酶在不含β-半乳糖苷的环境中，每个细胞只有1～6个酶分子，而在含有β-半乳糖苷的环境中生长的细胞，每个细胞中该酶的量可以达到几千个分子。

酶的生物合成要经过一系列的步骤，需要诸多因素的参与。所以，在转录和翻译过程中，许多因素都对适应型酶的生物合成产生影响。

生物体为了适应环境的变化，使代谢过程有条不紊地进行，需要根据各种条件的变化，对各种适应型酶的生物合成进行调节控制。这些调节控制主要包括转录水平的调节、转录产物的加工调节、翻译水平的调节、翻译产物的加工调节和酶降解的调节等。其中，转录水平的调节对酶的生物合成最重要。

不同的生物体，由于细胞结构不同，代谢过程不同，所处环境不同，细胞中酶生物合成的调节有所区别。但是，不管是真核生物还是原核生物，都有一套共同的调节规律及完整的调节机制。

原核生物的细胞结构比较简单，其基因结构的特点是除了少数基因是独立存在以外，大多数基因都按照功能的相关性组成基因群连在一起，组成一个个转录单元，协调地控制其转录。

研究结果表明，原核生物中酶生物合成的调节主要是转录水平的调节。

转录水平的调节又称为基因的调节。这种调节理论最早是由雅各布（Jacob）和莫诺（Monod）于1960年提出的操纵子学说（operon theory）来阐明的。1966年发现的启动基因使这一调节理论不断完善。

根据基因调节理论，在DNA分子中，与酶的生物合成有密切关系的基因有4种，即调节基因（regulator gene）、启动基因（promoter gene）、操纵基因（operator gene）和结构基因（structural gene）。

结构基因与多肽链有各自的对应关系。结构基因上的遗传信息可以转录成为mRNA上的遗传密码，再经翻译成为酶蛋白的多肽链，每一个结构基因对应一条多肽链。

操纵基因可以与调节基因产生的变构蛋白（阻遏蛋白）中的一种结构结合，从而操纵酶生物合成的时机和合成速度。

启动基因决定酶的合成能否开始。启动基因由两个位点组成，一个是RNA聚合酶的结合位点，另一个是环腺苷酸（cyclic AMP，cAMP）与CAP组成的复合物（cAMP-CAP）的结合位点。CAP是指环腺苷酸受体蛋白（cAMP acceptor protein）或分解代谢物活化剂蛋白（catabolite activator protein）。只有到达启动基因的位点时，RNA聚合酶才能结合到其在启动基因上的相应位点上，转录才有可能开始，否则酶就无法开始合成。

调节基因可以产生一种阻遏蛋白。阻遏蛋白是一种由多个亚基组成的变构蛋白，它可以通过与某些小分子效应物（诱导物或阻遏物）的特异结合而改变其结构，从而改变它与操纵基因的结合力。当阻遏蛋白与操纵基因结合时，由于空间排挤作用，RNA聚合酶就无法结合到启动基因的位点上，也无法进入结构基因的位置进行转录，因而无法将DNA上的遗传信息转录到mRNA分子上，酶的生物合成也就无法进行。只有当阻遏蛋白与效应物结合，改变结构而不与操纵基因结合时，RNA聚合酶才能结合到启动基因的位点上进行转录，使结构基因所对应的酶进行生物合成。

结构基因与操纵基因、启动基因一起组成操纵子（operon）。原核生物中，操纵子有两种类型，即诱导型和阻遏型。诱导型操纵子（inducible operon）在无诱导物的情况下，其基因的表达水平很低或不表达，只有在诱导物存在的条件下，才能转录生成mRNA，进而合成酶，如乳糖操纵子（Lac operon）就是典型的诱导型操纵子。阻遏型操纵子（repressible operon）在无阻遏物的情况下，基因正常表达，当有阻遏物存在时转录受到阻遏，如色氨酸操纵子（Trp operon）等。此外，启动基因位点上cAMP-CAP复合物的结合与否，也对酶的生物合成起到调节作用。所以，转录水平的调节主要有3种模式，即分解代谢物阻遏作用、酶生物合成的诱导作用和酶生物合成的反馈阻遏作用。

研究表明，乳糖操纵子等诱导型操纵子，同时具有分解代谢物阻遏作用和酶生物合成的诱导作用，而色氨酸操纵子等阻遏型操纵子同时具有操纵基因的调节和衰减子的调节两种反馈阻遏作用。

1. 分解代谢物阻遏作用　分解代谢物阻遏作用是指某些物质（主要是指葡萄糖和其他容易利用的碳源等）经过分解代谢产生的物质阻遏某些酶（主要是诱导酶）生物合成的现象。例如，葡萄糖阻遏β-半乳糖苷酶的生物合成，果糖阻遏α-淀粉酶的生物合成等。

动画演示2-1

请扫码查看“分解代谢物阻遏作用”的动画演示。

分解代谢物阻遏作用之所以产生，是由于某些物质（如葡萄糖等）经过分解代谢放出能量，有一部分能量储存在ATP中。ATP是由AMP和ADP通过磷酸化作用生成的。这样细胞内ATP浓度增加，就使AMP的浓度降低。存在于细胞内的cAMP就通过磷酸二酯酶的作用水解生成AMP。

$$\mathrm{cAMP} + \mathrm{H_2O} \xrightarrow{\text{磷酸二酯酶}} \mathrm{AMP}$$

同时，腺苷酸环化酶的活化受到抑制而使cAMP的生成受阻，从而导致细胞内cAMP的浓度降低。这就必然使cAMP-CAP复合物的浓度随之降低。结果启动基因的相应位点上没有足够的cAMP-CAP复合物结合，RNA聚合酶也就无法结合到其在启动基因的相应位点上，转录无法进行，酶的生物合成受到阻遏。

随着细胞生长和新陈代谢的进行，ATP的浓度降低，细胞内ADP、AMP和cAMP的浓度增加，当cAMP的浓度增加到一定水平时，cAMP-CAP复合物结合到启动基因的特定位点上，RNA聚合酶也随之结合到相应的位点上，酶的生物合成才有可能进行。

由此可见，分解代谢物阻遏作用及该阻遏作用的解除，实质上是cAMP通过启动基因对酶生物合成进行调节控制。

为此，在培养环境中控制好某些容易降解物质的量，或在必要时添加一定量的cAMP，均可减少或解除分解代谢物阻遏作用。

2. 酶生物合成的诱导作用 加入某些物质使酶的生物合成开始或加速进行的现象，称为酶生物合成的诱导作用，简称为诱导作用。

能够引起诱导作用的物质称为诱导物（inducer）。诱导物一般是酶催化作用的底物或其底物类似物。例如，β-半乳糖苷酶的作用底物乳糖及其底物类似物异丙基-β-D-硫代半乳糖苷（IPTG）诱导β-半乳糖苷酶的生物合成；蔗糖及蔗糖甘油单棕榈酸酯诱导蔗糖酶的生物合成等。有些酶也可由其催化反应产物诱导产生。例如，半乳糖醛酸是果胶酶催化果胶水解的产物，它也可以作为诱导剂，诱导果胶酶的产生；纤维二糖作为纤维素酶的催化反应产物可诱导纤维素酶的生物合成等。

动画演示 2-2

请扫码查看“酶合成的诱导作用”的动画演示。

一般来说，不同的酶有各自不同的诱导物。但有些诱导物可以诱导同一酶系的若干种酶，如β-半乳糖苷可以同时诱导β-半乳糖苷酶、透过酶和β-半乳糖乙酰化酶。而一种酶通常有多种诱导物，可以根据需要进行选择。

乳糖操纵子中酶生物合成的诱导作用过程如图2-4所示。

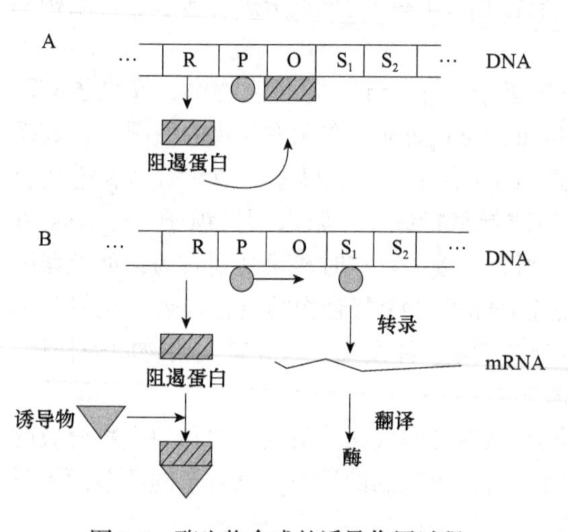

图2-4 酶生物合成的诱导作用过程

A. 无诱导物；B. 添加诱导物

从图2-4中可以看到，在无诱导物时，调节基因（R）产生的阻遏蛋白与操纵基因（O）的结合力较强。由于RNA聚合酶的结合位点与阻遏蛋白的结合位点互相重叠，当阻遏蛋白与其结合位点结合时，就把RNA聚合酶结合位点覆盖起来，在空间上排挤RNA聚合酶，使之脱离启动基因（P）部位，使结构基因（S）无法进行转录，酶的生物合成受阻（图2-4A）。

当培养基中以乳糖为唯一碳源时，细胞吸收乳糖转变为别乳糖。别乳糖作为诱导物与阻遏蛋白结合，使阻遏蛋白的结构发生改变，从而使它与操纵基因的结合力减弱，阻遏蛋白不能与操纵基因结合，就使RNA聚合酶可以与启动基因结合，进行转录而合成结构基因所对应的酶（图2-4B）。

除了在乳糖操纵子中存在上述分解代谢物阻遏作用和酶生物合成的诱导作用以外，半乳糖操纵子（Gal operon）、阿拉伯糖操纵子（Ara operon）等也具有相同的调节机制。

3. 酶生物合成的反馈阻遏作用 酶生物合成的反馈阻遏作用又称为产物阻遏作用，是指酶催化反应的产物或代谢途径的末端产物使该酶的生物合成受到阻遏的现象。

引起反馈阻遏作用的物质称为阻遏物（repressor）。阻遏物一般是酶催化反应的产物或是代谢途径的末端产物。例如，无机磷酸是碱性磷酸酶催化磷酸单酯水解的产物，它的过量存在会阻遏碱性磷酸酶的生物合成；色氨酸是色氨酸合成途径的终产物，它的过量积累却反过来对其合成途径中的4种酶（邻氨基苯甲酸合成酶、磷酸核糖邻氨基苯甲酸转移酶、磷酸核糖邻氨基苯甲酸异构酶和色氨酸合成酶）的生物合成均起反馈阻遏作用。

操纵基因的调节是通过调节基因产生的阻遏蛋白与操纵基因的相互作用来实现的。酶生物合成的反馈阻遏作用过程如图2-5所示。

如图2-5所示，以色氨酸操纵子为例，在没有阻遏物存在时，调节基因（R）产生的阻遏蛋白与操纵基因（O）的亲和力弱，不能与操纵基因结合，所以RNA聚合酶可以结合到其在启动基因的位点上，进行转录，而合成结构基因（S）所对应的酶（图2-5A）。

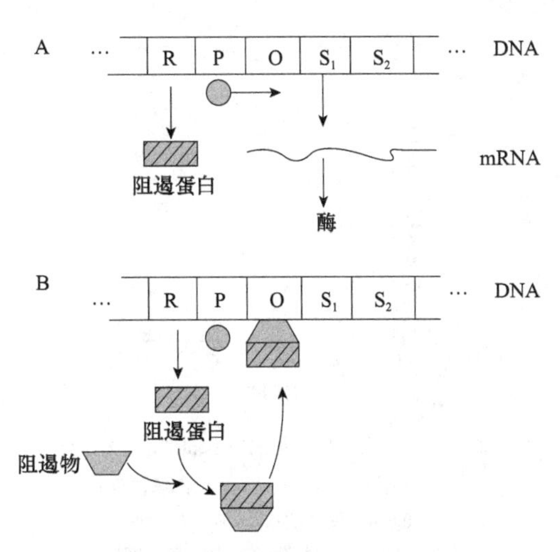

图2-5 酶生物合成的反馈阻遏作用过程

A. 无阻遏物；B. 有阻遏物

以色氨酸操纵子为例，当环境中色氨酸浓度增加，阻遏物达到一定浓度时，阻遏蛋白与阻遏物结合，使其结构发生改变，从而使阻遏蛋白与操纵基因的结合力增强。阻遏蛋白与操纵基因结合，就排挤RNA聚合酶与启动基因的结合，使转录无法进行，酶的生物合成因此受到阻遏（图2-5B）。

除了色氨酸操纵子以外，组氨酸操纵子（His operon）、苯丙氨酸操纵子（Phe operon）、亮氨酸操纵子（Leu operon）、苏氨酸操纵子（Thr operon）、异亮氨酸操纵子（Ile operon）等操纵子中也存在操纵基因调节作用。这些操纵子的前导序列均可在代谢途径终产物过量积累时转录生成前导mRNA并翻译生成前导肽。

前导肽有一个共同特点，就是都含有若干个相应的氨基酸残基。例如，色氨酸操纵子可以转录后翻译生成由14个氨基酸组成的前导肽，其中含有2个连续的色氨酸残基；苯丙氨酸操纵子生成的由15个氨基酸残基组成的前导肽中，有7个连续的苯丙氨酸等。

三、酶生物合成的模式

微生物细胞在一定条件下培养生长，其生长过程一般经历调整期、生长期、平衡期和衰退期4个阶段（图2-6）。

通过分析比较细胞生长与酶浓度的关系，可以把酶生物合成的模式分为4种类型，即同步合成型、延续合成型、中期合成型和滞后合成型（图2-7）。

现将酶合成的4种模式分述如下。

1. 同步合成型 同步合成型是酶的生物合成与细胞生长同步进行的一种酶生物合成模式。该类型酶的生物合成速度与细胞生长速度紧密联系，又称为生长偶联型。属于该合成型的酶，其生物合成伴随着细胞的生长而开始；在细胞进入旺盛生长期时，大量生成酶；当细胞生长进入平衡期后，酶的合成随之停止。大部分组成酶的生物合成属于同步合成型，有部分诱导酶也按照此种模式进行生物合成。例如，米曲霉在含有单宁或者没食子酸的培养基中生长，在单宁或没食子酸的诱导作用下，合成单宁酶或称为鞣酸酶（tannase，EC 3.1.1.20）。

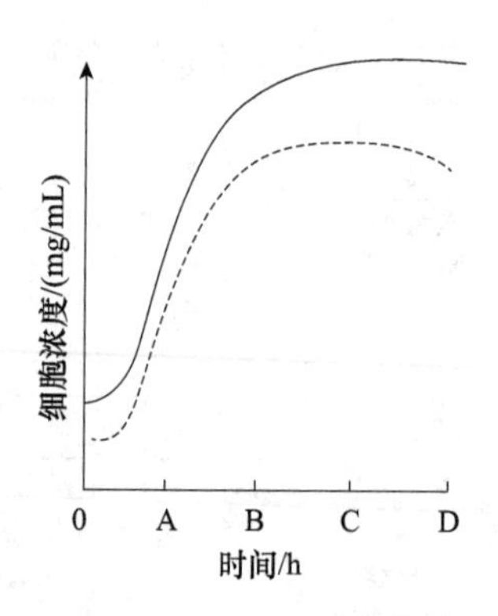

图2-6 细胞生长曲线

——总细胞浓度；--------活细胞浓度；

0～A．调整期；A～B．生长期；

B～C．平衡期；C～D．衰退期

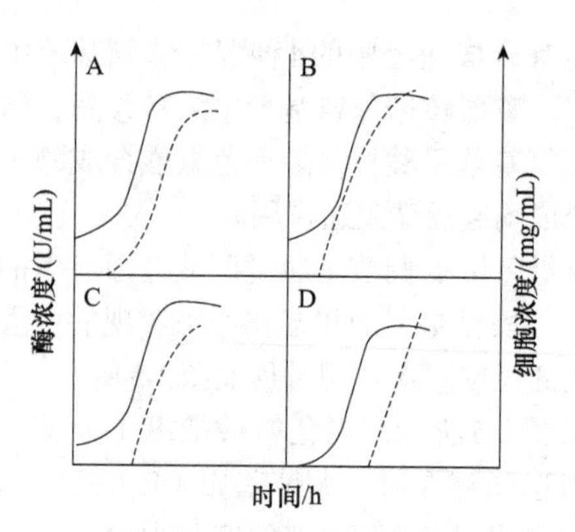

图2-7 酶生物合成的模式

——细胞浓度；--------酶浓度；

A．同步合成型；B．延续合成型；

C．中期合成型；D．滞后合成型

从米曲霉单宁酶生物合成曲线（图2-8）可以看出，该酶的生物合成与细胞生长同步，属于同步合成型。

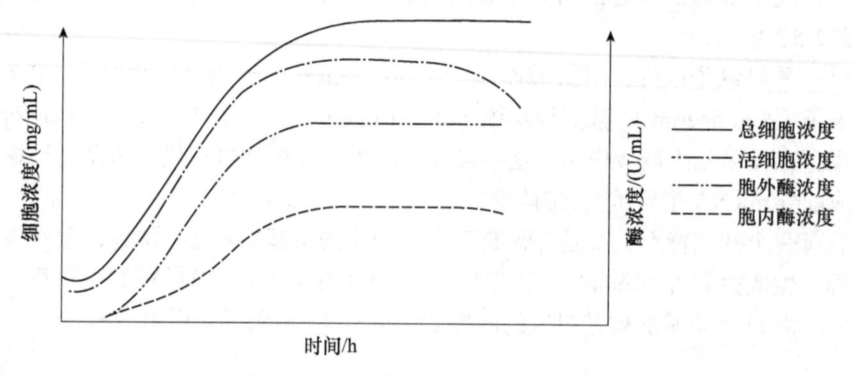

图2-8 米曲霉单宁酶生物合成曲线

该类型酶的生物合成可以由其诱导物诱导生成，但是不受分解代谢物的阻遏作用，也不受产物的反馈阻遏作用。

研究表明，该类型酶对应的mRNA很不稳定，其寿命一般只有几十分钟。在细胞进入生长平衡期后，新的mRNA不再生成，原有的mRNA被降解后，酶的生物合成随即停止。

2. 延续合成型 延续合成型是酶的生物合成在细胞的生长阶段开始，在细胞生长进入平衡期后，酶还可以延续合成一段较长时间的一种酶生物合成模式。属于该类型的酶可以是组成酶，也可以是诱导酶。例如，当黑曲霉在以半乳糖醛酸或果胶为单一碳源的培养基中培养时，可以诱导聚半乳糖醛酸酶（polygalacturonase，EC 3.2.1.15）的生物合成。当以半乳糖醛酸或纯果胶为诱导物时，该酶的生物合成曲线如图2-9A所示。

从图2-9A可以看到，以半乳糖醛酸为诱导物的情况下，培养一段时间以后（图中约40h），细胞生长进入旺盛生长期，此时，聚半乳糖醛酸酶开始合成；当细胞生长达到平衡期

（图中约80h）后，细胞生长达到平衡，然而该酶却继续合成，直至120h以后，呈现延续合成型的生物合成模式。

而从图2-9B可以看到，当以含有葡萄糖的粗果胶为诱导物时，细胞生长速度较快，细胞浓度在20h达到高峰，但是聚半乳糖醛酸酶的生物合成由于受到分解代谢物阻遏作用而推迟开始合成的时间，直到葡萄糖被细胞利用完之后，该酶的合成才开始进行。若粗果胶中所含葡萄糖较多，酶就要在细胞生长达到平衡期以后才开始合成，呈现出滞后合成型的合成模式。

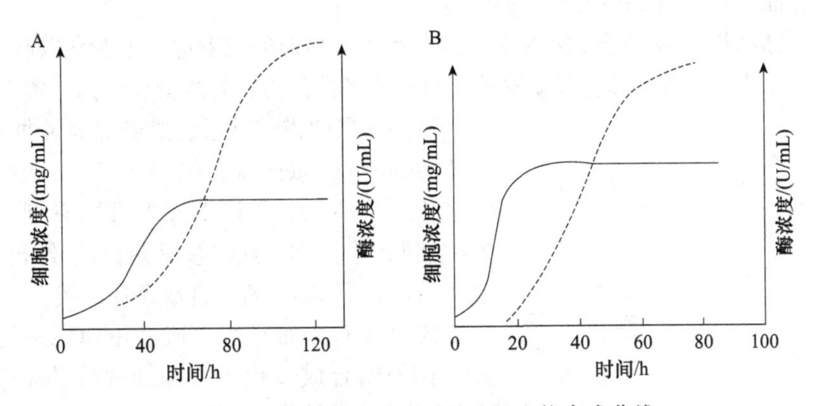

图2-9　黑曲霉聚半乳糖醛酸酶的生物合成曲线

——细胞浓度；--------酶浓度；

A．以半乳糖醛酸为诱导物；B．以含有葡萄糖的粗果胶为诱导物

由此可见，延续合成型的酶，其生物合成可以受诱导物的诱导，一般不受分解代谢物阻遏。该类酶在细胞生长达到平衡期以后仍然可以延续合成，说明这些酶对应的mRNA相当稳定，在平衡期以后相当长的一段时间内仍然可以通过翻译而合成其所对应的酶。有些酶对应的mRNA相当稳定，其生物合成又可以受到分解代谢物阻遏，则在培养基中没有阻遏物时，呈现延续合成型，而在有阻遏物存在时，转为滞后合成型。

3．中期合成型　中期合成型酶在细胞生长一段时间以后才开始合成，而在细胞生长进入平衡期以后，酶的生物合成也随之停止。例如，枯草杆菌碱性磷酸酶（alkaline phosphatase，EC 3.1.3.1）的生物合成模式属于中期合成型（图2-10）。

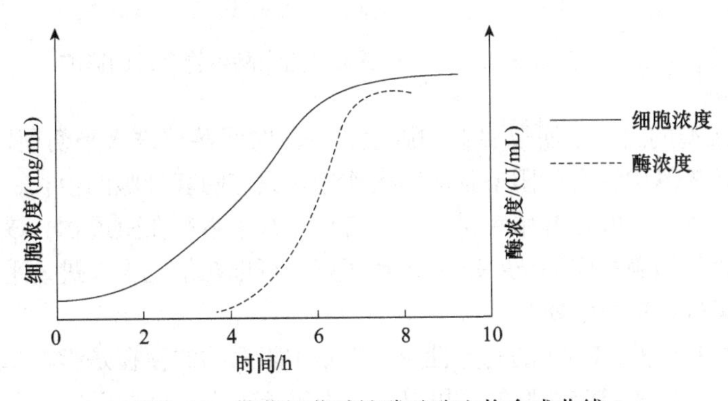

图2-10　枯草杆菌碱性磷酸酶生物合成曲线

这是由于该酶的合成受到其反应产物无机磷酸的反馈阻遏。而磷是细胞生长所必不可缺的营养物质，培养基中必须有磷的存在。这样，在细胞生长的开始阶段，培养基中的磷阻遏碱性磷酸酶的合成，只有当细胞生长一段时间，培养基中的磷几乎被细胞用完（低于0.01mmol/L）以后，该酶才开始大量生成。又由于碱性磷酸酶所对应的mRNA不稳定，其寿命只有30min左右，因此当细胞进入平衡期后，酶的生物合成随之停止。

中期合成型的酶具有的共同特点是：酶的生物合成受到产物的反馈阻遏作用或分解代谢物阻遏作用，而酶对应的mRNA稳定性较差。

4. 滞后合成型 滞后合成型酶是在细胞生长一段时间或者进入平衡期以后才开始其生物合成并大量积累，又称为非生长偶联型。许多水解酶的生物合成都属于这一类型。

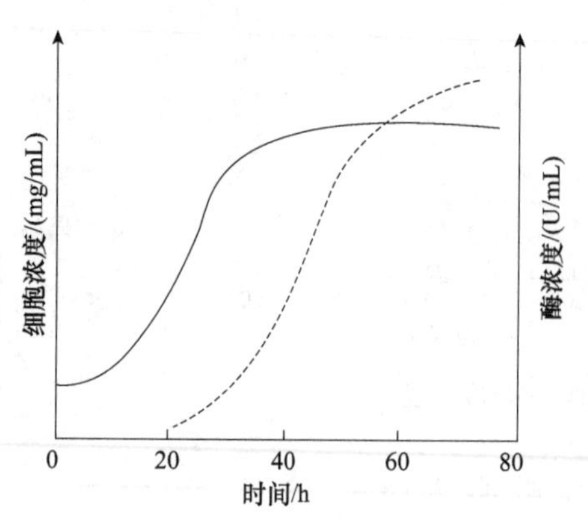

图2-11 黑曲霉羧基蛋白酶生物合成曲线

例如，黑曲霉羧基蛋白酶或称为黑曲霉酸性蛋白酶（carboxyl proteinase，EC 3.4.23.6）的生物合成曲线如图2-11所示。从图2-11中可以看到，细胞生长24h后进入平衡期，此时羧基蛋白酶才开始合成并大量积累。直至80h，酶的合成还在继续。

冈崎等对黑曲霉生产羧基蛋白酶进行过深入研究。在该酶合成过程中，添加放线菌素D，以抑制RNA的合成，结果如图2-12所示。在0h添加放线菌素D，添加几个小时以后，羧基蛋白酶的生物合成继续正常进行，说明该酶所对应的mRNA具有很高的稳定性。

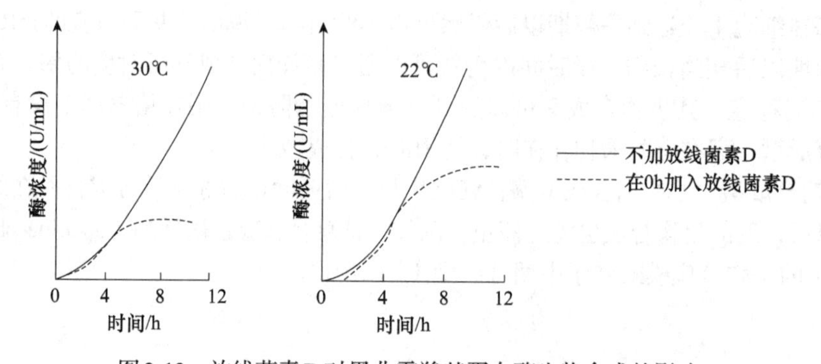

图2-12 放线菌素D对黑曲霉羧基蛋白酶生物合成的影响

属于滞后合成型的酶，之所以要在细胞生长一段时间甚至进入平衡期以后才开始合成，主要原因是受到培养基中存在的阻遏物的阻遏作用。只有随着细胞的生长，阻遏物几乎被细胞用完而使阻遏解除后，酶才开始大量合成。若培养基中不存在阻遏物，该酶的合成可以转为延续合成型。该类型酶对应的mRNA稳定性很好，可以在细胞生长进入平衡期后的相当长的一段时间内继续进行酶的生物合成。

综上所述，酶对应的mRNA的稳定性及培养基中阻遏物的存在是影响酶生物合成模式的主要因素。其中，mRNA稳定性好的，可以在细胞生长进入平衡期以后，继续合成其所对应的酶；mRNA稳定性差的，就随着细胞生长进入平衡期而停止酶的生物合成；不受培养基中存在的某些物质阻遏的，可以伴随着细胞生长而开始酶的合成；受到培养基中某些物质阻遏的，则要在细胞生长一段时间，甚至在平衡期后，酶才开始合成并大量积累。

在酶的发酵生产中，为了提高产酶率和缩短发酵周期，最理想的合成模式是延续合成型。因为属于延续合成型的酶，在发酵过程中没有生长期和产酶期的明显差别。细胞一开始生长就有酶产生，直至细胞生长进入平衡期以后，酶还可以继续合成一段较长的时间。

对于其他合成模式的酶，可以通过基因工程、细胞工程等先进技术，选育得到优良的菌株，并通过工艺条件的优化控制，使它们的生物合成模式更加接近于延续合成型。其中对于同步合成型的酶，要尽量提高其对应的mRNA的稳定性，为此适当降低发酵温度是可取的措施；对于滞后合成型的酶，要设法降低培养基中阻遏物的浓度，尽量减少甚至解除产物阻遏或分解代谢物阻遏作用，使酶的生物合成提早开始；而对于中期合成型的酶，则要在提高mRNA的稳定性及解除阻遏两方面下功夫，使其生物合成的开始时间提前，并尽量延迟其生物合成停止的时间。

第二节　产酶微生物的特点

所有的微生物细胞在一定的条件下都能合成多种多样的酶，但是并不是所有的微生物都能够用于酶的生产。一般来说，用于酶生产的微生物有下列特点。

关于“产酶微生物的特点”的语音讲解请扫描二维码。

语音讲解2-2

1）酶的产量高　优良的产酶微生物首先要具有高产的特性，才能有较好的开发应用价值。高产微生物可以通过多次反复的筛选、诱变或者采用基因克隆、细胞或原生质体融合等技术而获得。在生产过程中，若发现退化现象，必须及时进行复壮处理，以保持微生物的高产特性。

2）容易培养和管理　优良的产酶微生物必须对培养基和工艺条件没有特别苛刻的要求，容易生长繁殖，适应性强，易于控制，便于管理。

3）产酶稳定性好　优良的产酶微生物在正常的生产条件下，要能够稳定地生长和产酶，不易退化，一旦出现退化现象，经过复壮处理，可以使其恢复原有的产酶特性。

4）利于酶的分离纯化　酶生物合成以后，需要经过分离纯化，才能得到可以在各个领域应用的酶制剂。这就要求产酶微生物所产的酶容易和其他杂质分离，以便获得所需纯度的酶，以满足使用者的要求。

5）安全可靠，无毒性　要求产酶微生物及其代谢产物安全无毒，不会对人体和环境产生不良影响，也不会对酶的应用产生其他不良影响。

现在大多数的酶都采用微生物细胞发酵生产。产酶微生物包括细菌、放线菌、霉菌、酵母等。有不少性能优良的微生物菌株已经在酶的发酵生产中广泛应用。

一、细菌

细菌是在工业上有重要应用价值的原核微生物。在酶的生产中常用的细菌有大肠杆菌、枯草杆菌等。

1. 大肠杆菌（*Escherichia coli*）　大肠杆菌细胞有的呈杆状，有的近似球状，大小为

0.5μm×（1.0～3.0）μm，一般无荚膜，无芽孢，革兰氏染色阴性，运动或不运动，运动者周生鞭毛。菌落从白色到黄白色，光滑闪光，扩展。

大肠杆菌可以用于生产多种酶。大肠杆菌产生的酶一般都属于胞内酶，需要经过细胞破碎才能分离得到。例如，大肠杆菌谷氨酸脱羧酶用于测定谷氨酸含量或用于生产γ-氨基丁酸；大肠杆菌天冬氨酸酶用于催化延胡索酸加氨生产L-天冬氨酸；大肠杆菌青霉素酰化酶用于生产新的半合成青霉素或头孢霉素；大肠杆菌天冬酰胺酶对白血病具有显著疗效（董江萍，2012）；大肠杆菌β-半乳糖苷酶用于分解乳糖或其他β-半乳糖苷。采用大肠杆菌生产的限制性内切核酸酶、DNA聚合酶、DNA连接酶、外切核酸酶等，在基因工程等方面得到了广泛应用。

2. 枯草杆菌（*Bacillus subtilis*） 枯草杆菌是芽孢杆菌属细菌。细胞呈杆状，大小为（0.7～0.8）μm×（2～3）μm，单个细胞，无荚膜，周生鞭毛，运动，革兰氏染色阳性。芽孢大小为（0.6～0.9）μm×（1.0～1.5）μm，椭圆至柱状。菌落粗糙，不透明，不闪光，扩张，污白色或微带黄色。

枯草杆菌是应用最广泛的产酶微生物，可以用于生产α-淀粉酶、蛋白酶、β-葡聚糖酶、5′-核苷酸酶和碱性磷酸酶等。例如，枯草杆菌BF7658是国内用于生产α-淀粉酶的主要菌株；枯草杆菌AS1.398用于生产中性蛋白酶和碱性磷酸酶。枯草杆菌生产的α-淀粉酶和蛋白酶等都是胞外酶，而其产生的碱性磷酸酶存在于细胞间质之中。

二、放线菌

放线菌（actinomyces）是具有分枝状菌丝的单细胞原核微生物。常用于酶发酵生产的放线菌主要是链霉菌（streptomyces）。链霉菌菌落呈放射状，具有分枝的菌丝体，菌丝直径0.2～1.2μm，革兰氏染色阳性。菌丝有气生菌丝和基内菌丝之分，基内菌丝不断裂，只有气生菌丝形成孢子链。

链霉菌是生产葡萄糖异构酶的主要微生物，还可以用于生产青霉素酰化酶、纤维素酶、碱性蛋白酶、中性蛋白酶、几丁质酶等。此外，链霉菌还含有丰富的16α-羟化酶，可用于甾体转化。

三、霉菌

霉菌是一类丝状真菌。用于酶的发酵生产的霉菌主要有黑曲霉、米曲霉、红曲霉、青霉、木霉、根霉、毛霉等。

1. 黑曲霉（*Aspergillus niger*） 黑曲霉是曲霉属黑曲霉群霉菌。菌丝体由具有横隔的分枝菌丝构成，菌丛黑褐色，顶囊大球形，小梗双层，分生孢子球形，平滑或粗糙。黑曲霉可用于生产多种酶，有胞外酶也有胞内酶，如糖化酶、α-淀粉酶、酸性蛋白酶、果胶酶、葡萄糖氧化酶、过氧化氢酶、核糖核酸酶、脂肪酶、纤维素酶、橙皮苷酶和柚苷酶等。

2. 米曲霉（*Aspergillus oryzae*） 米曲霉是曲霉属黄曲霉群霉菌。菌丛一般为黄绿色，后变为黄褐色，分生孢子头呈放射形，顶囊球形或瓶形，小梗一般为单层，分生孢子球形，平滑，少数有刺，分生孢子梗长达2mm左右，粗糙。

米曲霉中糖化酶和蛋白酶的活力较强，这使米曲霉在我国传统的酒曲和酱油曲的制造中广泛应用。此外，米曲霉还可以用于生产氨酰化酶、磷酸二酯酶、果胶酶、核酸酶P等。

3. 红曲霉属（*Monascus*） 红曲霉菌落初期白色，成熟后变为淡粉色、紫红色或灰黑色，通常形成红色色素。菌丝具有隔膜，多核，分枝甚繁。分生孢子着生在菌丝及其分枝的顶端，单生或成链，闭囊壳球形，有柄，其内散生10多个子囊，子囊球形，内含8个子囊孢子，成熟后子囊壁解体，孢子则留在闭囊壳内。

红曲霉可用于生产α-淀粉酶、糖化酶、麦芽糖酶、蛋白酶等。

4. 青霉属（*Penicillium*） 青霉属于半知菌纲。其营养菌丝体无色、淡色或具有鲜明的颜色，有横隔，分生孢子梗也有横隔，光滑或粗糙，顶端形成帚状分枝，小梗顶端串生分生孢子，分生孢子球形、椭圆形或短柱形，光滑或粗糙，大部分在生长时呈蓝绿色。有少数种会产生闭囊壳，其内形成子囊和子囊孢子，也有少数菌种产生菌核。

青霉菌种类很多，其中产黄青霉（*Penicillium chrysogenum*）用于生产葡萄糖氧化酶、苯氧甲基青霉素酰化酶（主要作用于青霉素）、果胶酶、纤维素酶等。橘青霉（*Penicillium cityrinum*）用于生产5′-磷酸二酯酶、脂肪酶、葡萄糖氧化酶、凝乳蛋白酶、核酸酶S1、核酸酶P1等。

5. 木霉属（*Trichoderma*） 木霉属于半知菌纲。菌落生长迅速，呈棉絮状或致密丛束状，菌落表面呈不同程度的绿色，菌丝透明，有分隔，分枝繁复，分枝上可继续分枝，形成二级分枝、三级分枝，分枝末端为小梗，瓶状，束生、对生、互生或单生，分生孢子由小梗相继生出，靠黏液把它们聚成球形或近球形的孢子头。分生孢子近球形、椭圆形、圆筒形或倒卵形，光滑或粗糙，透明或亮黄绿色。

木霉是生产纤维素酶的重要菌株。木霉生产的纤维素酶中包含有C1酶、CX酶和纤维二糖酶等。此外，木霉含有较强的17α-羟化酶，常用于甾体转化。

6. 根霉属（*Rhizopus*） 根霉生长时，由营养菌丝产生匍匐枝，匍匐枝的末端生出假根，在有假根的匍匐枝上生出成群的孢子囊梗，梗的顶端膨大形成孢子囊，囊内产生孢子囊孢子。孢子呈球形、卵形或不规则形状。根霉可用于生产糖化酶、α-淀粉酶、蔗糖酶、碱性蛋白酶、核糖核酸酶、脂肪酶、果胶酶、纤维素酶、半纤维素酶等。根霉有强的11α-羟化酶，是用于甾体转化的重要菌株。

7. 毛霉属（*Mucor*） 毛霉的菌丝体在基质上或基质内广泛蔓延，无假根。菌丝体上直接生出孢子囊梗，一般单生，分枝较少或不分枝。孢子囊梗顶端都有膨大成球形的孢子囊，囊壁上常有针状的草酸钙结晶。

毛霉常用于生产蛋白酶、糖化酶、α-淀粉酶、脂肪酶、果胶酶、凝乳酶等。

四、酵母

1. 啤酒酵母（*Saccharomyces cerevisiae*） 啤酒酵母是啤酒工业上广泛应用的酵母。细胞有圆形、卵形、椭圆形或腊肠形。在麦芽汁培养基上，菌落为白色，有光泽，平滑，边缘整齐。营养细胞可以直接变为子囊，每个子囊含有1～4个圆形光亮的子囊孢子。

啤酒酵母除了主要用于啤酒、酒类的生产外，还可以用于转化酶、丙酮酸脱羧酶、醇脱氢酶等的生产。

2. 假丝酵母属（*Candida*） 假丝酵母的细胞圆形、卵形或长形。无性繁殖为多边芽殖，形成假菌丝，也有真菌丝，可生成无节孢子、子囊孢子、冬孢子或掷孢子。不产生色素。在麦芽汁琼脂培养基上，菌落呈乳白色或奶油色。

假丝酵母可以用于生产脂肪酶、尿酸酶、尿囊素酶、转化酶、醇脱氢酶等，具有较强的17-羟化酶，可以用于甾体转化。

第三节 发酵工艺条件及其控制

在酶的发酵生产中，除了选择性能优良的产酶微生物以外，还必须控制好各种工艺条件，并且在发酵过程中，根据发酵过程的变化情况进行调节，以满足细胞生长、繁殖和产酶的需要。微生物发酵产酶的一般工艺流程如图2-13所示。

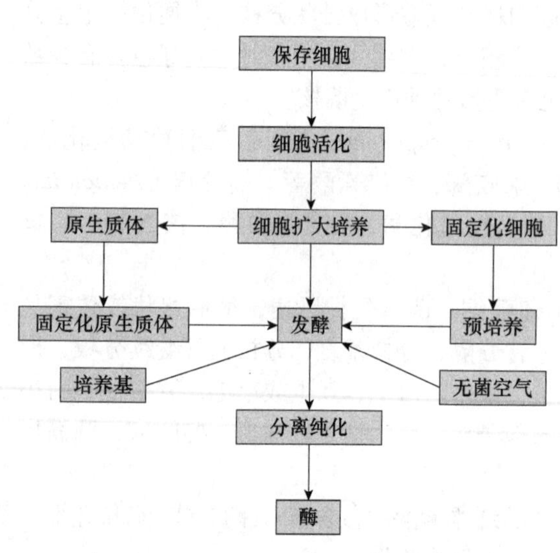

图2-13 微生物发酵产酶的一般工艺流程

一、细胞活化与扩大培养

选育得到的优良的产酶微生物必须采取妥善的方法进行保藏。常用的保藏方法有斜面保藏法、沙土管保藏法、真空冷冻干燥保藏法、低温保藏法、石蜡油保藏法等，可以根据需要和可能进行选择，以尽可能保持细胞的生长、繁殖和产酶特性。

保藏的菌种在用于发酵生产之前，必须接种于新鲜的固体培养基上，在一定的条件下进行培养，使细胞的生命活性得以恢复，这个过程称为细胞活化。

活化了的细胞需在种子培养基中经过一级乃至数级的扩大培养，以获得足够数量的优质细胞。种子扩大培养所使用的培养基和培养条件应当是适合细胞生长、繁殖的最适条件。种子培养基中一般含有较为丰富的氮源，碳源可以相对少一些。种子扩大培养时，温度、pH、溶解氧等培养条件应尽量满足细胞生长和繁殖的需要，使细胞长得又快又好。种子扩大培养的时间一般以培养到细胞对数生长期为宜。有时需要采用孢子接种，则要培养至孢子成熟期才能用于发酵。接入下一级种子扩大培养或接入发酵罐的种子量为下一工序培养基总量的1%～10%。

二、培养基的配制

培养基是指人工配制的用于细胞培养和发酵的各种营养物质的混合物。在设计和配制培养基时，首先要根据不同细胞和不同用途的不同要求，确定各种组分的种类和含量，并要调节至所需的pH，以满足细胞生长、繁殖和新陈代谢的需要。不同的细胞对培养基的要求不同；同一种细胞用于生产不同物质时，所要求的培养基有所不同；有些细胞在生长、繁殖阶段与发酵阶段所要求的培养基也不一样，必须根据需要配制不同的培养基。

1. 培养基的基本组分 虽然培养基多种多样，但是培养基一般包括碳源、氮源、无机盐和生长因子等几大类组分。

1）*碳源* 碳源是指能够为细胞提供碳素化合物的营养物质。在一般情况下，碳源是为细胞提供能量的能源。

碳是构成细胞的主要元素之一，也是所有酶的重要组成元素，所以碳源是酶的生物合成法生产中必不可少的营养物质。

在酶的生物合成法生产过程中，首先要从细胞的营养要求和代谢调节方面考虑碳源的选择，此外还要考虑到原料的来源是否充裕、价格是否低廉、对发酵工艺条件和酶的分离纯化是否有影响等因素。

不同的微生物对碳源的利用有所不同，在配制培养基时，应当根据细胞的营养需要而选择不同的碳源。目前，大多数产酶微生物采用淀粉或其水解产物，如糊精、淀粉水解糖、麦芽糖、葡萄糖等作为碳源。例如，黑曲霉具有淀粉酶系，可以采用淀粉为碳源；酵母不能利用淀粉，只能采用蔗糖或葡萄糖等为碳源。此外，有些微生物还可以采用脂肪、石油、乙醇等为碳源。

在酶的发酵生产过程中，除了考虑细胞的营养要求不同外，还要充分注意到某些碳源对酶的生物合成具有代谢调节的功能，主要包括酶生物合成的诱导作用及分解代谢物阻遏作用。例如，淀粉对α-淀粉酶的生物合成有诱导作用，而果糖对该酶的生物合成有分解代谢物阻遏作用，因此，在α-淀粉酶的发酵生产中，应当选用淀粉为碳源，而不采用果糖为碳源。同样道理，在β-半乳糖苷酶的发酵生产时，应当选用对该酶的生物合成具有诱导作用的乳糖为碳源，而不用或者少用对该酶的生物合成具有分解代谢物阻遏作用的葡萄糖为碳源。

2）*氮源* 氮源是指能向细胞提供氮元素的营养物质。

氮元素是各种细胞中蛋白质、核酸等组分的重要组成元素之一，也是各种酶分子的组成元素。氮源是细胞生长、繁殖和酶的生产所必不可少的营养物质。

氮源可以分为有机氮源和无机氮源两大类。有机氮源主要是各种蛋白质及其水解产物，如酪蛋白、豆饼粉、花生饼粉、蛋白胨、酵母膏、牛肉膏、蛋白水解液、多肽、氨基酸等。无机氮源是各种含氮的无机化合物，如氨水、硫酸铵、磷酸铵、硝酸铵、硝酸钾、硝酸钠等铵盐和硝酸盐等。

不同的细胞对氮源有不同的要求，应当根据细胞的营养要求进行选择和配制。一般来说，动物细胞要求有机氮源；植物细胞主要使用无机氮源；微生物细胞中，异养型细胞要求有机氮源，自养型细胞可以采用无机氮源。

使用无机氮源时，铵盐和硝酸盐的比例对细胞的生长和新陈代谢有显著的影响，在使用时应该充分注意。

此外，碳和氮两者的比例，即碳氮比（C/N），对酶的产量有显著影响。碳氮比一般是指培养基中碳元素（C）总量与氮元素（N）总量之比，可以通过测定和计算培养基中碳素和氮素的含量而得出。有时也采用培养基中所含的碳源总量和氮源总量之比来表示碳氮比。这两种比值是不同的，有时相差很大，在使用时要注意。

3）*无机盐* 无机盐的主要作用是提供细胞生命活动所必不可缺的各种无机元素，并对细胞内外的pH、氧化还原电位和渗透压起调节作用。

不同的无机元素在细胞生命活动中的作用有所不同。有些是细胞的主要组成元素，如磷、硫等；有些是酶分子的组成元素，如磷、硫、锌、钙等；有些作为酶的激活剂调节酶的活性，如钾、镁、锌、铜、铁、锰、钙、钼、钴、氯、溴、碘等；有些则对pH、氧化还原电位、渗透压起调节作用，如钠、钾、钙、磷、氯等。

根据细胞对无机元素需要量的不同，无机元素分为大量元素和微量元素两大类。大量元素主要有磷、硫、钾、钠、钙、镁、氯等；微量元素是指细胞生命活动必不可少，但是需要量微小的元素，主要包括铜、锰、锌、钼、钴、溴、碘等。微量元素的需要量很少，过量反而对细胞的生命活动有不良影响，必须严加控制。

无机元素是通过在培养基中添加无机盐来提供的，一般采用添加水溶性的硫酸盐、磷酸盐、盐酸盐或硝酸盐等。有些微量元素在配制培养基所使用的水中已经足量，不必再添加。

4）生长因子　生长因子是指细胞生长繁殖所必需的微量有机化合物，主要包括各种氨基酸、嘌呤、嘧啶、维生素等。氨基酸是蛋白质的组分；嘌呤、嘧啶是核酸和某些辅酶或辅基的组分；维生素主要起辅酶作用；动植物生长激素则分别对动物细胞和植物细胞的生长、分裂起调节作用。有的细胞可以通过自身的新陈代谢合成所需的生长因子，有的细胞属营养缺陷型细胞，本身缺少合成某一种或某几种生长因子的能力，需要在培养基中添加所需的生长因子，细胞才能正常生长、繁殖。

在酶的发酵生产中，一般在培养基中添加含有多种生长因子的天然原料的水解物，如酵母膏、玉米浆、麦芽汁、麸皮水解液等，以提供细胞所需的各种生长因子。也可以加入某种或某几种提纯的有机化合物，以满足细胞生长繁殖之需。

2. 微生物发酵产酶常用的发酵培养基　微生物发酵产酶的培养基多种多样。不同的微生物生产不同的酶，所使用的培养基不同。即使是相同的微生物，生产同一种酶，在不同地区、不同企业中采用的培养基也有所差别，必须根据具体情况进行选择和优化。现举例如下。

（1）枯草杆菌BF7658 α-淀粉酶发酵培养基：玉米粉8%，豆饼粉4%，磷酸氢二钠0.8%，硫酸铵0.4%，氯化钙0.2%，氯化铵0.15%（自然pH）。

（2）枯草杆菌AS1.398中性蛋白酶发酵培养基：玉米粉4%，豆饼粉3%，麸皮3.2%，糠1%，磷酸氢二钠0.4%，磷酸二氢钾0.03%（自然pH）。

（3）黑曲霉糖化酶发酵培养基：玉米粉10%，豆饼粉4%，麸皮1%（pH 4.4～5.0）。

（4）地衣芽孢杆菌2709碱性蛋白酶发酵培养基：玉米粉5.5%，豆饼4%，磷酸氢二钠0.4%，磷酸二氢钾0.03%（pH 8.5）。

（5）黑曲霉AS3.350酸性蛋白酶发酵培养基：玉米粉6%，豆饼粉4%，玉米浆0.6%，氯化钙0.5%，氯化铵1%，磷酸氢二钠0.2%（pH 5.5）。

（6）游动放线菌葡萄糖异构酶发酵培养基：糖蜜2%，豆饼粉2%，磷酸氢二钠0.1%，硫酸镁0.05%（pH 7.2）。

（7）橘青霉磷酸二酯酶发酵培养基：淀粉水解糖5%，蛋白胨0.5%，硫酸镁0.05%，氯化钙0.04%，磷酸氢二钠0.05%，磷酸二氢钾0.05%（自然pH）。

（8）黑曲霉AS3.396果胶酶发酵培养基：麸皮5%，果胶0.3%，硫酸铵2%，磷酸二氢钾0.25%，硫酸镁0.05%，硝酸钠0.02%，硫酸亚铁0.001%（自然pH）。

（9）枯草杆菌AS1.398碱性磷酸酶发酵培养基：葡萄糖0.4%，乳蛋白水解物0.1%，硫酸铵1%，氯化钾0.1%，氯化钙0.1mmol/L，氯化镁1.0mmol/L，磷酸氢二钠20mmol/L（用

pH 7.4的Tris-HCl缓冲液配制）。

三、pH的调节控制

培养基的pH与细胞的生长繁殖及发酵产酶关系密切，在发酵过程中必须进行必要的调节控制。

不同的细胞生长繁殖的最适pH有所不同。一般细菌和放线菌的生长最适pH在中性或碱性范围（pH 6.5～8.0）；霉菌和酵母的最适生长pH为偏酸性（pH 4～6）；植物细胞生长的最适pH为5～6。

细胞发酵产酶的最适pH与生长最适pH往往有所不同。细胞生产某种酶的最适pH通常接近于该酶催化反应的最适pH。例如，发酵生产碱性蛋白酶的最适pH为碱性（pH 8.5～9.0），生产中性蛋白酶的pH以中性或微酸性（pH 6.0～7.0）为宜，而酸性条件（pH 4～6）有利于酸性蛋白酶的生产。然而，有些酶在其催化反应的最适条件下，产酶细胞的生长和代谢可能受到影响，在此情况下，细胞产酶的最适pH与酶催化反应的最适pH有所差别，如枯草杆菌碱性磷酸酶，其催化反应的最适pH为9.5，而其产酶的最适pH为7.4。

有些细胞可以同时产生若干种酶，在生产过程中，通过控制培养基的pH，往往可以改变各种酶之间的产量比例。例如，黑曲霉可以生产α-淀粉酶，也可以生产糖化酶，在培养基的pH为中性范围时，α-淀粉酶的产量增加而糖化酶减少；反之，在培养基的pH偏向酸性时，则糖化酶的产量提高而α-淀粉酶的产量降低。再如，采用米曲霉发酵生产蛋白酶时，当培养基的pH为碱性时，主要生产碱性蛋白酶；当培养基的pH为中性时，主要生产中性蛋白酶；而在酸性的条件下，则以生产酸性蛋白酶为主。

随着细胞的生长、繁殖和新陈代谢产物的积累，培养基的pH往往会发生变化。这种变化的情况与细胞特性有关，也与培养基的组成成分及发酵工艺条件密切相关。例如，含糖量高的培养基，由于糖代谢产生有机酸，会使pH向酸性方向移动；含蛋白质、氨基酸较多的培养基，经过代谢产生较多的胺类物质，使pH向碱性方向移动；以硫酸铵为氮源时，随着铵离子被利用，培养基中积累的硫酸根会使pH降低；以尿素为氮源时，随着尿素被水解生成氨，而使培养基的pH上升，然后又随着氨被细胞同化而使pH下降；磷酸盐的存在，对培养基的pH变化有一定的缓冲作用。在氧气供应不足时，由于代谢积累有机酸，可使培养基的pH向酸性方向移动。

所以，在发酵过程中，必须对培养基的pH进行适当的控制和调节。可以通过改变培养基的组分或其比例调节pH；也可以使用缓冲液来稳定pH；或者在必要时通过添加适宜的酸、碱溶液调节培养基的pH，以满足细胞生长和产酶的要求。

四、温度的调节控制

细胞的生长、繁殖和发酵产酶需要一定的温度条件。在一定的温度范围内，细胞才能正常生长、繁殖和维持正常的新陈代谢。

不同的细胞有各自不同的最适生长温度。例如，枯草杆菌的最适生长温度为34～37℃，黑曲霉的最适生长温度为28～32℃。

有些细胞发酵产酶的最适温度与细胞生长最适温度有所不同，而且往往低于生长最适温度。这是由于在较低的温度条件下，可以提高酶所对应的mRNA的稳定性，增加酶生物合成的延续时间，从而提高酶的产量。例如，采用酱油曲霉生产蛋白酶，在28℃的温度条件下，其蛋白酶的产量比在40℃条件下高2～4倍；在20℃的条件下发酵，则其蛋白酶产量更高，但是细胞生长速度较慢。若温度太低，则代谢速度缓慢，酶的产量反而降低，导致发酵周期延长。所以必须进行试验，以确定最佳产酶温度。为此在有些酶的发酵生产过程中，要在不同的发酵阶段控制不同的温度，即在细胞生长阶段控制在细胞生长的最适温度范围，而在产酶阶段控制在产酶最适温度范围。

在细胞生长和发酵产酶过程中，细胞的新陈代谢作用会不断放出热量，使培养基的温度升高，同时，由于热量的不断扩散，培养基的温度不断降低。两者的综合结果决定了培养基的温度。由于在细胞生长和产酶的不同阶段，细胞新陈代谢放出的热量有较大差别，散失的热量又受到环境温度等因素的影响，使培养基的温度发生明显的变化。为此必须经常及时地对温度进行调节控制，使培养基的温度维持在适宜的范围内。温度的调节一般采用热水升温、冷水降温的方法。为了及时地进行温度的调节控制，在发酵罐或其他生物反应器中，均应设计有足够传热面积的热交换装置，如排管、蛇管、夹套、喷淋管等，并且随时备有冷水和热水，以满足温度调控的需要。

五、溶解氧的调节控制

细胞的生长、繁殖和酶的生物合成过程需要大量的能量。为了获得足够多的能量，细胞必须获得充足的氧气，使从培养基中获得的能源物质（一般是指各种碳源）经过有氧降解而生成大量的ATP。

在培养基中培养的细胞一般只能吸收和利用溶解氧。

溶解氧是指溶解在培养基中的氧气。由于氧是难溶于水的气体，在通常情况下培养基中溶解的氧并不多。在细胞培养过程中，培养基中原有的溶解氧很快就会被细胞利用完。为了满足细胞生长、繁殖和发酵产酶的需要，在发酵过程中必须不断供给氧（一般通过供给无菌空气来实现），使培养基中的溶解氧保持在一定的水平。

溶解氧的调节控制，就是要根据细胞对溶解氧的需要量，连续不断地进行补充，使培养基中溶解氧的量保持恒定。

细胞对溶解氧的需要量与细胞的呼吸强度及培养基中的细胞浓度密切相关，可以用耗氧速率K_{O_2}表示：

$$K_{O_2}=Q_{O_2}\cdot C_c$$

式中，K_{O_2}为耗氧速率，指的是单位体积（L，mL）培养液中的细胞在单位时间（h，min）内所消耗的氧气量（mmol，mL），一般以mmol氧/（h·L）表示。Q_{O_2}为细胞呼吸强度，是指单位细胞量（每个细胞，g干细胞）在单位时间（h，min）内的耗氧量，一般以mmol/（h·g干细胞）或mmol氧/（h·每个细胞）表示。细胞的呼吸强度与细胞种类和细胞的生长期有关。不同的细胞，其呼吸强度不同；同一种细胞在不同的生长阶段，其呼吸强度也有所差别。一般细胞在生长旺盛期的呼吸强度较大，在发酵产酶高峰期，由于酶的大量合成，需要大量氧气，其呼吸强度也大。C_c为细胞浓度，指的是单位体积培养液中细胞的量，以g干细胞/L或者个细胞/L表示。

在酶的发酵生产过程中，处于不同生长阶段的细胞，其细胞浓度和细胞呼吸强度各不相同，致使耗氧速率有很大的差别。因此必须根据耗氧量的不同，不断供给适量的溶解氧。

溶解氧的供给，一般是将无菌空气通入发酵容器，再在一定的条件下，使空气中的氧溶解到培养液中，以供细胞生命活动之需。培养液中溶解氧的量，取决于在一定条件下氧气的溶解速度。

氧的溶解速度又称为溶氧速率或溶氧系数，以K_d表示。溶氧速率是指单位体积的发酵液在单位时间内溶解的氧的量。其单位通常以mmol氧/（h·L）表示。

溶氧速率与通气量、氧气分压、气液接触时间、气液接触面积及培养液的性质等有密切关系。一般来说，通气量越大、氧气分压越高、气液接触时间越长、气液接触面积越大，则溶氧速率越大。培养液的性质，主要是黏度、气泡及温度等，对溶氧速率有明显影响。

当溶氧速率和耗氧速率相等时，即$K_{O_2}=K_d$的条件下，培养液中的溶解氧的量保持恒定，可以满足细胞生长和发酵产酶的需要。

随着发酵过程的进行，细胞耗氧速率发生改变时，必须相应地对溶氧速率进行调节。

调节溶解氧的方法主要有如下几种。

（1）调节通气量。通气量是指单位时间内流经培养液的空气量（L/min），也可以用培养液体积与每分钟通入的空气体积之比（vvm[①]）表示。例如，$1m^3$培养液，每分钟流经的空气量为$0.5m^3$，即通气量为1∶0.5；每升培养液，每分钟流经的空气为2L，则通气量为1∶2。在其他条件不变的情况下，增大通气量可以提高溶氧速率；反之，减少通气量则使溶氧速率降低。

（2）调节氧的分压。提高氧的分压，可以增加氧的溶解度，从而提高溶氧速率。通过增加发酵容器中的空气压力，或者增加通入的空气中的氧含量，都能提高氧的分压，而使溶氧速率提高。

（3）调节气液接触时间。气液两相的接触时间延长，可以使氧气有更多的时间溶解在培养基中，从而提高溶氧速率。气液接触时间缩短，则溶氧速率降低。可以通过增加液层高度、降低气流速度、在反应器中增设挡板、延长空气流经培养液的距离等方法，以延长气液接触时间，提高溶氧速率。

（4）调节气液接触面积。氧气溶解到培养液中是通过气液两相的界面进行的。增加气液两相接触界面的面积，将有利于提高氧气溶解到培养液中的溶氧速率。为了增大气液两相接触面积，应使通过培养液的空气尽量分散成小气泡。在发酵容器的底部安装空气分配管，使气体分散成小气泡进入培养液中，是增加气液接触面积的主要方法。装设搅拌装置或增设挡板等可以使气泡进一步打碎和分散，也可以有效地增加气液接触面积，从而提高溶氧速率。

（5）改变培养液的性质。培养液的性质对溶氧速率有明显影响，若培养液的黏度大，在气泡通过培养液时，尤其是在高速搅拌的条件下，会产生大量泡沫，影响氧的溶解。通过改变培养液的组分或浓度等方法可以有效地降低培养液的黏度；设置消泡装置或添加适当的消泡剂可以减少或消除泡沫的影响，以提高溶氧速率。

---

① 在发酵生产中，一般以通气比来表示通气量，通常以每分钟内通过单位体积培养液的空气体积比来表示（$v\cdot v\cdot min^{-1}$，简写为vvm）。

以上各种调节方法可以根据不同菌种、不同产物、不同的生物反应器、不同的工艺条件等选择使用，以便根据发酵过程耗氧速率的变化而及时、有效地调节溶氧速率。

若溶氧速率低于耗氧速率，则细胞所需的氧气量不足，必然影响其生长、繁殖和新陈代谢，使酶的产量降低。然而，过高的溶氧速率对酶的发酵生产也会产生不利的影响，一方面会造成浪费，另一方面，高溶氧速率也会抑制某些酶的生物合成，如青霉素酰化酶等。此外，为了获得高溶氧速率而采用的大量通气或快速搅拌，也会使某些细胞（如霉菌、放线菌、植物细胞、动物细胞、固定化细胞等）受到损伤。所以，在发酵生产过程中，应尽量控制使溶氧速率等于或稍高于耗氧速率。

六、提高酶产量的措施

在酶的发酵生产过程中，要使酶的产量提高，首先要选育或选择使用优良的产酶细胞，保证正常的发酵工艺条件并根据需要和变化的情况及时加以调节控制。此外，还可以采取某些行之有效的措施，诸如添加诱导物、控制阻遏物浓度、添加表面活性剂和添加产酶促进剂等。

1. 添加诱导物 对于诱导酶的发酵生产，在发酵过程中的某个适宜时机，添加适宜的诱导物，可以显著提高酶的产量。例如，乳糖诱导β-半乳糖苷酶，纤维二糖诱导纤维素酶，蔗糖甘油单棕榈酸诱导蔗糖酶的生物合成等。

一般来说，不同的酶有各自不同的诱导物。然而，有时一种诱导物可以诱导同一个酶系若干种酶的生物合成。例如，β-半乳糖苷可以同时诱导乳糖系的β-半乳糖苷酶、透过酶和β-半乳糖乙酰化酶3种酶的生物合成。

同一种酶往往有多种诱导物，如纤维素、纤维糊精、纤维二糖等都可以诱导纤维素酶的生物合成。在实际应用时，可以根据酶的特性、诱导效果和诱导物的来源、价格等方面进行选择。

诱导物一般可以分为3类：酶的作用底物、酶的催化反应产物和酶作用底物的类似物。

（1）酶的作用底物。许多诱导酶都可以由其作用底物诱导产生。例如，大肠杆菌在以葡萄糖为单一碳源的培养基中生长时，每个细胞平均只含有1分子β-半乳糖苷酶，若将大肠杆菌细胞转移到含有乳糖而不含有葡萄糖的培养基中培养时，2min后细胞内大量合成β-半乳糖苷酶，平均每个细胞产生3000分子的β-半乳糖苷酶。纤维素酶、果胶酶、青霉素酶、右旋糖酐酶、淀粉酶、蛋白酶等均可以由各自的作用底物诱导产生。

（2）酶的催化反应产物。有些酶可以由其催化反应产物诱导产生。例如，半乳糖醛酸是果胶酶催化果胶水解的产物，它可以作为诱导物诱导果胶酶的生物合成；纤维二糖诱导纤维素酶的生物合成；没食子酸诱导单宁酶的产生等。

（3）酶作用底物的类似物。如上所述，酶的作用底物和酶的催化反应产物都可以诱导酶的生物合成。然而，研究结果表明，有些酶最有效的诱导物，往往不是酶的作用底物，也不是酶的反应产物，而是可以与酶结合但不能被酶催化的底物类似物。例如，异丙基-β-硫代半乳糖苷（IPTG）对β-半乳糖苷酶的诱导效果比乳糖高几百倍；蔗糖甘油单棕榈酸酯对蔗糖酶的诱导效果比蔗糖高几十倍等。有些酶的催化反应产物的类似物对酶的生物合成也有诱导效果。

可见，在细胞发酵产酶的过程中，添加适宜的诱导物对酶的生物合成具有显著的诱导效果。进一步研究和开发高效廉价的诱导物对提高酶的产量具有重要的意义和应用前景。

2. 控制阻遏物浓度　有些酶的生物合成受到某些阻遏物的阻遏作用，结果导致该酶的合成受阻或者酶产量降低。为了提高酶产量，必须设法解除阻遏物引起的阻遏作用。

阻遏作用根据其作用机制的不同，可以分为产物阻遏和分解代谢物阻遏两种。产物阻遏作用是由酶催化作用的产物或者代谢途径的末端产物引起的阻遏作用。而分解代谢物阻遏作用是由分解代谢物（葡萄糖等和其他容易利用的碳源等物质经过分解代谢而产生的物质）引起的阻遏作用。

控制阻遏物的浓度是解除阻遏、提高酶产量的有效措施。例如，笔者等的研究表明，枯草杆菌碱性磷酸酶的生物合成受到其反应产物无机磷酸的阻遏，当培养基中无机磷酸的含量超过1.0mmol/L时，该酶的生物合成完全受到阻遏。当培养基中无机磷酸的含量降低到0.01mmol/L时，阻遏解除，该酶大量合成。所以，为了提高该酶的产量，必须限制培养基中无机磷的含量。

再如，β-半乳糖苷酶的合成受到葡萄糖引起的分解代谢物阻遏作用。当培养基中有葡萄糖存在时，即使有诱导物存在，β-半乳糖苷酶也无法大量生成。只有在不含葡萄糖的培养基中或者培养基中的葡萄糖被细胞利用完以后，诱导物的存在才能诱导该酶大量生成。类似情况在不少酶的生产中均可以看到。

为了减少或者解除分解代谢物阻遏作用，应当控制培养基中葡萄糖等容易利用的碳源的浓度。可以采用其他较难利用的碳源，如淀粉等，或者采用补料、分次流加碳源等方法，控制碳源的浓度在较低的水平，以利于酶产量的提高。此外，在分解代谢物阻遏存在的情况下，添加一定量的环腺苷酸（cAMP），可以解除或减少分解代谢物阻遏作用，若同时有诱导物存在，即可以迅速产酶。

对于受代谢途径末端产物阻遏的酶，可以通过控制末端产物浓度的方法使阻遏解除。例如，在利用硫胺素缺陷型突变株发酵的过程中，限制培养基中硫胺素的浓度可以使硫胺素生物合成所需的4种酶的末端产物阻遏作用解除，使4种酶的合成量显著增加，其中硫胺素磷酸焦磷酸化酶的合成量提高1000多倍。对于非营养缺陷型菌株，由于在发酵过程中会不断合成末端产物，可以通过添加末端产物类似物的方法减少或者解除末端产物的阻遏作用。例如，组氨酸合成途径中的10种酶的生物合成受到组氨酸的反馈阻遏作用，若在培养基中添加组氨酸类似物2-噻唑丙氨酸，即可以解除组氨酸的反馈阻遏作用，使这10种酶的生物合成量提高30倍。

3. 添加表面活性剂　表面活性剂可以与细胞膜相互作用，增加细胞的透过性，有利于胞外酶的分泌，从而提高酶的产量。

表面活性剂有离子型和非离子型两大类。其中，离子型表面活性剂又可以分为阳离子型、阴离子型和两性离子型3种。

将适量的非离子型表面活性剂，如吐温（Tween）、特里顿（Triton）等添加到培养基中，可以加速胞外酶的分泌，而使酶的产量增加。例如，利用木霉发酵生产纤维素酶时，在培养基中添加1%的吐温，可使纤维素酶的产量提高1～20倍。在使用时，应当控制好表面活性剂的添加量，过多或者不足都不能取得良好效果。此外，添加表面活性剂有利于提高某些酶的稳定性和催化能力。

由于离子型表面活性剂对细胞有毒害作用，尤其是季铵型表面活性剂（如“新洁尔灭”等）是消毒剂，对细胞的毒性较大，不能在酶的发酵生产中添加到培养基中。

4. 添加产酶促进剂 产酶促进剂是指可以促进产酶，但是作用机制未阐明清楚的物质。在酶的发酵生产过程中添加适宜的产酶促进剂，往往可以显著提高酶的产量。例如，添加一定量的植酸钙镁可使霉菌蛋白酶或者橘青霉磷酸二酯酶的产量提高1～20倍；添加聚乙烯醇（polyvinyl alcohol）可以提高糖化酶的产量；聚乙烯醇、乙酸钠等的添加对提高纤维素酶的产量也有效果。产酶促进剂对不同细胞、不同酶的作用效果各不相同，现在还没有规律可循，要通过试验确定所添加的产酶促进剂的种类和浓度。

第四节 酶发酵动力学

发酵动力学是研究发酵过程中细胞生长速率、产物生成速率、基质消耗速率及环境因素对这些速率的影响规律的学科。

延伸阅读2-2

发酵动力学包括细胞生长动力学、产物生成动力学和基质消耗动力学。

推荐扫码阅读相关文献《植物乳杆菌发酵动力学及高密度培养研究》。

细胞生长动力学主要研究发酵过程中细胞生长速率及各种因素对细胞生长速率的影响规律；产物生成动力学主要研究发酵过程中产物生成速率及各种因素对产物生成速率的影响规律，由于在酶的发酵生产过程中主要产物是酶，故本书主要阐述产酶动力学；基质消耗动力学主要研究发酵过程中基质消耗速率及各种因素对基质消耗速率的影响规律。

在酶的发酵生产过程中，研究发酵动力学，对于了解酶的生物合成模式、发酵工艺条件的优化控制、提高酶的产率等均具有重要意义。

一、细胞生长动力学

细胞在控制一定条件的培养基中生长的过程中，其生长速率受到细胞内外各种因素的影响，变化比较复杂，情况各不相同。然而，细胞的生长都有其一定的规律性，只要掌握其生长规律，并根据具体情况进行优化控制，就可以根据需要使细胞的生长速率维持在一定的范围内，以达到较为理想的效果。

不少学者在细胞生长动力学方面进行了大量研究。1950年，法国的莫诺（Monod）首先提出了表述微生物细胞生长的动力学方程。他认为，在培养过程中，细胞生长速率与细胞浓度的变化量成正比：

$$R_x=\frac{dX}{dt}=\mu X \tag{2-1}$$

式中，R_x为细胞生长速率；t为时间；X为细胞浓度；μ为细胞比生长速率。

假设培养基中只有一种限制性基质，而不存在其他生长限制因素时，比生长速率μ为这种限制性基质浓度的函数。

$$\mu=\frac{dX}{dt}\cdot\frac{1}{X}=\frac{\mu_m S}{K_s+S} \tag{2-2}$$

此式称为莫诺生长动力学模型，又称为莫诺方程。

式中，S为限制性基质的浓度；μ_m为最大比生长速率，是指限制性底物浓度过量时的比生长速率，即当$S \gg K_s$时，$\mu = \mu_m$；K_s为莫诺常数，是指比生长速率达到最大比生长速率一半时的限制性基质浓度，即当$\mu = 0.5\mu_m$时，$S = K_s$。

莫诺方程是基本的细胞生长动力学方程，在发酵过程优化及发酵过程控制方面具有重要的应用价值。此后，不少学者从不同的情况出发或运用不同的方法对莫诺方程进行了修正，得出了适用于不同情况的各种动力学模型。

例如，采用连续全混流生物反应器进行连续发酵的过程中，连续不断地流加培养液并连续排出相同体积的发酵液。在稳态时，游离细胞连续发酵的生长动力学方程可以表达为

$$\frac{dX}{dt} = \frac{\mu_m SX}{K_s + S} - DX = (\mu - D)X \tag{2-3}$$

式中，D为稀释率，是指单位时间内流加的培养液与发酵容器中发酵液体积之比，一般以h^{-1}为单位。例如，$D = 0.2h^{-1}$，表明每小时流加的培养液体积为发酵容器中培养液体积的20%。

稀释率可以在0与μ_m之间变动，当$D = 0$时，为分批发酵；当$D < \mu$时，dX/dt为正值，表明发酵液中细胞浓度不断增加，随着细胞浓度增加，限制性基质的浓度相对降低，使比生长速率减小，在比生长速率降低到与稀释速率相等时，重新达到稳态；当$D = \mu$时，dX/dt为零，发酵液中细胞浓度保持恒定不变；当$D > \mu$时，dX/dt为负值，发酵液中的细胞浓度不断降低，随着细胞浓度降低，限制性基质的浓度相对升高，使比生长速率增大，在比生长速率提升到与稀释率相同时，建立新的平衡，重新达到稳态；而当$D > \mu_m$时，细胞浓度趋向于零，无法达到新的稳态。

所以在游离细胞连续发酵过程中，必须根据情况控制好稀释速率，使之与特定的细胞比生长速率相等，才能使发酵液中的细胞浓度恒定在某个数值，从而保证发酵过程的正常运转。

莫诺方程与酶反应动力学的米氏方程相似，其最大比生长速率μ和莫诺常数也可以通过双倒数作图法求出。

将莫诺方程改写为其倒数形式，即

$$\frac{1}{\mu} = \frac{K_s}{\mu_m S} + \frac{1}{\mu_m} \tag{2-4}$$

通过实验，在不同限制性基质浓度S_1，S_2，…，S_n的条件下，分别测出其对应的比生长速率μ_1，μ_2，…，μ_n，然后，以$1/\mu$为纵坐标，$1/S$为横坐标作图（图2-14），即可得到μ_m和K_s。

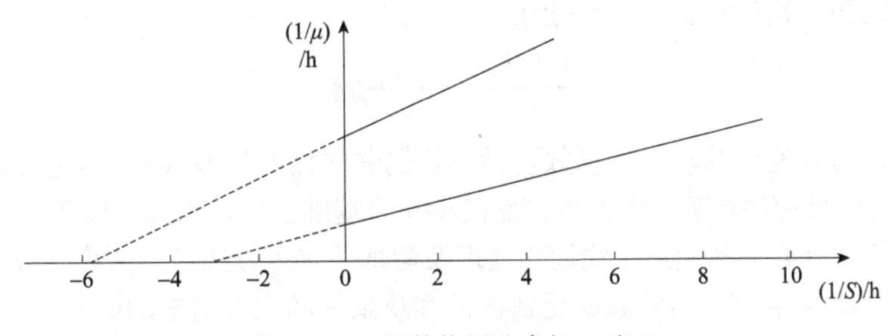

图2-14 双倒数作图法求解μ_m和K_s

二、产酶动力学

产酶动力学主要研究发酵过程中细胞产酶速率及各种因素对产酶速率的影响规律。

产酶动力学可以从整个发酵系统着眼，研究群体细胞的产酶速率及其影响因素，称为宏观产酶动力学或非结构动力学；也可以从细胞内部着眼，研究细胞中酶合成速率及其影响因素，称为微观产酶动力学或结构动力学。

在酶的发酵生产中，酶产量的高低是发酵系统中群体细胞产酶的集中体现，在此主要介绍宏观产酶动力学。

宏观产酶动力学的研究表明，产酶速率与细胞比生长速率、细胞浓度及细胞产酶模式有关。产酶动力学模型或称为产酶动力学方程可以表达为

$$R_{\mathrm{E}}=\frac{\mathrm{d}[\mathrm{E}]}{\mathrm{d}t}=(\alpha\mu+\beta)\cdot X \tag{2-5}$$

式中，R_{E}为产酶速率，以单位时间内生成的酶浓度表示［U/（L·h）］；X为细胞浓度，以每升发酵液所含的干细胞质量表示（g DC/L）；μ为细胞比生长速率（h^{-1}）；α为生长偶联的比产酶系数，以每克干细胞产酶的单位数表示（U/g DC）；β为非生长偶联的比产酶速率，以每小时每克干细胞产酶的单位数表示［U/（h·g DC）］；［E］为酶浓度，以每升发酵液中所含的酶单位数表示（U/L）；t为时间（h）。

根据细胞产酶模式的不同，比产酶速率与细胞生长速率的关系也有所不同。

同步合成型的酶，其产酶与细胞生长偶联。在平衡期，比产酶速率为零，即非生长偶联的比产酶速率$\beta=0$，所以其产酶动力学方程为

$$\frac{\mathrm{d}[\mathrm{E}]}{\mathrm{d}t}=\alpha\mu X \tag{2-6}$$

中期合成型的酶，其合成模式是一种特殊的生长偶联型。在培养液中有阻遏物存在时，$\alpha=0$，无酶产生。在细胞生长一段时间后，阻遏物被细胞利用完，阻遏作用解除，酶才开始合成，在此阶段的产酶动力学方程与同步合成型相同。

滞后合成型的酶，其合成模式为非生长偶联型，生长偶联的比产酶系数$\alpha=0$，其产酶动力学方程为

$$\frac{\mathrm{d}[\mathrm{E}]}{\mathrm{d}t}=\beta X \tag{2-7}$$

延续合成型的酶，在细胞生长期和平衡期均可以产酶，比产酶速率是生长偶联与非生长偶联产酶速率之和。其产酶动力学方程为

$$\frac{\mathrm{d}[\mathrm{E}]}{\mathrm{d}t}=\alpha\mu X+\beta X \tag{2-8}$$

宏观产酶动力方程中的动力学参数包括生长偶联的比产酶系数α、非生长偶联的比产酶速率β和细胞比生长速率μ等。这些参数是在实验的基础上，运用数学物理方法，对大量实验数据进行分析和综合，然后通过线性化处理及尝试误差等方法进行估算而得出。由于实验中所观察到的现象及所测量出的数据受到各种客观条件和主观因素的影响，呈现出随机性，必须经过周密的分析和综合找出其规律，才可能得到比较符合实际的参数值。

三、基质消耗动力学

在发酵过程中，培养基中的限制性基质（如碳源、氮源、氧气等）不断被消耗，被消耗的基质主要用于细胞生长、产物生成和维持细胞的正常新陈代谢三个方面。所以发酵过程中的基质消耗速率（$-\mathrm{d}S/\mathrm{d}t$）主要由用于细胞生长的基质消耗速率（$-\mathrm{d}S/\mathrm{d}t$）$_G$、用于产物生成的基质消耗速率（$-\mathrm{d}S/\mathrm{d}t$）$_P$和用于维持细胞代谢的基质消耗速率（$-\mathrm{d}S/\mathrm{d}t$）$_M$三者组成。

用于细胞生长的基质消耗速率（$-\mathrm{d}S/\mathrm{d}t$）$_G$是指单位时间内由细胞生长所引起的基质浓度的变化量。它与细胞生长速率成正比，与细胞生长得率系数成反比。其动力学方程为

$$-\left(\frac{\mathrm{d}S}{\mathrm{d}t}\right)_G=\frac{1}{Y_{X/S}}\frac{\mathrm{d}X}{\mathrm{d}t}=\frac{\mu X}{Y_{X/S}} \tag{2-9}$$

式中，S为培养液中基质浓度（g/L）；t为时间（h）；X为细胞浓度，以每升发酵液所含的干细胞质量表示（g DC/L）；μ为细胞比生长速率（h^{-1}）；$Y_{X/S}$为细胞生长得率系数。

由于随着细胞的生长，基质浓度不断降低，因此其基质消耗速率为负值。

细胞生长得率系数$Y_{X/S}$是指细胞浓度变化量与基质浓度降低量的比值：

$$Y_{X/S}=\frac{\Delta X}{-\Delta S} \tag{2-10}$$

式中，ΔX为细胞浓度变化量（g/L）；$-\Delta S$为基质浓度降低量（g/L）。

用于产物生成的基质消耗速率（$-\mathrm{d}S/\mathrm{d}t$）$_P$是单位时间内产物生成所引起的基质浓度变化量。它与产物生成速率成正比，与产物生成得率系数成反比。其动力学方程为

$$-\left(\frac{\mathrm{d}S}{\mathrm{d}t}\right)_P=\frac{1}{Y_{P/S}}\frac{\mathrm{d}P}{\mathrm{d}t} \tag{2-11}$$

式中，（$\mathrm{d}P/\mathrm{d}t$）为产物生成速率（g/h）；$Y_{P/S}$为产物生成得率系数。

由于随着产物的生成，基质浓度不断降低，因此其基质消耗速率为负值。

产物生成得率系数$Y_{P/S}$是产物浓度变化量与基质浓度降低量的比值：

$$Y_{P/S}=\frac{\Delta P}{-\Delta S} \tag{2-12}$$

式中，ΔP为产物浓度变化量（g/L）；$-\Delta S$为基质浓度变化量（g/L）。

用于维持细胞代谢的基质消耗速率（$-\mathrm{d}S/\mathrm{d}t$）$_M$是单位时间内维持细胞正常的新陈代谢所引起的基质浓度变化量。它与细胞浓度及细胞维持系数成正比。其动力学方程为

$$-\left(\frac{\mathrm{d}S}{\mathrm{d}t}\right)_M=mX \tag{2-13}$$

式中，X为细胞浓度（g/L）；m为细胞维持系数（h^{-1}）。

由于维持细胞正常的新陈代谢，基质浓度不断降低，因此其基质消耗速率为负值。

细胞维持系数m是单位时间内基质浓度变化量与细胞浓度的比值：

$$m=\frac{-\Delta S}{Xt} \tag{2-14}$$

式中，m为细胞维持系数（h^{-1}）；t为时间（h）；X为细胞浓度（g/L）；$-\Delta S$为基质浓度变化

量（g/L）。

细胞维持系数主要取决于微生物的种类，也受基质和温度、pH等环境因素的影响。

对于同一种微生物，在基质和环境条件相同的情况下，细胞维持系数保持不变，故又称为细胞维持常数。

根据物料衡算，在发酵过程中，总的基质消耗动力学方程为

$$R_s=-\frac{dS}{dt}=\frac{\mu X}{Y_{X/S}}+\frac{1}{Y_{P/S}}\frac{dP}{dt}+mX \tag{2-15}$$

基质消耗动力学方程中的各个参数是在实验的基础上，运用数学物理方法对实验数据进行分析和综合，然后估算得出的。

第五节　固定化微生物细胞发酵产酶

固定化细胞又称为固定化活细胞或固定化增殖细胞，是指采用各种方法固定在载体上，在一定的空间范围进行生长、繁殖和新陈代谢的细胞。

固定化细胞是在20世纪70年代后期发展起来的技术。利用固定化细胞发酵生产α-淀粉酶、糖化酶、蛋白酶、果胶酶、纤维素酶、溶菌酶、天冬酰胺酶等胞外酶的研究均取得了成功。

有关细胞固定化方法、特性及其应用实例参看本书第六章。本节仅介绍固定化微生物细胞发酵产酶的特点、工艺条件控制及其生长和产酶动力学。

一、固定化微生物细胞发酵产酶的特点

固定化细胞发酵产酶与游离细胞发酵产酶相比，具有下列显著特点。

1．产酶率提高　细胞经过固定化后，在一定的空间范围内生长繁殖，细胞密度增大，因而使生化反应加速，从而提高产酶率。例如，固定化枯草杆菌生产α-淀粉酶，在分批发酵时，其体积产酶率［又称为产酶强度，是指每升发酵液每小时产酶的单位数，U/（L·h）］达到游离细胞的122%；在连续发酵时，产酶率更高，如表2-1所示。

表2-1　不同发酵方式对α-淀粉酶产酶率的影响

细胞	发酵方式	稀释率/h^{-1}	体积产酶率/［U/（L·h）］	相对产酶率/%
固定化	连续	0.43	4875	578
	连续	0.30	4515	535
	连续	0.13	3240	384
	分批	—	1031	122
游离	分批	—	844	100

固定化细胞的比产酶速率（ε_g），即每毫克细胞每小时产酶的单位数［U/（mg·h）］，比游离细胞（ε_f）高2～4倍，甚至更高。

再如，转基因大肠杆菌细胞生产β-酰胺酶，经过固定化后的细胞比没有选择压力时游离

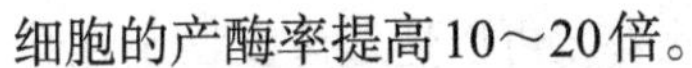

细胞的产酶率提高10～20倍。

2．可以反复使用或连续使用较长时间　固定化细胞固定在载体上，不容易脱落流失，所以固定化细胞可以进行半连续发酵，反复使用多次；也可以在高稀释率的条件下连续发酵较长时间。例如，固定化细胞进行乙醇、乳酸等厌氧发酵，可以连续使用半年或更长时间；固定化细胞发酵生产α-淀粉酶等，可以连续地使用30d以上。

3．基因工程菌的质粒稳定，不易丢失　研究表明，由于有载体的保护作用，固定化基因工程菌质粒的结构稳定性和分裂稳定性都显著提高。

4．发酵稳定性好　细胞经过固定化后，由于受到载体的保护作用，其对温度、pH的适应范围增大；对蛋白酶和酶抑制剂等的耐受能力增强，因此能够比较稳定地进行发酵生产。这一特点使固定化细胞发酵的操作控制变得相对容易，并有利于发酵生产的自动化。

5．缩短发酵周期，提高设备利用率　固定化细胞，若经过预培养、生长好以后，才转入发酵培养基进行发酵生产。转入发酵培养基以后，很快就可以发酵产酶，而且能够较长时间维持其产酶特性，所以可以缩短发酵周期，提高设备利用率。若不经过预培养，第一批发酵时，周期与游离细胞基本相同，但是第二批以后，其发酵周期将明显缩短。例如，固定化黑曲霉细胞半连续发酵生产糖化酶，第一批发酵时周期为120h，与游离细胞发酵周期相同，但是从第二批发酵开始，发酵周期缩短至60h。若采用连续发酵，则可以在高稀释率的条件下连续稳定地产酶，这就更加提高了设备利用率。

6．产品容易分离纯化　固定化细胞不溶于水，发酵完成后容易与发酵液分离，而且发酵液中所含的游离细胞很少，这就有利于产品的分离纯化，从而提高产品的纯度和质量。

7．适用于胞外酶等胞外产物的生产　由于固定化细胞与载体结合在一起，因此固定化细胞一般只适用于胞外酶等胞外产物的生产。如果利用固定化细胞生产胞内产物，则将使胞内产物的分离纯化更为困难。此时必须添加一些物质以增加细胞的透过性，使胞内产物分泌到细胞外。

二、固定化细胞发酵产酶的工艺条件及其控制

固定化细胞发酵产酶的基本工艺条件与前述游离细胞发酵的工艺条件基本相同。但在其工艺条件控制方面有些问题要特别加以注意。

1．固定化细胞的预培养　固定化细胞制备好以后，一般要进行预培养，以利于固定在载体上的细胞生长繁殖。待其生长好以后才用于发酵产酶，为了使固定化细胞生长良好，预培养应该采用适合细胞生长的生长培养基和工艺条件，然后改换成适合产酶的发酵培养基和发酵工艺条件。有些微生物细胞在生长阶段和产酶阶段没有不同的要求，即可在预培养时采用与发酵时相同的培养基和工艺条件。

2．溶解氧的供给　固定化细胞在进行预培养和发酵的过程中，由于受到载体的影响，氧的溶解和传递受到一定的阻碍。特别是采用包埋法制备的固定化细胞，氧要首先溶解在培养基中，然后通过包埋载体层扩散到内部，才能供细胞使用，致使氧的供给成为主要的限制性因素。为此，必须增加溶解氧的量才能满足细胞生长和产酶的需要。由于固定化细胞反应器都不能采用强烈的搅拌，以免固定化细胞受到破坏，所以，增加溶解氧的方法主要是加大通气量。例如，游离的枯草杆菌细胞发酵生产α-淀粉酶，通气量一般控制在0.5～1vvm，而

采用固定化枯草杆菌细胞发酵，其通气量则要求在1～2vvm。此外，可以通过改变固定化载体、固定化技术或者改变培养基组分等方法，以改善供氧效果。例如，琼脂不利于氧的扩散，应尽量不用或者少用其作为固定化载体；在用作固定化载体的凝胶中添加某些富集氧或利于氧传递的物质；采用过氧化氢酶与细胞共固定化，再在培养基中添加适量的过氧化氢，在酶的作用下，过氧化氢分解产生的氧气可以供细胞使用；降低培养基的浓度和黏度等都有利于氧的溶解和传递。

溶解氧的供给是固定化细胞好氧发酵过程的关键限制性因素，要特别加以重视，并进一步研究解决。

3. 温度的控制 固定化细胞对温度的适应范围较宽，在分批发酵和半连续发酵过程中不难控制。但是在连续发酵过程中，由于稀释率较高，反应器内温度变化较大。若只是在反应器内部进行温度调节控制，则在加入的培养液温度与发酵液温度相差较大时，难以达到要求。一般培养液在进入反应器之前，必须预先调节至适宜的温度。

4. 培养基组分的控制 固定化细胞发酵培养基从营养要求的角度来看，与游离细胞发酵培养基没有明显差别。但是从固定化细胞的结构稳定性和供氧的方面考虑，却有其特殊性，在培养基的配制过程中需要加以注意。

培养基的某些组分可能影响某些固定化载体的结构，为了保持固定化细胞的完整结构，在培养基中应控制其含量。例如，采用海藻酸钙凝胶制备的固定化细胞，培养基中过量的磷酸盐会使其结构受到破坏，所以在培养基中应该限制磷酸盐的浓度，并在培养基中添加一定浓度的钙离子，以保持固定化细胞的稳定性。

固定化细胞好氧发酵过程中，溶解氧的供给是一个关键的限制性因素。为了有利于氧的溶解和传递，培养基的浓度不宜过高，特别是培养基的黏度应尽量低一些为好。

三、固定化细胞生长和产酶动力学

1. 固定化细胞生长动力学 固定化细胞在适宜的培养基和培养条件下培养，固定在载体上的细胞以一定的速度生长。在达到平衡期以后相当长的一段时间内，固定化细胞的浓度基本保持恒定。同时，随着细胞的生长和繁殖，有一些细胞泄漏到培养液中，这些泄漏细胞则是游离细胞，它们也在培养液中生长繁殖，如图2-15所示。

从图2-15中可以看到，在固定化细胞的培养系统中，细胞包括固定在载体上的细胞和游离细胞两部分。其生长速率也由两部分组成，即

$$\frac{dX}{dt}=\left(\frac{dX}{dt}\right)_g+\left(\frac{dX}{dt}\right)_f \tag{2-16}$$

式中，g和f分别代表固定在载体上的细胞和游离细胞。

细胞生长速率与细胞浓度（X）、比生长速率（μ）成正比：

$$\frac{dX}{dt}=\mu_g X_g+\mu_f X_f \tag{2-17}$$

根据莫诺方程：

$$\mu=\frac{\mu_m S}{K_s+S} \tag{2-18}$$

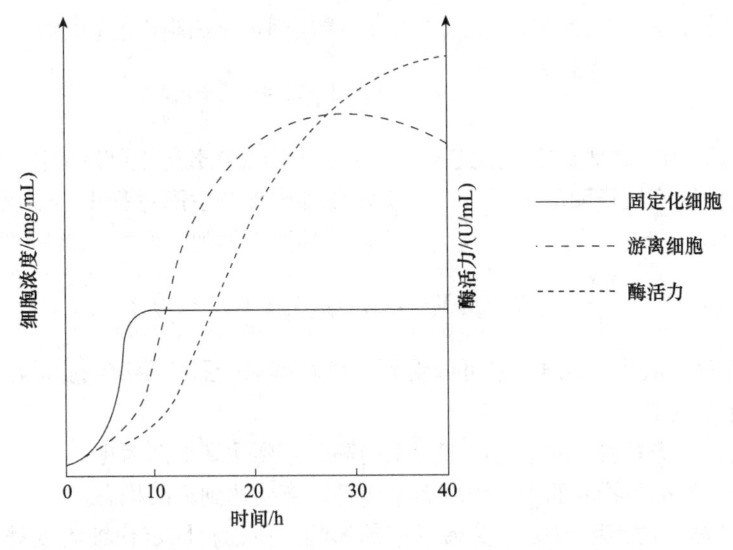

图2-15　固定化细胞生长和产酶曲线

固定化细胞生长动力学方程可以表达为

$$\frac{\mathrm{d}X}{\mathrm{d}t}=\frac{\mu_{mg}\cdot S\cdot X_g}{K_{sg}+S}+\frac{\mu_{mf}\cdot S\cdot X_f}{K_{sf}+S} \tag{2-19}$$

式中，μ_{mg}、μ_{mf}分别代表固定在载体上的细胞和游离细胞的最大比生长率；K_{sg}、K_{sf}分别代表固定在载体上的细胞和游离细胞的莫诺常数。

笔者等在以角叉莱胶为载体的固定化细胞生产α-淀粉酶的研究结果表明，上述方程中，参数K_{sg}与K_{sf}的数值差别不大，而μ_{mg}的值比μ_{mf}小得多，这说明固定在载体上的细胞的生长明显受到抑制。

2．固定化细胞产酶动力学　在固定化细胞发酵过程中，固定在载体上的细胞和培养液中的游离细胞都可以产酶。其产酶速率也由两部分组成，即

$$\frac{\mathrm{d}[\mathrm{E}]}{\mathrm{d}t}=\left(\frac{\mathrm{d}[\mathrm{E}]}{\mathrm{d}t}\right)_g+\left(\frac{\mathrm{d}[\mathrm{E}]}{\mathrm{d}t}\right)_f \tag{2-20}$$

式中，游离细胞的产酶速率（$\mathrm{d}[\mathrm{E}]/\mathrm{d}t)_f$依据细胞的产酶模式的不同而不同。笔者等的研究结果表明，枯草杆菌在以淀粉为碳源生产α-淀粉酶时，产酶模式属于延续合成型，其游离细胞的产酶速率可以表示为

$$\left(\frac{\mathrm{d}[\mathrm{E}]}{\mathrm{d}t}\right)_f=(\alpha\mu+\beta)X_f \tag{2-21}$$

而固定在角叉莱胶中的枯草杆菌细胞，在生长达到平衡期之前α-淀粉酶很少，这主要是由于生长时间不长，加上凝胶对载体内酶的扩散有一定的阻碍作用。而在载体内细胞生长达到平衡期以后，培养液中α-淀粉酶的浓度持续升高。因此可以将固定在载体内细胞的产酶模式视为非生长偶联型，其产酶速率（$\mathrm{d}[\mathrm{E}]/\mathrm{d}t)_g$与固定在载体内的细胞浓度（$X_g$）成正比，即

$$\left(\frac{\mathrm{d}[\mathrm{E}]}{\mathrm{d}t}\right)_g=\gamma X_g \tag{2-22}$$

将式（2-21）和式（2-22）代入式（2-20），得出固定化细胞产酶动力学方程：

$$\frac{d[E]}{dt}=(\alpha\mu+\beta)X_f+\gamma X_g=\varepsilon_f X_f+\varepsilon_g X_g \tag{2-23}$$

式中，$\varepsilon_f=\alpha\mu+\beta$，为游离细胞比产酶速率；$\varepsilon_g=\gamma$，为固定在载体上细胞的比产酶速率。

3. 固定化细胞连续产酶动力学 在固定化细胞连续发酵过程中，如反应器内为全混流态，X_f在整个反应器中是均一的，与流出反应器的游离细胞浓度相同。其细胞生长速率为

$$\frac{dX}{dt}=\mu_g X_g+\mu_f X_f-DX_f=\mu_g X_g+(\mu_f-D)X_f \tag{2-24}$$

式中，D为稀释率。从式（2-24）中可以看到，稀释率只会影响游离细胞的浓度，对固定在载体上的细胞浓度无影响。

当$D<\mu_f$时，发酵容器内的细胞浓度越来越高，直到达到平衡为止。

当$D>\mu_f$时，发酵容器内的细胞浓度越来越低，直到达到新的稳态。

而固定在载体上的细胞浓度不受稀释率的影响。所以，固定化细胞发酵的显著优点之一，就是可以在高稀释率的条件下进行连续发酵。

在$D=\mu_f$的条件下，发酵容器内的细胞浓度达到动态平衡，游离细胞浓度（X_f）和固定在载体上的细胞浓度（X_g）基本上保持恒定。此时，固定化细胞连续发酵的产酶动力学方程可以表达为

$$\frac{d[E]}{dt}=\varepsilon_f X_f+\varepsilon_g X_g \tag{2-25}$$

笔者等的研究结果表明，采用角叉菜胶包埋法制备的直径为4mm的固定化枯草杆菌细胞，在气升式反应器中连续发酵生产α-淀粉酶，当稀释率为$0.43h^{-1}$，达到稳态时，固定在载体上细胞的比产酶速率ε_g=2.31U/（h · mg细胞），游离细胞的比产酶速率ε_f=0.572U/（h · mg细胞），固定化细胞的比产酶速率达到游离细胞的4倍以上。

第六节 固定化微生物原生质体发酵产酶

固定化原生质体是指固定在载体上，在一定的空间范围内进行新陈代谢的原生质体。

原生质体是除去细胞壁后由细胞膜及胞内物质组成的微球体。原生质体由于除去了细胞壁这一扩散屏障，有利于胞内物质透过细胞膜分泌到细胞外，可以用于胞内酶等胞内产物的生产。

由于原生质体不稳定，容易受到破坏，通过凝胶包埋法制备固定化原生质体，可以使原生质体的稳定性提高。

利用固定化原生质体在生物反应器中进行发酵生产，可以使原来属于胞内产物的胞内酶等分泌到细胞外，这样就可以不经过细胞破碎和提取工艺直接从发酵液中得到所需的发酵产物，为胞内物质的工业化生产开辟崭新的途径。

自1986年以来，华南理工大学生物工程研究所进行了固定化原生质体生产碱性磷酸酶、葡萄糖氧化酶、谷氨酸脱氢酶等胞内酶的研究，取得了可喜成果。有关固定化原生质体的制备方法及其应用实例将在本书第六章阐述。在此仅介绍固定化原生质体发酵产酶的特点及工

艺条件控制。

一、固定化原生质体发酵产酶的特点

1. 变胞内产物为胞外产物 固定化原生质体由于解除了细胞壁的扩散障碍，可以使原本存在于细胞质中的胞内酶不断分泌到细胞外，变革了胞内酶的生产工艺。例如，笔者等采用固定化黑曲霉原生质体生产葡萄糖氧化酶，使细胞内90%以上的葡萄糖氧化酶分泌到细胞外。

2. 提高酶产率 由于除去了细胞壁，增加了细胞的透过性，有利于氧气和其他营养物质的传递和吸收，也有利于胞内物质的分泌，可以显著提高酶产率。例如，笔者等的研究表明，固定化枯草杆菌原生质体发酵生产碱性磷酸酶，使原来存在于细胞间质中的碱性磷酸酶全部分泌到发酵液中，产酶率提高36%。

3. 稳定性较好 固定化原生质体由于有载体的保护作用，具有较好的操作稳定性和保存稳定性，可以反复使用或者连续使用较长时间，利于连续化生产。

4. 易于分离纯化 固定化原生质体易于和发酵液分开，有利于产物的分离纯化，提高产品质量。

二、固定化原生质体发酵产酶的工艺条件及其控制

固定化原生质体发酵产酶与游离细胞发酵产酶的工艺条件基本相同，但是在工艺条件控制方面需要注意下列问题。

1）*渗透压的控制* 固定化原生质体发酵的培养基中，需要添加一定量的渗透压稳定剂，以保持原生质体的稳定性。发酵结束后，可以通过层析或膜分离等方法与产物分离。

2）*防止细胞壁再生* 固定化原生质体在发酵过程中，需要添加青霉素等抑制细胞壁生长的物质，防止细胞壁再生，以保持固定化原生质体的特性。

3）*保证原生质体的浓度* 由于细胞去除细胞壁制成原生质体后，影响了细胞正常的生长繁殖，因此固定化原生质体增殖缓慢。为此，在制备固定化原生质体时，应保证原生质体的浓度达到一定的水平。

复习思考题

习题答案

1. 试述酶生物合成的基本过程。
2. 何谓酶生物合成的诱导作用？简述其原理。
3. 什么是酶生物合成的反馈阻遏作用？简述其原理。
4. 简述分解代谢物阻遏作用的原理和解除方法。
5. 提高酶产量的措施主要有哪些？
6. 何谓细胞生长动力学、产酶动力学、基质消耗动力学？简述其动力学模型。
7. 简述固定化微生物细胞发酵产酶的特点。

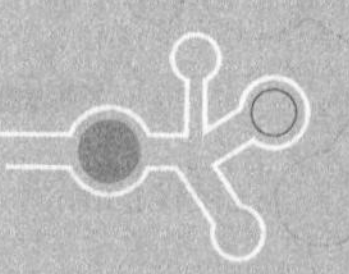

第三章　动植物细胞培养产酶

动植物细胞培养是通过特定技术获得优良的动物细胞和植物细胞，然后在人工控制条件的反应器中进行细胞培养，以获得所需产物的技术过程。

动物细胞可以采用离心分离技术、杂交瘤技术、胰蛋白酶消化处理技术等获得。来自血液等体液中的动物细胞通常采用离心分离技术获得，杂交瘤细胞则要首先分离肿瘤细胞和免疫淋巴细胞，再在一定条件下将肿瘤细胞和免疫淋巴细胞进行细胞融合，然后筛选得到杂交瘤细胞；其他动物体细胞通常采用胰蛋白酶消化处理动物的组织、器官，使细胞分散成为悬浮状态。

植物细胞可以通过机械捣碎或酶解的方法直接从外植体中分离得到，也可以通过诱导愈伤组织而获得，还可以通过分离原生质体后再经过细胞壁再生而获取。通常采用愈伤组织诱导方法获得所需的植物细胞。

动物细胞培养方式有悬浮培养、贴壁培养和微载体培养等。来自血液、淋巴组织的细胞、肿瘤细胞和杂交瘤细胞等，可以采用悬浮培养的方式。存在于淋巴组织以外的组织、器官中的细胞，它们具有锚地依赖性，必须依附在带有适当正电荷的固体或半固体物质的表面上生长，采用贴壁培养或微载体培养。

延伸阅读3-1

推荐扫码阅读相关文献《哺乳动物细胞无血清全悬浮培养技术研究进展》。

植物细胞培养方式有固体培养、液体浅层培养、液体悬浮培养等，在次级代谢物的生产过程中通常采用液体悬浮培养。

动物细胞培养的主要目的是获得疫苗、激素、多肽药物、单克隆抗体、酶等源自人体组织、器官等的功能性分子。

植物细胞培养主要用于生产色素、药物、香精、酶等次级代谢物。

语音讲解3-1

关于“动植物细胞培养的目的”的语音讲解请扫描二维码。

本章主要介绍动植物细胞培养及其生产各种酶的基本知识、基本理论和基本技术。

第一节　动植物细胞中酶生物合成的调节

动物和植物是由多细胞组成的高等真核生物，动植物细胞与微生物细胞一样，可以在一定条件下合成多种多样的酶。

动植物细胞中酶生物合成的基本过程与微生物细胞中基本相同，都是经过转录生成RNA，加工成核酸类酶，或者生成的RNA再经过翻译生成多肽链，加工生成蛋白类酶。有关具体过程已在本书第二章阐述，这里不再重复。

有关微生物细胞中酶生物合成的调节理论，总体来说对动植物细胞也是适用的。然而由于动植物细胞比微生物细胞的结构复杂得多，其基因的表达和调节控制也复杂得多。

动植物细胞中酶生物合成的调节，除了转录水平的调节、翻译水平的调节以外，还有激素水平的调节、神经水平的调节等，到目前为止还没有完整的理论和模型来阐述动植物细胞中酶生物合成的调节规律。这里仅从细胞分化改变酶的生物合成、基因扩增加速酶的生物合成、增强子促进酶的生物合成、抗原诱导抗体酶的生物合成等方面介绍动植物细胞中酶生物合成的调节。

（一）细胞分化改变酶的生物合成

真核生物尤其是由多细胞组成的动物和植物，同一生物个体的不同细胞都含有相同的染色体DNA，即所含基因的种类和数目一样，但是在个体发育的不同阶段和不同类型的分化细胞中，由于受到不同的调节控制，基因的表达有很大的差异，酶的生物合成有显著的不同，这就是基因表达的时间性和空间性。例如，胰蛋白酶主要在胰细胞中合成，木瓜蛋白酶主要在果皮细胞中合成等。其中，与细胞的衰老和癌症的发生有密切关系的端粒酶是细胞分化改变酶生物合成的一个典型例子。

端粒（telomere）是真核生物染色体的末端结构，由富含G和T的DNA简单重复序列不断重复而成。例如，单细胞纤毛生物四膜虫（*Tetrahymena*）端粒是由重复序列TTGGGG多次重复而成的；人的端粒是由重复序列TTAGGG不断重复而成的。

端粒的作用是保护真核生物的染色体免遭破坏。真核生物的染色体遭受破坏，一是由于细胞中存在核酸酶等破坏DNA的外界因素；二是由于真核生物DNA复制过程中存在“末端复制问题”，即依赖于DNA的DNA聚合酶（复制酶）在每次复制后，都在5′端留下一段空隙（RNA引物降解后留下的空隙），若细胞无法填补这些空隙，染色体将随着每一次细胞分裂而不断缩短，直至细胞消亡。端粒的存在不但可以避免外界因素对DNA的破坏，而且可以在复制过程中，通过牺牲自我而避免染色体DNA受损，以维护染色体结构和功能的完整性。在人体中，幼年期细胞内的端粒长度远远长于老年期，从细胞的体外培养中发现，随着细胞的分裂，其端粒逐渐缩短。

端粒是通过端粒酶的催化作用而生成的。端粒酶（telomerase）是催化端粒合成和延长的酶。端粒酶是一种核糖核蛋白，包含蛋白质和RNA两种基本成分，其RNA组分中含有构建端粒重复序列的核苷酸模板序列。在合成端粒的过程中，端粒酶以其本身的RNA组分作为模板把端粒重复序列加到染色体DNA的末端，使端粒延长，如图3-1所示。

延伸阅读3-2

推荐扫码阅读相关文献《端粒及端粒酶活性检测方法研究进展》。

从图3-1中可以看到，在端粒酶的作用下，端粒延伸主要包括以下三个步骤。

（1）结合：端粒酶分子的RNA重复序列与DNA端粒末端按照互补原则结合。

（2）延伸：以端粒酶分子的RNA为模板，通过反转录作用，使DNA分子上的端粒延伸。

（3）移位：端粒酶移动到延伸后的端粒末端。重复上述过程，反复进行，使端粒不断延伸。

单细胞四膜虫等纤毛虫类的端粒很短，细胞内始终保持高活性的端粒酶，酶活性的抑制将导致细胞寿命缩短。人的正常体细胞内有很长的端粒，却没有检测到端粒酶的活性。这是由于人体端粒的合成和延长是在胚胎发育期进行的，随着细胞分化，在人体的正常细胞内（除了生殖细胞和干细胞等以外）检测不到端粒酶的活性，而在分化程度较低的癌细胞中却

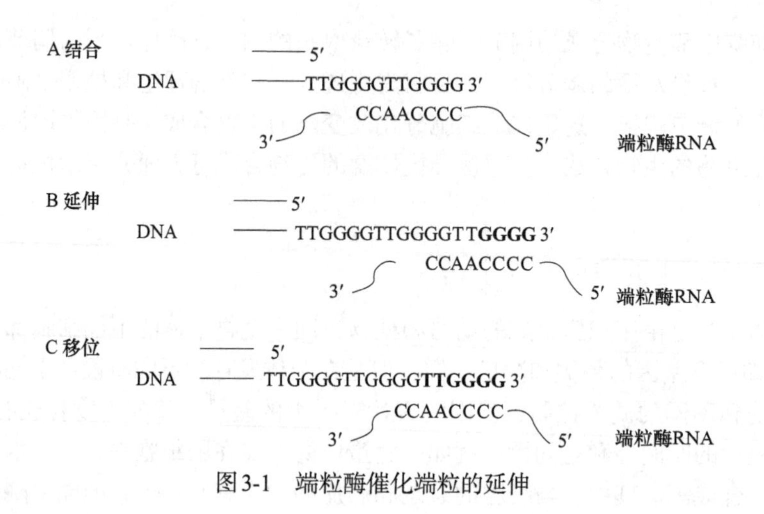

图3-1　端粒酶催化端粒的延伸

可明显地检测到端粒酶的活性。

（二）基因扩增加速酶的生物合成

知识拓展3-1

基因扩增（gene amplification）是通过增加基因的数量来调节基因表达的一种方式。它可以发生在个体发育的某一阶段或在细胞分化的某一过程。在某些特殊情况下，细胞急需某些基因的表达产物时，作为细胞的应急方式，可以暂时或长久地使这些基因的数量激增。

有关“哺乳动物细胞内的基因扩增现象”的内容可扫码阅读。

基因扩增可以由选择压力引起。例如，有些耐药性细胞，其对药物的抗性主要由基因扩增引起。

通过基因扩增来调节酶的生物合成，可以在某种特殊的条件下发生，作为应急手段，使某种酶的合成大量增加。例如，中国田鼠细胞在含有氨甲基蝶呤的培养基中生长时，由于氨甲基蝶呤是二氢叶酸还原酶的竞争性抑制剂，为了对抗氨甲基蝶呤对酶的抑制作用，细胞中编码二氢叶酸还原酶的基因急剧扩增，以更快的速度合成大量的二氢叶酸还原酶。

（三）增强子促进酶的生物合成

增强子（enhancer）又称为调变子，是一段能高效增强或促进基因转录的DNA序列。增强子的重要特性是能够促进同源或异源启动基因的转录活性，其增强效果有的可以达到1000倍。

增强子在酶的生物合成过程中，可以高效增强某些酶基因的表达。例如，胰岛素基因的增强子及胰凝乳蛋白酶基因的增强子都能够明显地促进氯霉素乙酰转移酶（chloramphenicol acetyltransferase，CAT）的基因在胰细胞中的表达。

许多增强子具有细胞或组织特异性。增强子虽然能够促进同源或异源基因的转录，但是其增强效果有所不同。例如，猴子病毒SV40增强子在猴子细胞中对基因表达的增强效果比在其他细胞中的增强效果强得多；胰岛素基因增强子在胰腺细胞中优先促进*CAT*基因的转录；胰凝乳蛋白酶基因增强子则优先在分泌胰酶的细胞中促进*CAT*的表达。

（四）抗原诱导抗体酶的生物合成

抗体酶（abzyme）又称为催化性抗体（catalytic antibody），是一类具有生物催化功能的抗体分子。

抗体（antibody）是由抗原诱导产生的能与抗原（antigen）特异结合的免疫球蛋白。要使抗体成为具有催化功能的抗体酶，只要在抗体的可变区赋予酶的催化特性，就可能成为抗体酶。

抗体酶同时具有抗体的高度特异性及酶的高效催化能力。它是通过人工设计，采用现代生物技术而获得的一类新的生物催化剂，有些是在自然界原本不存在的。

1948年，鲍林（Pauling）提出过渡态理论，认为酶与底物的结合不是在基态而是在过渡态时亲和力最强，为半抗原的设计和抗体酶的制备提供了理论基础。

1975年，科勒（Kohler）和米尔斯坦（Milstein）发明了单克隆抗体制备技术，为抗体酶的研制打下了基础。

1986年，勒纳（Lerner）和舒尔茨（Schultz）分别获得具有催化活性的抗体，对抗体酶的研究、开发取得了关键性的突破成果。此后，不少抗体酶被制备出来。

抗体酶的制备方法主要有诱导法、修饰法等。修饰法是对抗体进行分子修饰，在抗体与抗原的结合部位引进催化基团而成为抗体酶的方法；诱导法是利用特定的抗原诱导抗体酶合成的方法。

诱导法是抗体酶制备的主要方法，根据所采用的抗原不同，诱导法有半抗原诱导法和酶蛋白诱导法。

1）半抗原诱导法　　半抗原诱导法是抗体酶制备的主要方法。该法是以预先设计的过渡态类似物作为半抗原，与载体蛋白（如牛血清蛋白等）偶联制成抗原，然后免疫动物，再经过单克隆抗体制备技术制备、分离、筛选得到所需的抗体酶。

2）酶蛋白诱导法　　酶蛋白诱导法是以某种酶蛋白作为抗原诱导抗体酶产生的方法。首先，选定一种酶蛋白作为抗原来免疫某种动物，在酶蛋白抗原的诱导下，动物体内产生与酶分子特异结合的抗体，再用获得的酶抗体来免疫该动物，并采用单克隆抗体制备技术制备得到与酶抗体特异结合的抗抗体。那么，抗抗体结合部位的构象与用作抗原的酶分子的结合中心的构象相同。对抗抗体进行筛选，就有可能获得具有催化活性的抗体酶。

第二节　植物细胞培养产酶

植物是各种色素、药物、香精和酶等天然产物的主要来源。目前已知的天然化合物超过30 000种，其中80%以上来自于植物。从植物中得到的最普遍又必不可缺的药物有17类。我国普遍使用的中草药及其制剂80%以上来源于植物，美国每年使用的植物来源的药物价值超过30亿美元，全世界每年使用的植物来源的芳香化合物的价值超过15亿美元。由此可见，植物来源的物质与人们的生活和身体健康有着极其密切的关系。

至今为止，植物来源的物质的生产几乎都采用提取分离法，即首先采集植物（栽培的或野生的），然后采用各种生化技术将有用的物质从植物组织中提取出来，再进行分离纯化，从而得到所需物质。例如，从木瓜果中提取木瓜蛋白酶和木瓜凝乳蛋白酶；从人参中提取分离人参皂苷；从鼠尾草中提取分离迷迭香酸；从紫草根中提取分离紫草宁；从玫瑰茄中提取分离花青素；从茉莉花中提取分离茉莉香精等。

提取分离法设备简单，但是受到原料来源的限制。由于植物的栽培和生长受到地理环境和气候条件等的影响，难以满足人们的需要。尤其是我国人多地少，野生植物资源不多，栽培条件又受到各种限制，不少植物资源出现供不应求的情况，这种情况将呈现越来越严重的趋势。为此，发展植物细胞培养技术，生产各种植物来源的有重要应用价值的天然产物，具有深远的意义和广阔的应用前景。

1902年，哈伯兰特（Haberlandt）首次提出分离植物单细胞并将其培养成植株的设想。100多年来，随着培养基的研制和培养技术的发展，已经从200多种植物中分离出细胞，不仅可以通过细胞的再分化生成完整的植株，而且可以通过细胞培养，获得400多种人们所需的各种物质。植物细胞培养已经建立起专门技术，形成新的学科。

20世纪80年代以后，植物细胞培养技术迅速发展，已成为生物工程研究、开发的新热点。植物细胞培养主要用于色素、药物、香精、酶等次级代谢物的生产。其中，通过植物细胞培养产酶的研究已经取得可喜进展，如表3-1所示。

表3-1　植物细胞培养产酶

酶	产酶植物细胞	酶	产酶植物细胞
糖苷酶	胡萝卜细胞	糖化酶	甜菜细胞
β-半乳糖苷酶	紫苜蓿细胞	苯丙氨酸裂合酶	花生细胞、大豆细胞
漆酶	假挪威槭细胞	木瓜蛋白酶	番木瓜细胞
过氧化物酶	甜菜细胞、大豆细胞	超氧化物歧化酶	大蒜细胞
β-葡糖苷酶	利马豆细胞	菠萝蛋白酶	菠萝细胞
酸性转化酶	甜菜细胞	剑麻蛋白酶	剑麻细胞
碱性转化酶	甜菜细胞	木瓜凝乳蛋白酶	番木瓜细胞

一、植物细胞的特性

植物细胞、动物细胞和微生物细胞都可以在人工控制条件的生物反应器中生产人们所需的各种产物。然而它们之间具有不同的特性，如表3-2所示。

表3-2　植物、微生物、动物细胞的特性比较

项目	细胞种类		
	植物细胞	微生物细胞	动物细胞
细胞大小/μm	20～300	1～10	10～100
倍增时间/h	>12	0.3～6	>15
营养要求	简单	简单	复杂
光照要求	大多数要求光照	不要求	不要求
对剪切力	敏感	大多数不敏感	敏感
主要产物	色素、药物、香精、酶等次级代谢物	醇类、有机酸、氨基酸、抗生素、核苷酸、酶等	疫苗、激素、单克隆抗体、酶等功能蛋白质

从表3-2中可以看到，植物细胞与动物细胞、微生物细胞之间特性的主要差异如下。

（1）植物细胞比微生物细胞大得多，体积比微生物细胞大10^3～10^6倍；植物细胞的体积也比动物细胞大。

（2）植物细胞的生长速率和代谢速率比微生物低，生长倍增时间较微生物长；生长周期也比微生物长。

（3）植物细胞和微生物细胞的营养要求较为简单。

（4）植物细胞与动物细胞、微生物细胞的主要不同点之一是大多数植物细胞的生长及次级代谢物的生产要求一定的光照强度和光照时间。在植物细胞大规模培养过程中，如何满足植物细胞对光照的要求，是设计反应器和实际操作中要认真考虑并有待研究解决的问题。

（5）植物细胞与动物细胞一样对剪切力敏感，需要在植物细胞生物反应器的研制和植物细胞培养过程参数（如通风速率、搅拌转速等）等方面严格控制。

（6）植物、动物、微生物细胞用于生产的主要目的产物各不相同。植物细胞主要用于生产色素、药物、香精和酶等次级代谢物；动物细胞主要用于生产疫苗、激素、单克隆抗体、多肽因子和酶等功能蛋白质；而微生物主要用于生产醇类、有机酸、氨基酸、核苷酸、抗生素和酶等。

二、植物细胞培养的特点

植物细胞培养过程，首先从植物外植体中选育出植物细胞，再经过筛选、诱变、原生质体融合或DNA重组等技术而获得优良的植物细胞。然后，在人工控制条件的植物细胞反应器中进行植物细胞培养，从而获得各种所需的产物。

利用植物细胞培养生产各种天然产物，与从植物中提取分离这些物质相比，具有如下显著特点。

1. 产率提高　使用优良的植物细胞进行培养生产天然产物，可以明显提高天然产物的产率。例如，日本三井石油化学工业公司于1983年在世界上首次成功地采用紫草细胞培养生产紫草宁，该公司用750L的反应器，培养23d，细胞中紫草宁的含量达到细胞干重的14%，比紫草根中紫草宁的含量高10倍。利用植物细胞培养生产的紫草宁比产率达到5.7mg/（d·g细胞），比种植紫草的紫草宁比产率［0.0068mg/（d·g植物）］高830倍。其后的许多研究表明，采用植物细胞培养生产木瓜蛋白酶、木瓜凝乳蛋白酶、人参皂苷、迷迭香酸、小檗碱、地高辛、胡萝卜素、维生素E、辅酶Q10、青蒿素、花青素、超氧化物歧化酶、蒽醌等物质，其产率均达到或者超过完整植株的产率。

2. 周期缩短　植物细胞生长的倍增时间一般为12～60h，生产周期一般为15～30d，这比起微生物来是相当长的时间。但是与完整植物的生长周期比较，却是大大缩短了生产周期。一般植物从发芽、生长到收获，短则几个月，长则数年甚至更长时间。例如，木瓜的生长周期一般为8个月，紫草为5年，野山参则更长。

3. 易于管理，减轻劳动强度　植物细胞培养在人工控制条件的生物反应器中进行生产，不受地理环境和气候条件等的影响，易于操作管理，可大大减轻劳动强度，改善劳动条件。

4. 产品质量提高　植物细胞培养的主要产物的产率较高，杂质较少，在严格控制条件的生物反应器中生产，可以减少环境中有害物质的污染和微生物、昆虫等的侵蚀，产物易于分离纯化，从而提高产品质量。

5. 其他 与微生物比较，植物细胞培养还具有对剪切力敏感、生产周期长等缺点。此外，许多植物细胞的生长和代谢需要一定的光照。这些特点使植物细胞在设计生物反应器和控制工艺条件等方面会引起一系列的问题，必须充分注意，并进一步研究解决。

三、植物细胞培养的工艺条件及其控制

（一）植物细胞培养的工艺流程

植物细胞培养的一般工艺过程如下：外植体的选择与处理→植物细胞的获取→细胞悬浮培养→分离纯化→产物。

1. 外植体的选择与处理 外植体是指从植株取出，经过预处理后用于植物组织和细胞培养的植物组织（包括根、茎、叶、芽、花、果实、种子等）片段或小块。

外植体首先要选择无病虫害、生长力旺盛、生长有规则的植株，如果植物细胞是用于生产次级代谢物，则需从产生该次级代谢物的组织部位中切取一部分组织，经过清洗，除去表面的灰尘污物。

将上述外植体切成0.5～1cm的片段或小块，用70%～75%乙醇溶液或者5%次氯酸钠、10%漂白粉、0.1%升汞溶液等进行消毒处理，再用无菌水充分漂洗，以除去残留的消毒剂。

2. 植物细胞的获取 从外植体获取植物细胞的方法主要有直接分离法、愈伤组织诱导法和原生质体再生法等。

1）*直接分离法* 植物细胞可以直接从外植体中分离得到。从外植体直接分离植物细胞的方法通常有机械捣碎法和酶解法两种。

机械捣碎法分离植物细胞是先将叶片等外植体轻轻捣碎，然后通过过滤和离心分离细胞。该方法具有以下优点：获得的植物细胞没有经过酶的作用，不会受到伤害；不需要经过质壁分离，有利于进行生理和生化研究。但是用机械捣碎法分离的植物细胞，由于机械力的作用，细胞结构会受到一定的伤害，获得完整细胞团或细胞的数量少，故其使用不普遍。

酶解法分离细胞是利用果胶酶、纤维素酶等处理外植体，分离出具有代谢活性的细胞。该方法不仅能降解中胶层，还能软化细胞壁。所以用酶解法分离细胞时，必须对细胞给予渗透压保护，如用甘露醇等。

2）*愈伤组织诱导法* 愈伤组织是一种能迅速增殖的、无特定结构和功能的薄壁细胞团。通过愈伤组织诱导法获得植物细胞的基本过程如下：在选择好的含有一定量生长素和分裂素的液体培养基加入0.7%～0.8%的琼脂，制成半固体的愈伤组织诱导培养基。灭菌、冷却后，将上述外植体植入诱导培养基中，于25℃左右培养一段时间，即从外植体的切口部位长出小细胞团，此细胞团称为愈伤组织。一般培养1～3周后，将愈伤组织分散接种于新的半固体培养基中进行继代培养，以获得更多的愈伤组织。

诱导获得的愈伤组织可以用镊子或小刀分割得到植物小细胞团；也可以在无菌条件下，将愈伤组织转移到液体培养基中，加入经过杀菌处理的玻璃珠，进行振荡培养，使愈伤组织分散成为小细胞团或单细胞，然后用适当孔径的不锈钢筛网过滤，除去大细胞团和残渣，得

到一定体积的小细胞团或单细胞悬浮液。

3）原生质体再生法　原生质体（protoplast）是除去细胞壁后得到的微球体。

植物原生质体可从培养的植物单细胞、愈伤组织和植物的组织、器官中获得。

植物原生质体的分离方法一般有机械分离法和酶解法两种。目前一般都采用酶解法分离原生质体。

植物细胞细胞壁的基本成分是纤维素、半纤维素和果胶物质。为使细胞壁降解释放出原生质体，必须使用能催化纤维素、半纤维素和果胶物质水解的酶制剂，最常用的是纤维素酶和果胶酶混合物。

在原生质体制备过程中，为了防止原生质体被破坏，一般要采用高渗溶液，以利于完整原生质体的释放。配制高渗溶液的溶质称为渗透压稳定剂。常用的渗透压稳定剂有甘露醇、山梨醇、蔗糖、葡萄糖、盐类等。

原生质体分离后，经过计数和适当稀释，在一定条件下进行原生质体培养，使细胞壁再生，形成单细胞悬浮液。

细胞壁再生后得到的植物单细胞经过单细胞培养长成细胞团，再经过继代培养形成由原生质体形成的细胞系。

3. 细胞悬浮培养　将上述获得的植物细胞在无菌条件下转入新的液体培养基，在人工控制条件的生物反应器中进行细胞悬浮培养，获得所需的产物。

4. 分离纯化　细胞培养完成后，分离收集细胞或者培养液，再采用各种生化技术，从细胞或者培养液中将各种物质分离，得到所需的产物。

（二）植物细胞培养基

1. 植物细胞培养基的特点　植物细胞培养基与微生物培养基有较大的差别，其主要不同点如下。

（1）植物细胞的生长和代谢需要大量的无机盐。除了P、S、N、K、Na、Ca、Mg等大量元素以外，还需要Mn、Zn、Co、Mo、Cu、B、I等微量元素。培养液中大量元素的浓度一般为10^2～3×10^3mg/L；而微量元素的浓度一般为10^{-2}～30mg/L。

（2）植物细胞需要多种维生素和植物生长激素，如硫胺素、吡哆素、烟酸、肌醇、生长素、分裂素等。培养液中维生素的浓度一般为0.1～100mg/L；而植物生长激素的浓度一般为0.1～10mg/L，如大蒜细胞培养生产SOD的培养基中，激动素（KT）的浓度为0.1mg/L，2,3-二氯苯氧乙酸（2,4-D）的浓度为2mg/L。

（3）植物细胞要求的氮源一般为无机氮源，即植物细胞可以同化硝酸盐和铵盐。

（4）植物细胞一般以蔗糖为碳源。蔗糖的浓度一般为2%～5%。

2. 常用的植物细胞培养基

1）MS培养基　MS培养基是1962年由缪拉西吉（Murashinge）和斯科格（Skoog）为培养烟草细胞而设计的培养基。无机盐浓度较高，为较稳定的离子平衡溶液。其营养成分的种类和比例较为适宜，可以满足植物细胞的营养要求，其中硝酸盐（硝酸钾、硝酸铵）的浓度比其他培养基高，故被广泛应用于植物细胞、组织和原生质体培养，效果良好。LS和RM培养基是在其基础上演变而来的。

2）B_5培养基　B_5培养基是1968年为培养大豆细胞而设计的培养基。其主要特点是铵的浓度较低，适用于双子叶植物，特别是木本植物的组织、细胞培养。

3）White培养基　White培养基是1934年由怀特（White）为培养番茄根尖而设计的培养基。1963年又作了改良，提高了培养基中$MgSO_4$的浓度，增加了微量元素硼（B）。其特点是无机盐浓度较低，适用于生根培养。

4）KM-8P培养基　KM-8P培养基是1974年为培养原生质体而设计的培养基。其特点是有机成分的种类较全面，包括多种单糖、维生素和有机酸，在原生质体培养中被广泛应用。

现将MS和B_5培养基的组成列于表3-3～表3-7。

表3-3　MS和B_5培养基的组成（1L液体中含量）

组分	MS培养基	B_5培养基
碳源	蔗糖30g	蔗糖20g
大量元素	MS1液100mL	B_5L液100mL
微量元素	MS2液10mL	B_5M液10mL
铁盐	MFe液10mL	B_5Fe液10mL
维生素	MB^+液10mL	B_5V液10mL
pH	5.7	5.5

表3-4　MS和B_5培养基中大量元素母液（10倍浓度）的组成

组分	MS1液/（g/L）	B_5L液/（g/L）
KNO_3	19.0	25.0
NH_4NO_3	16.5	—
$(NH_4)_2SO_4$	—	1.34
$CaCl_2 \cdot 2H_2O$	4.4	1.5
$MgSO_4 \cdot 7H_2O$	3.7	2.5
KH_2PO_4	1.7	—
NaH_2PO_4	—	1.5

表3-5　MS和B_5培养基中微量元素母液（100倍浓度）的组成

组分	MS2液/（g/L）	B_5M液/（g/L）
H_2BO_3	0.62	0.30
$MgSO_4 \cdot H_2O$	1.56	1.0
$ZnSO_4 \cdot 7H_2O$	0.86	0.2
$Na_2MoO_4 \cdot 2H_2O$	0.025	0.025
$CuSO_4 \cdot 5H_2O$	0.0025	0.0025
$CoCl_2 \cdot 6H_2O$	0.0025	0.0025
KI	0.083	0.075

表3-6　MS和B_5培养基中铁盐母液（100倍浓度）的组成

组分	MFe液/（g/L）	B_5Fe液/（g/L）
$FeSO_4 \cdot 7H_2O$	2.78	2.78
Na_2-EDTA	3.73	3.73

表3-7　MS和B_5培养基中维生素母液（100倍浓度）的组成

组分	MB^+液/（g/L）	B_5V液/（g/L）
甘氨酸	0.2	—
盐酸硫胺素	0.01	1.0
烟酸	0.05	0.1
吡哆素	0.05	0.1
肌醇	10.0	10.0

3．植物细胞培养基的配制　植物细胞培养基的组分较多，各组分的性质和含量各不相同。为了减少每次配制培养基时称取试剂的麻烦，同时为了减少微量试剂在称量时造成的误差，通常将各种组分分成大量元素溶液、微量元素溶液、维生素溶液和植物激素溶液几大类，先配制成10倍或者100倍浓度的母液，放在冰箱保存备用。在使用时，吸取一定体积的各类母液，按照比例混合、稀释，制备得到所需的培养基。

1）*大量元素母液*　即含有N、P、S、K、Ca、Mg、Na等大量元素的无机盐混合液。由于各组分的含量较高，一般配制成10倍浓度的母液。在使用时，每配制成1000mL的培养液，吸取100mL母液。在配制母液时，要先将各个组分单独溶解，然后按照一定的顺序一边搅拌，一边混合，特别要注意将钙离子（Ca^{2+}）与硫酸根、磷酸根离子错开，以免生成硫酸钙或磷酸钙沉淀。

2）*微量元素母液*　即含有B、Mn、Zn、Co、Cu、Mo、I等微量元素的无机盐混合液。由于各组分的含量低，一般配制成100倍浓度的母液。在使用时，每配制1000mL的培养液，吸取10mL母液。

3）*铁盐母液*　由于铁离子与其他无机元素混在一起放置时容易生成沉淀，因此铁盐必须单独配制成铁盐母液。铁盐一般采用螯合铁（Fe-EDTA）。通常配制成100倍（或200倍）浓度的铁盐母液，在使用时，每配制1000mL的培养液，吸取10mL（或者5mL）铁盐母液。在MS和B_5培养基中，铁盐浓度为0.1mmol/L。若配制100倍浓度的铁盐母液，即配制10mmol/L铁盐母液，可以用2.78g $FeSO_4 \cdot 7H_2O$和3.73g Na_2-EDTA溶于1000mL水中得到。在使用时，每配制1000mL培养液，吸取10mL母液。

4）*维生素母液*　是各种维生素和某些氨基酸的混合液。一般配制成100倍浓度的母液。在使用时，每配制1000mL的培养液，吸取10mL母液。

5）*植物激素母液*　各种植物激素单独配制成母液。一般浓度为100mg/L，使用时根据需要取用。由于大多数植物激素难溶于水，需要先溶于有机溶剂或者酸、碱溶液中，再加水定容至一定的浓度。它们的配制方法如下。

（1）2,4-D母液：称取10mg 2,4-D，加入2mL 95%的乙醇，稍加热使之完全溶解（或者用2mL 1mol/L的NaOH溶解后），加蒸馏水定容至100mL。

（2）吲哚乙酸（IAA）母液：称取10mg IAA，溶于2mL 95%的乙醇，再用蒸馏水定容至100mL。吲哚丁酸（IBA）、赤霉酸（GA）母液的配制方法与此相同。

（3）萘乙酸（NAA）母液：称取10mg NAA，用2mL热水溶解后，定容至100mL。

（4）激动素（KT）母液：称取10mg KT，溶于2mL 1mol/L的HCl中，用蒸馏水定容至100mL。苄基腺嘌呤（BA）母液的配制方法与此相同。

（5）玉米素母液：称取10mg玉米素，溶于2mL 95%的乙醇中，再加热水定容至100mL。

（三）温度的控制

植物细胞培养的温度一般控制在室温范围（25℃左右）。温度高些，对植物细胞的生长有利；温度低些，则对次级代谢物的积累有利。但通常不能低于20℃，也不要高于35℃。

有些植物细胞的最适生长温度和最适产酶温度有所不同，要在不同的阶段控制不同的温度。

（四）pH的控制

植物细胞的pH一般控制在微酸性范围，即pH 5.0～6.0。配制培养基时，pH一般控制在5.5～5.8，在植物细胞培养过程中，pH一般变化不大。

（五）溶解氧的调节控制

植物细胞的生长和产酶需要吸收一定的溶解氧。溶解氧一般通过通风和搅拌来供给。适当的通风、搅拌还可以使植物细胞不至于凝集成较大的细胞团，以分散细胞，使其分布均匀，有利于细胞的生长和新陈代谢。然而，由于植物细胞代谢较慢，需氧量不多，过量的氧反而会带来不良影响。加上植物细胞体积大、较脆弱、对剪切力敏感，所以通风和搅拌不能太强烈，以免破坏细胞。这在设计植物细胞反应器和实际操作中都要予以充分注意。

（六）光照的控制

光照对植物细胞培养有重要影响。大多数植物细胞的生长及次级代谢物的生产要求一定波长的光照射，并对光照强度和光照时间有一定的要求，而有些植物次级代谢物的生物合成却受到光的抑制。例如，欧芹细胞在黑暗的条件下可以生长，但是只有在光照的条件下才能形成类黄酮化合物；植物细胞中萘醌的生物合成受到光的抑制等。笔者等的研究表明，光质对于玫瑰茄细胞培养生产花青素有显著影响，其中蓝光（波长420～530nm）可以显著促进花青素的生物合成。因此在植物细胞培养过程中，应当根据植物细胞的特性及目标次级代谢产物的种类不同，进行光照的调节控制。尤其是在植物细胞的大规模培养过程中，如何满足植物细胞对光照的要求，是设计反应器和实际操作中要认真考虑并有待研究解决的问题。

（七）前体的添加

前体是指处于目的代谢物代谢途径上游的物质。为了提高植物细胞培养生产次级代谢物的产量，在培养过程中添加目的代谢物的前体是一种有效的措施。例如，在辣椒细胞培养生产辣椒胺的过程中添加苯丙氨酸作为前体，其可以全部转变为辣椒胺；添加香草酸和异癸酸作为前体，也可以显著提高辣椒胺的产量。

（八）刺激剂的应用

刺激剂（elector）可以促使植物细胞中的物质代谢朝着生成某些次级代谢物的方向进行，从而强化次级代谢物的生物合成，提高某些次级代谢物的产率。所以，在植物细胞培养过程中添加适当的刺激剂可以显著提高某些次级代谢物的产量。

延伸阅读3-3

推荐扫码阅读相关综述《刺激剂对植物细胞悬浮培养的影响》。

常用的刺激剂有微生物细胞壁碎片和果胶酶、纤维素酶等微生物胞外酶。例如，罗尔夫斯（Rolfs）等用霉菌细胞壁碎片为刺激剂，使花生细胞中L-苯丙氨酸氨基裂合酶的含量增加4倍，同时使二苯乙烯合酶的含量提高20倍；芬克（Funk）等采用酵母葡聚糖（酵母细胞壁的主要成分）作为刺激剂，可使细胞积累小檗碱的量提高4倍；笔者等在鼠尾草细胞悬浮培养中，添加0.5U/mL的果胶酶作为刺激剂，可使细胞中迷迭香酸的产量提高62%。

四、植物细胞培养产酶的工艺过程

利用植物细胞培养技术生产的酶已有10多种。现以大蒜细胞培养生产超氧化物歧化酶（SOD）为例，说明其工艺过程。

SOD是催化超氧负离子进行氧化还原反应的氧化还原酶，具有抗辐射、抗氧化、抗衰老的功效。SOD可以从动物、植物和微生物细胞中提取分离得到。笔者等从1992年开始进行大蒜细胞培养生产SOD的研究，取得可喜成果，这里简单介绍其工艺过程。

1. 大蒜愈伤组织的诱导 选取结实、饱满、无病虫害的大蒜蒜瓣，在4℃冰箱中放置3周，以打破休眠。去除外皮，先用70%乙醇消毒20s，再用0.1%升汞消毒10min，然后用无菌水漂洗3次。

在无菌条件下，将蒜瓣切成0.5cm^{3}左右的小块，植入含有3mg/L 2,4-D和1.2mg/L 6-BA的半固体MS培养基中，在25℃、600lx、12h/d光照的条件下培养18d，诱导得到愈伤组织，每18天继代一次。

2. 大蒜细胞悬浮培养 将上述在半固体MS培养基上培养18d的愈伤组织在无菌条件下转入含有3mg/L 2,4-D和1.2mg/L 6-BA的液体MS培养基中，加入灭菌的玻璃珠，在25℃、600lx、12h/d光照的条件下振荡培养10～12d，使愈伤组织分散成为小细胞团或单细胞。然后在无菌条件下，经过筛网将小细胞团或单细胞转入含有3mg/L 2,4-D和1.2mg/L 6-BA的液体MS培养基中，在25℃、600lx、12h/d光照的条件下培养18d。

3. SOD的分离纯化 细胞培养完成后，收集细胞，经过细胞破碎，用pH 7.8的磷酸缓冲液提取、有机溶剂沉淀等方法，分离得到SOD。

第三节 动物细胞培养产酶

动物细胞培养是在20世纪50年代厄尔（Earle）等开始进行病毒疫苗的细胞培养的基础上，于20世纪60年代迅速发展起来的技术。1967年开发的适合动物细胞贴壁培养的微载体技术，以及1975年发明的杂交瘤技术，有力地推动了动物细胞培养技术的发展。它已经在疫苗、激素、多肽药物、单克隆抗体、酶、皮肤等人体组织、器官等的生产中广泛应用，工业化生产达到20 000L甚至更大的规模，已经成为生物工程研究开发的重要领域。

动物细胞培养主要用于生产下列功能蛋白质。

（1）疫苗：脊髓灰质炎（小儿麻痹症）疫苗、牲畜口蹄疫疫苗、风疹疫苗、麻疹疫苗、腮腺炎疫苗、黄热病疫苗、狂犬病疫苗、肝炎疫苗等。

（2）激素：催乳激素、生长激素、前列腺素、促性腺激素、淋巴细胞活素、红细胞生成素、促滤泡素、胰岛素等。

（3）多肽生长因子：神经生长因子、成纤维细胞生长因子、血清扩展因子、表皮生长因子、纤维黏结素等。

（4）酶：胶原酶、纤溶酶原活化剂、尿激酶等。

（5）单克隆抗体：各种单克隆抗体。

（6）非抗体免疫调节剂：干扰素、白细胞介素、集落刺激因子等。

这里主要介绍动物细胞培养产酶的特点及其工艺控制。

一、动物细胞的特性

动物细胞与微生物细胞和植物细胞比较具有下列特性。

（1）动物细胞与微生物细胞和植物细胞的最大区别在于没有细胞壁，细胞适应环境的能力差，显得十分脆弱。

（2）动物细胞的体积比微生物细胞大几千倍，稍小于植物细胞的体积。

（3）大部分动物细胞在肌体内相互粘连以集群形式存在，在细胞培养中大部分细胞具有群体效应、锚地依赖性、接触抑制性及功能全能性。

（4）动物细胞的营养要求较复杂，必须供给各种氨基酸、维生素、激素和生长因子等。动物细胞培养基中一般需要加入5%～10%的血清。

二、动物细胞培养的特点

动物细胞培养具有以下显著特点。

（1）动物细胞培养主要用于各种功能蛋白质和多肽的生产，如疫苗、激素、酶、单克隆抗体、多肽生长因子等。

（2）动物细胞的生长较慢，细胞倍增时间为15～100h。

（3）为了防止微生物污染，在培养过程中，需要添加抗生素。加进的抗生素要能够防治细菌的污染，又不影响动物细胞的生长。现在一般采用青霉素（50～100U/mL）和链霉素（50～100U/mL）联合作用，也可以添加一定浓度的两性霉素（amphotericin）、制霉菌素（mycostatin）等。此外，为了防治支原体的污染，可以采用卡那霉素、金霉素、泰乐菌素等进行处理。

（4）动物细胞体积大，无细胞壁保护，对剪切力敏感，所以在培养过程中，必须严格控制温度、pH、渗透压、通风搅拌等条件，以免破坏细胞。

（5）大多数动物细胞具有锚地依赖性，适宜采用贴壁培养；部分细胞，如来自血液、淋巴组织的细胞、肿瘤细胞和杂交瘤细胞等，可以采用悬浮培养。

（6）动物细胞培养基成分较复杂，一般要添加血清或其代用品，产物的分离纯化过程较繁杂，成本较高，适用于高价值药物的生产。

（7）原代细胞继代培养50代后，即会退化死亡，需要重新分离细胞。

三、动物细胞培养方式

动物细胞培养方式可以分为两大类：一类是来自血液、淋巴组织的细胞，如肿瘤细胞和杂交瘤细胞等，可以采用悬浮培养的方式；另一类是存在于淋巴组织以外的组织、器官中的细胞，它们具有锚地依赖性，必须依附在带有适当正电荷的固体或半固体物质的表面上生长，采用贴壁培养。

语音讲解3-2

关于“动物细胞培养方式”的语音讲解可扫描二维码。

1. 悬浮培养　非锚地依赖性细胞，如杂交瘤细胞、肿瘤细胞及来自血液、淋巴组织的细胞等，可以自由地悬浮在培养液中生长、繁殖和新陈代谢，与微生物细胞的液体深层发酵过程相类似。悬浮培养的细胞均匀地分散于培养液中，具有细胞生长环境均一、培养基中溶解氧和营养成分的利用率高、采样分析较准确且重现性好等特点。但是由于动物细胞没有细胞壁，对剪切力敏感，不能耐受强烈的搅拌和通风，对营养的要求复杂等特性，因此动物细胞悬浮培养与微生物培养在反应器的设计及操作、培养基的组成与比例、培养工艺条件及其控制等方面都有较大差别。此外，对于大多数具有锚地依赖性的动物细胞，不能采用悬浮培养方式进行培养。

2. 贴壁培养　大多数动物细胞，如成纤维细胞、上皮细胞等，由于具有锚地依赖性，在培养过程中要贴附在固体表面生长。在反应器中培养时，贴附于容器壁上，原来圆形的细胞一经贴壁就迅速铺展，然后开始有丝分裂，很快进入旺盛生长期。在数天内铺满表面，形成致密的单层细胞。常用的动物细胞系有HeLa、Vero、BHK、CHO等，都属于贴壁培养的细胞。

锚地依赖性细胞的贴壁培养，可以采用滚瓶系统。滚瓶系统结构简单、投资较少、技术成熟、重现性好，现在仍然在使用。然而采用滚瓶系统培养动物细胞的劳动强度大、细胞生长的表面积小、体积产率较低。为了克服以上问题，范·韦策尔（van Wezel）在1967年开发了微载体系统。

微载体系统是由葡聚糖凝胶等聚合物制成直径为50～250μm、密度与培养液的密度差不多的微球，动物细胞依附在微球体的表面，通过连续搅拌使其悬浮于培养液中，呈单层细胞生长繁殖的培养系统。这种系统具有如下显著特点：①微载体的比表面积大，单位体积培养液的细胞产率高。例如，1mL培养液中加入1mg微载体cytodex 1，其表面积可达到5cm^2，足够10^8～10^9个动物细胞生长所需的表面积。②由于微载体悬浮在培养液中，使其具有悬浮培养的优点，即细胞生长环境均一、营养成分利用率高、重现性好等，所以微载体系统现在已经广泛应用于贴壁细胞的大规模培养。

3. 固定化细胞培养　细胞与固定化载体结合，在一定的空间范围进行生长繁殖的培养方式称为固定化细胞培养。锚地依赖性和非锚地依赖性的动物细胞都可以采用固定化细胞培养方式。动物细胞的固定化一般采用吸附法和包埋法，上述微载体系统就是属于吸附法固定化细胞培养。此外还有凝胶包埋固定化、微胶囊固定化、中空纤维固定化等。

四、动物细胞培养的工艺条件及其控制

动物细胞培养首先要准备优良的种质细胞。用于动物细胞培养的种质细胞主要有体细胞

和杂交瘤细胞两大类。体细胞的获得方法是从动物体内取出部分组织，在一定条件下用胰蛋白酶消化处理，然后分离得到；杂交瘤细胞则要首先分离肿瘤细胞和免疫淋巴细胞，再在一定条件下将肿瘤细胞和免疫淋巴细胞进行细胞融合，然后筛选得到。

动物细胞培养的工艺过程如下：将种质细胞用胰蛋白酶消化处理，分散成悬浮细胞；再将悬浮细胞接入适宜的培养液中，在人工控制条件的反应器中进行细胞悬浮培养或者贴壁培养；培养完成后，收集培养液，分离纯化得到所需产物。

（一）动物细胞培养基的组分

动物细胞培养基的组分较为复杂，包括氨基酸、维生素、无机盐、葡萄糖、激素、生长因子等。

1）氨基酸　在动物细胞培养基中，必须加进各种必需氨基酸（赖氨酸、苯丙氨酸、亮氨酸、异亮氨酸、缬氨酸、甲硫氨酸、组氨酸、色氨酸）及半胱氨酸、酪氨酸、谷氨酰胺等。其中，谷氨酰胺被多数动物细胞作为碳源和能源利用，有些动物细胞则利用谷氨酸。

2）维生素　动物细胞培养所需的各种维生素，在含血清的培养基中一般由血清提供；在血清含量低或者无血清的培养基中，必须补充B族维生素，有的还补充维生素C。

3）无机盐　动物细胞培养基中必须添加含有大量元素的无机盐，如Na^+、K^+、Ca^{2+}、Mg^{2+}、PO_3^{3-}、SO_4^{2-}、Cl^-、HCO_3^-等，主要用于调节培养基的渗透压。而微量元素一般由血清提供。在无血清或血清含量低的培养基中，则需要添加铁（Fe）、铜（Cu）、锌（Zn）、硒（Se）等。

4）葡萄糖　大多数动物细胞培养基中含有葡萄糖，作为碳源和能源使用。但是葡萄糖含量较高的培养基在细胞培养过程中容易产生乳酸。研究表明在动物细胞培养中，细胞所需的能量和碳素来自谷氨酰胺。

5）激素　动物细胞培养过程中需要胰岛素、生长激素、氢化可的松等激素。其中，胰岛素可以促进细胞对葡萄糖和氨基酸的吸收和代谢；生长激素与促生长因子结合，有促进有丝分裂的效果；氢化可的松可促进细胞黏着和增殖，然而当细胞浓度较高时，氢化可的松可抑制细胞生长并诱导细胞分化。动物细胞培养所需的激素一般在血清中已经存在，但在低血清或者无血清培养基中必须添加适当的激素。

6）生长因子　血清中含有各种生长因子，可以满足细胞的需要。在无血清或者低血清培养基中，需要添加适量的表皮生长因子、神经生长因子、成纤维细胞生长因子等。

（二）动物细胞培养基的配制

动物细胞培养液的组分复杂，有些组分的含量很低，所以应首先配制各类母液，如100倍浓度氨基酸母液、1000倍浓度维生素母液、100倍浓度葡萄糖母液（溶解于平衡盐溶液）等。在使用前，分别吸取一定体积的母液，混匀得到混合母液，膜过滤除菌后，冷冻备用。使用时，取一定体积的混合母液，用无菌的平衡盐溶液稀释至所需浓度。

配制母液时，要确保所有组分都能完全溶解，并在杀菌及保存过程中不产生沉淀。如果采用无血清培养基，则需要补充各种激素和生长因子等组分，如表3-8所示。

表3-8　无血清培养基的补充组分

组分	浓度	组分	浓度
激素和生长因子		赤二醇	1～10nmol/L
胰岛素（INS）	0.1～10mg/L	睾酮	1～10nmol/L
胰高血糖素	0.05～5mg/L	**结合蛋白**	
表皮生长因子（EGF）	1～100μg/L	转铁蛋白（TF）	0.5～100μg/L
神经生长因子（NGF）	1～10μg/L	无脂肪酸白蛋白	1g/L
Gimmel因子	0.5～10μg/L	**贴壁及铺展因子**	
成纤维细胞生长因子（FGF）	1～100μg/L	冷不溶球蛋白	2～10μg/L
促卵泡激素释放因子（FSH）	50～500μg/L	血清铺展因子	0.5～5μg/L
生长激素（GH）	50～500μg/L	胎球蛋白	0.5g/L
促黄体激素（LH）	0.5～2mg/L	胶原胶	基底膜层
促甲状腺激素释放因子（TRH）	1～10μg/L	聚赖氨酸	基底膜层
促黄体激素释放因子（LHRH）	1～10μg/L	**小分子营养物质**	
前列腺素E1（PG-E1）	1～100μg/L	H_2SeO_3	10～100nmol/L
前列腺素F2α	1～100μg/L	$CdSO_4$	0.5μmol/L
三碘甲腺原氨酸（T3）	1～100μg/L	丁二胺	100μmol/L
甲状旁腺激素（PTH）	1μg/L	维生素C	10mg/L
生长调节素C（somatomedin C）	1μg/L	维生素E	10mg/L
氢化可的松（HC）	10～100nmol/L	维生素A	50mg/L
黄体酮	1～100nmol/L	亚油酸	3～5mg/L

现在常用的各种动物细胞培养基都已经商品化生产，一般有培养液、10倍浓度培养液、粉末状培养基等形式，可以根据需要选购使用。由于谷氨酰胺不稳定（在培养液中的半衰期4℃时为3周，36.5℃时为1周），要单独配制并冷冻保存。

（三）温度的控制

温度对动物细胞的生长和代谢有密切关系。一般控制在36.5℃，温度允许波动范围在0.25℃之内。温度的高低也会影响培养基的pH，因为在温度降低时，可以增加CO_2的溶解度而使pH降低。

（四）pH的控制

培养基的pH对动物细胞的生长和新陈代谢有显著影响。一般控制在pH 7.0～7.6的微碱性范围内，通常动物细胞在pH 7.4的条件下生长得最好。

在动物细胞培养过程中，随着新陈代谢的进行，培养液的pH将发生变化，从而影响动物细胞的正常生长和代谢。为此，在培养过程中需要对培养基的pH进行监测和调节。

调节培养基中pH，通常采用CO_2和$NaHCO_3$溶液。增加CO_2的浓度可使培养液的pH降低；添加碳酸氢钠溶液可使pH升高。然而，通过改变CO_2浓度的方法来调节pH会对培养液中的溶解氧产生影响。所以在pH控制系统的设计和操作过程中，应当同时考虑溶解氧的控制。在细胞密度高时，由于产生CO_2和乳酸等物质的量增加，pH的变化较大，需要时可以添加酸液或碱液来调节pH，但是要注意局部pH的较大波动和渗透压的增加会对细胞生长带来不利的影响。

为了避免培养过程中pH的快速变化，维持pH的稳定，通常在培养液中加入缓冲系统，如CO_2与$NaHCO_3$系统、柠檬酸与柠檬酸盐系统等。此外，另一个被广泛采用的缓冲系统是*N*-（2-羟乙基）哌嗪-*N'*-（2-乙磺酸）（*N'*-2-hydroxy-ethylpiperazing-*N'*-ethanesulfonic acid，HEPES）。HEPES的添加浓度一般为25mmol/L，若浓度高于50mmol/L则可能对某些细胞产生毒害作用。

监测动物细胞培养液中pH的变化，常用的指示剂为酚红。可以根据酚红颜色的变化确定pH：蓝红色为pH 7.6，红色为pH 7.4，橙色为pH 7.0，黄色为pH 6.5。

（五）渗透压的控制

动物细胞培养液中的渗透压应当与细胞内的渗透压处于等渗状态，一般控制在700～850kPa，在配制培养液或者改变培养基成分时要特别注意。

（六）溶解氧的控制

溶解氧的供给对动物细胞培养至关重要。供氧不足时，细胞生长受到抑制；氧气过量时，也会对细胞产生毒害。

不同的动物细胞对溶解氧的要求各不相同，同一种细胞在不同的生长阶段对氧的要求有所差别，细胞密度不同所要求的溶解氧也不一样，所以在动物细胞培养过程中，要根据具体情况的变化，随时对溶解氧加以调节控制。

在动物细胞培养过程中，一般通过调节进入反应器的混合气体的量及其比例来调节与控制溶解氧。混合气体由空气、氧气、氮气和二氧化碳4种气体组成。其中二氧化碳兼有调节供氧和调节pH的双重作用。

五、动物细胞培养产酶的工艺过程

通过动物细胞培养获得的酶主要有胶原酶、纤溶酶原激活剂、尿激酶等。纤溶酶原激活剂根据其结构和特性不同，可以分为组织纤溶酶原激活剂（tissue plasminogen activator，tPA）和尿激酶纤溶酶原激活剂（urokinase plasminogen activator，uPA）两种。现在国内外应用的都是组织纤溶酶原激活剂。现以人黑色素瘤细胞培养生产组织纤溶酶原激活剂为例，说明动物细胞培养产酶的工艺过程及其控制。

组织纤溶酶原激活剂是一种丝氨酸蛋白酶。它可以催化纤溶酶原水解，生成纤溶酶。纤溶酶催化血栓中的血纤维蛋白水解，对血栓性疾病有显著疗效。

1983年，彭尼卡（Pennica）采用克隆技术将人的*tPA*基因转入大肠杆菌细胞并得到表达，如图3-2所示，随后在多种微生物和动物细胞中表达成功，现已成为销售量最大的基因工程药物之一。

1. 人黑色素瘤细胞培养基 Eagle培养基的主要组分（浓度）为：L-盐酸精氨酸（21mg/L），L-胱氨酸（12mg/L），L-谷氨酰胺（292mg/L），L-盐酸组氨酸（9.5mg/L），L-异亮氨酸（26mg/L），L-亮氨酸（26mg/L），L-盐酸赖氨酸（36mg/L），L-甲硫氨酸（7.5mg/L），L-苯丙氨酸（18mg/L），L-苏氨酸（24mg/L），L-色氨酸（4mg/L），L-酪氨酸（18mg/L），L-

缬氨酸（24mg/L），氯化胆碱（1mg/L），叶酸（1mg/L），肌醇（2mg/L），烟酸（1mg/L），泛酸钙（1mg/L），盐酸吡哆醛（1mg/L），核黄素（0.1mg/L），硫胺素（1mg/L），生物素（1mg/L），NaCl（6800mg/L），KCl（400mg/L），$CaCl_2$（200mg/L），$MgSO_4 \cdot 7H_2O$（200mg/L），$NaH_2PO_3 \cdot 2H_2O$（150mg/L），$NaHCO_3$（2000mg/L），葡萄糖（1000mg/L）。此外，加入青霉素100U/mL、链霉素100U/mL、小牛血清10%。

2. 人黑色素瘤细胞培养

（1）将人黑色素瘤的种质细胞用胰蛋白酶消化处理，细胞分散后，用pH 7.4的磷酸缓冲液洗涤，计数，稀释成细胞悬浮液。

（2）在消毒好的反应器中装进一定量的培养液，将上述细胞悬浮液接种至反应器中，接种浓度为（1～3）$\times 10^3$个细胞/mL，于37℃的CO_2培养箱中，通入含5%CO_2的无菌空气，培养至长成单层致密细胞。

（3）倾去培养液，用pH 7.4的磷酸缓冲液洗涤细胞2或3次。

（4）换入一定量的无血清Eagle培养液，继续培养。

（5）每隔3～4d，取出培养液进行tPA的分离纯化。

（6）再向反应器中加入新鲜的无血清Eagle培养液，继续培养，以获得大量tPA。

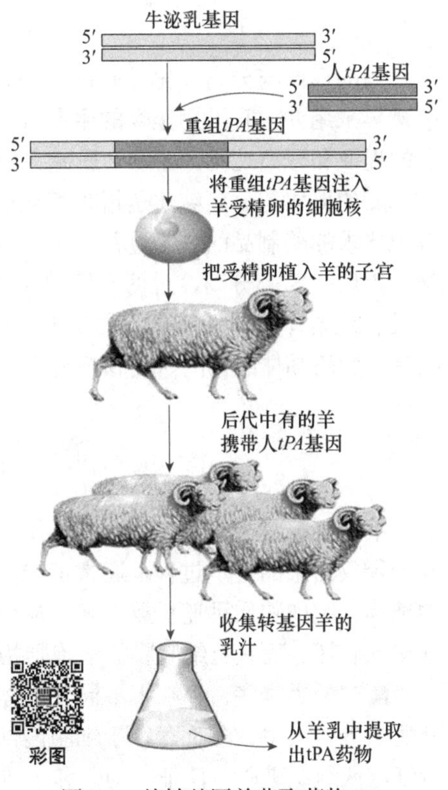

图3-2　从转基因羊获取药物tPA

3. 组织纤溶酶原激活剂的分离纯化　在获得的上述培养液中加入一定量的蛋白酶抑制剂和表面活性剂，过滤去沉淀，适当稀释后，采用亲和层析技术进行分离［以tPA抗体为配基，以溴化氢活化的琼脂糖凝胶为母体制成亲和层析剂，上柱、洗涤后用3mol/L硫氰化钾（KSCN）溶液洗脱，分部分收集］，得到tPA溶液。经过浓缩、葡聚糖G-150凝胶层析、冷冻干燥，得到精制tPA干粉。

复习思考题

1. 什么是端粒酶？简述其催化过程。
2. 何谓抗体酶？试述获得抗体酶的主要方法。
3. 简述植物细胞培养产酶的工艺过程。
4. 试述植物细胞培养产酶的工艺条件及其控制。
5. 动物细胞培养过程中要注意控制哪些工艺条件？
6. 举例说明动物细胞培养产酶的工艺过程。

习题答案

第四章　酶的提取与分离纯化

酶的提取与分离纯化是通过将酶分离提纯以获得高度纯净的酶制剂的方法，是酶的生产中最早采用并一直沿用至今的生产方法，在采用其他方法进行酶的生产过程中，也必须进行酶的提取和分离纯化，在酶学研究方面，酶的提取和分离纯化是必不可少的环节。

酶的提取与分离纯化是指将酶从细胞或其他含酶原料中提取出来，再与杂质分开，而获得所要求的酶制品的技术过程，主要分为抽提、纯化和制剂三个环节，具体操作包括细胞破碎、提取、离心分离、过滤与膜分离、沉淀分离、层析分离、电泳分离、萃取分离、浓缩、干燥、结晶等。自1926年人们从刀豆中提取出脲酶结晶以来，迄今已有200种左右的酶制成结晶，为酶晶体结构的研究和高纯度酶的应用提供了广阔的前景。

第一节　细 胞 破 碎

细胞破碎是指通过各种方法利用外力破坏细胞膜和细胞壁，使细胞内容物包括目的产物成分释放出来的技术过程。通常情况下细胞壁是细胞的机械屏障，稍有破损就会造成细胞膜的破坏，胞内物质迅速释放出来，从而造成细胞的完全破坏，所以说细胞破碎主要是针对细胞壁的破坏，而只有细胞膜的细胞则相对容易破碎。

酶的种类繁多，存在于不同生物体的不同部位。除了动物和植物体液中的酶及微生物胞外酶之外，大多数酶都存在于细胞内部。为了获得细胞内的酶，首先要收集组织、细胞并进行细胞或组织破碎，使细胞的壁和（或）细胞膜破坏，然后再进行酶的提取和分离纯化。

对于不同的生物体，或同一生物体不同组织的细胞，由于其外层结构不同，所采用的细胞破碎方法和条件也有所不同，必须根据具体情况进行适当的选择，以达到预期的效果。

细胞破碎方法可以分为机械破碎法、物理破碎法、化学破碎法和酶促破碎法，如表4-1所示。在实际使用时应当根据具体情况选用适宜的细胞破碎方法，有时也可以两种或两种以上的方法联合使用，以便达到细胞破碎的效果，又不影响酶的活性。

表4-1　细胞破碎方法及其原理

分类	细胞破碎方法	细胞破碎原理
机械破碎法	捣碎法 研磨法 匀浆法	通过机械运动产生的剪切力，使组织、细胞破碎
物理破碎法	温度差破碎法 压力差破碎法 超声波破碎法	通过各种物理因素的作用，使组织、细胞的外层结构破坏，而使细胞破碎
化学破碎法	添加有机溶剂 添加表面活性剂	通过各种化学试剂对细胞膜的作用，从而使细胞破碎
酶促破碎法	自溶法 外加酶制剂法	通过细胞本身的酶系或外加酶制剂的催化作用，使细胞外层结构受到破坏，从而使细胞破碎

一、机械破碎法

通过机械运动所产生的剪切力的作用，使细胞破碎的方法称为机械破碎法。常用的破碎机械有组织捣碎机、细胞研磨器、匀浆器等。按照所使用的破碎机械的不同，机械破碎法可以分为捣碎法、研磨法和匀浆法等。

1. 捣碎法　利用组织捣碎机的高速旋转叶片所产生的剪切力将组织细胞破碎的方法，称为捣碎法。此法常用于破碎动物内脏、植物叶芽等比较脆嫩的组织细胞，也可以用于微生物，特别是细菌的细胞破碎。使用时，先将组织细胞悬浮于水或其他介质中，再置于捣碎机内进行破碎。

2. 研磨法　利用研钵、石磨、细菌磨、球磨等研磨器械所产生的剪切力将组织细胞破碎的方法，称为研磨法。必要时可以加入精制石英砂、小玻璃球、玻璃粉、氧化铝等作为助磨剂，以提高研磨效果。研磨法设备简单，可以采用人工研磨，也可以采用电动研磨，常用于微生物和植物组织细胞的破碎。

3. 匀浆法　利用匀浆器产生的剪切力将组织细胞破碎的方法，称为匀浆法。匀浆器一般由硬质磨砂玻璃制成，也可由硬质塑料或不锈钢等制成。匀浆器由一个内壁经磨砂的管和一根表面经磨砂的研杆组成，管和研杆必须配套使用，研杆与管壁之间仅有几百微米的间隙。它通常用于破碎那些易于分散、比较柔软、颗粒细小的组织细胞。大块的组织或者细胞团需要先用组织捣碎机或研磨器械捣碎分散后才能进行匀浆。匀浆器的细胞破碎程度较高，对酶的活力影响也不大。

二、物理破碎法

通过温度、压力、声波等各种物理因素的作用使组织、细胞破碎的方法，称为物理破碎法。物理破碎法多用于微生物细胞的破碎。

常用的物理破碎法有温度差破碎法、压力差破碎法、超声波破碎法等，现简介如下。

1. 温度差破碎法　利用温度的突然变化、热胀冷缩的作用而使细胞破碎的方法称为温度差破碎法。例如，将在−18℃冷冻的细胞突然放进较高温度的热水中，或者将较高温度的热细胞突然冷冻，都可以使细胞破坏。

反复冻融法就是利用温度差变化来达到破坏细胞目的的一种方式。将细胞放在低温下突然冷冻，然后在室温下缓慢融化，反复多次，可以起到破壁的作用。

温度差破碎法对于那些较为脆弱、易于破碎的细胞，如革兰氏阴性菌等有较好的破碎效果。但是在酶的提取时，要注意不能在过高的温度下操作，以免引起酶的变性失活。此法较难应用于工业化生产。

2. 压力差破碎法　通过压力的突然变化，使细胞破碎的方法称为压力差破碎法。常用的有高压冲击法、突然降压法和渗透压变化法等。

1）*高压冲击法*　高压冲击法是在结实的容器中装入细胞和冰晶、石英砂等混合物，然后用活塞或冲击锤施以高压冲击，冲击压强可达50～500MPa，从而使细胞破碎。

2）*突然降压法* 突然降压法是将细胞悬浮液装进高压容器，加高压至30MPa甚至更高，打开出口阀门，使细胞悬浮液迅速流出，出口处的压力突然降低到常压，细胞迅速膨胀而破碎。

突然降压法的另一种形式称为爆炸式降压法，是将细胞悬浮液装入高压容器，通入氮气或二氧化碳，加压到5～50MPa，振荡几分钟，使气体扩散到细胞内，然后突然排出气体，压力骤降，使细胞破碎。

突然降压法对细胞的破碎效果取决于下列几个因素。①压强差：一般压强差达到3MPa以上才有较好的破碎效果。②压强降低的速度：压强降低的速度越快，破碎效果越好，压强若在瞬间骤降，可以达到爆炸性效果。③细胞的种类和生长期：此法对大肠杆菌等革兰氏阴性菌的破碎效果较佳，最好使用对数生长期的细胞。

3）*渗透压变化法* 渗透压变化法是利用渗透压的变化使细胞破碎。使用时，先将对数生长期的细胞分离出来，悬浮在高渗透压溶液（如20%左右的蔗糖溶液等）中平衡一段时间，然后离心收集细胞，将其迅速投入4℃左右的蒸馏水或其他低渗溶液中。细胞内外的渗透压差别使细胞破碎。

渗透压变化法特别适用于膜结合酶、细胞间质酶等的提取，但是对革兰氏阳性菌不适用。这主要是由于革兰氏阳性菌的细胞壁由肽多糖组成，可以承受渗透压的变化而不致细胞破裂。

3. 超声破碎法 超声破碎法是实验室中常用的破碎方法，利用超声破碎仪所发出的声波或超声波的作用，使细胞膜产生空化（cavitation）作用而使细胞破碎的方法称为超声破碎法。空化作用是指在强声波作用下，让气泡形成、胀大和破碎的现象。超声波破碎的效果与输出功率、破碎时间有密切关系。同时受到菌种类型、细胞浓度、溶液黏度、pH、温度及离子强度等的影响。输出功率反映了超声波能量的大小，输出功率的增大有利于液体中空穴的形成，产生更多的空气泡，使破碎作用增强。细胞浓度会影响液体的黏稠度，细胞浓度低有利于细胞破碎；细胞浓度高，则液体的黏稠度大，这不利于空气泡的形成及其膨胀和爆炸，使破碎效果差。采用短时多次超声处理方式有利于细胞破碎，而延长每次超声处理时间、减少处理次数的方式则会使细胞破碎效率明显降低。因此超声处理的条件应该根据细胞的种类和酶的特性加以选择。一般来说，杆菌比球菌容易破碎，革兰氏阴性菌比革兰氏阳性菌细胞容易破碎，酵母的破碎效果较差。

超声波破碎法具有简便、快捷、效果好等特点，特别适用于微生物细胞的破碎。最好采用对数生长期的细胞进行破碎。

三、化学破碎法

通过各种化学试剂对细胞膜的作用，而使细胞破碎的方法称为化学破碎法。常用的化学试剂有甲苯、丙酮、丁醇、氯仿等有机溶剂，以及特里顿（Triton）、吐温（Tween）等表面活性剂。

有机溶剂可以使细胞膜的磷脂结构破坏，从而改变细胞膜的透过性，使胞内酶等细胞内物质释放到细胞外。为了防止酶的变性失活，操作时应当在低温的条件下进行。

表面活性剂可以和细胞膜中的磷脂及脂蛋白相互作用，使细胞膜结构破坏，从而增加细

胞膜的透过性。表面活性剂有离子型和非离子型之分，离子型表面活性剂对细胞破碎的效果较好，但是会破坏酶的空间结构，从而影响酶的催化活性。所以在酶的提取方面，一般采用非离子型的表面活性剂，如吐温、特里顿等。

四、酶促破碎法

通过细胞本身的酶系或外加酶制剂的催化作用，使细胞壁和细胞膜结构受到破坏，而达到细胞破碎的方法称为酶促破碎法，或称为酶学破碎法。

将细胞在一定的pH和温度条件下保温一段时间，利用细胞本身酶系的作用，使细胞破坏，而使细胞内物质释出的方法称为自溶法。自溶法效果的好坏取决于温度、pH、离子强度等自溶条件的选择与控制。

根据细胞壁结构的特点，还可以外加适当的酶作用于细胞，使细胞壁破坏，并在低渗透压的溶液中使细胞破裂。例如，革兰氏阳性菌主要依靠肽多糖维持细胞的结构和形状，外加溶菌酶作用于肽多糖的β-1,4-糖苷键，而使其细胞壁破坏；酵母细胞的破碎是外加β-葡聚糖酶，使其细胞壁的β-1,3-葡聚糖水解；霉菌可用几丁质酶进行细胞破碎；纤维素酶、半纤维素酶和果胶酶的混合使用，可使各种植物的细胞壁受到破坏，对植物细胞有良好的破碎效果。在酶催化过程中要根据细胞壁的结构特点选择使用适宜的酶，并根据酶的动力学性质，控制好各种催化条件。

酶促破碎法适用多种微生物，操作条件温和，所选用的酶选择性强，能快速地破坏细胞壁，而不影响细胞内容物，并且细胞壁损伤的程度可以控制，但溶酶价格较高，且该法通用性差，不同菌种需要选用不同的酶，还需确定最佳作用条件，这些都是在大规模生产应用中需要解决的问题。

第二节　酶的提取

酶的提取是指在一定的条件下，用适当的溶剂或溶液处理含酶原料，使酶充分溶解到溶剂或溶液中的过程，也称为酶的抽提。

酶提取时首先应根据酶的结构和溶解性质，选择适当的溶剂。根据相似相溶原理，一般来说，极性物质易溶于极性溶剂中，非极性物质易溶于非极性的有机溶剂中；另外，酸性物质易溶于碱性溶剂中，碱性物质易溶于酸性溶剂中。

大多数酶都能溶解于水，通常可用水或稀酸、稀碱、稀盐溶液等进行提取，有些酶与脂质结合或含有较多的非极性基团，则可用有机溶剂提取。酶提取的主要方法如表4-2所示。

表4-2　酶提取的主要方法

提取方法	使用的溶剂或溶液	提取对象
盐溶液提取	0.02～0.5mol/L的盐溶液	用于提取在低浓度盐溶液中溶解度较大的酶
酸溶液提取	pH 2～6的水溶液	用于提取在稀酸溶液中溶解度大且稳定性较好的酶
碱溶液提取	pH 8～12的水溶液	用于提取在稀碱溶液中溶解度大且稳定性较好的酶
有机溶剂提取	可与水混溶的有机溶剂	用于提取那些与脂质结合牢固或含有较多非极性基团的酶

从细胞、细胞碎片或其他含酶原料中提取酶的过程还受到扩散作用的影响。酶分子的扩散速度与温度、溶液黏度、扩散面积、扩散距离及两相界面的浓度差有密切关系。一般来说，提高温度、降低溶液黏度、增加扩散面积、缩短扩散距离、增大浓度差等都有利于提高酶分子的扩散速度，从而增大提取效率。

为了提高酶的提取率并防止酶的变性失活，在提取过程中还要注意控制好温度、pH等提取条件。

一、提取方法

根据酶提取时采用的溶剂或溶液不同，酶的提取方法主要有盐溶液提取、酸溶液提取、碱溶液提取和有机溶剂提取等，现简介如下。

1. 盐溶液提取　大多数蛋白类酶（P酶）都溶于水，而且在低浓度的盐存在的条件下，酶的溶解度随盐浓度的升高而增加，这称为盐溶现象。当盐浓度达到某一界限后，酶的溶解度随盐浓度的升高而降低，这称为盐析现象。所以一般采用稀盐溶液进行酶的提取，盐的浓度一般控制在0.02～0.5mol/L。例如，固体发酵生产的麸曲中的淀粉酶、蛋白酶等胞外酶，用0.14mol/L氯化钠溶液或0.02～0.05mol/L磷酸缓冲液提取；酵母醇脱氢酶用0.5mol/L磷酸氢二钠溶液提取；6-磷酸葡萄糖脱氢酶用0.1mol/L碳酸钠溶液提取；枯草杆菌碱性磷酸酶用0.1mol/L氯化镁溶液提取等。有少数酶，如霉菌脂肪酶，用不含盐的清水提取的效果较好。

核酸类酶（R酶）的提取，一般在细胞破碎后，用0.14mol/L氯化钠溶液提取，得到核糖核蛋白提取液，再进一步与蛋白质等杂质分离而得到酶RNA。

2. 酸溶液提取　有些酶在酸性条件下溶解度较大，且稳定性较好，宜用酸溶液提取。提取时要注意溶液的pH不能太低，以免使酶变性失活。例如，胰蛋白酶可用0.12mol/L硫酸溶液提取等。

3. 碱溶液提取　在碱性条件下溶解度较大且稳定性较好的酶，应采用碱溶液提取。例如，细菌L-天冬酰胺酶可用pH 11～12.5的碱溶液提取。操作时要注意pH不能过高，以免影响酶的活性。同时在加碱液的过程中要一边搅拌一边缓慢加进，以免出现局部过碱，引起酶的变性失活。

4. 有机溶剂提取　与脂质结合牢固或含有较多非极性基团的酶，可以采用能与水混溶的乙醇、丙酮、丁醇等有机溶剂提取。例如，琥珀酸脱氢酶、胆碱酯酶、细胞色素氧化酶等采用丁醇提取，都取得了良好效果。

在核酸类酶的提取中，可以采用苯酚水溶液。一般是在细胞破碎制成匀浆后，加入等体积的90%苯酚水溶液。振荡一段时间，结果DNA和蛋白质沉淀于苯酚层，而RNA溶解于水溶液中。

二、影响提取的主要因素

酶的提取过程中，受到温度、pH、提取液的体积等各种外界条件的影响。这些条件的改变将影响酶在所使用的溶剂中的溶解度，以及酶向溶剂相中扩散的速度，从而影响酶的提取速度和提取效果。

1. 温度　提取时的温度对酶的提取效果有明显影响。一般来说，适当提高温度，可以提高酶的溶解度，也可以增大酶分子的扩散速度，但是温度过高，则容易引起酶的变性失活，所以提取时温度不宜过高。特别是采用有机溶剂提取时，温度应控制在0～10℃的低温条件下。有些酶对温度的耐受性较高，可在室温或更高一些的温度条件下提取，如酵母醇脱氢酶、细菌碱性磷酸酶、胃蛋白酶等。在不影响酶活性的条件下适当提高温度，有利于酶的提取。

2. pH　溶液的pH对酶的溶解度和稳定性有显著影响。酶分子中含有各种可离解基团，在一定条件下，有的可以离解为阳离子，带正电荷；有的可以离解为阴离子，带负电荷。在某一个特定的pH条件下，酶分子上所带的正、负电荷相等，净电荷为零，此时的pH即为酶的等电点。在等电点的条件下，酶分子的溶解度最小。不同的酶分子有其各自不同的等电点。为了提高酶的溶解度，提取时pH应该避开酶的等电点。但是溶液的pH不宜过高或过低，以免引起酶的变性失活。

3. 提取液的体积　增加提取液的用量，可以提高酶的提取率。但是过量的提取液会使酶的浓度降低，对进一步的分离纯化不利。所以提取液的总量一般为原料体积的3～5倍，最好分几次提取。此外，在酶的提取过程中，含酶原料的颗粒体积越小则扩散面积越大，有利于提高扩散速度；适当的搅拌可以使提取液中的酶分子迅速离开原料颗粒表面，从而增大两相界面的浓度差，有利于提高扩散速率；适当延长提取时间，可以使更多的酶溶解出来，直至达到平衡。

在提取过程中，为了提高酶的稳定性，避免引起酶的变性失活，可适当加入某些保护剂，如与酶作用的底物、辅酶、某些抗氧化剂等。

第三节　沉淀分离

沉淀分离是通过改变某些条件或添加某种物质，使酶的溶解度降低，而从溶液中沉淀析出，与其他溶质分离的技术过程。

沉淀分离是酶的分离纯化过程中经常采用的方法。

沉淀分离的方法主要有盐析沉淀法、等电点沉淀法、有机溶剂沉淀法、复合沉淀法、选择性变性沉淀法等，如表4-3所示。

表4-3　沉淀分离的方法

方法	分离原理
盐析沉淀法	利用不同蛋白质在不同的盐浓度条件下溶解度不同的特性，通过在酶液中添加一定浓度的中性盐，使酶或杂质从溶液中析出沉淀，从而使酶与杂质分离
等电点沉淀法	利用两性电解质在等电点时溶解度最低，以及不同的两性电解质有不同的等电点这一特性，通过调节溶液的pH，使酶或杂质沉淀析出，从而使酶与杂质分离
有机溶剂沉淀法	利用酶与其他杂质在有机溶剂中的溶解度不同，通过添加一定量的某种有机溶剂，使酶或杂质沉淀析出，从而使酶与杂质分离
复合沉淀法	在酶液中加入某些物质，使它与酶形成复合物而沉淀下来，从而使酶与杂质分离
选择性变性沉淀法	选择一定的条件使酶液中存在的某些杂质变性沉淀而不影响所需的酶，从而使酶与杂质分离

一、盐析沉淀法

盐析沉淀法简称盐析法，是利用不同蛋白质在不同的盐浓度条件下溶解度不同的特性，通过在酶液中添加一定浓度的中性盐，使酶或杂质从溶液中析出沉淀，从而使酶与杂质分离的过程。盐析法是在酶的分离纯化中应用最早，而且至今仍在广泛使用的方法，主要用于蛋白类酶的分离纯化。

蛋白质在水中的溶解度受到溶液中盐浓度的影响。一般在低盐浓度的情况下，蛋白质的溶解度随盐浓度的升高而增加，这种现象称为盐溶。而在盐浓度升高到一定浓度后，蛋白质的溶解度又随盐浓度的升高而降低，结果使蛋白质沉淀析出，这种现象称为盐析。在某一浓度的盐溶液中，不同蛋白质的溶解度各不相同，由此可达到彼此分离的目的。

盐之所以会改变蛋白质的溶解度，是由于盐在溶液中离解为正离子和负离子。由于反离子作用，蛋白质分子表面的电荷改变，同时由于离子的存在改变了溶液中水的活度，使分子表面的水化膜改变。可见酶在溶液中的溶解度与溶液的离子强度关系密切。它们之间的关系可用下式表示：

$$\lg\frac{s}{s_0}=-K_S I \tag{4-1}$$

式中，s为酶或蛋白质在离子强度为I时的溶解度（g/L）；s_0为酶或蛋白质在离子强度为0时（即在纯溶剂中）的溶解度（g/L）；K_S为盐析系数；I为离子强度。

在温度和pH一定的条件下，s_0为一常数。所以上式可以改写为

$$\lg s=\lg s_0-K_S I=\beta-K_S I \tag{4-2}$$

式中，β为$\lg s_0$，主要取决于酶或蛋白质的性质，也与温度和pH有关。当温度和pH一定时，β为一常数。

盐析系数K_S主要取决于盐的性质。K_S的大小与离子价数成正比，与离子半径和溶液的介电常数成反比，与酶或蛋白质的结构也有关。

不同的盐对某种蛋白质具有不同的盐析系数。同一种盐对于不同的蛋白质也有不同的盐析系数。

对于某一种具体的酶或蛋白质，在温度和pH等盐析条件确定（即β确定）、所使用的盐确定（即K_S确定）之后，酶或蛋白质在盐溶液中的溶解度取决于溶液中的离子强度I。

离子强度I是指溶液中离子强弱的程度，与离子浓度和离子价数有关，即

$$I=\frac{1}{2}\sum m_i Z_i^2 \tag{4-3}$$

式中，m_i为离子强度（mol/L）；Z_i为离子价数。

例如，0.2mol/L的$(NH_4)_2SO_4$溶液，铵离子浓度为2×0.2mol/L，价数为+1；硫酸根离子浓度为0.2mol/L，价数为+2；其离子强度为

$$I=1/2（2\times0.2\times1^2+0.2\times2^2）=1/2（0.4+0.8）=0.6$$

对于含有多种酶或蛋白质的混合液，可以采用分段盐析的方法进行分离纯化。

在一定的温度和pH条件下（β为常数），通过改变离子强度使不同的酶或蛋白质分离的方法称为K_S分段盐析；而在一定的盐和离子强度的条件下（$K_S I$为常数），通过改变温度和

pH，使不同的酶或蛋白质分离的方法，称为β分段盐析。

在蛋白质的盐析中，通常采用的中性盐有硫酸铵、硫酸钠、硫酸钾、硫酸镁、氯化钠和磷酸钠等。其中以硫酸铵最为常用，这是由于硫酸铵在水中的溶解度大而且温度系数小（如在25℃时，其溶解度为767g/L；在0℃时，其溶解度为697g/L），不影响酶的活性，分离效果好，而且价廉易得。然而用硫酸铵进行盐析时，缓冲能力较差，而且铵离子的存在会干扰蛋白质的测定，所以有时也用其他中性盐进行盐析。

在盐析时，溶液中硫酸铵的浓度通常以饱和度表示。饱和度是指溶液中加入的饱和硫酸铵的体积与混合溶液总体积的比值。例如，70mL酶液加入30mL饱和硫酸铵溶液，则混合溶液中硫酸铵的饱和度为30/（30＋70）＝0.3。饱和硫酸铵溶液的配制方法如下：在水中加入过量的固体硫酸铵，加热至50～60℃，保温数分钟，趁热滤去过量未溶解的硫酸铵，滤液在0℃或25℃平衡1～2d，有固体析出，此溶液即为饱和硫酸铵溶液，其饱和度为1。在盐析过程中，需要加入的饱和硫酸铵溶液的体积，可以从有关文献中直接查表获得。

由于不同的酶有不同的结构，盐析时所需的盐浓度各不相同。此外，酶的来源、酶的浓度、杂质的成分等对盐析时所需的盐浓度也有所影响。在实际应用时，可以根据具体情况，通过试验确定。

盐析时，温度一般维持在室温左右，对于温度敏感的酶则应在低温条件下进行。溶液的pH应调节到欲分离的酶的等电点附近。

经过盐析得到的酶沉淀含有大量盐分，一般可以采用透析、超滤或层析等方法进行脱盐处理，使酶进一步纯化。

二、等电点沉淀法

利用两性电解质在等电点时溶解度最低，以及不同的两性电解质有不同的等电点这一特性，通过调节溶液的pH，使酶或杂质沉淀析出，从而使酶与杂质分离的方法称为等电点沉淀法。

溶液的pH等于溶液中某两性电解质的等电点时，该两性电解质分子的净电荷为零，分子间的静电斥力消除，使酶蛋白分子能聚集在一起而沉淀下来。

由于在等电点时两性电解质分子表面的水化膜仍然存在，酶等大分子物质仍有一定的溶解性，从而使沉淀不完全。所以在实际使用时，等电点沉淀法往往与其他方法一起使用，如等电点沉淀法经常与盐析沉淀法、有机溶剂沉淀法和复合沉淀法等一起使用。有时单独使用等电点沉淀法，主要是用于从粗酶液中除去某些等电点相距较大的杂蛋白。

在加酸或加碱调节pH的过程中，要一边搅拌一边慢慢加进，以防止局部过酸或过碱而引起的酶变性失活。

三、有机溶剂沉淀法

利用酶与其他杂质在有机溶剂中的溶解度不同，通过添加一定量的某种有机溶剂，使酶或杂质沉淀析出，从而使酶与杂质分离的方法称为有机溶剂沉淀法。

有机溶剂之所以能使酶沉淀析出，主要是有机溶剂的存在会使溶液的介电常数降低。

例如，20℃时水的介电常数为80，而82%乙醇水溶液的介电常数为40。溶液的介电常数降低，就使溶质分子间的静电引力增大，互相吸引而易于凝集。同时，对于具有水膜的分子来说，有机溶剂与水互相作用，使溶质分子表面的水膜破坏，也使其溶解度降低而沉淀析出。

常用于酶的沉淀分离的有机溶剂有乙醇、丙酮、异丙醇、甲醇等。有机溶剂的用量一般为酶液体积的2倍左右，不同的酶和同一种酶使用不同的有机溶剂时，有机溶剂的使用浓度有所不同。

有机溶剂沉淀法的分离效果受溶液pH的影响，一般应将酶液的pH调节到欲分离酶的等电点附近。

有机溶剂沉淀法析出的酶沉淀，一般比盐析法析出的沉淀易于离心或过滤分离，不含无机盐，分辨率也较高。但是有机溶剂沉淀法容易引起酶的变性失活，所以必须在低温条件下操作，而且沉淀析出后要尽快分离，尽量减少有机溶剂对酶活力的影响。

四、复合沉淀法

在酶液中加入某些物质，使它与酶形成复合物而沉淀下来，从而使酶与杂质分离的方法称为复合沉淀法。分离出复合沉淀后，有的可以直接应用，如菠萝蛋白酶用单宁沉淀法得到的单宁菠萝蛋白酶复合物可以制成药片，用于治疗咽喉炎等。也可以再用适当的方法，使酶从复合物中析出而进一步纯化。

复合沉淀剂可以与酶分子形成复合物，复合物的溶解度降低，从而沉淀析出。

常用的复合沉淀剂有单宁、聚乙二醇、聚丙烯酸等高分子聚合物。

五、选择性变性沉淀法

选择一定的条件使酶液中存在的某些杂蛋白等杂质变性沉淀而不影响所需的酶，从而使酶与杂质分离的方法称为选择性变性沉淀法。例如，对于热稳定性好的酶，如α-淀粉酶、耐热DNA聚合酶等，可以通过加热处理，使大多数杂蛋白受热变性沉淀而被除去。此外，还可以根据酶和所含杂质的特性，通过改变pH或加进某些金属离子等使杂蛋白变性沉淀而除去。选择性变性沉淀法是选择某个适宜的条件使某些杂质变性沉淀，而对酶没有明显影响，所以能够达到分离目的。在应用该法之前，必须对欲分离的酶及酶液中的杂蛋白等杂质的种类、含量及其物理、化学性质有比较全面的了解。

第四节 离心分离

离心分离是借助于离心机旋转所产生的离心力，使不同大小、不同密度的酶蛋白分离的技术过程。

在离心分离时，要根据欲分离酶蛋白及杂质的颗粒大小、密度和特性的不同，选择适当的离心机、离心方法和离心条件。

一、离心机的选择

离心机有一个绕本身轴线高速旋转的圆筒，称为转鼓，通常由电动机驱动。悬浮液（或乳浊液）加入转鼓后，被迅速带动与转鼓同速旋转，在离心力作用下各组分分离，并分别排出。通常转鼓转速越高，分离效果也越好。

离心机多种多样，通常按照离心机最大转速的不同进行分类，可以分为常速（低速）离心机、高速离心机和超速离心机三种。

1. 常速离心机　常速离心机又称为低速离心机，其最大转速在8000r/min以内，相对离心力（RCF）在1×10^4g以下，这种离心机的转速较低，直径较大。在酶的分离纯化过程中，主要用于细胞、细胞碎片和培养基残渣等固形物的分离，也用于酶的结晶等较大颗粒的分离。

2. 高速离心机　高速离心机的最大转速为（1～2.5）$\times10^4$r/min，相对离心力达到1×10^4～1×10^6g，这种离心机的转速较高，一般转鼓直径较小，而长度较长。在酶的分离中主要用于沉淀、细胞碎片和细胞器等的分离。为了防止高速离心过程中温度升高而造成酶的变性失活，有些高速离心机装设有冷冻装置，称为高速冷冻离心机。

3. 超速离心机　超速离心机的最大转速达（2.5～12）$\times10^4$r/min，相对离心力可以高达5×10^5g，甚至更高。由于转速较高，通常转鼓做成细长管式。超速离心机主要用于DNA、RNA、蛋白质等生物大分子及细胞器、病毒等的分离纯化，样品纯度的检测，以及沉降系数和相对分子质量的测定等。

超速离心机主要由机械转动装置、转子和离心管组成。此外，还有一系列附设装置。为了防止样品液溅出，一般附有离心管帽；为了防止温度升高，超速离心机均有冷冻系统和温度控制系统；为了减少空气阻力和摩擦，均设置有真空系统，在离心机正式开始工作之前，有一个系统抽真空的过程；此外还有一系列安全保护系统、制动系统及各种指示仪表。

超速离心机按照其用途可以分为制备用超速离心机、分析用超速离心机和分析制备两用超速离心机三种，可以根据需要进行选择。

二、离心方法的选用

对于常速离心机和高速离心机，由于所分离的酶蛋白颗粒大小和密度相差较大，只要选择好离心速度和离心时间，就能达到分离效果。如果希望从样品液中分离出两种以上大小和密度不同的酶蛋白颗粒，需要采用差速离心方法。而对于超速离心，则可以根据需要采用差速离心、密度梯度离心或等密梯度离心等方法。

1. 差速离心　差速离心是采用不同的离心速度和离心时间，使不同沉降速度的酶蛋白颗粒分批分离的方法。在操作时，将均匀的悬浮液装进离心管，选择好离心速度（离心力）和离心时间，使大的酶蛋白颗粒沉降；分离出大的酶蛋白颗粒沉淀后，再将上清液在加大离心力的条件下进行离心，分离出较小的酶蛋白颗粒；如此离心多次，使不同沉降速度的酶蛋白颗粒分批分离出来。

差速离心主要用于分离那些大小和密度相差较大的酶蛋白颗粒，操作简单、方便，但分离效果较差，分离的沉淀物中含有较多的杂质，离心后酶蛋白颗粒沉降在离心管底部，并使沉降的酶蛋白颗粒受到挤压。

2. 密度梯度离心 密度梯度离心是样品在密度梯度介质中进行离心，使沉降系数比较接近的酶蛋白得以分离的一种区带分离方法。

为了使沉降系数比较接近的酶蛋白颗粒得以分离，必须配制好适宜的密度梯度系统。密度梯度系统是在溶剂中加入一定的溶质制成的，这种溶质称为梯度介质。梯度介质应具有足够大的溶解度，以形成所需的密度梯度范围；不会与样品中的酶蛋白组分发生反应；也不会引起样品中酶蛋白组分的凝集、变性或失活。常用的梯度介质有蔗糖、甘油等。使用最多的是蔗糖密度梯度系统，其适用范围是：蔗糖浓度5%～60%，密度范围1.02～1.30g/cm^3。

密度梯度一般采用密度梯度混合器进行制备。制备得到的密度梯度可以分为线性梯度、凸形梯度和凹形梯度（图4-1）。当贮液室与混合室的截面积相等时，形成线性梯度；当贮液室的截面积大于混合室的截面积时，形成凸形梯度；而当贮液室的截面积小于混合室的截面积时，则形成凹形梯度。密度梯度离心常用的是线性梯度。

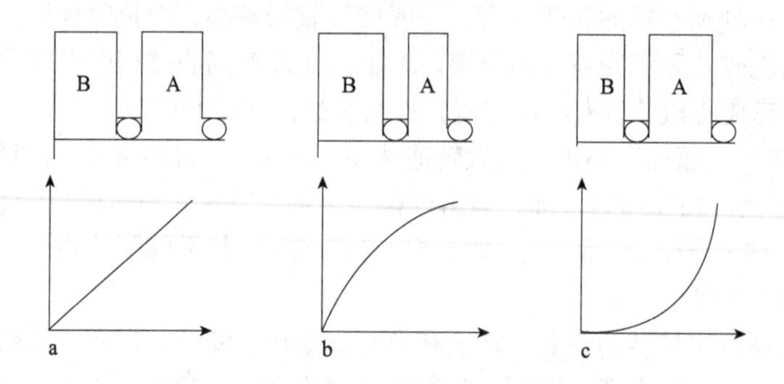

图4-1 三种梯度形式示意图

a. 线性梯度；b. 凸形梯度；c. 凹形梯度；A. 混合室；B. 贮液室

密度梯度混合器由贮液室、混合室、电磁搅拌器和阀门等组成，如图4-2所示。配制时，将稀溶液置于贮液室B，浓溶液置于混合室A，两室的液面必须在同一水平。操作时，首先开动电磁搅拌器C，然后同时打开阀门a和b，流出的梯度液经过导管小心地收集在离心管中。也可以将浓溶液置于B室，稀溶液置于A室，但此时梯度液的导液管必须直插到离心管的管底，让后来流入的浓度较高的混合液将先流入的浓度较低的混合液顶浮起来，形成由管口到管底逐步升高的密度梯度。

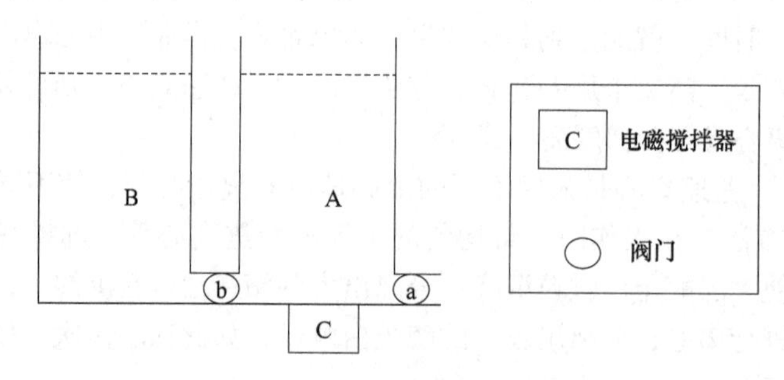

图4-2 密度梯度混合器示意图

A. 混合室；B. 贮液室

离心前，将样品小心地铺放在预先制备好的密度梯度溶液的表面，经过离心，不同大小、不同形状、具有一定沉降系数差异的颗粒在密度梯度溶液中形成若干条界面清楚的不连续区带，再通过虹吸、穿刺或切割离心管的方法将不同区带中的颗粒分开收集，得到所需的物质。

在密度梯度离心过程中，区带的位置和宽度随离心时间的不同而改变。若离心时间过长，由于颗粒的扩散作用，区带会越来越宽。为此，适当增大离心力、缩短离心时间，可以减少由扩散导致的区带扩宽现象。

3. 等密梯度离心　当欲分离的不同酶蛋白颗粒的密度范围处于离心介质的密度范围内时，在离心力的作用下，不同浮力密度的酶蛋白颗粒或向下沉降，或向上飘浮，只要时间足够长，就可以一直移动到与它们各自的浮力密度恰好相等的位置（等密度点），形成区带。这种方法称为等密梯度离心，或称为平衡等密度离心。

上述密度梯度离心，由于受到离心介质的影响，欲分离的颗粒并未达到其等密度位置。而等密梯度离心则要求欲分离的颗粒处于密度梯度中的等密度点。为此两种梯度离心所采用的离心介质和密度梯度范围应有所不同。

等密梯度离心常用的离心介质是铯盐，如氯化铯（CsCl）、硫酸铯（Cs_2SO_4）、溴化铯（CsBr）等。有时也可以采用三碘苯的衍生物作为离心介质。

操作时，先把一定浓度的介质溶液与含有酶蛋白的样品液混合均匀，也可以将一定量的铯盐加到样品液中使之溶解，然后在选定的离心力作用下，经过足够时间的离心分离。在离心过程中，铯盐在离心力的作用下，在离心力场中沉降，自动形成密度梯度；样品中不同浮力密度的颗粒在其各自的等密度点位置上形成区带。

必须注意的是在采用铯盐作为离心介质时，其对铝合金的转子有很强的腐蚀作用，要防止铯盐溶液溅到转子上，使用后将转子仔细清洗和干燥，有条件的最好采用钛合金转子。

三、离心条件的确定

离心分离的效果好坏受到多种因素的影响。除了上述离心机的种类、离心方法、离心介质及密度梯度以外，在离心过程中，应该根据需要选择好离心力（或离心速度）和离心时间，并注意离心介质的pH和温度等条件。

1. 离心力　在说明离心条件时，低速离心一般可以用离心速度，即转子每分钟的转数表示，如5000r/min等；而在高速离心，特别是超速离心时，往往以相对离心力（RCF）表示，如60 000g等。相对离心力是指颗粒所受到的离心力与地心引力的比值，即

$$\mathrm{RCF}=F_c/F_g=1.12\times10^{-5}\cdot n^2\cdot r \tag{4-4}$$

式中，RCF为相对离心力（g）；F_c为离心力；F_g为地心引力；n为转子每分钟转数（r/min）；r为旋转半径（cm）。

例如，离心半径为10cm，转速为8000r/min，其相对离心力为

$\mathrm{RCF}=1.12\times10^{-5}\times8000^2\times10=7168$，即RCF为7168$g$，而当RCF为8000$g$时，其转速应为8452，即约为8500r/min。

由此可见，相对离心力的大小与转速的平方（n^2）及旋转半径（r）成正比。在转速一定的条件下，颗粒距离离心轴越远，其所受的离心力越大。在离心过程中，随着颗粒在离心管

中移动，其所受到的离心力也在变化。一般离心力的数据是指其平均值，即在离心溶液中点处颗粒所受的离心力。

2. 离心时间 在离心分离时，为了达到预期的分离效果，除了确定离心力以外，还必须确定离心时间。

离心时间的概念依据离心方法的不同而有所差别。对于常速离心、高速离心和差速离心来说，离心时间是指颗粒从离心管中样品液的液面完全沉降到离心管底的时间，称为沉降时间或澄清时间；对于密度梯度离心而言，离心时间是指形成界限分明的区带的时间，称为区带形成时间；而等密梯度离心所需的离心时间是指颗粒完全达到等密度点的平衡时间，称为平衡时间。其中最常用到的是沉降时间。

沉降时间是指颗粒从样品液面完全沉降到离心管底所需的时间。沉降时间取决于颗粒的沉降速度和沉降距离。

对于已经知道沉降系数的颗粒，其沉降时间可以用下列公式计算：

$$t=\frac{1}{s}\left(\frac{\ln r_2-\ln r_1}{\omega^2}\right) \tag{4-5}$$

式中，t为沉降时间（s）；s为颗粒的沉降系数（S）；ω为转子角速度（rad/s）；r_1、r_2分别为旋转轴中心到样品液液面和离心管底的距离（cm）。

式（4-5）括号中部分可以用转子的效率因子K表示，即

$$K=\frac{\ln r_2-\ln r_1}{\omega^2}=St \tag{4-6}$$

转子的效率因子K与转子的半径和转速有关。生产厂家已经在转子出厂时标示出了最大转速式的K值。据此，可以根据公式$\omega_{21}K_1=\omega_{22}K_1$计算出其他转速时的$K$值。对于某一具体的颗粒来说，沉降系数$S$为定值，所以$K$值越小，其沉降时间就越短，转子的使用效率就越高。

在选定了所使用的离心机和转子以后，r_1、r_2已确定，对于某一具体的颗粒而言，其沉降系数S也是定值，此时，ω^2t为一常数。所以离心时对颗粒的沉降起决定作用的是转子的转速ω和沉降时间t。操作时可以采用较高的转速离心较短的时间，或采用较低的转速离心较长的时间，只要ω^2t不变，就可以得到相同的离心效果。

3. 温度和pH 在离心过程中，为了防止待分离的酶发生凝集、变性和失活，除了在离心介质的选择方面加以注意以外，还必须控制好温度和pH等条件。

离心温度一般控制在4℃左右，对于某些耐热性较好的酶，也可以在室温条件下进行离心分离。但是在超速离心和高速离心时，转子高速旋转会发热而引起温度升高，必须采用冷冻系统，使温度维持在一定范围内。

离心介质的pH必须处于待分离酶的稳定pH范围内，必要时可以采用缓冲液。过高或过低的pH可能引起酶的变性失活，还可能引起转子和离心机其他部件腐蚀，应当加以注意。

第五节　过滤与膜分离

过滤是借助过滤介质将不同大小、不同形状的物质分离的技术过程。在酶蛋白的分离纯

化过程中会常用到该法。

过滤介质多种多样，常用的有滤纸、滤布、纤维、多孔陶瓷、烧结金属和各种高分子膜等，可以根据需要选用。

根据过滤介质的不同，可将过滤分为膜过滤和非膜过滤两大类。其中粗滤和部分微滤采用高分子膜以外的物质作为过滤介质，称为非膜过滤；而大部分微滤及超滤、反渗透、透析、电渗析等采用各种高分子膜为过滤介质，称为膜过滤，又称为膜分离技术。

根据过滤介质截留的物质颗粒大小不同，过滤可以分为粗滤、微滤、超滤和反渗透四大类。它们的主要特性如表4-4所示。

表4-4　过滤的分类及其特性

类别	截留的颗粒大小	截留的主要物质	过滤介质
粗滤	＞2μm	酵母、霉菌、动物细胞、植物细胞、固形物等	滤纸、滤布、纤维、多孔陶瓷、烧结金属等
微滤	0.2～2μm	细菌、灰尘等	烧结金属、微孔陶瓷等
超滤	20Å至20μm	病毒、生物大分子等	超滤膜
反渗透	＜20Å	生物小分子、盐、离子	反渗透膜

一、非膜过滤

采用高分子膜以外的材料，如滤纸、滤布、纤维、多孔陶瓷、烧结金属等作为过滤介质的分离技术称为非膜过滤，包括粗滤和部分微滤（非膜微滤）。

1. 粗滤　借助于过滤介质截留悬浮液中直径大于2μm的大颗粒，使固形物与液体分离的技术称为粗滤。通常所说的过滤就是指粗滤。

粗滤在酶的分离纯化过程中主要用于分离去除酵母、霉菌、动物细胞、植物细胞、培养基残渣及其他大颗粒固形物。

粗滤所使用的过滤介质主要有滤纸、滤布、纤维、多孔陶瓷、烧结金属等。在实际使用中，应选择那些孔径大小适宜、孔的数量较多又分布均匀、具有一定的机械强度、化学稳定性好的过滤介质。

为了加快过滤速度、提高分离效果，经常需要添加助滤剂。常用的助滤剂有硅藻土、活性炭、纸粕等。

根据推动力的产生条件不同，过滤有常压过滤、加压过滤、减压过滤三种。

1）*常压过滤*　常压过滤是以液位差为推动力的过滤方法。过滤装置竖直安装，悬浮液置于过滤介质的上方，由于存在液位差，在重力的作用下，滤出液通过过滤介质从下方流出，大颗粒的物质被截留在介质表面，从而达到分离。实验室常用的滤纸过滤及生产中使用的吊篮或吊袋过滤都属于常压过滤。

常压过滤设备简单，操作方便易行，但是过滤速度较慢，分离效果较差，难以大规模连续使用。

2）*加压过滤*　加压过滤是以压力泵或压缩空气产生的压力为推动力的过滤方法。生产中常用各式压滤机进行加压过滤。添加助滤剂、降低悬浮液黏度、适当提高温度等措施均有利于加快过滤速度和提高分离效果。

加压过滤设备比较简单，过滤速度较快，过滤效果较好，在生产中广泛应用。

3）减压过滤　减压过滤又称为真空过滤或抽滤，是通过在过滤介质的下方抽真空，以增加过滤介质上下方之间的压力差，推动液体通过过滤介质，而把大颗粒截留的过滤方法。实验室常用的抽滤瓶和生产中使用的各种真空抽滤机均属于此类。

减压过滤需要配备有抽真空系统。由于压强差最高不超过0.1MPa，多用于黏性不大的物料的过滤。

2. 非膜微滤　非膜微滤又称为微孔过滤。非膜微滤介质截留的物质颗粒直径为0.2～2μm，主要用于细菌、灰尘等光学显微镜可以看到的物质颗粒的分离，非膜微滤一般采用微孔陶瓷、烧结金属等作为过滤介质，也可采用微滤膜为过滤介质进行膜分离。

二、膜分离技术

借助于一定孔径的高分子薄膜，将不同大小、不同形状和不同特性的物质颗粒或分子进行分离的技术称为膜分离技术。

膜分离所使用的薄膜主要是由丙烯腈、醋酸纤维素、赛璐玢及尼龙等高分子聚合物制成的高分子膜，有时也可以采用动物膜等。

膜分离过程中，薄膜的作用是选择性地让小于其孔径的物质颗粒或分子通过，而把大于其孔径的颗粒截留。膜的孔径有多种规格可供选择。

根据物质颗粒或分子通过薄膜的原理和推动力的不同，膜分离可以分为三大类。

1. 加压膜分离　加压膜分离是以薄膜两边的流体静压差为推动力的膜分离技术。在静压差的作用下，小于孔径的物质颗粒穿过膜孔，而大于孔径的颗粒被截留。

根据所截留的物质颗粒的大小不同，加压膜分离可分为微滤、超滤和反渗透三种。

1）微滤　微滤是以微滤膜（也可以用非膜材料）作为过滤介质的膜分离技术。微滤膜所截留的颗粒直径为0.2～2μm。微滤过程所使用的操作压强一般在0.1MPa以下。

在实验室和生产中通常利用微滤技术除去细菌等微生物，达到无菌的目的。例如，无菌室和生物反应器的空气过滤，热敏性药物和营养物质的过滤除菌等。在酶的分离纯化过程中，可以通过微滤除去酶液中含有的微生物细胞等。

2）超滤　超滤又称超过滤，是借助于超滤膜将不同大小的物质颗粒或分子分离的技术。超滤膜截留的颗粒直径为20～2000Å，相当于分子质量为1×10^3～5×10^5Da，主要用于分离病毒和各种生物大分子。

超滤膜一般由两层组成。表层厚度0.1～5μm，孔径有多种规格，在20～2000Å组成系列产品，使用时可根据需要进行选择。基层厚度为200～250μm，强度较高，使用时要将表层面朝向待超滤的物料溶液。若换错方向，则会使超滤膜受到破坏。

超滤过程中，小于孔径的物质颗粒与溶剂（一般是水）分子一起透过膜孔流出。不同孔径的膜有不同的透过性。膜的透过性一般以流率表示。流率是指每平方厘米的膜每分钟透过的流体的量。超滤时流率一般为0.01～5.0mL/（cm^2·min）。膜的孔径大，流率也大。影响流率的主要因素是膜孔径的大小。此外，颗粒的形状与大小、溶液浓度、操作压力、温度和搅拌等条件对超滤流率也有显著影响。

颗粒的大小和形状对超滤流率有明显影响。一般来说，相对密度小的颗粒透过性较好；

球状分子比相同分子质量的纤维状分子透过性好；小分子比大分子的透过性好。

溶液的浓度越高，超滤流率越小，所以超滤时溶液浓度不宜太高。高浓度的溶液在进行超滤时，可以通过补充溶剂（水）进行稀释，以提高超滤的流率。超滤的操作压力对超滤流率的影响比较复杂。一般情况下，压力增加，超滤的流率也增加；但是对于一些胶体溶液，当压力高到一定程度后，再增加压力，超滤流率不再增加；对于一般溶质分子而言，压力增加时，其透过性降低；但是某些溶质分子可以随着压力增加而提高其透过性。

在酶的超滤分离过程中，压力一般由压缩气体来维持，操作压强一般控制在0.1～0.7MPa。此外，适当提高温度、增加搅拌速度等都有利于提高超滤流率。但是温度和搅拌速度不能太高，以免引起酶的变性失活。

超滤技术在酶工程方面不仅用于酶的分离纯化，同时还能达到酶液浓缩的目的，特别适用于液体酶制剂的生产，然而对超滤膜的要求较高，对于那些需要小分子辅酶的酶的生产不适用。

3）*反渗透*　反渗透膜的孔径小于20Å，被截留的物质分子质量小于1000Da，操作压强为0.7～1.3MPa。它主要被用于分离各种离子和小分子物质，在无离子水的制备、海水淡化等方面也被广泛应用。

2. 电场膜分离　电场膜分离是在半透膜的两侧分别装上正、负电极，在电场作用下，小分子的带电物质或离子向着与其本身所带电荷相反的电极移动，透过半透膜达到分离的目的，电渗析和离子交换膜电渗析即属于此类。

1）*电渗析*　用两块半透膜将透析槽分隔成3个室，在两块膜之间的中心室通入待分离的混合溶液，在两侧室中装入水或缓冲液并分别接上正、负电极，接正电极的称为阳极槽，接负电极的称为阴极槽。接通直流电源后，中心室溶液中的阳离子向负极移动，透过半透膜到达阴极槽，而阴离子则向正极移动，透过半透膜移向阳极槽，通常大于半透膜孔径的酶蛋白分子颗粒则被截留在中心室中，从而达到分离的目的。实际应用时，可由上述相同的多个透析槽连在一起组成一个透析系统。

渗析时要控制好电压和电流强度，渗析开始的一段时间，由于中心室溶液的离子浓度较高，电压可低些。当中心室的离子浓度较低时，要适当提高电压。

电渗析主要用于酶液或其他溶液的脱盐、海水淡化、纯水制备及其他带电荷小分子的分离。也可以将凝胶电泳后的含有酶蛋白或核酸等的凝胶切开，置于中心室，经过电渗析，使带电荷的酶蛋白大分子从凝胶中分离出来。

2）*离子交换膜电渗析*　离子交换膜电渗析的装置与一般电渗析相同，只是以离子交换膜代替一般的半透膜。

离子交换膜的选择透过性比一般半透膜强。一方面，它具有一般半透膜截留大于孔径的颗粒的特性；另一方面，由于离子交换膜上带有某种基团，根据同性电荷相斥、异性电荷相吸的原理，只让带异性电荷的颗粒透过，而把带同性电荷的物质截留。

离子交换电渗析用于酶液脱盐、海水淡化，以及从发酵液中分离柠檬酸、谷氨酸等带有电荷的小分子发酵产物等。

3. 扩散膜分离　扩散膜分离是利用小分子物质的扩散作用，不断使小分子透过半透膜扩散到膜外，而大分子被截留，从而达到分离效果。常见的透析就属于扩散膜分离。酶的透析分离的原理就是利用酶蛋白不能透过半透膜的性质，使酶与其他小分子物质，如无机盐、单糖、水等分开的过程。

透析膜可用动物膜、羊皮纸、火棉胶或赛璐玢等制成，另外，蛋白质胶膜、玻璃纸膜也可作为透析膜使用。透析时，一般将半透膜制成透析袋、透析管、透析槽等形式。

透析时，欲分离的混合液装在透析膜内侧，外侧是水或缓冲液。在一定的温度下，透析一段时间，使小分子物质从膜的内侧透出到膜的外侧。要想提高透析效果、缩短透析时间，可以加大透析膜内外侧缓冲液的浓度差，并及时更换透析液，还可考虑使用搅拌器进行辅助。

透析主要用于酶等生物大分子的分离纯化，从中除去无机盐等小分子物质。透析设备简单、操作容易；但是实际操作中透析时间较长，且透析结束时透析膜内侧的保留液体积较大，浓度较低，难以大规模工业化生产应用。

第六节　层析分离

层析分离是利用混合液中各组分的物理化学性质（分子的大小和形状、分子极性、吸附力、分子亲和力、分配系数等）的不同，使各组分以不同比例分布在两相中。其中一个相是固定的，称为固定相；另一个相是流动的，称为流动相。当流动相流经固定相时，各组分以不同的速度移动，从而使不同的组分分离纯化。

层析分离设备简单，操作方便，在实验室和工业化生产中均被广泛应用。

酶可以采用不同的层析方法进行分离纯化，尤其是对酶的纯度要求较高时。常用的有吸附层析、分配层析、离子交换层析、凝胶层析、亲和层析及层析聚焦等，如表4-5所示。

表4-5　层析分离方法

层析方法	分离原理
吸附层析	利用吸附剂对不同物质的吸附力不同而使混合物中各组分分离
分配层析	利用各组分在两相中的分配系数不同而使各组分分离
离子交换层析	利用离子交换剂上的可解离基团（活性基团）对各种离子的亲和力不同而达到分离目的
凝胶层析	以各种多孔凝胶为固定相，利用流动相中所含各种组分的相对分子质量不同而达到物质分离目的
亲和层析	利用生物分子与配基之间所具有的专一而又可逆的亲和力，使生物分子分离纯化
层析聚焦	将酶等两性物质的等电点特性与离子交换层析的特性结合在一起，实现组分分离

一、吸附层析

吸附层析是利用吸附剂对不同物质的吸附力不同而使混合物中各组分分离的层析方法。吸附层析是各种层析技术中应用最早的技术。由于吸附剂来源丰富、价格低廉、可以再生，吸附设备简单，吸附层析至今仍在实验室和工业生产中被广泛使用。

（一）吸附层析原理

任何两个相之间都可以形成一个界面，其中一个相中的物质在两相界面上密集的现象称为吸附。

凡是能够将其他物质聚集到自己表面上的物质均称为吸附剂。吸附剂一般是固体或者液体，在吸附层析中通常应用的是固体吸附剂。

固体物质之所以具有吸附作用，是由于固体表面的分子（原子或离子）与固体内部的分子所受到的作用力不相同。固体内部的分子所受的分子间的作用力是对称的；而固体表面的分子所受到的作用力不对称，其向内的一面受固体内部分子的作用，作用力较大，而向外的一面所受的作用力较小。因而当气体或者溶液中的溶质分子在运动过程中碰到固体表面时，就会被吸附而停留在固体表面上。

能聚集于吸附剂表面的物质称为被吸附物，通常待分离的酶蛋白就是所谓的被吸附物。吸附剂与被吸附物之间的相互作用力主要是范德瓦耳斯力。其特点是可逆的，即在一定条件下，被吸附物被吸附到吸附剂的表面上；而在另外的某种条件下，被吸附物可以离开吸附剂表面，这称为解吸作用。

吸附层析通常采用柱形装置，将吸附剂装在吸附柱中，装成吸附层析柱。

层析时，待分离纯化的酶混合溶液自柱顶加入，当样品液全部进入吸附层析柱后，再加入洗脱剂解吸洗脱。

在洗脱时，层析柱内不断发生解吸、吸附、再解吸、再吸附的过程，即被吸附在吸附剂上的物质在洗脱剂的作用下解吸而随溶液向下移动，又遇到新的吸附剂，被重新吸附，后面流下的洗脱液再把它解吸而向下流动，然后再被下层的吸附剂吸附。如此反复进行，经过一段时间以后，该物质向下移动一段距离。此距离的长短与吸附剂对该物质的吸附能力及洗脱剂洗脱该物质的洗脱能力有关。不同的物质由于吸附力和解吸力不同，移动的距离也不同。吸附力弱而解吸力强的物质，其移动距离就较大；相反，吸附力强而解吸力弱的物质，其移动距离就较小。经过适当的时间，不同的物质在吸附柱内形成各自的区带，每一条区带就可能是一种物质。如果被分离的物质有颜色，就可以在层析柱内看到清晰的色带。如果被吸附的物质没有颜色，可以采用适当的显色剂或者紫外线进行观察定位，也可以将被吸附的物质从层析柱中洗脱出来，分步收集后，分别进行定性、定量检测。以洗脱液体积对被洗脱组分浓度作图，可以得到洗脱曲线。

（二）洗脱方法

用适当的溶剂或者溶液从吸附柱中把被吸附组分洗脱出来的方法主要有三种，分别为溶剂洗脱法、置换洗脱法和前缘洗脱法。

1. 溶剂洗脱法 溶剂洗脱法是采用单一或者混合的溶剂进行洗脱的方法，是目前应用最广泛的方法。操作时，在加入欲分离混合溶液以后，连续不断地加入溶剂进行冲洗，最初的流出液为溶剂本身，接着洗脱出来的是吸附力最弱的组分，随后混合溶液中的各组分按照吸附力由弱到强的顺序先后洗出，吸附力最强的组分最后洗脱出来。把各组分分别收集，就可达到分离的目的。用洗脱液体积对各组分浓度作图，可以得到洗脱曲线（图4-3）。

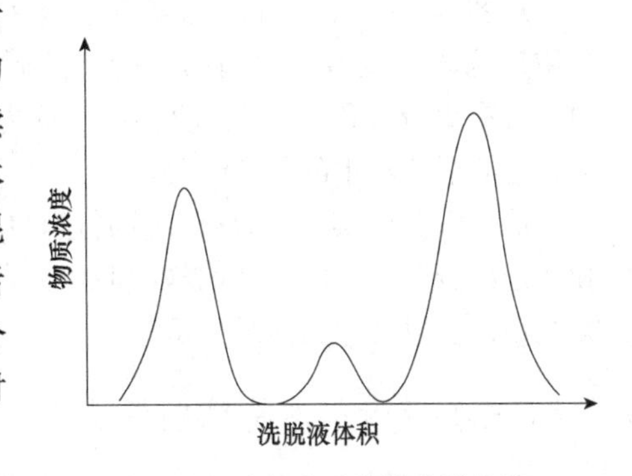

图4-3 溶剂洗脱法的洗脱曲线

溶剂洗脱法在洗脱出来的两个组分之间通常有

一段“空白”，即只有不含溶质组分的纯溶剂，所以各组分能够很好地分离。然而有些组分的吸附力相差不大时，会出现两峰重叠或界限不清的现象。在某种情况下，由于受到扩散等物理因素的影响，可能出现“拖尾”现象，即洗脱峰两侧形状不对称，峰前侧较陡峭，峰后侧较平缓。为了解决这个问题，可以采用梯度洗脱法，即采用按一定规律变化的pH梯度洗脱液或浓度梯度洗脱液进行洗脱。

2. 置换洗脱法 置换洗脱法又称为置换法或取代法，所用的洗脱剂是置换洗脱液。置换洗脱液中含有一种吸附力比被吸附组分更强的物质，称为置换剂。当用置换洗脱液冲洗层析柱时，置换剂取代了原来被吸附组分的位置，使被吸附组分不断向下移动。经过一段时间之后，样品中的各组分按照吸附力从弱到强的顺序先后流出，最后流出的是置换洗脱液本身。以洗脱液体积对组分浓度作图，可以得到阶梯式的洗脱曲线（图4-4）。从图4-4中可以看到，置换洗脱法可使各个组分分离，图中每一个阶梯只有一种组分，并可以求出各组分的浓度。然而由于各组分一个接一个，界限不分明，交界处互相混杂，分离效果并不理想。

3. 前缘洗脱法 前缘洗脱法又称为前缘分析法，是连续向吸附层析柱内加入欲分离的混合溶液，即所用的洗脱液为含有各组分的混合溶液本身。在洗脱过程中，最初流出液为混合液中的溶剂，不含欲分离的组分，当加入一定体积的混合溶液后，吸附柱内的吸附剂已经达到饱和状态，吸附力最弱的组分开始流出，其浓度比混合液中该组分的浓度高。随后，混合液中的各组分按照吸附力由弱到强的顺序，先后以一组分、两组分、三组分……多组分的混合液流出，最后的流出液与欲分离混合液的组分完全相同，其洗脱曲线如图4-5所示。

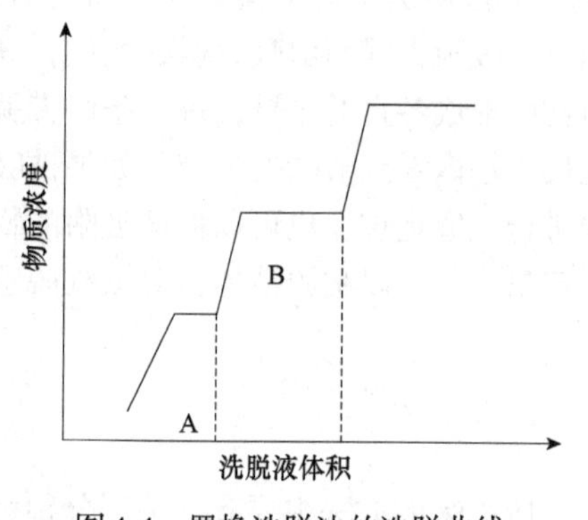

图4-4 置换洗脱法的洗脱曲线

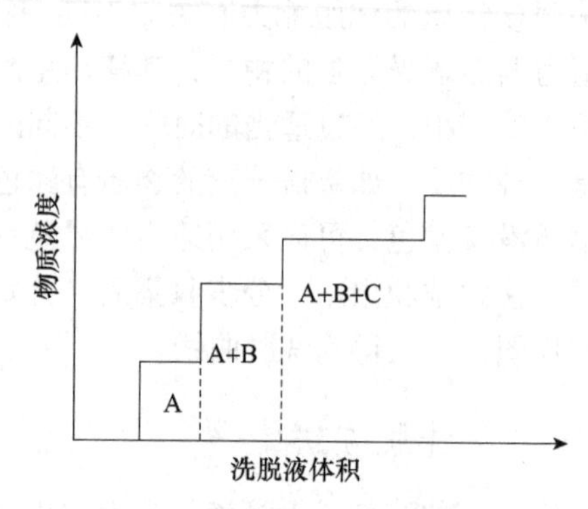

图4-5 前缘洗脱法的洗脱曲线

从图4-5中可以看到，前缘洗脱法的洗脱曲线也呈阶梯形。最初的流出液为纯溶剂，组分浓度为零；接着流出的第一阶梯洗脱液中，含有吸附力最弱的组分A；第二阶梯洗脱液中，含有组分A和B；第三阶梯洗脱液中，含有A、B、C三种组分……最后一个阶梯洗脱液中，含有混合液中的所有组分。

前缘洗脱法实际上只有在洗脱过程中走在最前缘的组分，即吸附力最弱的A组分，得以和其他组分分离，故称作前缘洗脱法。此法不是理想的分离方法，仅作为前缘组分的分析研究之用，所以又称为前缘分析法。

（三）吸附剂与洗脱剂的选择

在吸附层析过程中，要取得良好的分离效果，首先要选择适当的吸附剂和洗脱剂，否则难以达到分离目的。

1. 吸附剂的选择　吸附剂的选择是吸附层析的关键因素，目前尚无固定的法则可循。在实际应用过程中，可以根据前人的经验或者通过小样试验来确定。

吸附力的强弱与吸附剂及被吸附物质的性质有密切关系，同时也受到吸附条件、吸附剂的处理方法等的影响。一般来说，极性物质容易被极性表面吸附；非极性物质容易被非极性表面吸附；溶液中溶解度越大的物质越难被吸附。

吸附剂的种类很多，可以分为无机吸附剂和有机吸附剂。吸附剂通常由一些化学性质不活泼的多孔材料制成，比表面积很大。常用吸附剂包括硅胶、活性炭、磷酸钙、碳酸盐、氧化铝、硅藻土、泡沸石、陶土、聚丙烯酰胺凝胶、葡聚糖、琼脂糖、菊糖、纤维素等。此外，还可以在吸附剂上连接亲和基团而制成亲和吸附剂。

有些吸附剂在使用前需要经过预处理，以去除杂质、提高吸附力、增强分离效果。例如，作为吸附剂的氧化铝在使用前需要经过加热处理，以去除吸附在其中的水分，这个过程称为活化处理。处理时，将氧化铝铺在铝质盘内，于140℃高温条件下加热6h，使氧化铝的含水量降至0～3%，得到Ⅰ级或Ⅱ级氧化铝。但是活化处理的温度不宜过高，以免破坏氧化铝的内部结构。再如，作为吸附剂的活性炭在使用前需于150℃加热干燥4～5h，以除去吸附在其中的气体。有时还需要经过酸处理，以除去其中含有的各种金属离子。

通常用于酶的分离纯化的吸附剂有硅藻土、氧化铝、磷酸钙、羟基磷灰石和活性炭等。这些吸附剂一般在较低pH、低离子强度的条件下对酶有较强的吸附作用，而在提高pH和增加离子强度的条件下，酶可被解吸而洗脱下来。

2. 洗脱剂的选择　洗脱是将目的物从吸附剂上洗脱下来，要根据吸附剂的性质和被吸附物的特点来选择合适的洗脱剂。对于极性组分，用极性大的溶剂洗脱效果较好；而对于非极性组分，则用非极性溶剂洗脱较佳。洗脱剂的种类有饱和烃、醇、酮、酚、醚、卤代烷、水等。常用的洗脱剂按其极性从小到大排列如下：石油醚、环已烷、四氯化碳、三氯乙烷、甲苯、苯、二氯甲烷、乙醚、氯仿、乙酸乙酯、丙酮、正丙醇、乙醇、甲醇、水、吡啶乙酸等。

洗脱剂的选择要注意以下几点。

（1）洗脱剂不会与吸附剂起化学反应，也不会使吸附剂溶解。

（2）洗脱剂对混合液中各组分的溶解度大，黏度小，流动性好，容易与被洗脱的组分分离。

（3）洗脱剂要求有一定的纯度，以免杂质对分离带来不利影响。

二、分配层析

分配层析是利用各组分在两相中的分配系数不同而使各组分分离的层析方法。

分配系数是指一种溶质在两种互不相溶的溶剂中溶解达到平衡时，该溶质在两相溶剂中浓度的比值。在层析条件确定后，分配系数是一常数，以K表示。

在分配层析中，通常采用一种多孔性固体支持物（如滤纸、硅藻土、纤维素等）吸着一种溶剂为固定相，这种溶剂在层析过程中始终固定在多孔支持物上。另一种与固定相溶剂互不相溶的溶剂可沿着固定相流动，称为流动相。当某溶质在流动相的带动下流经固定相时，

该溶质在两相之间进行连续的动态分配。其分配系数为

$$K=\frac{\text{固定相中溶质的浓度}}{\text{流动相中溶质的浓度}}$$

分配系数与溶剂和溶质的性质有关，同时受温度、压力等条件的影响。所以，不同的物质在不同的条件下，其分配系数各不相同。在层析条件确定后，某溶质在确定的层析系统中的分配系数是一常数。

由于不同的溶质有不同的分配系数，移动速度不同，从而达到分离。

分配层析主要有纸上层析、薄层层析、气相层析等方法。其中纸上层析和薄层层析可在实验室进行各种物质组分的分离并进行定性、定量分析；而气相层析只适用于气体组分的分离和分析检测，对酶等生物大分子的分离不适用。所以在此仅简单介绍纸上层析和薄层层析。

（一）纸上层析

纸上层析是一种常用的分配层析，是20世纪40年代发展起来的生化分离技术。纸上层析以滤纸为支持物，滤纸一般能够吸收22%～25%的水，其中6%～7%的水是以氢键与滤纸纤维上的羟基较牢固地结合，通常较难脱去。纸上层析是以滤纸纤维的结合水为固定相，以与水不相混溶或部分混溶的有机溶剂为流动相。展开时，有机溶剂在滤纸上流动，样品中各组分在两相之间不断地进行分配。由于各组分的分配系数不同，因此移动速率不一样，从而达到分离。

纸上层析设备简单，操作方便，所需样品少，分辨率一般能达到要求，在实验室用于各种组分的分离并进行定性、定量分析。但是其展开时间长、分离量小，不适用于大量组分的工业化分离生产，而且作为流动相的有机溶剂可能引起酶的变性失活，生产上通常较少使用该法进行酶蛋白的分离纯化。

（二）薄层层析

薄层层析是将作为固定相的支持物均匀地铺在支持板（一般用玻璃板）上，成为薄层。把样品点到薄层上，用适宜的溶剂展开，利用各种组分的移动距离不同，而使各组分分离。如果支持物是固体吸附剂，如硅胶、氧化铝、聚酰胺等，层析时依据吸附力的不同使组分分离，则称为吸附薄层层析；如果支持物是纤维素、硅藻土等，层析时主要依据分配系数的不同而使组分分离，则称为分配薄层层析。

薄层层析的展开时间短，分辨率比纸上层析高10～100倍，既可作分析用，分离0.01μg的微量样品；又能作制备用，分离500mg甚至更多的样品。薄层可以规格化制备。然而薄层层析比纸上层析的重现性差，对酶等生物大分子的分离效果不理想。实际生产中也通常较少使用该法进行酶蛋白的分离纯化。

三、离子交换层析

离子交换层析是利用离子交换剂上的可解离基团（活性基团）对各种离子的亲和力不同而达到分离目的的一种层析分离方法。

离子交换剂是含有若干活性基团的不溶性高分子物质，通过在不溶性高分子物质（母体）上引入若干可解离基团（活性基团）而制成。

按活性基团的性质不同，离子交换剂可以分为阳离子交换剂和阴离子交换剂。由于酶分子具有两性性质，所以既可用阳离子交换剂，也可用阴离子交换剂进行酶的分离纯化。在溶液的pH大于酶的等电点时，酶分子带负电荷，可用阴离子交换剂进行层析分离；而当溶液pH小于酶的等电点时，酶分子带正电荷，则要采用阳离子交换剂进行分离。

按母体物质种类的不同，离子交换剂有离子交换树脂、离子交换纤维素、离子交换凝胶等。其中某些大孔径的离子交换树脂、离子交换纤维素和离子交换凝胶可用于酶的分离纯化。

（一）离子交换剂的选择与处理

作为不溶性母体的不溶性物质通常有苯乙烯树脂、酚醛树脂、纤维素、葡聚糖、琼脂糖等。引入不溶性母体的活性基团，可以是酸性基团，如磺酸基（$—SO_3H$）、磷酸基（$—PO_3H_2$）、羧基（—COOH）、酚羟基（$—C_6H_5OH$）等。引入酸性基团的离子交换剂可以解离出氢离子（H^+），在一定条件下，可以与其他阳离子（X^+）进行交换，称为阳离子交换剂。

$$R—A^-H^+ + X^+ \rightleftharpoons R—A^-X^+ + H^+$$

引入不溶性母体的活性基团，也可以是碱性基团，如季胺［$—N^+(CH_3)_3$］、叔胺［$—N(CH_3)_2$］、仲胺（$—NHCH_3$）、伯胺（$—NH_2$）等。引入碱性基团的离子交换剂，在一定条件下与氢氧根（OH^-）结合后，可以与其他阴离子（Y^-）交换，称为阴离子交换剂。

$$R—N^+(CH_3)_3OH^- + Y^- \rightleftharpoons R—N^+(CH_3)_3Y^- + OH^-$$
$$R—N(CH_3)_2H^+OH^- + Y^- \rightleftharpoons R—N(CH_3)_2H^+Y^- + OH^-$$
$$R—NHCH_3H^+OH^- + Y^- \rightleftharpoons R—NHCH_3H^+Y^- + OH^-$$
$$R—NH_2H^+OH^- + Y^- \rightleftharpoons R—NH_2H^+Y^- + OH^-$$

在一定条件下，某种组分离子在离子交换剂上的浓度与在溶液中的浓度达到平衡时，两者浓度的比值K称为平衡常数（也叫分配系数），即

$$K = \frac{\text{组分离子在离子交换剂上的浓度（mol/L）}}{\text{组分离子在溶液中的浓度（mol/L）}}$$

平衡常数K是离子交换剂上的活性基团与组分离子之间亲和力大小的指标。平衡常数K的值越大，离子交换剂上的活性基团对某组分离子的亲和力就越大，表明该组分离子越容易被离子交换剂交换吸附。

K值的大小决定组分离子在离子交换柱内的保留时间。K值越大，保留时间就越长。如果欲分离的溶液中各种组分离子的K值有较大的差别，通过离子交换层析就可以使这些组分离子得以分离。

不同的离子对离子交换剂的亲和力各不相同。通常两者的亲和力随离子价数和原子序数的增加而增强，而随离子表面水化膜半径的增加而降低。

1. 离子交换剂的选择　离子交换剂有不同的种类和型号，在进行离子交换层析前，应当根据欲分离组分的特性和要求选择好离子交换剂。

选择离子交换剂时主要考虑下列因素：①离子交换剂和组分离子的物理化学性质；②组

分离子所带的电荷种类；③溶液中组分离子的浓度高低；④组分离子的质量大小；⑤组分离子与离子交换剂的亲和力大小。

一般来说，阳离子只能被阳离子交换剂交换吸附，阴离子只能被阴离子交换剂交换吸附；亲和力大的容易吸附，难以洗脱，亲和力小的难以吸附，容易洗脱。离子质量小的，可以采用高交联度的离子交换树脂进行交换；离子质量大的，宜用离子交换纤维素、离子交换凝胶或大孔（低交联度）离子交换树脂进行交换。

离子交换的环境条件对分离效果有明显的影响。溶液的pH直接决定离子交换剂活性基团及组分离子的解离程度，不但影响离子交换剂的交换容量，对交换的选择性影响也很大。

采用强酸型、强碱型离子交换剂进行离子交换时，溶液中的pH主要影响溶液中待分离酶蛋白组分离子的解离度；决定这些离子带何种电荷及带电量；可知这些离子是否被交换剂交换吸附和吸附亲和力的强弱。

对于弱酸型、弱碱型离子交换剂的离子交换，溶液的pH不仅影响待分离酶液中各组分离子的解离，还影响离子交换剂的解离程度和吸附能力。

对酸、碱、温度敏感的酶蛋白，在离子交换过程中，要特别控制好相应的环境条件。过强的吸附及极端的洗脱条件都可能造成酶蛋白分子的变性失活。

2. 离子交换剂的处理 工厂生产的商品离子交换剂通常是干燥的。在使用之前，一般按照下列程序进行处理：①干燥离子交换剂用水浸泡2h以上，使之充分溶胀；②用无离子水洗至澄清后倾去水；③用4倍体积的2mol/L HCl搅拌浸泡4h，弃酸液，用无离子水洗至中性；④用4倍体积的2mol/L NaOH搅拌浸泡4h，弃碱液，用无离子水洗至中性备用；⑤用适当的试剂进行转型处理，使离子交换剂上所带的可交换离子转变为所需的离子。

转型一般在装柱之后进行。例如，阳离子交换剂用NaOH处理，转变为Na^+型，用HCl处理，转变为H^+型；阴离子交换剂用NaOH处理，转变为OH^-型，用HCl处理，转变为Cl^-型等。

（二）离子交换层析的操作过程

处理好的离子交换剂可以在离子交换槽中进行分批离子交换，也可以将离子交换剂装进离子交换柱进行连续离子交换。

在酶的分离纯化过程中，通常采用离子交换柱进行酶的连续离子交换。其层析分离过程包括装柱、上柱、洗脱、收集和交换剂再生等步骤。

1）装柱 装柱方法有干法装柱和湿法装柱两种。

干法装柱是将干燥的离子交换剂一边振荡一边慢慢倒入柱内，使之装填均匀，然后再慢慢加入适当的溶剂或溶液。在使用干法装柱时，要特别注意柱内是否有气泡或裂纹存在，以免影响分离效果。

湿法装柱是在柱内先装入一定体积的溶剂或溶液，然后将处理好的离子交换剂与溶剂或溶液混合在一起，一边搅拌一边倒入保持垂直的层析柱内，让离子交换剂慢慢自然沉降，装填成均匀、无气泡、无裂缝的离子交换柱。

2）上柱 离子交换柱装好以后，经过转型成为所需的可交换离子。再用溶剂或者缓冲液进行平衡。然后将欲分离的酶液加入离子交换柱中，这称为上柱。

上柱时要注意酶液的pH和温度、离子浓度等条件，使混合液中不同的组分离子达到分离效果。上柱时要注意的另一个问题是流速的控制。流速过快，分离效果不好；流速过慢，则影响分离速度。

3）洗脱和收集　上柱完毕后，采用适当的洗脱液，将交换吸附在离子交换剂上的组分离子逐次洗脱下来，以达到分离目的。

不同的酶液应采用不同的洗脱液和洗脱条件。洗脱液中应当含有与离子交换剂的亲和力较大的离子，以便把吸附在交换剂上的离子交换下来。洗脱液的流速也对分离效果有显著影响，要通过试验确定适宜的洗脱流速。

待分离的酶液中含有多种组分离子时，在洗脱过程中，组分离子按照与交换剂的亲和力由小到大的顺序先后洗出。亲和力小的离子先洗出，亲和力最大的离子最后洗出。

有些酶液含有多种组分，上柱后，用同一种洗脱液往往不能达到良好的分离效果，为此可以采用不同的洗脱液进行洗脱。其中常用的是梯度洗脱法。

梯度洗脱法是用按一定规律变化的洗脱液进行洗脱。洗脱液如果按照洗脱剂浓度的不同组成一个系列，称为浓度梯度。洗脱液的变化如果按照pH的变化组成一个系列，称为pH梯度。梯度的变化可以是递增的，也可以是递减的。如果采用梯度混合器，可以建立连续变化的梯度洗脱液。

4）交换剂再生　洗脱后，为了使离子交换剂恢复原状，以便重复使用，离子交换剂需要经过再生处理。一般再生只要进行转型即可。但是在经过多次使用之后，离子交换剂含杂质较多，再生过程一般要先经过酸、碱处理，再进行转型处理。

四、凝胶层析

凝胶层析又称为凝胶过滤、分子排阻层析、分子筛层析等，是指以各种多孔凝胶为固定相，利用流动相中所含各种组分的相对分子质量不同而达到物质分离目的的一种层析技术。

凝胶层析是20世纪50年代末期发展起来的一种快速而又简便的分离技术。其操作简单方便，不需要再生处理即可反复使用，适用于相对分子质量不同的各种物质的分离，同样适用于酶的分离纯化，已经在实验室和工业生产中广泛应用，能使酶的纯度有较大的提高。

（一）凝胶层析的基本原理

凝胶层析柱中装有多孔凝胶，当含有各种组分的混合溶液流经凝胶层析柱时，各组分在层析柱内同时进行两种不同的运动。一种是随着溶液流动而进行的垂直向下的移动，另一种是无定向的分子扩散运动（布朗运动）。大分子物质由于分子直径大，不能进入凝胶的微孔，只能分布于凝胶颗粒的间隙中，以较快的速度流过凝胶柱。较小的分子能进入凝胶的微孔内，不断地进出于一个个颗粒的微孔内外，这就使小分子物质向下移动的速度比大分子的速度慢，从而使混合溶液中各组分按照相对分子质量由大到小的顺序先后流出层析柱，而达到分离的目的。在凝胶层析中，分子质量也并不是唯一的分离依据，有些物质的分子质量相同，但分子的形状不同，再加上各种物质与凝胶之间存在着非特异性的吸附作用，故仍然可以分离。

为了定量地衡量混合液中各组分的流出顺序，常常采用分配系数K_a来量度：

$$K_a=\frac{V_e-V_o}{V_i} \tag{4-7}$$

式中，V_e为洗脱体积，表示某一组分从加进层析柱到最高峰出现时所需的洗脱液体积；V_o为外体积，即层析柱内凝胶颗粒空隙之间的体积；V_i为内体积，即层析柱内凝胶颗粒内部微孔的体积。

如果某组分的分配系数$K_a=0$，即$V_e=V_o$，说明该组分完全不能进入凝胶微孔，洗脱时最先流出；如果某组分的分配系数$K_a=1$，即$V_e=V_o+V_i$，说明该组分可以自由地扩散进入凝胶颗粒内部的所有微孔，洗脱时最后流出；如果某组分的分配系数K_a为0～1，说明该组分分子大小介于大分子和小分子之间，可以进入凝胶的微孔，但是扩散速度较慢，洗脱时按照K_a值由小到大的顺序先后流出。

关于大分子和小分子在凝胶内流动速度的差异，有多种理论进行解释，如流动分离理论、扩散分离理论等。

流动分离理论认为，当大小不同的溶质分子在毛细管中流动时，由于大分子的颗粒直径与毛细管的内径为同一个数量级，因此当其在毛细管中流动时，被集中于毛细管的中心区域，在中心区域，流体流动的速度较快，因而大分子溶质很快就被溶剂分子带走。而小分子溶质不仅分布在中心区域，也大量分布在靠近毛细管管壁处，管壁处的溶剂以层流（滞流）流动，流速较慢，小分子被带出的速度就较慢。

扩散分离理论认为，大分子溶质扩散系数小，扩散到凝胶微孔中的程度小，较易就被洗脱出来，小分子溶质的扩散速度大，很容易进入凝胶微孔中，所以较难被洗出。

上述V_e、V_o、V_i可以通过试验测出，具体方法如下。

（1）洗脱体积V_e。可以加进某种物质到层析柱中，测定其从开始洗脱到最高峰出现时的洗脱液体积。

（2）内体积V_i。可以从凝胶的干重和吸足水后的湿重求得，也可以采用将小分子物质，如硫酸铵、氯化钠等，加进层析柱中，测出其洗脱体积，$V_e=V_o+V_i$。减去外体积就得到内体积。

（3）外体积（V_o）。可以用大分子物质，尤其是各种酶蛋白分子等，加进层析柱中，所测出的洗脱体积就是外体积。

在凝胶对组分没有吸附作用的情况下，当洗脱液的总体积等于外体积和内体积的总和时，所有组分都应该被洗脱出来，即K_a的最大值为1。然而在某种情况下，会出现K_a大于1的现象，这说明在此层析过程中，不是单纯的凝胶层析，而是同时存在吸附层析或离子交换层析等过程。

对于同一类型的化合物，凝胶层析的洗脱特性与组分的相对分子质量呈函数关系，洗脱时组分按相对分子质量由大到小的顺序先后流出。组分的洗脱体积（V_e）与相对分子质量（M）的关系可以用下式表示：

$$V_e=K_1-K_2\lg M \tag{4-8}$$

式中，K_1、K_2为常数。

以组分的洗脱体积（V_e）对组分的相对分子质量的对数（$\lg M$）作曲线，可以通过测定某一组分的洗脱体积，从而在此曲线中查出该组分的相对分子质量。

在实际应用中，常以相对洗脱体积（K_{av}）对$\lg M$作曲线，称为选择曲线。相对洗脱体积是指组分洗脱体积与层析柱内凝胶床总体积的比值（$K_{av}=V_e/V_t$）。

选择曲线的斜率说明凝胶的特性。每一类型的化合物，如酶、右旋糖酐、球蛋白等，都有其各自特定的选择曲线，如图4-6所示，所以通过凝胶层析可以测定物质的相对分子质量。

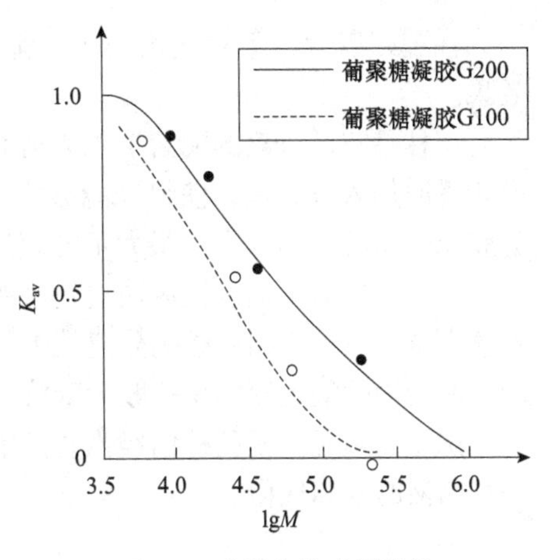

图4-6　球蛋白的选择曲线

（二）凝胶的选择与处理

凝胶材料主要有葡聚糖、琼脂糖、聚丙烯酰胺等。层析用的微孔凝胶是由凝胶材料与交联剂交联聚合而成的。交联剂加得越多，载体颗粒的孔径就越小。交联剂有环氧氯丙烷等。

凝胶的种类很多，其共同特点是凝胶内部具有微细的多孔网状结构，其孔径的大小决定其用于分离的组分颗粒的大小。现介绍以下几种常用的凝胶。

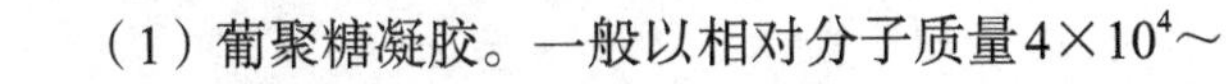

（1）葡聚糖凝胶。一般以相对分子质量4×10^4～2×10^5的葡聚糖为单体，以1,2-环氧氯丙烷为交联剂交联聚合而成。商品名有多种，如Sephadex等。葡聚糖凝胶具有良好的化学稳定性，在碱性条件下非常稳定，在0.01mol/L的盐酸中放置半年不受影响，可以耐受120℃甚至更高的温度，广泛应用于各种物质的分离纯化。

（2）琼脂凝胶与琼脂糖凝胶。琼脂凝胶是一种天然多孔凝胶，其内部孔径较大，允许较大的分子进出，因此其用于凝胶层析时工作范围大于聚丙烯酰胺凝胶和葡聚糖凝胶。其缺点是含有大量磺酸基和羧基，带有大量负电荷，洗脱时要使用较高离子强度的洗脱液而影响产品的质量。若将琼脂进一步纯化，可除去带电荷的琼脂胶而得到不带电荷的琼脂糖。琼脂糖可以制成各种型号的琼脂糖凝胶。琼脂糖凝胶的商品名有多种，如Sepharose等，适用于分子质量较大的蛋白质和多糖的分离纯化。

（3）聚丙烯酰胺凝胶。其是一种人工合成的凝胶，由丙烯酰胺（$CH_2=CH-CONH_2$）与N,N'-亚甲基双丙烯酰胺（$CH_2=CH-CONH-CH_2-NHCO-CH=CH_2$）共聚而成。商品名称有多种，如生物凝胶-P（Bio-Gel P）等。聚丙烯酰胺是一种惰性凝胶，适合于各种酶、蛋白质、核酸等的分离纯化；缺点是遇强酸时，会使其中的酰胺键水解而使结构破坏。一般在pH 2～11内使用。

选择凝胶主要是依据欲分离酶液中各组分的分子质量的大小。凝胶颗粒直径的大小对层析柱内溶液的流速有一定影响。选择凝胶时注意颗粒大小应当比较均匀，否则流速不稳定，从而影响分离效果。

商品凝胶是干燥的颗粒，使用前需将凝胶悬浮于5～10倍量的洗脱液中充分溶胀。常温溶胀需要较长时间，一般采用热水溶胀，即将凝胶颗粒加进洗脱液，在沸水浴中升温至接近沸腾，只需2～3h就可充分溶胀，还可以达到灭菌消毒和排出凝胶内气泡的目的。溶胀后的凝胶采用倾泻法除去微小颗粒，经过减压排气即可装柱。

（三）凝胶层析操作过程

凝胶层析的操作一般包括装柱、上柱、洗脱等过程。装柱时首先选择粗细均匀、一定直径和一定高度的层析柱，在柱的底部放置一层玻璃纤维或者棉花，柱内先充满洗脱剂（一般是水或缓冲液作洗脱剂），然后一边搅拌一边缓慢而连续地加入浓稠的凝胶悬浮液，让其自然沉降，直至达到所需的高度。要注意凝胶分布均匀，不能有气泡或裂纹存在。

柱装好以后，不管使用与否，都应有洗脱液浸过凝胶表面，以免混入空气而影响分离效果。

上柱是将欲分离的酶溶液加入凝胶层析柱的过程。要在洗脱液的液面恰好与凝胶床的表面相平时加入混合液，使组分能够均匀地进入凝胶床。上柱的混合液体积不能过大，通常为凝胶床体积的10%左右，最大不能超过30%。混合液的浓度可以高些，但是黏度宜低。

上柱完毕后，加进洗脱液进行洗脱。洗脱液应与干燥凝胶溶胀时及装柱平衡时所使用的液体完全一致，否则会影响分离效果。

所使用的洗脱液体积一般为凝胶床体积的120%左右。洗脱流出液分步收集。

洗脱完毕后，凝胶柱已经恢复酶液上柱前的状态，不用经过再生处理就可以重复用于下一批酶液的分离纯化。

五、亲和层析

亲和层析是利用生物分子与配基之间所具有的专一而又可逆的亲和力，使生物分子分离纯化的层析技术。

亲和层析的选择性很高，可通过一次纯化分离步骤得到纯度很高的产品，但是亲和介质一般价格昂贵，处理量不大，大规模应用较少。在实验室制备时，一般只是在纯化的后期使用，因此只有在对酶的纯度要求较高时才会采用该法。并且由于亲和结合专一性强，洗脱要求高。

亲和层析剂制备好后，装进层析柱。当酶液流经亲和层析剂时，酶分子与其配基分子结合留在柱内，而其他杂质不与配基结合，可洗涤流出，然后用适当的洗脱液进行洗脱，实现酶的分离纯化。例如，以卵类黏蛋白为配基，在pH 7～8的条件下胰蛋白酶与配基亲和结合，而以pH 2～3的缓冲液可将胰蛋白酶洗脱出来。

在亲和层析过程中，应控制好温度（一般0～10℃）、pH等条件，以免酶变性失活，并使亲和层析剂免遭破坏。亲和层析的工作原理如图4-7所示。

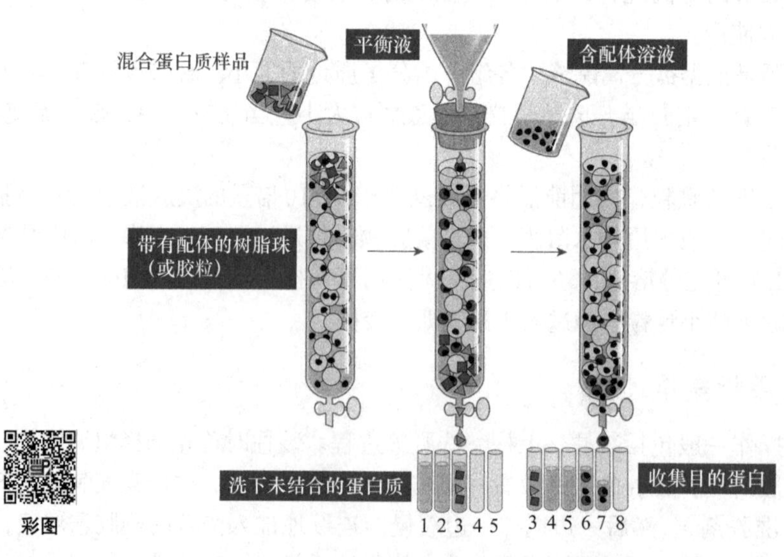

彩图

图4-7 亲和层析的工作原理示意图

（一）亲和层析母体和配基

在亲和层析中，作为固定相的一方称为配基（ligand）。配基必须偶联于不溶性母体（matrix）上。母体又称为载体或担体。在亲和层析中，一般采用琼脂糖凝胶、葡聚糖凝胶、聚丙烯酰胺凝胶或纤维素等作为母体。当小分子物质（金属离子等无机辅因子、有机辅因子等）作为配基时，由于空间位阻作用，难以与配对的大分子亲和吻合，需要在母体与配基之间引入适当长度的连接臂（space arm）。

要使不溶性母体与配基偶联或通过连接臂与配基偶联，都必须进行母体活化，即通过某种方法，如溴化氰法、叠氮法、高碘酸氧化法、环氧化法、甲苯磺酰氯法、双功能试剂法等，使母体引入某种活泼基团，才能以共价键与配基偶联。

活化后的母体已经有商品出售，如商品名为偶联凝胶的活化母体等。偶联凝胶可以很简单地与配基偶联，不需要特殊的设备和复杂的化学反应。使用时可以根据欲分离物质的特性加以选择。

在进行亲和层析时，首先要根据欲分离物质的特性，选择与之配对的分子作为配基，然后根据配基分子的大小及所含基团的特性选择适宜的母体，在一定的条件下，使配基与母体偶联结合，制成亲和层析剂。

在酶的亲和层析过程中，通常采用琼脂糖凝胶作为母体，选用适宜的配基制成亲和层析剂。例如，以细菌细胞壁的水解产物为配基，偶联于琼脂糖凝胶上，用于溶菌酶的分离纯化；用环糊精为配基，以环氧化物活化的琼脂糖凝胶为母体制成亲和层析剂，用于α-淀粉酶的分离纯化；用卵类黏蛋白为配基，用于胰蛋白酶的分离纯化等。

（二）亲和层析方法

根据欲分离组分与配基结合的特性，亲和层析可以分为分子对亲和层析、免疫亲和层析、共价亲和层析、疏水层析、金属离子亲和层析、染料亲和层析、凝集素亲和层析等。

1. 分子对亲和层析　分子对亲和层析（molecule pair affinity chromatography）是利用生物分子对之间专一而又可逆的亲和力使生物分子分离纯化的一种亲和层析方法。酶与底物、酶与竞争性抑制剂、酶与辅因子、抗原与抗体、酶RNA与互补的RNA分子或片段、RNA与互补的DNA分子或片段等之间，都具有专一而又可逆亲和力的生物分子对。因此，亲和层析在酶的分离纯化中有重要应用。

在成对互配的分子中，可把任何一方作为固定相，而对样品溶液（流动相）中的另一方分子进行亲和层析。例如，酶分子与其辅因子是一种分子对，既可把辅因子制成固定相，对溶液中的酶分子进行亲和层析分离；也可把酶分子作为固定相，对溶液中存在的辅因子进行分离纯化。

在亲和层析过程中，应控制温度、pH等条件以免酶变性失活，并使亲和层析剂免遭破坏。在亲和吸附时，温度一般控制在0～10℃，pH控制在酶作用的最适pH；而在洗脱时，洗脱液的pH应控制在酶的稳定性较好而又不在最适pH的范围内。例如，以卵类黏蛋白为配基，在pH 7～8的条件下，胰蛋白酶与配基亲和结合，而pH 2～3的缓冲液可将胰蛋白酶洗脱出来。

在分子对亲和层析中，利用抗原和抗体的亲和力进行层析分离的方法又称为免疫亲和层析。

2. 免疫亲和层析 免疫亲和层析（immune affinity chromatography）是利用抗原与抗体之间专一而又可逆的亲和力使抗体或者抗原分离纯化的一种亲和层析方法。

抗原和抗体是一种生物分子对，它们之间具有高度专一的亲和力。用适当的方法将抗原（或抗体）结合到母体上，制成亲和层析剂，便可用来高效地分离和纯化与其互补的抗体（或抗原）（图4-8）。

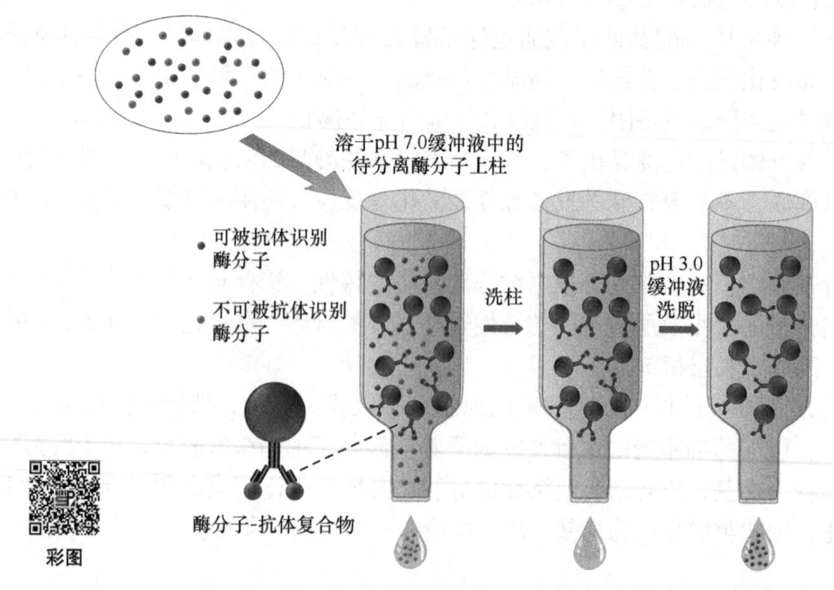

图4-8 免疫亲和层析的工作原理示意图

免疫亲和层析又称为抗体亲和层析，除了可以采用抗原或抗体作为配基以外，还可以采用蛋白A或蛋白G作为配基。

蛋白A或蛋白G对于各种来源的免疫球蛋白IgG的Fc区域都具有高度专一的亲和性，与各种母体（如琼脂糖等）结合后，广泛作为亲和层析剂使用。

蛋白A是从金黄色葡萄球菌（*Staphylococcus aureus*）中得到的一种相对分子质量为42 000的蛋白质。蛋白A分子的6个区域中，有5个可与IgG结合。通常1分子蛋白A至少可结合2分子的IgG。

蛋白G是一种细胞表面蛋白，是Ⅲ型FcG受体。蛋白G对于IgG有很强的结合亲和力，但对白蛋白的结合亲和力较弱。

蛋白A和蛋白G对IgG的专一性有所不同，蛋白A的结合专一性较强，而蛋白G的结合专一性较弱，所以蛋白G可以与更多的IgG亚种结合，更适合于一般抗体的分离纯化。

免疫亲和层析已经广泛应用于药物的分离纯化。例如，应用免疫亲和层析进行组织型纤溶酶原激活物（t-PA）的分离纯化已经达到工业化规模。

3. 共价亲和层析 共价亲和层析（covalent affinity chromatography）是生物分子中的功能性基团与层析剂上配基形成可逆性的共价键的一种分离层析方法。例如，巯基化合物中的—SH是一种还原基团，性能活泼，可与另一个—SH结合形成二硫键（—S—S—）。

—SH与—S—S—组成一组氧化还原体系，巯基二硫键共价交换反应是可逆的。所以，酶分子上的巯基可以与亲和层析剂上的巯基之间形成二硫键共价结合，然后可用L-半胱氨酸、巯基乙醇、谷胱甘肽及二硫苏糖醇等小分子巯基化合物进行洗脱。

具有共价反应活性的巯基亲和层析剂可用葡聚糖凝胶或琼脂糖凝胶为母体。通过溴化氰（BrCN）活化，先后用谷胱甘肽及2′,2′-吡啶基二硫基化合物处理，得到谷胱甘肽型巯基层析剂。

共价亲和层析可以用于纯化牛乳巯基氧化酶，从大肠杆菌培养液中纯化青霉素酰化酶等。

4. 疏水层析 疏水层析（hydrophobic chromatography）是生物分子中的功能性基团与层析剂上配基形成可逆性的疏水键结合的一种亲和层析方法。

酶蛋白通常含有疏水性较强的氨基酸，如亮氨酸、缬氨酸和苯丙氨酸等。采用氨基烷烃与BrCN-活化的琼脂糖进行反应，就可形成改性的琼脂糖。酶蛋白可以与亲和层析剂上改性琼脂糖的烷基发生疏水结合反应，从而得以分离。将一系列长度不同的碳氢化合物接到琼脂糖载体上，从而得到一系列相应的疏水性琼脂糖层析剂，可用它们分离纯化某些酶和蛋白质。

疏水亲和吸附通常在高浓度盐溶液的条件下进行。通过逐步降低盐浓度，可以将疏水吸附的组分洗脱出来。加入某些表面活性剂，如Triton-100、十二烷基硫酸钠（sodium dodecylsulfate，SDS）等，使表面张力降低，有利于蛋白质的洗脱。

在疏水层析过程中，环境的温度和pH对疏水吸附和洗脱都有影响，要根据情况进行必要的控制。

5. 金属离子亲和层析 金属离子亲和层析（metal ion affinity chromatography）又称为金属离子螯合层析，是利用生物分子中的功能性基团与层析剂上金属离子形成可逆性结合的一种亲和层析方法。

蛋白类酶和其他蛋白质表面的某些氨基酸残基，如组氨酸的咪唑基团、半胱氨酸的巯基、色氨酸的吲哚基团等，可与金属离子亲和结合。利用螯合剂可以将金属离子（如Cu^{2+}、Zn^{2+}、Ni^{2+}、Co^{2+}等）螯合到母体（如交联化的琼脂糖、葡聚糖等）的表面上制成金属亲和层析剂。

将金属亲和层析剂装进层析柱，浸泡平衡，洗涤后，将含有酶等生物活性物质的样品上柱，与金属配基有亲和力的分子都将被留在柱内，其余组分则流出柱外。

若要将酶或其他蛋白质从亲和层析柱上洗脱下来，则可改变盐的浓度或pH等，降低金属离子和蛋白质之间的亲和常数；或用竞争性的试剂，如咪唑、组氨酸、半胱氨酸、色氨酸等，将蛋白质置换下来。洗脱时可采用分级洗脱或梯度洗脱方式。

金属离子亲和层析的主要优点是：可用不同的金属离子结合到螯合载体上，并可用一种更强的螯合剂将所使用的金属离子洗脱下来，从而实现母体的再生。螯合剂较稳定，金属的亲和特性不会大幅下降。通过选择适宜的金属离子可实现蛋白质和配基之间不同的吸附。在大多数情况下，从亲和层析柱上洗脱下来的酶仍然具有生物活性。

6. 染料亲和层析 染料亲和层析（dye-ligand affinity chromatography）是利用生物分子中的功能性基团与层析剂上的染料配基形成可逆性结合的一种亲和层析方法。

一些有机染料，如蒽醌化合物、偶氮化合物等，具有类似于NAD^+的结构。一些需要核苷酸类物质为辅酶的酶对这些染料有一定的亲和力。常用的有机染料是二羟偶氮化合物。

以这些染料作为配基，共价偶联到纤维素或琼脂糖等母体上，制得染料亲和层析剂，已成功地用于以NAD^+、$NADP^+$、ATP为辅酶的多种酶的分离纯化中。

7. 凝集素亲和层析 凝集素亲和层析（lectin affinity chromatography）是利用生物分子中的功能性基团与层析剂上的凝集素配基形成可逆性亲和结合的一种亲和层析方法。

凝集素是一类能与糖的残基专一而又可逆结合的蛋白质。它们能与多糖、糖蛋白及红细胞和肿瘤细胞的凝集体等亲和结合。

凝集素亲和层析可以用于各种糖蛋白的分离纯化。例如，胞外超氧化物歧化酶（EC-SOD）具有三种同工酶，都是含铜离子、锌离子的糖蛋白。用肝素、琼脂糖凝胶等为母体，以凝集素为配基制成亲和层析剂进行亲和层析，可以将这三种同工酶分离纯化。

六、层析聚焦

层析聚焦（chromatofocusing）是将酶等两性物质的等电点特性与离子交换层析的特性结合在一起，实现组分分离的层析技术。

在层析系统中，柱内装上多缓冲离子交换剂，当加进两性电解质载体的多缓冲溶液流过层析柱时，在层析柱内形成稳定的pH梯度。欲分离酶液中的各个组分在此系统中会移动到（聚焦于）与其等电点相当的pH位置上，从而使不同等电点的组分得以分离。

1. 离子交换剂和缓冲溶液体系

1）*多缓冲离子交换剂* 用于色谱聚焦的离子交换剂是一种专门开发的多缓冲离子交换剂，如PBE118（适用于等电点在pH 8～11的两性电解质的分离）和PEB94（适用于等电点在pH 4～9的两性电解质的分离）离子交换剂。它们是以交联琼脂糖凝胶6B（Sepharose 6B）为母体，并在糖基上通过醚键耦合上离子交换基团制成的。商品通常是以悬浮液形式提供。

2）*多缓冲溶液* 这也是专门开发的含有两性电解质载体（由分子质量不同的多种组分的多羧基多氨基化合物组成）的多缓冲溶液，如Pharmacia-LKB公司专门生产的Polybuffer 96和Polybuffer 74，分别适用于pH 6～9和pH 4～7的层析聚焦，与这两种多缓冲溶液相匹配的多缓冲离子交换剂是PBE94。对于pH 9以上的层析聚焦，则选用含有pH 8～10.5的两性电解质载体（pharmalyte）的多缓冲溶液，并配以相应的多缓冲离子交换剂PBE118。多缓冲溶液通常以无菌的液体形式提供，用前加以稀释。

2. pH梯度的形成 层析聚焦系统的pH梯度是利用多缓冲离子交换剂本身带电基团的缓冲作用自动形成的。例如，选用阴离子交换剂PBE94装进层析柱，选择与之配套的PB96为多缓冲溶液。先用起始多缓冲溶液平衡到pH 9，再用pH 6的多缓冲溶液流经层析柱，开始时流出液的pH接近于9，随着洗脱液的不断加入，流出液的pH逐步下降，最后流出液的pH达到6。柱内由上至下就形成了从pH 6到pH 9的连续升高的pH梯度。

3. 层析聚焦的操作过程 通常层析聚焦的过程包括以下步骤。

1）*多缓冲离子交换剂和多缓冲溶液选择* 根据欲分离组分的等电点，选择适宜的多缓冲离子交换剂和多缓冲溶液。例如，欲分离酶的等电点为pH 8.0，则要选择离子交换剂PBE94，选择多缓冲溶液PB96。

2）*形成pH梯度* 将离子交换剂装进层析柱，用pH 9的起始缓冲溶液进行平衡，再用pH 6的多缓冲溶液流过层析柱，直至流出液的pH从pH 9降低到pH 6为止。层析柱内由上至下就形成了从pH 6到pH 9的连续升高的pH梯度。

3）*上柱聚焦* 用pH 9的起始缓冲溶液平衡后，将酶液加到层析柱中，让其慢慢流过层析柱。在上柱过程中，当环境中的pH低于该酶的等电点时，该酶带正电荷，不被阴离子交换剂交换吸附，而随着流动相向下移动；当环境中的pH稍高于该酶的等电点时，该酶分子带负电荷，可被离子交换剂吸附，不再移动；而走在后面的相同的酶，仍以洗脱液的流动速度下移，直至稍低于其等电点处被离子交换剂吸附，从而实现聚焦。

4）*洗脱*　用pH 6的多缓冲液PB96作为洗脱液，进行洗脱。在洗脱过程中，阴离子交换柱内环境的pH不断下降，当pH低于酶的等电点时，酶又重新带上正电荷，脱离离子交换剂而被洗脱；移至pH大于等电点的位置时，又重新被离子交换剂吸附，这样不断重复洗脱、吸附、再洗脱的过程，直至从层析柱上流出。

5）*再生*　洗脱完成后，离子交换树脂可以经过再生处理反复使用。再生过程与上述步骤2）相同，即先用pH 9的起始缓冲液进行平衡，再用pH 6的多缓冲液流过层析柱，直至流出液的pH从9降低到6为止。

第七节　电 泳 分 离

带电粒子在电场中向着与其本身所带电荷相反的电极移动的过程称为电泳。

自1937年纸电泳出现以来，电泳技术迅速发展，已成为各种带电荷颗粒分离、鉴定的重要手段。在酶的分离纯化过程中也常常用到电泳分离的方式。

电泳方法多种多样，按其使用的支持体的不同可以分为纸电泳、薄层电泳、薄膜电泳、凝胶电泳、自由电泳和等电点聚焦电泳等。

不同的酶蛋白由于其带电性质及其颗粒大小和形状不同，在一定的电场中，它们的移动方向和移动速度也不同，因此可使它们分离。酶蛋白颗粒在电场中的移动方向取决于它们所带电荷的种类。带正电荷的酶蛋白颗粒向电场的阴极移动；带负电荷的酶蛋白颗粒则向阳极移动；净电荷为零的酶蛋白颗粒在电场中不移动。

酶蛋白颗粒在电场中的移动速度主要取决于其本身所带的净电荷量，同时受酶蛋白颗粒形状和大小的影响，此外还受到电场强度、溶液的pH和离子强度及支持体的特性等外界条件的影响。

1）*电场强度*　电场强度是指每厘米距离的电压降，又称为电位梯度或电势梯度。电场强度对酶蛋白颗粒的泳动速度起着十分重要的作用。电场强度越高，酶蛋白带电颗粒的泳动速度越快。根据电场强度的大小可将电泳分为高压电泳和常压电泳。常压电泳的电场强度一般为2～10V/cm，电压为100～500V，电泳时间从几十分钟到几十小时，多用于带电荷的大分子酶蛋白的分离；高压电泳的电场强度为20～200V/cm，电压大于500V，电泳时间从几分钟到几小时，多用于带电荷的小分子酶蛋白的分离。

2）*溶液的pH*　溶液的pH决定了溶液中酶蛋白分子的解离程度，也就是决定了酶蛋白分子所带净电荷的多少。对于两性电解质而言，溶液的pH不仅决定酶蛋白分子所带电荷的种类，而且决定净电荷的数量。溶液的pH离其等电点越远，酶蛋白分子所带净电荷越多，泳动速度越快；反之，酶蛋白分子的泳动速度则慢。当溶液的pH等于酶蛋白分子溶质的等电点时，其净电荷为零，泳动速度也等于零。因此，电泳时溶液的pH应该选择适当的数值，并需采用缓冲液使pH维持恒定。

3）*溶液的离子强度*　溶液的离子强度越高，酶蛋白分子颗粒的泳动速度越慢。一般电泳溶液的离子强度在0.02～0.2较为适宜。

4）电渗　在电场中，溶液对于固体支持物的相对移动称为电渗。例如，在纸电泳中，由于滤纸纤维素上带有一定量的负电荷，使与滤纸相接触的水分子感应而带有一些正电荷，水分子便会向负极移动并带动溶液中的颗粒一起向负极移动。若酶蛋白分子颗粒本身向负极移动，则表观泳动速度将比其本来的泳动速度快；若酶蛋白分子颗粒本身向正极移动，则其表观泳动速度慢于其本来的泳动速度；净电荷为零的酶蛋白分子颗粒，也会随水向负极移动。

此外，缓冲液的黏度和温度等也对酶蛋白分子颗粒的泳动速度有一定的影响。

在酶学研究中，电泳技术主要用于酶的纯度鉴定、酶分子质量测定、酶等电点测定及少量酶的分离纯化。主要采用的电泳技术有纸电泳、薄层电泳、薄膜电泳、凝胶电泳和等电点聚焦电泳等，现分述如下。

一、纸电泳

纸电泳是以滤纸为支持体的电泳技术。

在纸电泳的过程中，首先要选择纸质均匀、吸附力小的滤纸作为支持物，一般采用层析用滤纸，并根据需要裁剪成一定的形状和长度。

再根据欲分离酶蛋白分子的物理化学性质，从提高电泳速度和分辨率出发，选择一定pH和一定离子强度的缓冲液。常用的缓冲液有Tris-盐酸缓冲液、巴比妥缓冲液等。

然后，在滤纸的适当位置点好酶蛋白样品，点样量随滤纸厚度、原点宽度、样品溶解度、显色方法的灵敏度及各组分电泳速度的差别而有所不同。点样量要适当，过多易引起拖尾和扩散现象，过少则难以检测。

将点好样的滤纸平置于电泳槽的适当位置，接通电源，在一定的电压条件下进行电泳，电泳过程中电泳槽应放平，阴极槽和阳极槽的液面应当保持在同一水平，以免虹吸现象发生。经过适宜的时间后，取出滤纸，烘干或吹干后，进行显色鉴定或采用其他方法进行分析鉴定。

二、薄层电泳

薄层电泳是将支持体与缓冲液调制成适当厚度的薄层而进行电泳的技术。

常用的支持体有淀粉、纤维素、硅胶、琼脂等。其中以淀粉最为常用。这是由于淀粉易于成型，对酶蛋白等的吸附少，样品易洗脱，电渗作用低，分离效果好，因此淀粉板薄层电泳被广泛应用于酶的分离中。

用作薄层电泳的淀粉等支持物在使用前必须经过精制。淀粉的精制是采用0.4%～0.5%的酸性乙醇（1000mL乙醇加入4～5mL浓盐酸）反复洗涤至乙醇洗液不带颜色为止。

淀粉板薄层电泳所使用的缓冲液可以与纸电泳的缓冲液相同。但是由于淀粉颗粒对离子有一定的吸附作用，因此必须采用离子强度较高的缓冲液，然后洗涤至不含氯离子，60℃烘干备用。

将精制淀粉与所选用的缓冲液混合均匀后，在玻璃板上制成尺寸适宜的淀粉薄层板。

加酶蛋白样品时，在淀粉薄层板的适当位置用小刀挖出适量淀粉，与样品液混合均匀后重新填回原处压平。用纱布条与两电极槽的缓冲液相连，接通电源，进行电泳。

电泳完成后，可以用一张与薄层板大小相同的滤纸，用缓冲液浸湿后，平铺在薄层板上，轻轻压平，放置2～3min后，取出滤纸，吹干显色。

三、薄膜电泳

薄膜电泳是以醋酸纤维等高分子物质制成的薄膜为支持体的电泳技术。

薄膜电泳的分辨力虽然比不上凝胶电泳和薄层电泳，但是由于薄膜电泳具有简单、快速、区带清晰、灵敏度高、易于定量和便于保存的特点，被广泛用于各种酶的分离中。

用于薄膜电泳的薄膜在使用前要经过一定的处理。例如，醋酸纤维薄膜需要切成适当的尺寸，用镊子夹住慢慢放进电泳缓冲液中浸泡30min左右，充分浸透至薄膜条上无白点为止。取出薄膜后用滤纸吸去多余的缓冲液，然后将薄膜的两端置于电泳槽的支架上。薄膜的两端可以直接伸进缓冲液中，也可以通过滤纸条与缓冲液相连。

用毛细管或者微量注射器将一定量的酶蛋白样品点在薄膜中央，然后接通电源进行电泳0.5～2h。取出薄膜在染色液（氨基黑10B或偶氮胭脂红B染色液等）中染色5～10min，再用漂洗液（含10%乙酸的甲醇溶液）漂洗几次，直至区带清晰为止。

四、凝胶电泳

凝胶电泳在酶学和酶工程研究中主要被用于酶分子质量的测定、酶蛋白和酶RNA的顺序测定及酶的分离检测等。

凝胶电泳是以各种具有网状结构的多孔凝胶作为支持体的电泳技术。凝胶电泳与其他电泳的主要区别在于凝胶电泳同时具有电泳和分子筛的双重作用，具有很高的分辨力。例如，人血清利用纸电泳仅能分离出六七种组分，而采用凝胶电泳则可分离出20种以上的组分。研究人员利用等电点聚焦电泳与SDS平板凝胶电泳相结合的二元电泳成功地从大肠杆菌细胞中分离出1000多种蛋白质。利用凝胶电泳与放射自显影技术相结合，可使含量仅为样品中蛋白质总含量的10^{-7}～10^{-3}的某种蛋白质得以分离和定量。

凝胶电泳的支持体主要有聚丙烯酰胺凝胶和琼脂糖凝胶等，常用的是聚丙烯酰胺凝胶。这是由于聚丙烯酰胺凝胶具有机械强度高、透明有弹性、有较好的化学稳定性和热稳定性、没有吸附作用和电渗作用、可以通过改变丙烯酰胺浓度和交联剂浓度而制成不同孔径的凝胶等显著优点。

（一）聚丙烯酰胺凝胶的制备

聚丙烯酰胺凝胶是以丙烯酰胺为单体，以*N,N′*-亚甲基双丙烯酰胺为交联剂，在催化剂的作用下聚合而成的具有网状结构的多孔凝胶。

所用的催化剂主要有两种：①用过硫酸铵和四甲基乙二胺（TEMED）为化学聚合催化剂。在TEMED的催化下，过硫酸铵形成氧的自由基，氧的自由基引发单体与交联剂的聚合作用。②用核黄素作为光聚合催化剂。光聚合可以用日光、日光灯、电灯等作为光源。在痕量氧存在的条件下，核黄素经光解作用形成无色基，无色基再氧化生成自由基，从而引发聚合反应。

改变单体丙烯酰胺的浓度可使凝胶网状结构中网眼孔径改变，因此可以根据被分离物质的相对分子质量选择适当浓度的单体（表4-6）。交联剂*N,N*-甲叉双丙烯酰胺的浓度对孔径也有一些影响。当交联剂的浓度占总丙烯酰胺浓度的5%时，凝胶孔径最小；高于或者低于5%，孔径都相对变大。一般使用时交联剂的浓度占总丙烯酰胺浓度的2%～5%。

表4-6　凝胶浓度与使用的分子质量范围

丙烯酰胺浓度/%	适用分离物质	相对分子质量
2～5	蛋白质	$>5\times10^6$
5～7.5	蛋白质	5×10^5～5×10^6
7.5～10	蛋白质	10^5～5×10^5
10～15	蛋白质	5×10^4～10^5
15～20	蛋白质	10^4～5×10^4
20～30	蛋白质	$<10^4$
2～5	核酸	10^5～10^6
5～10	核酸	10^4～10^5
10～20	核酸	$<10^4$

在凝胶制备过程中，首先将所需的缓冲液、丙烯酰胺、*N,N*-甲叉双丙烯酰胺、催化剂等配制成浓度较高的贮存液。除了过硫酸铵在使用前配制外，其他一律先配制好，放在4℃冰箱中避光保存，在使用时按照所需浓度进行稀释。

制备凝胶所使用的玻璃板或玻璃管均需要洗涤洁净并经过干燥方能使用。

不连续电泳凝胶的制备是先制备分离胶，将各种贮存液按照所需的比例混合后，注入玻璃管或玻璃板之间，至预定高度，在胶液表面轻轻加入一层蒸馏水，以使聚合后凝胶表面平整，聚合30～60min。聚合后，吸去水，再注入制备浓缩胶所要求的混合液，表面加一层蒸馏水，聚合一段时间以后吸去水，再制备样品胶。

制备凝胶时，要避免气泡存在，为此将各种所需比例的贮存液混合以后，应进行抽气处理。

梯度凝胶是通过梯度混合器制备得到的由上而下连续升高的浓度梯度凝胶。

（二）聚丙烯酰胺凝胶电泳的分类

聚丙烯酰胺凝胶电泳按其凝胶形状和电泳装置的不同，可以分为垂直管型盘状凝胶电泳和垂直板型片状凝胶电泳。两者的操作原理和方式基本相同，不同的是前者在玻璃管内制成圆柱状凝胶，后者则在两块玻璃板之间制成平板状凝胶。

聚丙烯酰胺凝胶电泳按其凝胶组成系统的不同，可以分为连续凝胶电泳、不连续凝胶电泳、浓度梯度凝胶电泳和SDS凝胶电泳4种。

1）连续凝胶电泳　只用一层凝胶，采用相同的pH和相同的缓冲液。此法配制凝胶时较为简便，但是分离效果稍差，用于组分较少的样品的分离。

2）不连续凝胶电泳　　采用两或三层性质不同的凝胶（样品胶、浓缩胶和分离胶）重叠起来使用，采用两种不同的pH和不同的缓冲液，能使浓度较低的各种组分在电泳过程中浓缩成层，从而提高分辨率。

不连续凝胶电泳由上而下分为三层。

（1）样品胶：处于凝胶系统最上层的大孔径凝胶。在pH 6.7～6.8的Tris-HCl缓冲液中聚合而成。含有欲分离的样品。有时可以不用样品胶，而直接将样品与10%的甘油或5%～20%的蔗糖混合后，加到浓缩胶的表面。

（2）浓缩胶：在pH 6.7～6.8的Tris-HCl缓冲液中聚合而成的大孔凝胶。除了不含样品外，其他与样品胶相同。样品中的各组分在浓缩胶中浓缩，按照迁移率的不同，在浓缩胶和分离胶的界面上压缩成层。

（3）分离胶：在pH 8.8～8.9的Tris-HCl缓冲液中聚合而成的小孔径凝胶，凝胶的孔径根据欲分离组分的大小通过丙烯酰胺的浓度进行调节，样品中各组分在分离胶中进行分离。上述连续凝胶电泳所使用的一层凝胶就是分离胶，其制备方法与此相同。

在酶或其他蛋白质、核酸等进行不连续凝胶电泳时，采用阴离子电泳系统（采用pH 8～9的缓冲液，组分带负电荷）。将制备好的多层凝胶置于电泳系统中，用pH 8.3的Tris-甘氨酸缓冲液作为电极缓冲液进行电泳，样品中各组分在浓缩胶中浓缩成狭窄的高浓度样品层。这是由于在各层凝胶中都含有HCl，HCl的离解度大，几乎全部成为Cl^-，Cl^-在电场中移动速度最快，称为快离子；在电泳槽中含有甘氨酸，在样品胶和浓缩胶中pH为6.7～6.8，只有0.1%～1%的甘氨酸离解为负离子，在电场中移动速度最慢，称为慢离子；而蛋白质或核酸的移动速度介乎快离子和慢离子之间。接通电源，电泳开始后，Cl^-快速移动，走在最前面，在其后面形成一个离子浓度较低的低电导区，低电导产生较高的电位梯度，这种高电位梯度促使蛋白质等组分和慢离子在快离子后面加速移动，致使蛋白质等组分在快、慢离子之间浓缩成一狭窄的中间层。

当这一浓缩成层的样品层进入分离胶时，由于分离胶的pH为9.5（配制分离胶时，pH为8.8～8.9，在电泳过程中，实测结果为9.5），使甘氨酸的解离度增加，泳动速度加快，很快超过所有的蛋白质等组分，高电位梯度消失，使酶蛋白等组分在均一的电位梯度下进行电泳分离。加上分离胶的孔径较小，待分离的酶蛋白样品中各组分因分子大小和形状不同受到分子筛效应，使某些静电荷相同的组分也可以得到分离。

3）浓度梯度凝胶电泳　　采用由上而下浓度逐渐升高、孔径逐渐减小的梯度凝胶进行电泳。梯度凝胶用梯度混合装置制成，主要用于测定球蛋白类组分的分子质量。

4）SDS凝胶电泳　　SDS凝胶电泳主要用于蛋白质相对分子质量的测定。

1967年，夏皮罗（Shapiro）等在聚丙烯酰胺凝胶中加入一定量的SDS制成SDS凝胶。电泳时蛋白质组分的电泳迁移率主要取决于相对分子质量，而与其形状及所带电荷无关。

在一定的条件下，蛋白质相对分子质量与其电泳迁移率的关系可以用下式表示：

$$M=K(10^{-bm})$$

$$\lg M=\lg K-bm=C-bm \tag{4-9}$$

式中，M为相对分子质量；K、C为常数；m为电泳迁移率；b为斜率（通常在一定条件下是一个常数）。

因此，要测定某一种蛋白质的相对分子质量，只要比较该蛋白质与其他已知相对分子质量的蛋白质在SDS凝胶电泳上的迁移率即可。此法已经广泛应用于各种蛋白质相对分子质量的测定，误差不超过±10%。

为什么SDS凝胶电泳会不受蛋白质分子所带电荷及分子形状的影响？研究结果表明，在蛋白质溶液中加入SDS和巯基乙醇后，巯基乙醇能使蛋白质分子中的二硫键还原；SDS能使蛋白质分子的氢键、疏水键打开，并与蛋白质分子结合，形成蛋白质-SDS复合物。在一定的条件下，1.4g SDS与1g蛋白质结合，由于SDS带负电荷，各种蛋白质-SDS复合物会带上相同密度的负电荷，而掩盖了不同蛋白质之间原来电荷的差别。此外，SDS与蛋白质结合后，引起蛋白质构象的变化，在水溶液中都变成长椭圆形，椭圆的短轴长度均为18Å左右，长轴的长度则与蛋白质的相对分子质量成正比。为此，蛋白质-SDS复合物在凝胶电泳中的迁移率不再受蛋白质原有电荷及分子形状的影响，而只取决于蛋白质的相对分子质量。

凝胶制备好以后，装进电泳槽，选择好电极缓冲液，接通电源进行电泳。

电极缓冲液应当根据酶蛋白样品中欲分离的组分而定。一种为阴离子电泳系统，缓冲液的pH为8～9，上槽接负极，下槽接正极，用溴酚蓝作为指示染料，适用于一般酶蛋白和核酸的分离；另一种为阳离子电泳系统，缓冲液的pH为4左右，上槽接正极，下槽接负极，可用亚甲基绿作指示染料，适用于碱性酶蛋白的电泳分离。

电泳结束后，将凝胶从玻璃板或玻璃管中取出，进行染色、脱色处理或进行分离检测。

五、等电点聚焦电泳

等电点聚焦电泳又称为等电点聚焦或电聚焦，是20世纪60年代后期发展起来的电泳技术，在酶的等电点测定及酶和其他蛋白质的分离中被广泛使用。

在电泳系统中，加进两性电解质载体。当接通直流电时，两性电解质载体即形成一个由阳极到阴极连续增高的pH梯度。当酶或其他两性电解质进入这个体系时，不同的两性电解质即移动到（聚焦于）与其等电点相当的pH位置上，从而使不同等电点的酶蛋白得以分离。这种电泳技术称为等电点聚焦电泳。

等电点聚焦电泳的显著特点有：①分辨率高，可将等电点仅相差0.01～0.02pH单位的蛋白质分开；②随着电泳时间的延长，区带越来越窄，而其他电泳随着电泳时间的延长和移动距离的增加，由于扩散作用，区带越来越宽；③样品混合液可以加在电泳系统的任何部位，经过电泳，由于电聚焦作用，待分离酶蛋白样品中各组分都可以聚焦到各自等电点pH的位置；④浓度很低的酶蛋白样品都可以分离，而且重现性好；⑤可以准确地测定酶或其他蛋白质、多肽等两性电解质的等电点。

等电点聚焦电泳的缺点主要是：①电泳过程要求使用无盐溶液，而有些酶和蛋白质在无盐溶液中溶解度较低，可能会产生沉淀。②电泳后样品中各组分都聚焦到各自的等电点，对某些在等电点时溶解度低或可能变性的组分不适用。

1．两性电解质载体 在等电点聚焦电泳中，为了获得稳定的pH梯度，必须使用性能优良的两性电解质载体。良好的两性电解质载体必须符合下列要求。

（1）在等电点条件下必须有足够的缓冲能力，以便控制好pH梯度。

（2）在等电点条件下必须有足够的导电能力，以使一定的电流通过。而且要求等电点不同的各种两性电解质载体组分具有相同的导电系数，使整个系统的导电均匀，以保持稳定的pH梯度。

（3）分子质量要小，以便在等电点聚焦后易于与被分离的高分子物质分离。

（4）化学组成应与被分离的样品组分不同，以免干扰样品组分的检测。

（5）与样品中各组分不会发生化学反应。

两性电解质载体是由许多种多乙烯多胺（如五乙烯六胺等）与丙烯酸进行加成反应而制备得到的混合物。已有商品出售，如Ampholine、Pharmalyte等，一般配成40%的水溶液。其相对分子质量为300～1000，有不同的pH范围，如pH 3.5～5、5～7、6～8、3～10、9～11等，可供选择使用。

2. 稳定pH梯度的形成　在等电点聚焦电泳中，阳极槽装酸液（如硫酸、磷酸溶液等），阴极槽装碱液（如氢氧化钠、乙二胺等）。当槽中加入两性电解质载体时，这些两性电解质载体在阳极的酸液中得到质子而带正电荷，在阴极的碱液中则失去质子而带负电荷。接通电源后，这些带电粒子受到电场的作用，向其所带电荷相反的电极方向移动。假设在阴极槽中有一种等电点较低的组分A和另一种等电点稍高的组分B，组分A和B在阴极槽都带负电荷，向阳极运动，当A逐渐接近阳极到达某一位置时就会得到质子而停止移动；组分B移动到靠近组分A的位置时也会得到质子而停止移动，此时，B处在A和阴极之间。如果B置于A和阳极之间，由于在此区间的pH低于B的等电点，B将带上正电荷向阴极移动，只能排列在A和阴极之间的某一位置。若有很多等电点不同的两性电解质，它们就会在阳极和阴极之间按照等电点由低到高的顺序依次排列，形成由阳极到阴极逐步升高的pH梯度。此梯度与两性电解质载体的pH范围和浓度、缓冲液的性质等有关。在防止对流的介质存在的条件下，只要接通电流，这种pH梯度是非常稳定的。

3. 支持pH梯度的介质　为了使等电点聚焦电泳具有稳定的pH梯度，避免对流引起梯度的破坏和已经分离的组分的再混合，必须采用某些支持pH梯度的介质。这些介质主要有以下两类。

1）*梯度溶液*　如果等电点聚焦电泳在没有固体支持物的溶液系统中进行，这种电泳称为自由电泳。为了稳定pH梯度，防止对流和避免已分离组分再度混合，需要采用密度梯度溶液。密度梯度溶液由重溶液和轻溶液在梯度混合器中混合而成。常用的密度梯度溶液是蔗糖溶液，配制时，重溶液用50%（m/V）蔗糖溶液，轻溶液为水。配制成的密度梯度溶液的最大密度差为0.3g/cm^3。蔗糖浓度不能过高，否则黏度太大，不适用。在高pH的条件下，蔗糖可能被分解，要改用甘油、右旋糖酐、蔗糖聚合物、乙二醇、甘露醇等作为密度梯度介质。

2）*凝胶*　等电点聚焦电泳广泛采用凝胶作为支持pH梯度的介质。最常用的是聚丙烯酰胺，也可以采用葡聚糖凝胶等作为支持介质。

4. 聚焦电泳的操作过程

1）*pH梯度支持介质的制备*　如果采用自由电泳，则在密度梯度混合器中制备密度梯度溶液，在重溶液和轻溶液中各加入2.5%～5%的两性电解质载体，样品加在重溶液中，混合后慢慢导入层析聚焦柱。如果采用凝胶支持系统，则将两性电解质载体和样品在凝胶聚合之前加到混合液中，然后聚合。样品也可以在凝胶制备好以后，在电泳前加在凝胶表面。

2）*电泳*　装置好凝胶柱和电极缓冲液，调节好电压（自由聚焦电泳开始时电压在400V左右，然后逐步升高至800V左右；凝胶聚焦电泳开始时电压为200～400V，后升至400～800V）。接通电源进行电泳，直至电流下降至稳定。一般自由聚焦电泳需24～72h，凝胶聚焦电泳需12h左右。

3）分离组分的检测　电泳结束后，根据支持介质的不同采用不同的检测方法。自由聚焦电泳可以将层析柱内溶液放出，分步收集后进行测定。凝胶电泳则在电泳结束后，取出凝胶，可用表面微电极直接测定不同部位的pH，以确定被分离组分的等电点；也可将凝胶各小段切开后，对各组分进行进一步分离；或将取出的凝胶进一步进行SDS凝胶电泳，使各组分在按等电点不同进行分离的基础上进一步按照分子质量的大小进行分离。必要时可以在检测之前采用透析、膜分离等方法除去两性电解质载体。

第八节　萃取分离

萃取分离是利用物质在两相中的溶解度不同而使其分离的技术。萃取分离中的两相一般为互不相溶的两个液相。有时也可采用其他流体。在酶的分离纯化过程中，通常也会采用萃取分离的方式。

按照两相的组成不同，萃取可以分为有机溶剂萃取、双水相萃取、超临界萃取和反向胶束萃取等。

一、有机溶剂萃取

有机溶剂萃取的两相分别为水相和有机溶剂相，利用酶在水和有机溶剂中的溶解度不同而达到分离。

用于酶液萃取的有机溶剂主要有乙醇、丙酮、丁醇、苯酚等。例如，用丁醇萃取微粒体或线粒体中的酶，用苯酚萃取RNA酶等。

因为有机溶剂容易引起酶蛋白和酶RNA的变性失活，所以在酶的萃取过程中，应在0～10℃的低温条件下进行，并要尽量缩短酶与有机溶剂接触的时间。

有机溶剂萃取的基本过程如下。

（1）根据欲萃取组分的特性选择适宜的有机溶剂，选择时主要从溶解度方面考虑，同时应充分注意酶在有机溶剂中的稳定性。

（2）将含有欲分离组分的酶溶液与预冷至0～10℃的有机溶剂充分混合，然后让其静置分层。

（3）将水相和有机相分开。

（4）通过适当加热或者抽真空等方法，尽快除去有机溶剂，获得所需的酶。

二、双水相萃取

双水相萃取的两相分别为互不相溶的两个水相。利用溶质在两个互不相溶的水相中的溶解度不同而达到分离。

双水相萃取中使用的双水相一般由按一定百分比组成的互不相溶的盐溶液和高分子溶液或者两种互不相溶的高分子溶液组成。例如，硫酸铵溶液和聚乙二醇（PEG）溶液、聚乙二醇溶液和葡聚糖溶液等。

在双水相系统中，酶蛋白和酶RNA等在两相中的溶解度不一样，分配系数不同，从而达到分离。

（一）双水相的形成

双水相系统一般是指将两种亲水性的聚合物都加在水溶液中，当超过某一浓度时，就会产生两相，两种聚合物分别溶于互不相溶的两相中。例如，用等量的11%的右旋糖酐溶液和0.36%甲基纤维素溶液混合，静置后产生两相，上相中含右旋糖酐0.39%，含甲基纤维素0.65%；下相中含右旋糖酐1.58%，含甲基纤维素0.15%。一般认为，成相是由于聚合物之间的不相溶性，即聚合物分子的空间阻碍作用，无法相互渗透，不能形成均一相，从而具有相分离的倾向，在一定条件下即可分为两相。聚合物和盐类溶液也能形成两相。利用酶蛋白和酶RNA在两相中不同的分配，可以实现它们的分离。典型的两相系统如表4-7所示。

表4-7　各种双水相系统

聚合物P	聚合物Q或盐
聚丙二醇	甲基聚丙二醇、聚乙二醇、聚乙烯醇、聚乙烯吡咯烷酮、羟丙基葡聚糖、葡聚糖聚乙二醇、葡聚糖、聚蔗糖
甲基纤维素	羟甲基葡聚糖、葡聚糖乙基
羟乙基纤维素	葡聚糖
羟丙基纤维素	葡聚糖
聚蔗糖	葡聚糖
聚乙二醇	硫酸镁、硫酸铵、硫酸钠、甲酸钠、酒石酸钾钠

在双水相萃取过程中，关键是制备好双水相系统（aqueous two-phase system）。制备双水相系统首先要选择适宜的溶质，常用的有水溶性高分子聚合物如聚乙二醇（PEG）、葡聚糖、聚蔗糖等，以及盐类如硫酸铵、硫酸镁、磷酸钾、酒石酸钾钠等。其次是配制好溶液的浓度和两种溶液的比例，在双水相系统中，水的含量一般很高，达85%以上。将一定浓度和比例的两种互不相溶的水溶液充分混合，静置一段时间即可形成两相。

双水相形成的条件和定量关系可用相图表示，对于两种聚合物和水相组成的系统，其相图如图4-9所示。

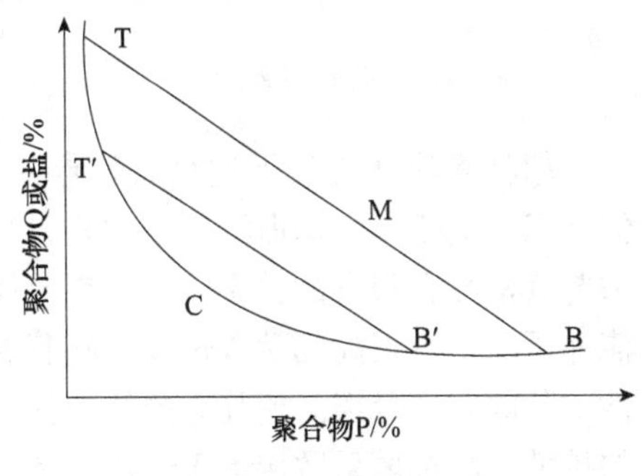

图4-9　双水相系统相图

从图4-9中可以看出，只有当聚合物P和Q的浓度达到一定时才能形成两相。

图4-9中曲线TCB称为双节线，直线TMB称为系线，在双节线下方的区域是均匀的单相区，在双节线的上方则是双相区。在T点和B点，分别表示达到平衡时的上相组成和下相组成。在同一直线上的各点分成的两相，具有相同的组成，但体积比不同。以V_T和V_B分别代表上相和下相的体积，BM表示点B与点M之间的距离，MT表示点M与点T之间的距离。它们之间的关系为：V_T/V_B＝BM/MT。

当系线下移，长度逐渐减小，这说明两相之间的差别逐渐减小，当达到C点时，系线的长度为零，说明达到了均相，点C称为临界点。双节线的位置和形状与聚合物的分子质量有关，聚合物的分子质量越高，相分离所需的浓度越低；两种聚合物的分子质量相差越大，双节线的形状越不规则。

（二）影响物质分配的因素

影响酶在两相中分配系数的主要因素有：①两相的组成；②高分子聚合物的分子质量、浓度、极性等；③两相溶液的比例；④酶的分子质量、电荷、极性等；⑤温度、pH等。对于酶在两相中的分配系数，目前尚无成熟的理论可作为依据，需通过试验而确定。

在高分子聚合物中引入亲和配基，如酶的底物、辅因子、抗体或抗原、可逆性抑制剂和染料等，可以进行双水相亲和萃取，从而达到更好的分离效果。例如，将抗体结合到乙二醇上作为免疫性的专一亲和配基，通过双水相萃取，可将人的红细胞和兔的红细胞完全分离。

双水相萃取由于两相都是水溶液，可以避免酶的变性失活，但是双水相系统中水的含量高，分离后的酶浓度低，需经过浓缩等以提高浓度；双水相系统中含有高分子聚合物或盐类，在分离后需要进一步进行分离纯化，以除去高分子聚合物和盐类等杂质。

三、超临界萃取

超临界萃取又称为超临界流体萃取，是利用欲分离物质与杂质在超临界流体中的溶解度不同而达到分离的一种萃取技术，在酶的分离纯化过程中也会用到该法。

物质在不同的温度和压强条件下，可以以不同的形态存在，如固体（S）、液体（L）、气体（G）、超临界流体（SCF）等。如图4-10所示，在温度T和压强超过某物质的超临界点时，该物质成为超临界流体。

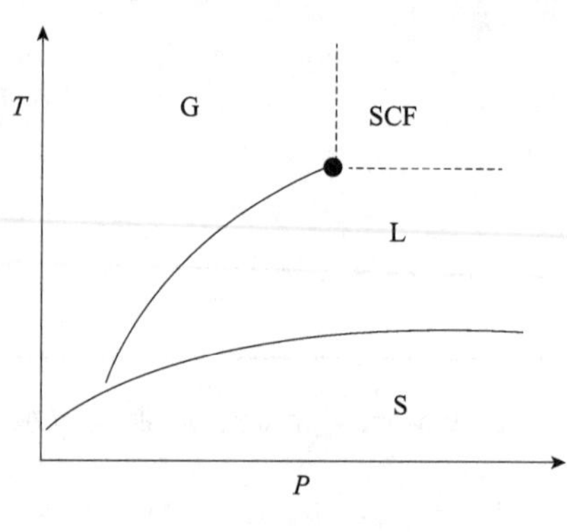

图4-10　超临界系统相

超临界流体具有下述显著特点：超临界流体的物理特性和传质特性通常介于液体和气体之间，适于作为萃取溶剂。超临界流体具有和液体同样的溶解能力。超临界流体的溶解能力与其密度有很大的关系。超临界流体的密度比气体大得多，与液体较为接近，因此超临界流体萃取具有很高的萃取速度。随着温度和压强的变化，超临界流体对物质的萃取具有选择性，萃取后易分离。超临界流体的黏度大大低于液体的黏度，接近气体的黏度，有利于物质的扩散。其扩散系数接近于气体，是通常液体的近百倍。在超临界流体中，不同的物质有不同的溶解度，溶解度大的物质溶解在超临界流体中，与不溶解或溶解度小的物质分开，然后通过升高温度或降低压强，使超临界流体变为气态而得到所需的物质。

作为萃取剂的超临界流体必须具有以下条件：具有良好的化学稳定性，对设备没有腐蚀性；临界温度不能太高或太低，最好在室温附近或操作温度附近；操作温度应低于被萃取溶质的分解温度或变质温度；临界压强不能太高，可节约压缩动力费；选择性要好，容易制得高纯度的制品；溶解度要高，可以减少溶剂的循环量；萃取剂要容易获得，价格要便宜。

在相同的压强和温度条件下，同一物质的液相和气相的物理特性是截然不同的，如在1个大气压下，10℃时，液体和气体CO_2的密度分别是0.86g/mL和0.14g/mL；在20℃时，密度分别是0.77g/mL和0.19g/mL；30℃时，密度分别变成0.59g/mL和0.35g/mL。当温度和压强达到某一特定的数值时，气体和液体的物理特性就会趋于相同。这个数值称为超临界点，当温度和压强超过其超临界点时，两相变为一相，这种状态下的流体称为超临界流体。

不同的物质有不同的超临界点和超临界密度，如表4-8所示。

表4-8　某些超临界流体的超临界点和超临界密度

流体名称	临界温度/℃	临界压强/MPa	临界密度/（g/mL）
乙烷（C_2H_6）	32.3	4.88	0.203
丙烷（C_3H_8）	96.9	4.26	0.220
丁烷（C_4H_{10}）	152.0	3.80	0.228
戊烷（C_5H_{12}）	296.7	3.28	0.232
乙烯（C_2H_4）	9.9	5.12	0.227
氨（NH_3）	132.4	11.28	0.236
二氧化碳（CO_2）	31.1	7.38	0.470
二氧化硫（SO_2）	157.6	7.88	0.525
水（H_2O）	374.3	22.11	0.326
笑气（N_2O）	36.5	7.17	0.451
氟利昂（$CClF_3$）	28.8	3.90	0.578

目前在超临界萃取中最常用的超临界流体是CO_2。CO_2超临界点的温度为31.1℃，超临界压强为7.38MPa，超临界密度为0.47g/mL，特别适用于酶蛋白的提取分离。

CO_2超临界萃取酶蛋白的工艺过程由萃取和分离两个步骤组成。萃取在萃取罐中进行，将待分离的酶液装入萃取罐，通入一定温度和压强的超临界CO_2，将欲分离的酶蛋白萃取出来。分离在分离罐中进行，是将酶蛋白与超临界CO_2分离的过程。根据分离方法的不同，分离工艺过程可以分为以下三种。

1）等压分离　等压分离是在压强相同的条件下，通过温度的变化进行酶蛋白分离的方法，即在等压条件下，超临界萃取相从萃取罐流出，经过加热器进入分离罐，由于温度升高，酶蛋白在CO_2中的溶解度降低而分离析出。分离后的CO_2经过冷却器降温，重新进入萃取罐循环使用。

2）等温分离　等温分离是在温度相同的条件下，通过压强的变化而使酶蛋白分离的方法，即在等温条件下，超临界萃取相从萃取罐流出，经过膨胀阀进入分离罐，由于压强下降，酶蛋白在CO_2中的溶解度降低而分离析出。分离后的CO_2经过压缩机加压，重新进入萃取罐循环使用。

3）吸附分离　吸附分离是利用吸附剂的作用，将欲分离的酶蛋白从超临界CO_2中吸附出来而分离的方法，即在温度、压强都不变的条件下，超临界萃取相从萃取罐进入分离罐，通过置于分离罐中的吸附剂的吸附作用使酶蛋白分离。分离后的超临界CO_2重新进入萃取罐循环使用。

在超临界流体萃取过程中，为了提高分离效果，往往在超临界流体中添加少量的另一种溶剂，如水、乙醇、丙酮等。这些少量的辅助溶剂（entrainer）又称为夹带剂。夹带剂的添加可以显著提高超临界萃取的分离效果，已在实际生产中广泛使用。例如，在咖啡因的CO_2

超临界萃取中，以水为夹带剂；在棕榈油的CO_2超临界萃取中，以乙醇为夹带剂；在单甘酯的CO_2超临界萃取中，以丙酮为夹带剂等。

四、反向胶束萃取

反向胶束萃取是利用反向胶束将酶或其他蛋白质从混合液中萃取出来的一种分离纯化技术。反向胶束又称为反胶团，是表面活性剂分散于连续有机相中形成的纳米尺度的一种聚集体。反向胶束溶液是透明的、热力学稳定的系统。

（一）胶束与反向胶束体系的形成

将表面活性剂溶于水中，并使其浓度超过临界胶束浓度（即胶束形成时所需表面活性剂的最低浓度），表面活性剂就会在水溶液中聚集在一起而形成聚集体。通常将在水溶液中形成的聚集体胶束称为正向胶束。在胶束中，表面活性剂的排列方向是极性基团在外，与水接触；非极性基团在内，形成一个非极性的核心，在此核心可以溶解非极性物质。如果将表面活性剂溶于非极性溶剂中，并使其浓度超过临界胶束浓度，便会在有机溶剂内形成聚集体，这种聚集体称为反向胶束。图4-11描述了正向胶束和反向胶束体系，在反向胶束中，表面活性剂的非极性基团在外，与非极性的有机溶剂接触，而极性基团则排列在内，形成一个极性核，此极性核具有溶解极性物质的能力，极性核溶解水后，就形成了水池。当含有此种反向胶束的有机溶剂与含有酶蛋白的水溶液接触后，酶蛋白及其他亲水物质能够进入此水池内，由于水层和极性基团的保护，保持了酶蛋白的天然构型，不会造成失活。

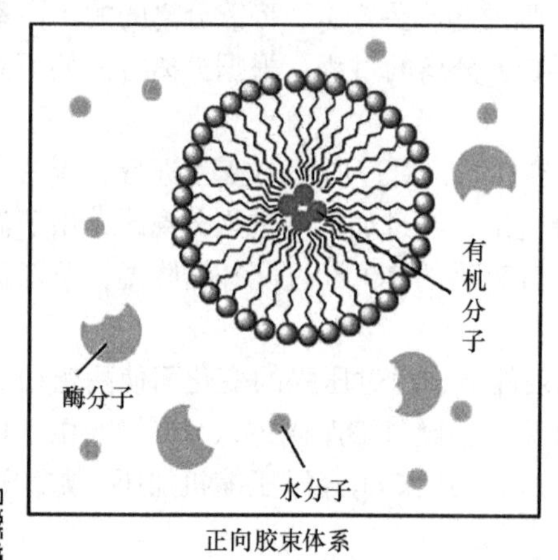

正向胶束体系

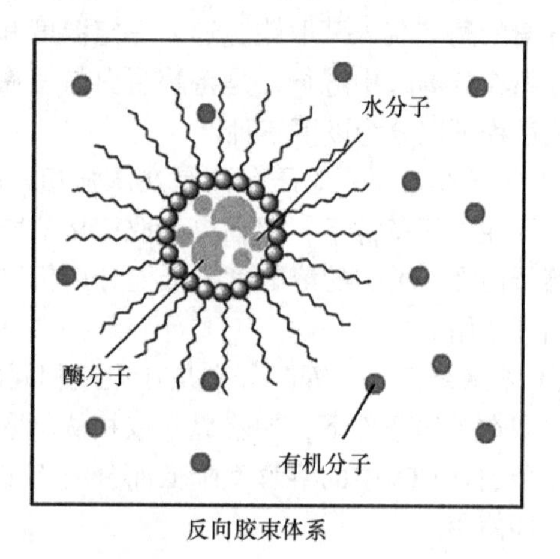

反向胶束体系

彩图

图4-11 正向胶束和反向胶束体系

反向胶束系统作为液-液萃取方法，更具有选择性。其基本过程是：首先，在酶蛋白相转移最佳的条件下，将酶从水相中萃取到反向胶束相中；其次，在最佳条件下，将酶蛋白从反向胶束转移到第二种水相中，即将酶从有机相中提取出来。

在反向胶束萃取中，要根据欲分离组分的特性选择适宜的表面活性剂及有机溶剂。

（二）表面活性剂

表面活性剂是由极性基团和非极性基团组成的两性分子，有阳离子、阴离子和非离子型表面活性剂。在反向胶束萃取中，表面活性剂通常与某些有机溶剂一起使用，如表4-9所示。

表4-9　反向胶束萃取中常用的表面活性剂及其相应的有机溶剂

表面活性剂	有机溶剂
AOT	正烷烃（C_6～C_{10}）、异辛烷、环己烷、四氯化碳、苯
CTAB	乙醇/异辛烷、己醇/辛烷、三氯甲烷/辛烷
TOMAC	环己烷
Brij 60	辛烷
Triton X	己醇/环己烷
磷脂酰胆碱	苯、庚烷磷脂
磷脂酰乙醇胺	苯、庚烷

AOT．丁二酸-2-乙基己基酯磺酸钠；CTAB．十六烷基三甲基溴化铵

最常用的是阴离子表面活性剂，如AOT（aerosol OT），其化学名为丁二酸-2-乙基己基酯磺酸钠。这种表面活性剂的特点是具有双链，极性基团小，形成反胶束时不需借助表面活性剂，并且所形成的反胶束较大，有利于大分子酶蛋白进入。

反胶束萃取除了受表面活性剂和有机溶剂的影响外，还要注意下列因素的影响。

（1）水相pH。水相pH决定了酶蛋白表面带电基团的离子化状态，如果酶蛋白的净电荷与表面活性剂头部基团的电性相反，酶蛋白分子和表面活性剂头部基团（这是反胶束内表面的组成部分）之间就有静电吸引力存在。因此，对于带正电荷的表面活性剂，当水相pH高于酶蛋白的等电点时（此时酶蛋白显负电性），有利于酶蛋白溶于反胶束中；对于阴离子表面活性剂则相反。

（2）离子强度。水相中的离子强度决定带电表面所赋予的静电屏蔽程度，在反胶束萃取中静电屏蔽程度会产生两个重要的效应。首先，它降低了带电酶蛋白分子和反胶束带电界面之间的静电相互作用；其次，它降低了表面活性剂头部基团之间的静电排斥力，导致在高离子强度下反胶束颗粒变小。

第九节　酶分离纯化的应用实例

蛋白类酶的化学本质是蛋白质，凡可用于蛋白质分离纯化的方法都同样适用于酶，但酶易失活，故所有的分离纯化方法需尽量在低温和温和的条件下进行。例如，应保证在pH 4～10内进行操作。与蛋白质类似，酶易在溶液表面或界面处形成薄膜而变性，因此操作中应尽量减少泡沫形成，此外其他的一些特殊条件也会影响酶的活力。例如，重金属和有机溶剂等会影响到酶的活力，微生物污染及蛋白水解酶的存在能使酶分解破坏，这些在酶的分离纯化过程中都应予以足够的重视。

酶分离纯化的最终目的是获得高纯度的单一酶，因此，在不破坏待分离目标酶的前提下，可以使用多种分离纯化手段相结合，由于酶及其来源生物体的多样性和复杂性还很难找

到一种通用的方法适用于任何酶的纯化。为了使目标酶达到高度纯化，往往需要多种方法协同作用，通过酶活性的跟踪检测确定最佳流程。有很多的分离纯化方法是以牺牲酶的总活力为代价的，在分离纯化的过程中待纯化酶液的总活力可能会降低，但比活力一定会逐渐增加，说明酶的纯度在不断提高。

总而言之，我们在选用适合的酶分离纯化方法时应该考虑的因素主要有：①目标酶分子特性及其他物理、化学性质；②酶分子和杂质的主要性质差异；③酶的使用目的和要求；④技术实施的难易程度；⑤分离成本的高低；⑥是否会造成环境污染等。人们在不断地探索并发现从动植物组织中分离纯化酶的方法。

延伸阅读4-1

推荐扫码阅读PCT专利“从植物或动物组织中提取酶的方法”。

【应用实例一】以淀粉酶为例介绍目前对其分离纯化的研究成果

淀粉酶属于水解酶类，是催化淀粉、糖原和糊精中糖苷键的一类酶的统称。淀粉酶广泛分布于自然界，几乎所有植物、动物和微生物都含有淀粉酶。它是研究较多、生产最早、应用最广和产量最大的一种酶，其产量占整个酶制剂总产量的50%以上。按其来源可分为细菌淀粉酶、霉菌淀粉酶和麦芽糖淀粉酶。根据对淀粉作用方式的不同，可以将淀粉酶分成4类：α-淀粉酶是从底物分子内部将糖苷键裂开；β-淀粉酶是一种外切型糖化酶，作用于淀粉时，能从α-1,4-糖苷键的非还原性末端顺次切下一个麦芽糖单位；葡萄糖淀粉酶是从底物的非还原性末端将葡萄糖单位水解下来；脱支酶只对支链淀粉、糖原等分支点的α-1,6-糖苷键有专一性。

（一）α-淀粉酶的分离纯化

高纯度α-淀粉酶是一种重要的水解淀粉类酶制剂，可用于研究酶反应机制和测定生化反应平衡常数等。分离纯化α-淀粉酶的方法很多，一般都是依据酶分子的大小、形状、电荷性质、溶解度、稳定性、专一性结合位点等性质建立的。欲得到高纯度α-淀粉酶，往往需要将多种方法联合使用，如盐析沉淀、凝胶过滤层析、离子交换层析、疏水作用层析、亲和层析和电泳等。

通过乙醇沉淀、离子交换层析和凝胶过滤层析等方式，从白曲霉（*Aspergillus kawachii*）的米曲粗提液中，分离纯化到两个耐酸性α-淀粉酶比活性极高的组分。用疏水吸附法和DEAE-cellulose柱层析法分离纯化α-淀粉酶，所得酶活力为110 000U/g。

用硫酸铵沉淀和垂直板制备凝胶电泳对地衣芽孢杆菌A.4041耐高温α-淀粉酶进行分离纯化，得到3种电泳均一的组分。通过超滤、浓缩、脱盐和聚丙烯酰胺垂直板凝胶电泳，对利用基因工程菌生产的重组超耐热耐酸性α-淀粉酶进行纯化，得到电泳纯级的超耐热耐酸性α-淀粉酶，纯化倍数为11.7，活力回收率为29.8%。

但上述方法存在的共同问题是，连续操作和规模放大都比较困难。反胶团萃取具有选择性高、正萃与反萃可同时进行、分离与浓缩同步进行、操作简单和易于放大等优点，并能有效防止生物分子变性失活。采用DMBAC（十二烷基二甲基苄基氯化铵）/正庚反胶团体系萃取分离纯化α-淀粉酶，克服了以前最常用的AOT/异辛烷体系无法对相对分子质量大于30 000的酶进行有效萃取分离的缺点，并对萃取工艺条件进行优化，易于实现各种酶分离，单级萃取率高，总回收率可达78.0%，但对连续萃取及有关工艺条件的完善有待进一步研究。双水相技术具有处理容量大、能耗低、易连续化操作和工程放大等优点。应用双水相系统PEG/磷酸盐分离纯化α-淀粉酶，增加PEG浓度有助于酶富集上相。同样用PEG/磷酸盐双水相体系从发酵液中直接萃取分离低温α-淀粉酶，分配系数及回收率分别为4.8%和87%。

采用PEG/硫酸铵双水相体系，进行分离纯化α-淀粉酶，结果表明，在室温下由PEG和硫酸铵所组成的双水相体系，对α-淀粉酶的回收率可达94.84%，分配系数可达17.10。双水相技术有着溶液黏度高、分相时间长，易造成界面乳化等缺点，给实际操作带来很多问题。聚乙烯吡咯烷酮（PVP）和硫酸铵对酶活力具有保护作用，利用PVP/硫酸铵液-固萃取体系分离提取耐高温α-淀粉酶，酶活力回收率高，体系成相时间短，操作时需双水相体系所用的分液漏斗和离心操作，用倾液法即可实现相分离，因此，与双水相体系相比，液-固萃取体系具有更大的优越性。高效液相色谱属于硬基质色谱，比软基质色谱分离速度快，效率高，分辨率高，用强阴离子高效液相色谱分离纯化工业α-淀粉酶可获得较高的重复性和回收率，既可用于工业α-淀粉酶纯化，也可用于其他来源的α-淀粉酶纯化。

（二）β-淀粉酶的纯化

与一般蛋白质纯化方法相同，β-淀粉酶的纯化一般经过硫酸铵盐析、凝胶过滤或离子交换除盐等步骤，有时也采用海藻酸钠将酶沉淀。在粗提液中，常含有一些可溶性糖和无机盐，也存在一些杂蛋白或其他酶系，为了获得较纯净的酶，通常要根据提取酶的特性确定纯化方法。例如，采用加热、调pH、添加蛋白质沉淀剂，使杂蛋白失活，再进一步配合过滤、离心等手段以纯化酶。

【应用实例二】植物中过氧化物酶的提取和纯化

将待分离的植物材料切碎、研磨，加入果胶酶酶解去除果胶物质，过滤，低温离心收集上清，使用40%的硫酸铵沉淀过夜，低温离心分离，收集上清，80%的硫酸铵沉淀过夜，磷酸盐缓冲液透析，聚乙二醇（相对分子质量为20 000）浓缩，Sepharose 4B凝胶层析，全部过程尽量低温操作，以防止酶的失活。对酶学性质进行进一步测定，测定总蛋白含量，利用聚丙烯酰胺凝胶电泳测定其纯度，测定其最适pH和最适作用温度。目前有最新的从植物中分离纯化过氧化物酶的报道。

推荐扫码阅读英文文献《一种绿色简单的富过氧化物酶酶提物的提取及应用方法》。

延伸阅读4-2

【应用实例三】从植物中分离和纯化谷氨酰胺转移酶

研究旨在从植物中分离到谷氨酰胺转移酶（EC 2.3.2.13），并对其进行纯化和特性研究。研究尝试了一系列的提取溶液，确定最佳的提取液为pH 8.0的0.1mol/L Tris-HCl溶液。用多种植物尝试发现，甜菜中提取的谷氨酰胺转移酶比活力最高，可达到8.104U/mg。粗酶提取物用20%～60%的饱和硫酸铵沉淀浓缩，用蒸馏水进行透析，用Sephadex G-100进行凝胶过滤，纯化倍数可达13.91，酶的得率为20.04%。在没有SDS的情况下，用聚丙烯酰胺凝胶电泳结果显示一个单一的蛋白质条带，表明谷氨酰胺转移酶被完全纯化。在有SDS的条件下，

延伸阅读4-3

聚丙烯酰胺凝胶电泳结果显示谷氨酰胺转移酶的条带在分子质量为42 660Da的位置。对酶学性质的研究表明酶活性和酶稳定性的最适pH为7，酶活性的最适温度为55℃，酶稳定性的最适温度为25～45℃。

进一步详细了解具体的分离纯化过程，请扫码阅读英文文献《植物中谷氨酰胺转移酶的提取、纯化及酶学性质的研究》。

第十节 结 晶

为了方便酶的保存和运输，通常需要将酶液制成固体形式，也就是固体酶制剂，结晶是制备高纯度酶蛋白及获得固体酶制剂的一种常用方式。

结晶是溶质以晶体形式从溶液中析出的过程。酶的结晶是酶分离纯化的一种手段。它不仅为酶的结构与功能等的研究提供了适宜的样品，而且为较高纯度的酶的获得和应用创造了条件。

酶在结晶之前，酶液必须经过纯化达到一定的纯度。如果酶液纯度太低，不能进行结晶。通常酶的纯度应在50%以上方能进行结晶。总的趋势是酶的纯度越高，越容易进行结晶。需要说明的是，不同的酶对结晶时的纯度要求不同。有些酶在纯度达到50%时就可能结晶，而有些酶在纯度很高的条件下也无法析出结晶。所以酶的结晶并非达到绝对纯化，只是达到相当的纯度而已。为了获得更纯的酶，一般要经过多次重结晶。每经过一次重结晶，酶的纯度就有一定的提高，直至恒定为止。

酶在结晶时，酶液应达到一定的浓度，浓度过低则无法析出结晶。一般来说，酶的浓度越高，越容易结晶。但是浓度过高时，会形成许多小晶核，结晶小，不易长大。所以结晶时酶液浓度应当控制在介稳区，即酶浓度处于稍微过饱和的状态。

此外，在结晶过程中还要控制好温度、pH、离子强度等结晶条件，才能得到结构完整、大小均一的晶体。

酶结晶的方法很多，现把主要的方法简介如下。

一、盐析结晶法

盐析结晶是指在适当的温度和pH等条件下，于接近饱和的酶液中缓慢增加某种中性盐的浓度，使酶的溶解度慢慢降低，达到稍微过饱和状态，析出酶晶体的过程。

盐析结晶通常采用的中性盐是硫酸铵，有时也采用硫酸钠等其他中性盐。

盐析结晶时，一般是把饱和盐溶液慢慢滴加到浓酶液中，在稍微呈现混浊时，让其在一定的温度条件下（通常在0～10℃）放置一段时间，慢慢析出结晶，再缓慢而又均匀地补加少量饱和盐溶液，直至结晶完全。

盐析结晶还可以采用抽提法，即将酶液先经过硫酸铵盐析得到酶的沉淀，再用较高饱和度的冰冷硫酸铵溶液抽提，使一部分酶溶解，分离得到的上清液在室温下放置一段时间，慢慢析出酶结晶。剩下的沉淀依次用较低饱和度的冰冷硫酸铵溶液抽提。由于低温时酶在硫酸铵溶液中的溶解度较高，温度升高时酶的溶解度降低，因此用冰冷的硫酸铵溶液抽提后，抽提液在室温下放置时，随着温度的升高，会慢慢析出结晶。抽提时所用的硫酸铵溶液的饱和度应根据该酶在盐析沉淀的饱和度决定。首次抽提所使用的硫酸铵溶液的饱和度应稍高于酶盐析沉淀时硫酸铵饱和度的上限。例如，某种酶在45%～60%饱和度的硫酸铵溶液中盐析沉淀，则抽提时所使用的硫酸铵饱和度依次为65%、61%、58%、55%、52%等。

二、有机溶剂结晶法

有机溶剂结晶是在接近饱和的酶液中慢慢加入某种有机溶剂，使酶的溶解度降低，析出酶晶体的过程。

在有机溶剂结晶的过程中，首先要将经过纯化的酶液浓缩至接近饱和状态，将酶液的pH调节到酶稳定性较好的范围，用冰浴降温至0℃左右；然后一边搅拌一边慢慢加入有机溶剂，当酶液稍微出现混浊时，将其在冰箱中放置1～2h，离心除去沉淀；再将上清液置于冰箱中，让其慢慢析出结晶。

常用的有机溶剂有乙醇、丙酮、丁醇、甲醇、异丙醇、甲基戊二醇、二甲基亚砜等，如L-天冬酰胺酶采用加入甲基戊二醇的方法进行结晶。

有机溶剂结晶的优点是含盐少，结晶时间较短，但操作要在低温条件下进行，以免引起酶的变性失活。

三、透析平衡结晶法

透析平衡结晶是将酶液装进透析袋，对一定浓度的盐溶液进行透析，使酶液逐步达到过饱和状态而析出结晶的过程。

透析平衡结晶之前，酶液需要经过纯化达到一定的纯度，并要浓缩到一定浓度，以减少透析时间。

透析平衡结晶可以用于少量样品的结晶，也可以用于大量样品的结晶，是酶常用的结晶方法之一。例如，过氧化氢酶、己糖激酶、亮氨酰-tRNA合成酶、羊胰蛋白酶等都采用此法得到结晶。

四、等电点结晶法

等电点结晶是通过缓慢改变浓酶液的pH使之逐渐达到酶的等电点，从而使酶析出结晶的过程。

在结晶过程中，调节酶液的pH一定要缓慢而且均匀，以免引起局部过酸或者过碱而影响结晶。

为了取得较好的结晶效果，可以采用透析平衡等电点结晶法或气相扩散等电点结晶法，使酶液的pH慢慢接近其等电点而得到酶的结晶。

透析平衡等电点结晶是将浓酶液装在透析袋中，对一定pH的缓冲液进行透析，使酶液的pH慢慢改变，逐渐接近酶的等电点，而使酶析出结晶。

气相扩散等电点结晶是将酶液装在容器中，与装有挥发性酸或挥发性碱的容器一起置于一个较大的密闭容器中，挥发性酸（如乙酸、干冰等）或挥发性碱（如氨水等）先挥发到气相中，再慢慢溶解到酶液中，使酶液的pH慢慢接近酶的等电点而使酶析出结晶。

除了上述结晶方法以外，还可以采用温度差结晶法、金属离子复合结晶法等方法进行酶的结晶。温度差结晶法是利用酶在不同的温度条件下溶解度不同的特性，通过改变温度使酶的浓度达到过饱和状态而析出结晶。金属离子复合结晶法是在酶液中加进某些金属离子，使之与酶结合生成复合物而析出结晶。

第十一节　浓缩与干燥

浓缩与干燥都是酶与溶剂（通常是水）分离的过程。在酶的分离纯化过程中，这是一个重要的环节。

一、浓缩

浓缩是从低浓度酶液中除去部分水或其他溶剂而成为高浓度酶液的过程。

浓缩的方法很多。上面各节所述的离心分离、过滤与膜分离、沉淀分离、层析分离等都能起到浓缩作用。用各种吸水剂，如硅胶、聚乙二醇、干燥凝胶等吸去水分，也可以达到浓缩效果，在此不再阐述。这里主要介绍常用的蒸发浓缩。

蒸发浓缩是通过加热或者减压方法使溶液中的部分溶剂气化蒸发，使溶液得以浓缩的过程。由于酶在高温条件下不稳定，容易变性失活，故酶液的浓缩通常采用真空浓缩，即在一定的真空条件下，压力减小，溶剂的沸点降低，使酶液在60℃以下即可实现浓缩。

影响蒸发速度的因素很多，除了溶剂和溶液的特性以外，还有温度、压力、蒸发面积等。一般来说，在不影响酶活力的前提下，适当提高温度、降低压力、增大蒸发面积都可以提高酶溶剂的蒸发速度。

蒸发装置多种多样，在酶液浓缩中主要采用各种真空蒸发器和薄膜蒸发器，可以较好地保证酶的活力，可根据实际情况选择使用。

二、干燥

干燥是将固体、半固体或浓缩液中的水分或其他溶剂除去一部分，以获得含水分较少的固体物质的过程。酶的干燥就是将酶液中的水分或其他溶剂除去，得到固体酶制剂的过程。

在干燥过程中，溶剂首先从物料的表面蒸发，随后物料内部的水分子扩散到物料表面继续蒸发。因此，干燥速率与蒸发表面积成正比，增大蒸发表面积可以显著提高蒸发速率。此外，在不影响物料稳定性的前提下，适当升高温度、降低压力、加快空气流通等都可以提高干燥速度。然而，干燥速度并非越快越好，而是要控制在一定的范围内。因为干燥速度过快时，表面水分迅速蒸发，可能使物料表面黏结形成一层硬壳，妨碍内部水分子扩散到表面，反而影响蒸发效果。通常酶液经过干燥以后，可以提高产品的稳定性，有利于保存、运输和使用。在固体酶制剂的生产过程中，为了提高酶的稳定性，方便保存、运输和使用，一般都必须进行干燥。常用的干燥方法有真空干燥、冷冻干燥、喷雾干燥、气流干燥和吸附干燥等。

1. 真空干燥　真空干燥是在与真空系统相连接的密闭干燥器中，一边抽真空一边加热，使酶液在较低的温度条件下蒸发干燥的过程。在真空泵之前需要设置水蒸气凝结收集器，以免汽化产生的水蒸气进入真空泵。酶液真空干燥的温度一般控制在60℃以下，较好地保证了酶的活力。

2. 冷冻干燥　冷冻干燥是先将酶液降温到冰点以下，使之冻结成固态，然后在低温下抽真空，使冰直接升华为气体，而得到干燥的酶制剂。

冷冻干燥得到的酶质量较高，结构保持完整。活力损失少，但是成本较高。特别适用于对热非常敏感而价值较高的酶类。

3. 喷雾干燥　喷雾干燥是通过喷雾装置将酶液喷成直径仅为几十微米的雾滴，分散于热气流中，水分迅速蒸发而得到粉末状的干燥酶制剂。

喷雾干燥由于酶液分散成为雾滴，直径小，表面积大，水分迅速蒸发，只需几秒钟就可以达到干燥。

在干燥过程中，由于水分迅速蒸发，吸收大量热量，使雾滴及其周围的空气温度比气流进口处的温度低，只要控制好气流进口温度，就可以减少酶在干燥过程中的变性失活。

4. 气流干燥　气流干燥是在常压条件下，利用热气流直接与酶液接触，使酶液的水分蒸发而得到干燥的固体酶制剂的过程。

气流干燥设备简单，操作方便，但是干燥所需温度较高，时间较长，酶活力损失较大。需要控制好气流温度、气流速度和气流流向，同时要经常翻动物料，使之干燥均匀。

5. 吸附干燥　吸附干燥是在密闭的容器中用各种干燥剂吸收酶液中的水分，达到干燥的目的。常用的吸附剂有硅胶、无水氯化钙、氧化钙、无水硫酸钙、五氧化二磷及各种铝硅酸盐的结晶等，可以根据需要选择使用。

复习思考题

习题答案

1. 细胞破碎的方法主要有哪些？各有何特点？

2. 试述酶提取的主要方法有哪些？

3. 简述酶沉淀分离方法的原理与特点。

4. 何谓膜分离技术？在酶的分离纯化生产中有何应用？

5. 简述双水相萃取和超临界萃取的概念与特点。在酶的分离纯化生产中有何应用？

6. 试述凝胶层析、亲和层析、离子交换层析的原理和操作要点。在酶的分离纯化生产中有何应用？

7. 简述凝胶电泳分离方法的分类及其原理。在酶的分离纯化生产中有何应用？

8. 在选用适合的酶分离纯化方法时应该考虑的主要因素有哪些？

9. 酶结晶的主要方法有哪些？

10. 酶干燥的主要方法有哪些？

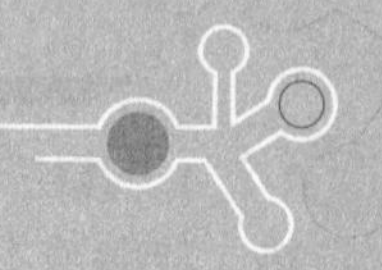

第五章　酶分子修饰

通过各种方法使酶分子的结构发生某些改变，从而改变酶的催化特性的技术过程称为酶分子修饰（enzyme molecular modification）。

酶分子是具有完整的化学结构和空间结构的生物大分子，酶分子的结构决定了酶的性质和功能，当酶分子的结构发生改变时，将会引起酶的性质和功能的改变。

正是酶分子的完整空间结构赋予酶分子以生物催化功能，使酶具有催化效率高、专一性强和作用条件温和的特点。但是，酶分子经过长期的进化，长期在生物体内存在和起催化作用，对生物体内环境较为适应，而人们对酶应用时，其环境条件并非与生物体内的环境条件一致，使酶的稳定性较差、催化效率不够高，酶的应用受到限制。为了克服酶的弱点，使酶更加适应应用的要求，人们对酶分子修饰方面进行了研究。

进行酶分子修饰，首先必须了解酶的结构特点及其与酶催化特性的关系，再根据人们对酶应用时的要求，通过合理设计（rational design）酶分子，找出酶分子结构中需要改变的部分，用各种方法进行分子改造。

通过酶分子修饰可以使酶分子结构发生某些合理的改变，就有可能提高酶的催化效率、增强酶的稳定性、降低或消除酶的抗原性、改变酶的底物专一性等。同时通过酶分子修饰，研究和了解酶分子中主链、侧链、组成单位、金属离子和各种物理因素对酶分子空间构象的影响，可以进一步探讨其结构与催化特性之间的关系，所以，酶分子修饰在酶学和酶工程研究方面具有重要的意义。尤其是20世纪80年代以来，已将酶分子修饰与基因工程技术结合在一起，通过基因定点突变和聚合酶链反应（polymerase chain reaction，PCR）等技术，改变酶所对应的DNA分子中的碱基序列，经过DNA重组和细胞转化，再在适宜的条件下进行表达，就可通过生物合成不断获得具有新的催化特性的酶，使酶分子修饰展现出更加广阔的前景。

酶分子修饰技术不断发展，修饰方法多种多样。归纳起来，酶分子修饰主要包括物理修饰、金属离子置换修饰、组成单位置换修饰、主链修饰、侧链基团修饰、大分子结合修饰、化学交联修饰和亲和修饰等。

第一节　物 理 修 饰

通过各种物理方法使酶分子的空间构象发生某些改变，从而改变酶的催化特性的方法称为酶分子的物理修饰（physical modification）。

通过酶分子的物理修饰，可以了解在不同物理条件下，特别是在高温、高压、高盐、低温、真空、失重、极端pH、有毒环境等极端条件下，由酶分子空间构象改变而引起的酶的特性和功能变化的情况。极端条件下酶催化特性的研究对于探索太空、深海、地壳深处及其他极端环境中生物的生存可能性及其潜力有重要的意义，同时还有可能获得在通常条件下无法得到的各种酶的催化产物。

通过酶分子的物理修饰，还可能提高酶的催化活性，增强酶的稳定性，或者是酶的催化动力学特性发生某些改变。

酶分子物理修饰的特点在于不改变酶的组成单位及其基团，酶分子中的共价键不发生改变，只是在物理因素的作用下，副键发生某些变化和重排，使酶分子的空间构象发生某些改变。例如，羧肽酶γ经过高压处理，底物特异性发生改变，其水解能力降低，而有利于催化多肽合成反应；用高压方法处理纤维素酶，该酶的最适温度有所降低，在30～40℃的条件下，高压修饰的纤维素酶比天然酶的活力提高10%。

在某些变性剂的作用下，酶分子的空间构象可以发生改变。首先破坏酶分子原有的空间构象，然后在不同的物理条件下，使酶分子重新构建新的空间构象。例如，首先用盐酸胍破坏胰蛋白酶的原有空间构象，通过透析除去变性剂后，再在不同的温度条件下，使酶重新构建新的空间构象。结果表明，20℃的条件下重新构建的胰蛋白酶与天然胰蛋白酶的稳定性基本相同，而在50℃的条件下重新构建的酶的稳定性比天然酶提高5倍。

第二节 金属离子置换修饰

把酶分子中的金属离子换成另一种金属离子，使酶的特性和功能发生改变的修饰方法称为金属离子置换修饰（meta lion substitute modification）。

有些酶分子中含有金属离子，而且往往是酶活性中心的组成部分，对酶催化功能的发挥有重要作用（图5-1）。例如，α-淀粉酶中的钙离子（Ca^{2+}），谷氨酸脱氢酶中的锌离子（Zn^{2+}），过氧化氢酶分子中的亚铁离子（Fe^{2+}），酰基氨基酸酶分子中的锌离子（Zn^{2+}），超氧化物歧化酶分子中的铜离子（Cu^{2+}）、锌离子（Zn^{2+}）等。

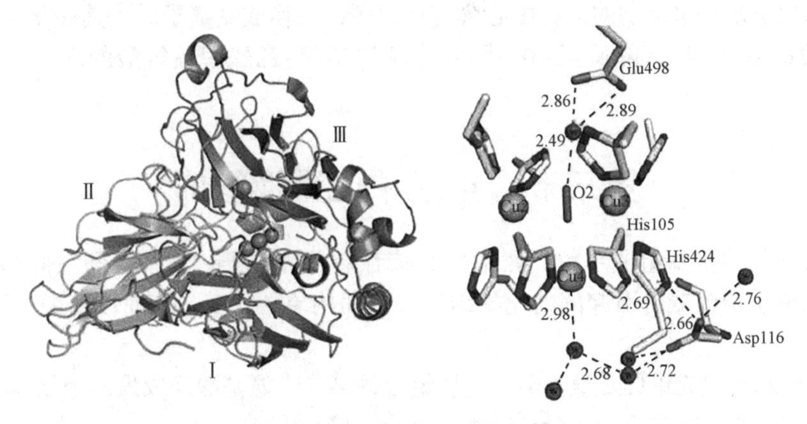

图5-1 含金属离子的酶

若从酶分子中除去其所含的金属离子，酶往往会丧失催化活性。如果重新加入原有的金属离子，酶的催化活性可以恢复或者部分恢复。若加入另外的金属离子进行置换，则可使酶呈现出不同的特性。有的可以使酶的活性降低甚至丧失，有的可以使酶的活性提高或者增加酶的稳定性。

进行金属离子置换修饰时，首先向经分离纯化的酶液中加入一定量的金属螯合剂，如乙二胺四乙酸（EDTA）等，使酶分子中的金属离子与EDTA等形成螯合物。然后通过透析、超滤、分子筛层析等方法，将EDTA-金属螯合物从酶液中除去。此时，酶往往成为无活性状态。最后往去除离子的酶液中加入一定量的另一种金属离子，酶蛋白与新加入的金属离子结合，就可以得到经过金属离子置换后的酶。

金属离子置换修饰只适用于那些在分子结构中本来含有金属离子的酶。用于金属离子置换修饰的金属离子一般都是二价金属离子，如Ca^{2+}、Mg^{2+}、Mn^{2+}、Zn^{2+}、Co^{2+}、Cu^{2+}、Fe^{2+}等。

通过金属离子置换修饰，可以了解各种金属离子在酶催化过程中的作用，有利于阐明酶的催化作用机制，并有可能提高酶的催化效率，增强酶的稳定性，甚至改变酶的某些动力学性质。经过金属离子置换后的酶，往往呈现以下不同的催化特性。

1．提高酶的催化效率 有些酶通过金属离子置换修饰后可以显著提高酶的催化效率。例如，一般的α-淀粉酶是杂离子型的，酶分子中大多数含有钙离子，有些则含有镁离子或锌离子等其他杂离子。如果将其他杂离子都换成钙离子，则可以提高酶的催化效率并显著增强酶的稳定性。与一般结晶的杂离子型α-淀粉酶相比，结晶的钙型α-淀粉酶的催化效率提高3倍以上，且稳定性大大增加。因此，在α-淀粉酶的发酵生产、保存和应用过程中，添加一定量的钙离子，有利于提高和稳定α-淀粉酶的活性。再如，将锌型蛋白酶的锌离子除去，然后加进钙离子，置换成钙型蛋白酶，酶的催化效率可以提高20%～30%。

2．增强酶的稳定性 有些酶分子中的金属离子被置换以后，其稳定性显著增强。例如，铁型超氧化物歧化酶（Fe-SOD）分子中的铁离子被锰离子置换，成为锰型超氧化物歧化酶（Mn-SOD）后，其对过氧化氢的稳定性显著增强，对叠氮钠（NaN_3）的敏感性显著降低。

3．改变酶的动力学特性 有些酶经过金属离子置换修饰，其动力学性质发生改变。例如，酰基化氨基酸水解酶的活性中心含有锌离子，置换成钴离子后，其催化*N*-氯-乙酰丙氨酸水解的最适pH从8.5降低至7.0，同时该酶对*N*-氯-乙酰甲硫氨酸的米氏常数K_m增大，亲和力降低。

第三节 组成单位置换修饰

作为酶分子的基本组成单位，氨基酸和核苷酸是酶分子化学结构和空间结构的基础。酶分子组成单位的改变将引起酶的化学结构和空间构象的改变，从而改变酶的某些特性和功能。

酶蛋白的基本组成单位是氨基酸，将肽链上的某一个氨基酸换成另一个氨基酸的修饰方法，称为氨基酸置换修饰（amino acid substitute modification）。

酶RNA的基本组成单位是核苷酸，将核苷酸链上的某一个核苷酸换成另一个核苷酸的修饰方法，称为核苷酸置换修饰（nucleotide substitute modification）。

（一）化学修饰法

氨基酸或核苷酸的置换修饰可以采用化学修饰方法。例如，本德尔（Bender）和科什兰（Koshland）成功地利用化学修饰法将枯草杆菌蛋白酶活性中心的丝氨酸转换为半胱氨酸，使得该酶失去对蛋白质和多肽的水解能力，却出现了催化硝基苯酯等底物的水解活性。但是化学修饰法难度大，成本高，专一性差，而且要对酶分子逐个进行修饰，操作复杂，难以工业化生产。

（二）定点突变技术

定点突变（site-directed mutagenesis）是20世纪80年代发展起来的一种基因操作技术，是指在DNA序列中的某一特定位点上进行碱基的改变从而获得突变基因的操作技术。

视频讲解5-1

关于“理性设计与定点突变技术”的视频讲解可扫描二维码。

定点突变技术是氨基酸置换修饰和核苷酸置换修饰的常用方法，也是蛋白质工程（protein engineering）常用的技术。定点突变技术为氨基酸置换修饰和核苷酸置换修饰提供了先进、可靠、行之有效的手段。定点突变技术用于酶分子修饰的主要过程如下。

1. 新的酶分子结构的设计　根据已知的酶RNA或酶蛋白的化学结构和空间结构及其特性，特别是根据酶在催化活性、稳定性、抗原性和底物专一性等方面存在的问题，合理设计新的酶RNA的核苷酸排列次序或酶蛋白的氨基酸排列次序，确定欲置换的核苷酸或氨基酸及其位置。

2. 突变基因碱基序列的确定　对于核酸类酶，根据欲获得的酶RNA的核苷酸排列次序，依照互补原则，确定其对应的突变基因上的碱基序列，确定需要置换的碱基及其位置。

对于蛋白类酶，首先根据欲获得的酶蛋白的氨基酸排列次序，对照遗传密码确定其对应的mRNA上的核苷酸序列，由于一种氨基酸对应的密码子不止一个，不同的物种对同义密码子的使用有很大差别，因此在确定使用的密码子时，要充分考虑到物种间的差异；再依据碱基互补原则，确定此mRNA所对应的突变基因上的碱基序列，并确定需要置换的碱基及其位置。

3. 突变基因的获得　根据欲获得的突变基因的碱基序列及其需要置换的碱基位置，首先用DNA合成仪合成有1～2个碱基被置换了的寡核苷酸，再用此寡核苷酸为引物通过聚合酶链反应（PCR）或M13质粒等定点突变技术获得所需的大量突变基因，这称为寡核苷酸诱导的定点突变。现在普遍采用PCR技术获得所需的基因。

聚合酶链反应技术，是莫利斯（Mollis）根据1971年霍拉纳（Khorana）等提出的基本原理，于1985年发明的DNA扩增技术。该技术的基本过程包括双链DNA的热变性（解链）、引物与单链DNA的退火结合、引物的延伸三个步骤，这三个步骤反复进行，一般经过30次循环，可使目的基因扩增几百万倍。

利用定点突变技术进行酶分子修饰，突变基因中只需置换1～2个碱基，就能达到修饰目的。现举例如下。

（1）酪氨酰-tRNA合成酶的修饰是将第51位的苏氨酸由脯氨酸置换，苏氨酸的密码子是ACU、ACC、ACA、ACG，而脯氨酸的密码子为CCU、CCC、CCA、CCG，虽然苏氨酸和脯氨酸各有4个密码子，但是在mRNA上只需将密码子上的第一个碱基A换成C，在对应的基因上只需将T换成G即可达到置换目的。

（2）T_4溶菌酶的修饰是将第3位的异亮氨酸（密码子为AUU、AUC、AUA，对应基因上的碱基次序为TAA、TAG、TAT）置换成半胱氨酸（密码子为UGU、UGC，对应基因上的碱基次序为ACA、ACG），只需在对应基因的位点上置换2个碱基，由AC置换TA即可。

（3）L-19 IVS活性中心由第22～27位的6个核苷酸残基组成，只要将其中的碱基置换一个，就可以使其底物专一性发生改变（表5-1）。

表5-1　L-19 IVS活性中心上碱基的改变引起底物专一性的变化

L-19 IVS第22～27位的核苷酸序列	底物		催化产物
	Ⅰ	Ⅱ	
5′—GGAGGG—3′	GGCCUCUAAAAA（1）	G	GGCCUCU＋GAAAAA
	GGCCUGUAAAAA（2）	G	无反应
	GGCCGCUAAAAA（3）	G	无反应
5′—GCAGGG—3′	（1）	G	无反应
	（2）	G	GGCCUGU＋GAAAAA
	（3）	G	无反应
5′—GGCGGG—3′	（1）	G	无反应
	（2）	G	无反应
	（3）	G	GGCCGCU＋GAAAAA

从表5-1中可以看到，L-19 IVS的催化中心为-GGAGGG-系列，可以催化底物GGCCUCU-AAAAA与鸟苷酸（G）反应，生成GGCCUCU和GAAAAA两种产物，采用定点突变技术，使活性中心上第2位的鸟苷酸残基置换成胞苷酸残基（-GCAGGG-），置换修饰后的酶对原底物无催化活性，而呈现出对底物GGC G CUGUAAAAA的催化活性。将催化中心第3位的腺苷酸（A）置换为胞苷酸（C），其底物专一性也发生改变。

（4）具有锤头形结构（hammerhead structure）的核酸类酶（图5-2），其分子结构由11个保守核苷酸残基（图中方框中的残基）和3个螺旋结构域组成。只要保持其11个特定的保守核苷酸不变，就可以在图中右上方箭头所示位点进行剪切反应。

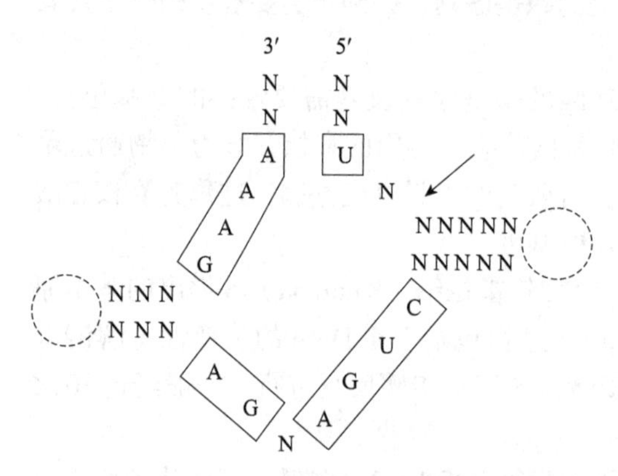

图5-2　锤头型核酸类酶的结构

在锤头形核酸类酶的分子结构中，除了保守核苷酸以外，其他核苷酸都可以用另外的核苷酸进行置换修饰。根据锤头形结构的自我剪切酶的结构与功能关系，可以设计出催化分子间反应的各种锤头形剪切酶，如图5-3所示。采用核苷酸置换修饰技术，可将保守核苷酸以外的某个或某些核苷酸置换，以获得各种不同的

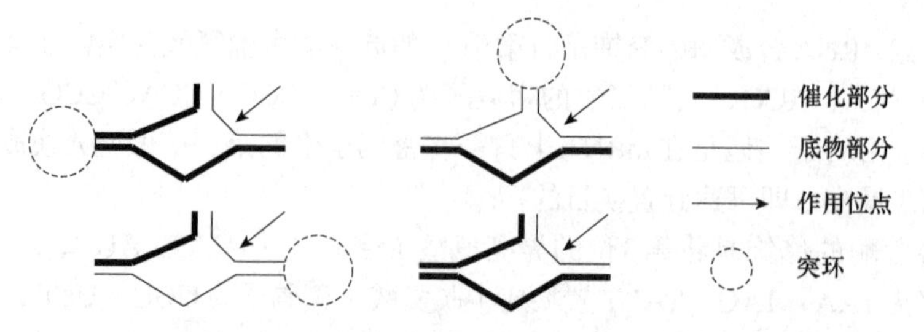

图5-3　催化分子间反应的锤头形剪切酶的各种设计

人造核酸类酶。

4. 新酶的获得　将上述定点突变获得的突变基因进行体外重组，并插入适宜的基因载体中，然后通过转化、转导、介导、基因枪、显微注射等技术，转入适宜的宿主细胞中，再在适宜的条件下进行表达，就可获得经过修饰的新酶。

第四节　主链修饰

主链是酶分子结构的基础，主链一旦改变，酶的结构和特性将随之发生某些改变。由氨基酸通过肽键连接而成的肽链是蛋白类酶的主链，肽链通过盘绕折叠形成了酶分子完整的空间结构。而由核苷酸通过磷酸二酯键连接而成的核苷酸链是核酸类酶的主链。利用酶分子主链的切断和连接，使酶分子的化学结构及其空间结构发生某些改变，从而改变酶的催化特性的方法，称为酶分子的主链修饰（main chain modification）。

酶分子的主链被修饰后，可能出现下列三种情况：①若主链的断裂引起酶活性中心的破坏，酶将丧失其催化功能，这种修饰可用于探测酶活性中心的位置；②若主链断裂后，仍然可以维持酶活性中心的空间构象，则酶的催化功能可以保持不变或损失不多，但是其抗原性等特性将发生改变。这将提高某些酶特别是药用酶的使用价值；③若肽链的断裂有利于酶活性中心的形成，则可使酶分子显示其催化功能或使酶的催化效率提高。

酶分子主链修饰的方法主要包括肽链有限水解修饰（peptide chain limit hydrolysis modification）和核苷酸链剪切修饰（nucleotide chain cleavage modification）。

（一）肽链有限水解修饰

利用具有高度专一性的蛋白酶在肽链的特定位置进行有限水解，除去部分肽段或若干氨基酸残基，使酶的空间结构发生某些精细的改变，从而改变酶的催化特性的方法称为肽链有限水解修饰。

对不显示酶催化活性的酶原进行肽链有限水解修饰时，其空间结构会发生某些精细的改变，有利于活性中心与底物结合并形成正确的催化部位，从而显示出酶的催化活性或提高酶活力。例如，胰蛋白酶原本来没有催化活性，当受到胰蛋白酶或肠激酶的修饰作用，从N端去一个六肽（Val-Asp-Asp-Asp-Asp-Lys）后，就显示胰蛋白酶的催化功能（图5-4）。

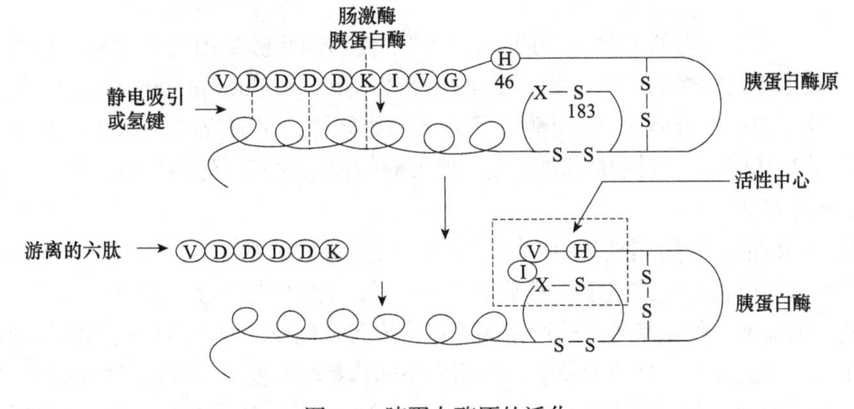

图5-4　胰蛋白酶原的活化

许多酶蛋白具有一定的抗原性，而抗原性与其分子大小有关，大分子的外源蛋白往往有较强的抗原性，而小分子的蛋白质或肽段的抗原性较低或无抗原性。利用肽链有限水解修饰可使酶的相对分子质量减小，从而在基本保持酶活力的同时使酶的抗原性降低或消失。例如，木瓜蛋白酶用亮氨酸氨肽酶进行有限水解，除去其肽链的2/3，该酶的活力基本保持，其抗原性却大大降低；又如，酵母的烯醇化酶经肽链有限水解，除去由150个氨基酸残基组成的肽段后，酶活力仍然可以保持，而抗原性却显著降低。

有些酶原来活性较低，通过肽链有限水解修饰可以显著提高其催化活性。例如，天冬氨酸酶通过胰蛋白酶修饰，从其羧基末端切除10个氨基酸残基的肽段，可以使天冬氨酸酶的活性提高5倍左右。

（二）核苷酸链剪切修饰

在核苷酸链的特定位点进行剪切，在适当位置去除一部分核苷酸残基，使酶的结构发生改变，从而改变酶的催化特性的方法称为核苷酸链剪切修饰。

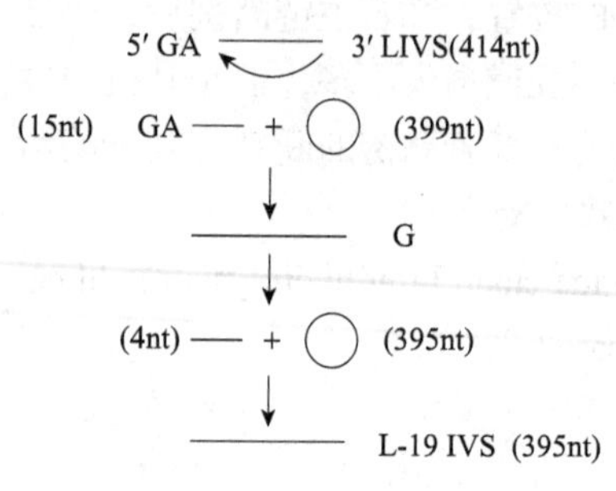

图5-5 L-19 IVS的形成

某些RNA分子原本不具有催化活性，经过核苷酸链剪切修饰，去除一部分核苷酸残基以后，可以显示酶的催化活性，成为一种核酸类酶。例如，四膜虫26S rRNA前体经过自我剪接作用形成成熟的26S rRNA，同时生成由414个核苷酸（nt）组成的线性间插序列LIVS。LIVS可自动进行反应，切除5′端的15nt后环化，开环后进行第二次环化，又失去4nt，最后开环得到一个在5′端失去19nt的多功能核酸类酶L-19 IVS（图5-5）。

酶分子主链的切断修饰通常使用某些专一性较高的酶作为修饰剂，有时也可以采用其他方法使酶的主链部分水解，而达到修饰目的。例如，枯草杆菌中性蛋白酶，在经EDTA处理后，再通过纯水或稀盐缓冲液透析，可以使该酶部分水解，得到仍然具有蛋白酶活性的小分子肽段，用作消炎剂使用时，不产生抗原性，表现出良好的治疗效果。

第五节 侧链基团修饰

语音讲解5-1

采用一定的方法（一般为化学法）使酶的侧链基团发生改变，从而改变酶的催化特性的修饰方法称为侧链基团修饰（side residues modification）（相关语音讲解可扫描二维码）。利用酶分子侧链基团修饰，可研究各种基团在酶分子中的数量及其作用，可提高酶的活性、增加酶的稳定性、降低酶的抗原性，还可获得自然界不存在的新酶种。

蛋白类酶和核酸类酶的侧链基团不同，酶分子侧链基团的修饰方法也有所区别。蛋白类酶的侧链基团是指构成蛋白质的氨基酸残基上的功能团，主要包括氨基、羧基、巯基、胍基、酚基、咪唑基、吲哚基、甲硫基等。这些基团可以形成各种副键，对酶蛋白空间结构的形成和稳定有重要作用，侧链基团一旦改变将引起酶蛋白空间构象的改变，从而改变酶的特性和功能。

酶蛋白侧链基团修饰可以采用各种小分子修饰剂，如氨基修饰剂、羧基修饰剂、巯基修饰剂、胍基修饰剂、酚基修饰剂、咪唑基修饰剂、吲哚基修饰剂等；也可以采用具有双功能团的化合物，如戊二醛、己二胺等进行分子内交联修饰；还可以采用各种大分子与酶分子的侧链基团形成共价键而进行大分子结合修饰。

核酸类酶的侧链基团是指组成RNA的核苷酸残基上的功能团。RNA分子上的侧链基团较少，主要是核糖2′位置上的羟基（2′-OH）和嘌呤，嘧啶碱基上的氨基和羟基（酮基）。由于核酸类酶被人们发现只有20多年，对核酸类酶的侧链基团修饰研究较少。然而，其分子上的氨基和羟基（酮基）经过修饰后，也会引起核酸类酶的结构改变，从而引起酶的特性和功能的改变。

如果通过侧链基团修饰，将一部分2′-OH去除，就可以获得含有一部分脱氧核苷酸的核酸类酶，可能使核酸类酶的稳定性提高。如果对某些核苷酸残基进行修饰，连接上氨基酸等有机化合物，就可能扩展核酸类酶的结构多样性，从而扩展其催化功能，提高酶的催化效率。

酶的侧链基团修饰方法很多，主要有氨基修饰、羧基修饰、巯基修饰、胍基修饰、酚基修饰、咪唑基修饰、吲哚基修饰、甲硫基修饰等。现简介如下。

（一）氨基修饰

利用某些化合物使酶分子侧链上的氨基发生改变，从而改变酶蛋白的空间构象的方法称为氨基修饰。

能够使酶分子侧链上的氨基发生改变的化合物，称为氨基修饰剂。常见的氨基修饰剂主要有亚硝酸、2,4-二硝基氟苯（DNFB）、二甲氨基萘磺酰氯（dansyl chloride，DNS，丹磺酰氯）、2,4,6-三硝基苯磺酸（TNBS）、乙酸酐、琥珀酸酐、二硫化碳、乙亚胺甲酯、*O*-甲基异脲、顺丁烯二酸酐等。这些氨基修饰剂作用于酶分子侧链上的氨基，可以产生脱氨基作用或与氨基共价结合将氨基屏蔽起来，使氨基原有的副键改变，从而改变酶蛋白的空间构象。

亚硝酸可以与氨基酸残基上的氨基反应，通过脱氨基作用，生成羟基酸。例如，用亚硝酸修饰天冬酰胺酶，使其氨基端的亮氨酸和肽链中的赖氨酸残基上的氨基产生脱氨基作用，变成羟基。经过修饰后，酶的稳定性大大提高，在体内的半衰期延长2倍。

$$R-\underset{NH_2}{\overset{H}{C}}-COOH + HNO_2 = R-\underset{OH}{\overset{H}{C}}-COOH + N_2 + H_2O$$

2,4-二硝基氟苯和丹磺酰氯可以专一地与多肽链N端氨基酸残基的氨基反应，可以对肽链的N端氨基酸进行检测。

$$E-NH_2 + F-C_6H_3(NO_2)-NO_2 \xrightarrow{pH>8.5} E-NH-C_6H_3(NO_2)-NO_2 + F^- + H^+$$

$$E-NH_2 + (CH_3)_2N-C_{10}H_6-SO_2Cl \longrightarrow E-NHSO_2-C_{10}H_6-N(CH_3)_2 + Cl^- + H^+$$

2,4,6-三硝基苯磺酸是一种常用的氨基修饰剂，它可以与酶分子中的赖氨酸残基上的氨基反应，生成共价键结合的酶-三硝基苯衍生物。酶-三硝基苯衍生物在420nm和367nm波长下有特定的光吸收峰，据此可以快速、准确地测定酶蛋白中赖氨酸的数量。

$$E—NH_2 + HO_3S—C_6H_2(NO_2)_2—NO_2 \xrightarrow{pH>7} E—NH—C_6H_2(NO_2)_2—NH_2 + H_2SO_3$$

用*O*-甲基异脲（MIU）修饰溶菌酶，使酶分子中的赖氨酸残基上的ε-氨基与它结合，将氨基屏蔽起来。修饰后，酶活力基本不变，但稳定性显著增强，而且很容易形成结晶。

$$\underset{\text{酶}}{E—NH_2} + \underset{O\text{-甲基异脲}}{MIU} \longrightarrow \underset{\text{酶-甲基异脲}}{E\text{-}NH\text{-}MIU} + H^+$$

（二）羧基修饰

可与蛋白质侧链上的羧基发生反应的化合物称为羧基修饰剂。例如，碳化二亚胺、重氮乙酸盐、乙醇-盐酸试剂、异噁唑盐等。采用各种羧基修饰剂与酶蛋白侧链的羧基进行酯化、酰基化等反应，使蛋白质的空间构象发生改变的方法称为羧基修饰。

羧基是一个不太活泼的功能基团，修饰的方法非常有限。水溶性的碳二亚胺类是酶分子羧基修饰最普遍采用的修饰剂，它在比较温和的条件下就可以进行，据此可定量测定酶分子中羧基的数目。

$$E—C(=O)—O^- + R—N=C=N^+(H)—R' \xrightarrow{pH\approx5} E—C(=O)—O—C(=N^+HR)—NHR'$$

$$\xrightarrow{HX} E—C(=O)—X + O=C(NHR)(NHR')$$

（三）巯基修饰

蛋白质分子中半胱氨酸残基的侧链含有巯基。巯基在许多酶中是活性中心的催化基团，巯基还可以与另一巯基形成二硫键，所以巯基对稳定酶的结构和发挥催化功能有重要作用。

采用巯基修饰剂与酶蛋白侧链上的巯基结合，使巯基发生改变，从而改变酶的空间构象、特性和功能的修饰方法称为巯基修饰。

巯基的亲核性很强，是酶分子中最容易反应的侧链基团之一。常用的巯基修饰剂有酸化剂、烷基化剂、马来酰亚胺、二硫苏糖醇、巯基乙醇、硫代硫酸盐、硼氢化钠。

烷基化试剂（如碘乙酸等）是一种重要的巯基修饰剂，经过烷基化修饰的酶分子相当稳定，而且通过荧光检测技术很容易检测其修饰结果。现在已经开发出许多含有碘乙酸的荧光试剂。

$$\underset{\text{酶}}{E—SH} + \underset{\text{碘乙酸}}{ICH_2COOH} \longrightarrow \underset{\text{酶-乙酸衍生物}}{E—S—CH_2COOH} + HI$$

N-乙基马来酰亚胺（NEM）能与酶分子的巯基形成稳定的衍生物（修饰酶），修饰后的酶蛋白在300nm波长处有一个最大吸收峰，故可以通过光学检测技术对分子中的游离巯基进行定量分析。

$$E-SH + \text{NEM} \xrightarrow{pH>5} E-S-\text{(succinimide)}NCH_2CH_3$$

4,4-二硫二吡啶（4,4-dithiodipyridine，4-PDS）作为亲电子试剂，容易与巯基反应，每修饰1分子巯基，同时释放1分子4-吡啶硫酮，该物质在324nm处有光吸收，因此可以根据324nm处吸光值确定巯基的修饰程度。

（四）胍基修饰

蛋白质分子中精氨酸残基的侧链含有胍基，采用二羧基化合物与胍基反应生成稳定的杂环，从而改变酶分子的空间构象的方法称为胍基修饰。

用作胍基修饰剂的二碳基化合物主要有丁二酮、1,2-环已二酮、丙二醛、苯乙二醛等。它们可以在中性或者弱碱性的条件下与精氨酸残基上的胍基反应，生成稳定的杂环类化合物。

A：丁二酮（在硼酸盐存在时）；B：1,2-环已二酮（在硼酸盐存在时）；C：苯乙二醛

（五）酚基修饰

蛋白质分子的酪氨酸残基上含有酚基，通过修饰剂的作用使酶分子上的酚基发生改变，从而改变酶蛋白的空间构象和特性的修饰方法称为酚基修饰。

酚基的修饰主要包括酚羟基的修饰和苯环上的取代修饰。除了某些专一修饰酚羟基的修饰剂以外，一般的酚羟基修饰剂对苏氨酸和丝氨酸残基上的羟基也可以进行修饰，生成的修饰产物比酚羟基修饰产物的稳定性更好。经过羟基修饰，可以改变酶的某些动力学性质、提高酶的催化活性、增强酶的稳定性等。

羟基修饰的方法主要有碘化法、硝化法、琥珀酰化法等。其中四硝基甲烷（TNM）可以高度专一地对酚羟基进行修饰。例如，枯草杆菌蛋白酶的第104位酪氨酸残基上的酚羟基经TNM硝化修饰后，生成3-硝基酪氨酸残基，由于负电荷的引入，酶对带正电荷的底物的结合力显著增加；葡萄糖异构酶经过琥珀酰化修饰后，其最适pH下降0.5单位，并增加酶的稳定性，更加有利于果葡糖浆和果糖的生产。

（六）咪唑基修饰

蛋白质分子中的组氨酸含有咪唑基，咪唑基是许多酶活性中心上的必需基团，在酶的催化过程中起重要作用。

通过修饰剂与咪唑基反应，使酶分子中的组氨酸残基发生改变，从而改变酶分子的构象和特性的修饰方法称为咪唑基修饰。

咪唑基可通过氮原子的烷基化或碳原子的亲核取代来进行修饰，常用的咪唑基修饰剂有碘乙酸、焦碳酸二乙酯等。其中焦碳酸二乙酯（DEPC）在近中性的条件下对组氨酸残基上的咪唑基具有较好的特异修饰能力，而且修饰产物在240nm波长处有最大吸收峰，可以通过修饰得知分子中咪唑基的数量。

$$\text{E—(咪唑基, N—H)} + O\left[\overset{O}{\overset{\|}{C}}—O—CH_2CH_3\right]_2 \xrightarrow{pH\ 4\sim7} \text{E—(咪唑基, N—H)—}N—\underset{\underset{O}{\|}}{C}—O—CH_2CH_3 + CH_3CH_2OH + CO_2$$

（七）吲哚基修饰

蛋白质分子中的色氨酸含有吲哚基，通过改变酶分子上的吲哚基而使酶分子的构象和特性发生改变的修饰方法称为吲哚基修饰。

色氨酸残基由于其疏水性较强，通常位于酶分子的内部，而且比较不活泼，其反应性比较差，所以一般的试剂难以对吲哚基进行修饰。

N-溴代琥珀酰亚胺（NBS）可以对吲哚基进行修饰，并通过280nm处光吸收的减少跟踪反应，但是酪氨酸也可与修饰剂反应而产生干扰作用。

2-羟基-5-硝基苄溴（HNBB）和4-硝基苯硫氯可比较专一地对吲哚基进行修饰，不过它们也可以与巯基反应，因此在应用这两种修饰剂对吲哚基进行修饰时，要对巯基进行保护。

A

$$E\text{—}\text{(indole, NH)} + O_2N\text{—}C_6H_3(OH)\text{—}CH_2Br \xrightarrow{pH>7.5} E\text{—(}O_2N\text{-substituted cyclized product, O, NH)} + HBr$$

B

$$E\text{—}\text{(indole, NH)} + ClS\text{—}C_6H_4\text{—}NO_2 \xrightarrow[\text{乙酸}]{20\%\sim60\%} E\text{—}\text{(indole, NH)}\text{—}S\text{—}C_6H_4\text{—}NO_2 + H^+ + Cl^-$$

A：2-羟基-5-硝基苄溴（HNBB）；B：4-硝基苯硫氯

（八）甲硫基修饰

虽然甲硫氨酸残基极性较弱，在温和条件下，很难选择性修饰。但由于硫醚的硫原子具有亲核性，因此可用过氧化氢、过甲酸等氧化成甲硫氨酸亚砜，用碘乙酰胺等卤化烷基酰胺使甲硫氨酸烷基化。

$$A\quad E\text{—}S\text{—}CH_3 + H_2O_2 \xrightarrow{pH<5} E\text{—}\underset{\underset{O}{\|}}{S}\text{—}CH_3 + H_2O$$

$$B\quad E\text{—}S\text{—}CH_3 + 2H\text{—}\overset{\overset{O}{\|}}{C}\text{—}O\text{—}OH \xrightarrow{\text{约}-10℃} E\text{—}\overset{OH}{\underset{OH}{S}}\text{—}CH_3 + 2H\text{—}COOH$$

$$C\quad E\text{—}S\text{—}CH_3 + I\text{—}\overset{H_2}{C}\text{—}\underset{\underset{O}{\|}}{C}\text{—}NH_2 \xrightarrow{pH<4} E\text{—}\overset{H_3C}{S^+}\text{—}\overset{H_2}{C}\text{—}\underset{\underset{O}{\|}}{C}\text{—}NH_2 + I^-$$

A：过氧化氢；B：过甲酸；C：碘乙酰胺

第六节　大分子结合修饰

利用水溶性大分子与酶结合，使酶的空间结构发生某些精细的改变，从而改变酶的特性与功能的方法称为大分子结合修饰法，简称为大分子结合法。

大分子结合修饰是目前应用最广的酶分子修饰方法，通常使用的水溶性大分子修饰剂有右旋糖酐（dextran）、PEG、肝素（heparin）、蔗糖聚合物（ficoll）、聚氨基酸等。这些大分子在使用前一般都要活化，然后在一定条件下与酶分子以共价键结合，对酶分子进行修饰。

修饰方法也有很多，如CNBr法、高碘酸氮化法、戊二醛法、叠氮法、琥珀酸法和三氯均嗪法等。例如，右旋糖酐先经高碘酸（HIO_4）活化，然后与酶分子的氨基共价结合。经过此法修饰的酶可显著提高酶活力，增加稳定性或降低抗原性。

由于酶的结构各不相同，因此不同的酶所结合的修饰剂的种类和数量也有所差别，修饰后酶的特性和功能的改变情况也不一样。必须通过试验确定最佳的修饰剂的种类和浓度。操作时需根据所要求的分子比例控制好酶和修饰剂的浓度、温度、pH和反应时间等修饰条件，以便获得理想的修饰效果。

一、大分子结合修饰的流程

大分子结合修饰是目前应用最广泛的酶分子修饰方法。其修饰的主要过程如下。

（一）修饰剂的选择

大分子结合修饰采用的修饰剂是水溶性大分子，如聚乙二醇（PEG）、右旋糖酐、蔗糖聚合物、葡聚糖、环糊精、肝素、羧甲基纤维素、聚氨基酸等。要根据酶分子的结构和修饰剂的特性选择适宜的水溶性大分子。

在众多的大分子修饰剂中，相对分子质量为1000～10 000的PEG应用最为广泛，因为它溶解度高，既能够溶解于水，又能够溶于大多数有机溶剂，通常没有抗原性也没有毒性，且生物相容性好等。分子末端具有两个可以被活化的羟基，可以通过甲氧基化将其中一个羟基屏蔽起来，成为只有一个可被活化羟基的单甲氧基聚乙二醇（MPEG）。

（二）修饰剂的活化

作为修饰剂使用的水溶性大分子含有的基团往往不能直接与酶分子的基团进行反应而结合在一起。在使用之前一般需要经过活化，活化基团才能在一定条件下与酶分子的某侧链基团进行反应。例如，常用的大分子修饰剂MPEG可以采用多种不同的试剂进行活化，制成可以在不同条件下对酶分子上不同基团进行修饰的聚乙二醇衍生物。用于酶分子修饰的聚乙二醇衍生物主要有以下几种。

1）聚乙二醇均三嗪衍生物　单甲氧基聚乙二醇的羟基与均三嗪（三聚氯氰）在不同的反应条件下反应，制得活化的聚乙二醇均三嗪衍生物MPEG1和MPEG2。通过这些衍生物分子上活泼的氯原子，可以对天冬酰胺酶等酶分子上的氨基进行修饰。

2）聚乙二醇琥珀酰亚胺衍生物　单甲氧基聚乙二醇的羟基与琥珀酰亚胺类物质反应，生成MPEG琥珀酰亚胺琥珀酸酯（SS-MPEG）、MPEG琥珀酰亚胺琥珀酸胺（SSA-MPEG）、MPEG琥珀酰亚胺碳酸酯（SC-MPEG）等衍生物。这些衍生物可以在pH 7～10的条件下对酶分子的氨基进行修饰。

3）聚乙二醇马来酸酐衍生物　聚乙二醇与马来酸酐反应生成具有蜂巢结构的聚乙二醇马来酸酐共聚物（PM）。共聚物中的马来酸酐可以通过酰胺键对酶分子上的氨基进行修饰。

4）聚乙二醇胺类衍生物　单甲氧基聚乙二醇上的羟基与胺类化合物反应，生成的聚乙二醇胺类衍生物可以对酶分子上的羰基进行修饰。

再如，右旋糖酐可以用高碘酸（HIO_4）进行活化处理等。

（三）修饰

将带有活化基团的大分子修饰剂与经过分离纯化的酶液以一定的比例混合，在一定的温度、pH等条件下反应一段时间，使修饰剂的活化基团与酶分子的某侧链基团以共价键结合，对酶分子进行修饰。例如，右旋糖酐先经过高碘酸活化处理，然后与酶分子的氨基共价结合（图5-6）。

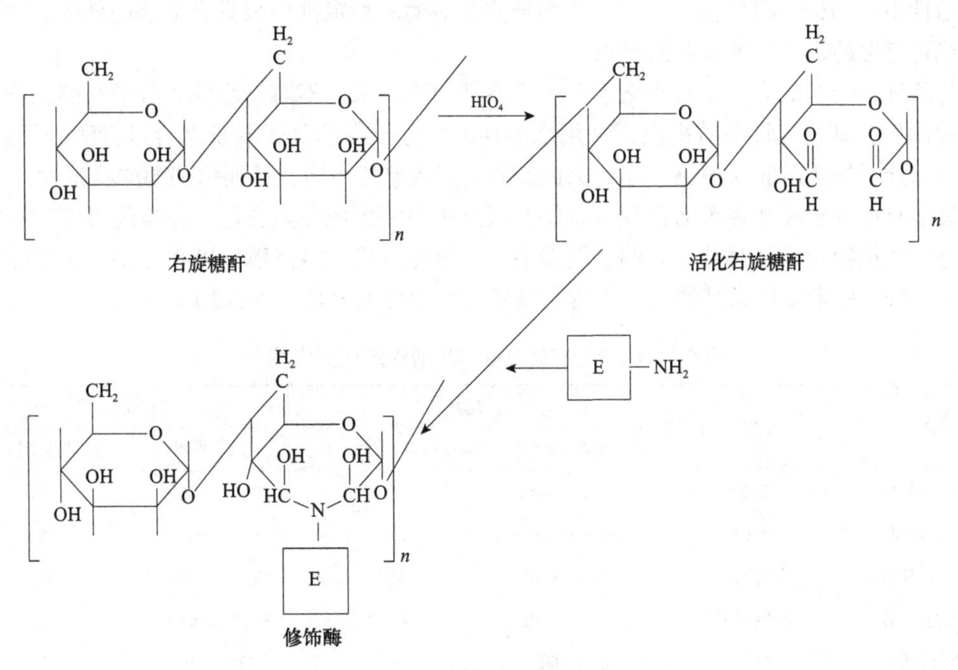

图5-6　右旋糖酐修饰酶分子的过程

（四）分离

酶经过大分子结合修饰后，不同酶分子的修饰效果往往有所差别，有的酶分子可能与一个修饰剂分子结合，有的酶分子则可能与2个或多个修饰剂分子结合，有的酶分子还可能没有与修饰剂分子结合。为此，需要通过凝胶层析等方法进行分离，将具有不同修饰度的酶分子分开，从中获得具有较好修饰效果的修饰酶。

二、大分子结合修饰的作用

通过大分子结合修饰，可以提高酶活性，增加酶的稳定性，降低或消除酶的抗原性等。

（一）通过修饰提高酶活性

水溶性大分子与酶蛋白的侧链基团通过共价键结合后，可使酶的空间构象发生改变，使酶活性中心更有利于与底物结合，并形成准确的催化部位，从而使酶活性提高。例如，每分子核糖核酸酶与6.5分子的右旋糖酐结合，可以使酶活性提高到原有酶的2.25倍；每分子胰凝乳蛋白酶与11分子右旋糖酐结合，酶活性达到原有酶的5.1倍。

（二）通过修饰可以增强酶的稳定性

由于受到各种因素的影响，酶分子完整的空间结构往往会受到破坏，使酶活性降低甚至丧失其催化功能。为了增强酶的稳定性，必须想方设法使酶的空间结构更为稳定，特别是要使酶活性中心的构象得到保护。大分子结合修饰对酶的稳定性增强具有显著的效果，主要体现在热稳定性的提高和半衰期的延长。

与酶分子结合的大分子有水溶性和水不溶性两类。采用不溶于水的大分子与酶结合制成固定化酶后，其稳定性显著提高。采用水溶性的大分子与酶分子共价结合进行酶分子修饰，可以在酶分子外围形成保护层，起到保护酶的空间构象的作用，从而增加酶的稳定性。

许多修饰分子存在多个活性反应基团，因此常与酶形成多点交联，在空间可固定酶的构象，增强酶热稳定性。腺苷脱氢酶、淀粉酶、过氧化氢酶、溶菌酶、糜蛋白酶、天冬酰胺酶经右旋糖酐、肝素或聚氨基酸的修饰后，热稳定性均得到提高（表5-2）。

表5-2　酶分子在经过修饰后的稳定性变化情况

酶	修饰剂	天然酶		修饰酶	
		温度/时间	保持酶活性/%	温度/时间	保持酶活性/%
腺苷脱氢酶	右旋糖酐	37℃/100min	80	37℃/100min	100
β-淀粉酶	右旋糖酐	65℃/5min	50	65℃/175min	50
过氧化氢酶	右旋糖酐	50℃/10min	40	50℃/10min	90
α-糜蛋白酶	右旋糖酐	37℃/360min	0	37℃/360min	70
糜蛋白酶	肝素	37℃/6h	0	37℃/24h	80
L-天冬酰胺酶	聚丙氨酸	50℃/7min	50	50℃/22min	50

半衰期是指酶的活力降低到原来活力的一半时所经过的时间，是酶稳定性的一个重要表征。酶的半衰期长，则说明酶的稳定性好；半衰期短，则稳定性差。有些药用酶在进入体内之后，往往稳定性差，半衰期短，如尿激酶在人体内的半衰期仅为2～20min。如何增加酶的稳定性，延长酶的半衰期，是酶工程研究的一个重要课题。

许多酶在经过化学修饰后，由于增强了抗蛋白水解酶、抗抑制剂和抗失活因子的能力，以及对热稳定性的提高，因此其半衰期都比天然酶长。例如，木瓜蛋白酶、菠萝蛋白酶、胰蛋白酶、α-淀粉酶、β-淀粉酶、过氧化氢酶、超氧化物歧化酶等经过大分子结合修饰，酶的半衰期得到延长。

现以超氧化物歧化酶为例说明如下。

超氧化物歧化酶（superoxide dismutase，SOD）催化超氧负离子（O_2^-）进行氧化还原反应生成氧和过氧化氢，具有抗氧化、抗辐射、抗衰老的功效，但是其在血浆中的半衰期仅为6～30min，经过大分子结合修饰，其稳定性显著提高，半衰期延长70～350倍（表5-3）。

表 5-3　天然 SOD 和修饰后 SOD 在人体血浆中的半衰期

酶	半衰期	相对稳定性
天然 SOD	6min	1
右旋糖酐-SOD	7h	70
ficoll（低相对分子质量）-SOD	14h	140
ficoll（高相对分子质量）-SOD	24h	240
聚乙二醇-SOD	35h	350

（三）通过修饰降低或消除酶蛋白的抗原性

酶大多数是从微生物、植物或动物中获得的，对人体来说是一种外源蛋白质。当酶蛋白进入人体后，往往会成为一种抗原，刺激体内产生抗体。当这种酶再次进入体内时，产生的抗体就可与作为抗原的酶特异地结合，使酶失去其催化功能。

抗体与抗原的特异结合是由它们之间特定的分子结构所引起的。通过酶分子修饰，使酶蛋白的结构发生改变，可以大大降低甚至消除酶的抗原性，从而保持酶的催化功能。例如，治疗腺苷脱氨酶缺乏症的腺苷脱氨酶（adenosine deaminase）经PEG修饰后，在血液循环中可以测出50%的酶活力，而且这种酶活力在血液循环中可以保留72h；具有抗癌作用的精氨酸酶经聚乙二醇结合修饰，生成聚乙二醇-精氨酸酶（PEG-arginase）后，其抗原性被消除；对白血病有显著疗效的L-天冬酰胺酶经右旋糖酐或者聚乙二醇结合修饰后，都可以使抗原性显著降低甚至完全消除。其中，经过聚乙二醇结合修饰的聚乙二醇-天冬酰胺酶（PEG-asparaginase），已于1994年得到美国食品药品监督管理局（FDA）批准，正式作为治疗急性淋巴性白血病的药物使用。

第七节　化学交联修饰

酶的化学交联是一类重要的化学修饰。交联剂具有两个反应活性部位的双功能基团，可以在相隔较近的两个氨基酸残基之间，或酶与其他分子之间发生交联反应。

双功能基团化合物根据其功能基团的特点可以分为同型双功能基团化合物和异型双功能基团化合物两大类。

同型双功能基团化合物的两端具有相同的功能基团。例如，己二胺［$H_2N-(CH_2)_6-NH_2$］的两端都含有氨基，可以与酶分子中的羧基反应形成酰胺键；戊二醛［$OHC-(CH_2)_3-CHO$］的两端都含有醛基，可以与酶分子中的氨基反应形成酰胺键或者与羟基反应形成酯键。

异型双功能基团化合物的两端所含的功能基团不相同，可以与酶分子上不同的侧链基团反应，如一端与酶分子的氨基作用，另一端与酶分子的巯基或羧基作用等。

酶分子交联剂的种类繁多，不同的交联剂具有不同的分子长度，其交联基团、交联速度和交联效果也有所差别。

最先使用的交联剂是戊二醛。1992年克莱尔（St. Clair）等首次证实，利用交联酶晶体（cross-linked enzyme crystal，CLEC）技术能够在保持较高酶活性的基础上提高嗜热芽孢杆菌蛋白酶的稳定性。随后发现，在有机溶剂和水溶液中枯草杆菌蛋白酶的交联酶晶体都具有显

知识拓展5-1

著增强的稳定性。交联酶晶体制备主要包括两个步骤：酶的分批结晶及保持酶活性和酶晶体的晶格不被破坏的化学交联。

有关“交联酶晶体技术”的更多内容可扫码阅读。

多功能交联剂除了传统的戊二醛外，还包括一些新近开发成功的化合物。例如，采用葡聚糖二乙醛对青霉素酰化酶进行分子内交联修饰，可以使该酶在55℃条件下的半衰期延长9倍，而其最大反应速率V_m不改变。酶的稳定性提高的主要原因是交联增强了葡聚糖的羟基与酶分子亲水基团间的相互作用。利用戊二醛或蔗糖二乙醛单体或多聚体交联的丝氨酸酶的最适温度由45℃升至76℃，而且其解链温度T_m也升高22℃。

需要注意的是分子内交联是在同一个酶分子内进行的交联反应，如果双功能基团试剂的两个功能基团分别在两个酶分子之间或在酶分子与其他分子之间进行交联，则可以使酶的水溶性降低，成为不溶于水的固定化酶，这称为酶的交联固定化。

第八节 亲 和 修 饰

酶的位点专一性修饰根据的是酶和底物的亲和性。修饰剂不仅具有对被作用基团的专一性，而且具有对被作用部位的专一性，即试剂作用于被作用部位的某一基团，而不与作用部位以外的同类基团发生作用，这类修饰剂也称为位点专一性抑制剂。一般它具有与底物相类似的结构，对酶活性部位具有高度的亲和性，能对活性部位的氨基酸残基进行共价标记，因此这类专一性化学修饰也称为亲和标记或专一性的不可逆抑制。

（一）亲和标记

虽然已开发出许多不同氨基酸残基侧链基团的特定修饰剂并用于酶的化学修饰中，但是这些试剂即使对某一基团的反应是专一的，也仍然有多个同类残基与之反应。因此，对某个特定残基的选择性修饰比较困难。为了解决这个问题，开发了亲和标记试剂。

用于亲和标记的亲和试剂作为底物类似物应符合以下条件：在使酶不可逆失活以前，亲和试剂要与酶形成可逆复合物；亲和试剂的修饰程度是有限的；没有反应性的竞争性配体的存在就应减弱亲和试剂的反应速率；亲和试剂体积不能太大，否则会产生空间障碍；修饰产物应当稳定，便于表征亲和量。

亲和试剂可以专一性地标记于酶的活性部位上，使酶不可逆失活，因此也称为专一性的不可逆抑制。这种抑制又分为K_s型不可逆抑制和K_{cat}型不可逆抑制。

K_s型抑制剂是根据底物的结构设计的，它具有和底物的结构相似的结合基团，同时还具有能和活性部位氨基酸残基的侧链基团反应的活性基团。因此也可以和酶的活性部位发生特异性结合，并且能够对活性部位侧链基团进行修饰，导致酶不可逆失活。这类修饰的特点是：底物、竞争性抑制剂或配体对修饰有保护作用；修饰反应是定量定点进行的（图5-7）。

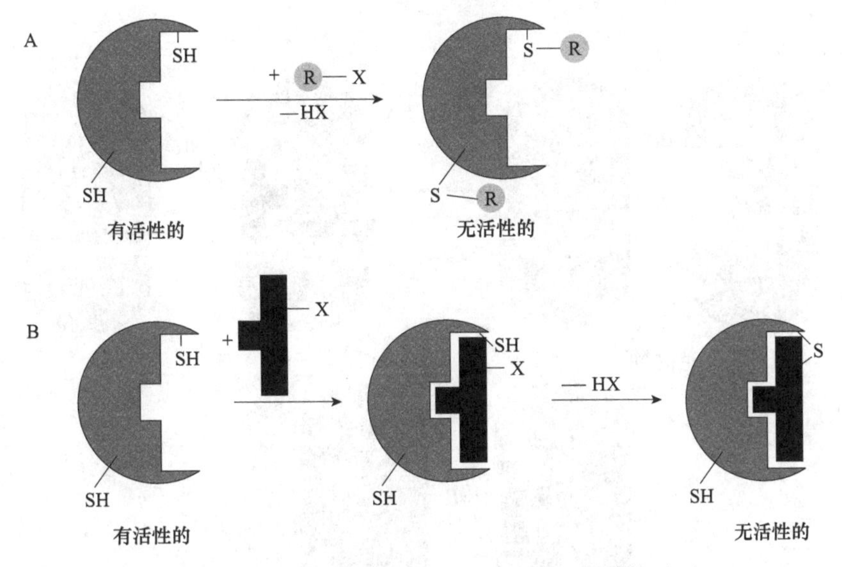

图 5-7　基团专一性修饰（A）和位点专一性修饰（B）

K_{cat}型抑制剂专一性很高，因为这类抑制剂是根据酶催化过程设计的，它具有酶的底物性质，还有一个潜在的反应基团在酶的催化下活化后不可逆地抑制酶的活性部位。所以，K_{cat}型抑制剂也称为“自杀性抑制剂”。自杀性抑制剂可以用来作为治疗某些疾病的有效药物。

（二）外生亲和试剂与光亲和标记

亲和试剂一般可分为内生亲和试剂和外生亲和试剂，前者是指试剂本身的某部分通过化学方法转化为所需要的基团，而对试剂的结构没有大的扰动；后者是把反应性基团加入试剂中，如将卤代烷基衍生物连到腺嘌呤上，氟磺酰苯酰基连到腺嘌呤核苷酸上（图 5-8）。

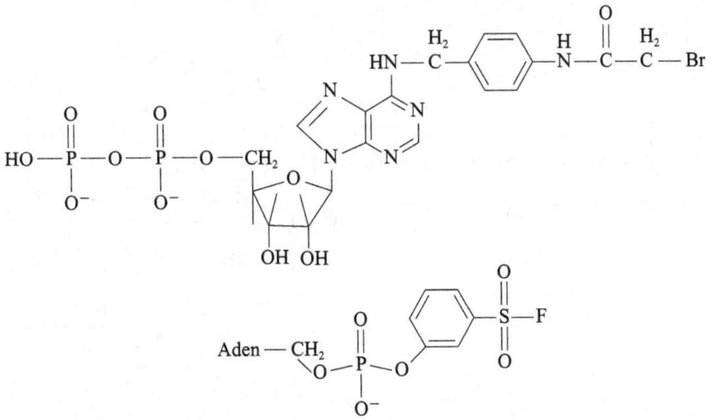

图 5-8　*N*-6- 对 - 溴乙酰胺 - 苄基 - ADP 和腺苷 -5′-（对 - 氟磺酰苯酰磷酸）的结构

光亲和试剂是一类特殊的外生亲和试剂，它在结构上除了有一般亲和试剂的特点外，还有一个光反应基团。这种试剂先与酶活性部位在暗条件下发生特异性结合，然后被光照激活后，产生一个非常活泼的功能基团能与它们附近几乎所有基团反应，形成一个共价的标记物（图 5-9）。

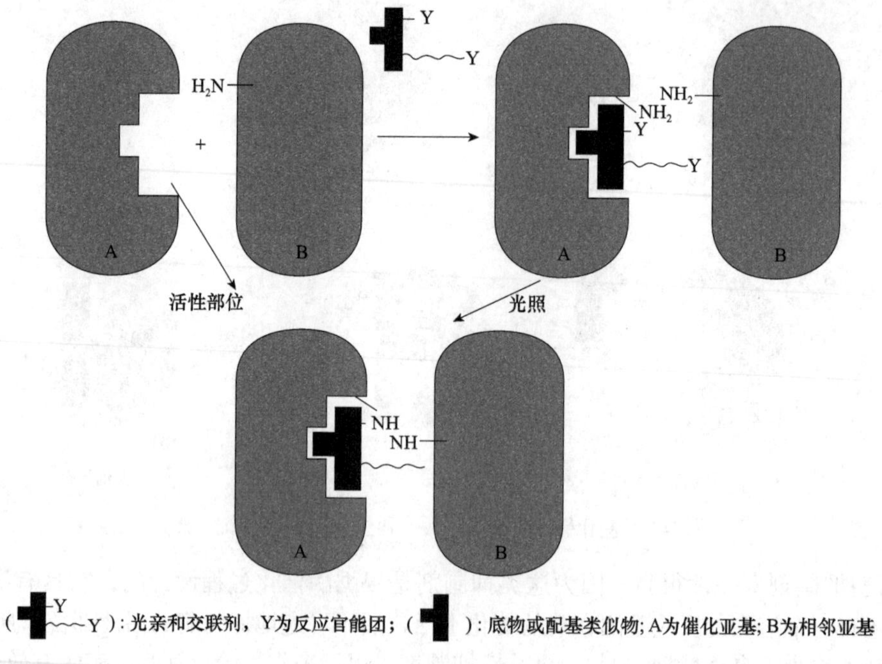

图5-9 光亲和交联示意图

光亲和标记一个典型的例子是用3′-芳基叠氮-β-丙氨酸-8-叠氮 ATP交联细菌 F_1ATPase的活性部位的核苷酸结合部位与其相邻的亚基，以确定 F_1ATPase的催化亚基与其他亚基之间空间排列的关系。diN_3ATP 的结构式及示意图如图5-10所示。

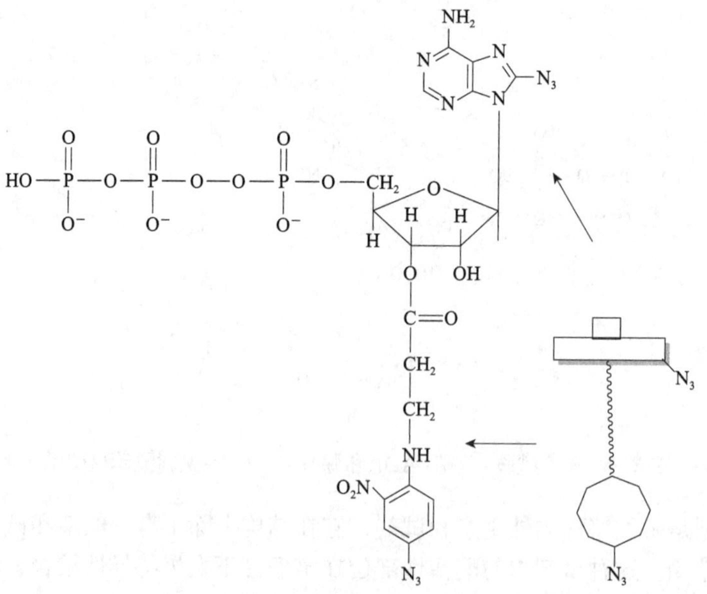

图5-10 光亲和交联试剂diN_3ATP的结构式及示意图

第九节 酶分子修饰的应用

20世纪50年代末期，化学修饰酶主要用来研究酶的结构与功能的关系，是当时生物化学领域的研究热点。它在理论上为酶的结构与功能关系的研究提供实验依据。例如，酶的活性中心的存在就是通过酶的化学修饰来证实的。为了考察酶分子中氨基酸残基的各种不同状态，确定哪些残基处于活性部位并为酶分子的特定功能所必需，科学家研制出许多小分子化学修饰剂，进行了多种类型的化学修饰。

自20世纪70年代末以来，用天然或合成的水溶性大分子修饰酶的报道越来越多。这些报道中酶化学修饰的目的在于，人为地改变天然的某些性质，创造天然酶所不具备的某些优良特性，甚至创造出新的活性，扩大酶的应用范围。

酶经过修饰后，会产生各种各样的变化，概括起来有：提高生物活性（包括某些在修饰后对效应物的反应性能改变）；增强在不良环境中的稳定性；针对特异性反应降低生物识别能力，解除免疫原性；产生新的催化能力。

一、在酶的结构与功能研究中的应用

化学修饰在研究酶的结构与功能方面的应用比较多，研究得也比较细，特别是可逆的化学修饰在酶结构与功能的研究中能提供大量信息。

1. 研究酶空间结构 酶分子中氨基酸侧链的反应性与它周围的微环境密切相关，用具有荧光性质的修饰剂修饰后，通过荧光光谱的研究，可以了解溶液状态下的分子构象，研究酶分子的解离-缔合现象。通过荧光偏振技术还可以检测分子旋转弛豫时间，由此推算出酶分子大小、形态及构象变化。用化学修饰法确定某种氨基酸残基在酶分子中存在的状态是一种常用的方法。通常情况下，酶分子表面基团能与修饰剂反应，而不能与修饰剂反应的基团一般是埋在分子内或形成次级键。

通过双功能试剂交联修饰可以测定酶分子中特定基团之间的距离。在酶的晶体结构分析中，有时需要用化学修饰方法制备含重原子的酶分子衍生物，这将有利于晶体结构分析。

2. 确定氨基酸残基的功能 化学修饰与底物保护相结合，可用于研究底物对修饰速度和修饰程度的影响。如果修饰反应的可逆性对应着生物功能的改变，则可以为确定某一残基的可能功能提供一定的证据。例如，在丙酮酸激酶的精氨酸残基的修饰反应过程中，伴随着精氨酸残基的修饰，酶分子可逆地失活，底物保护作用说明酶分子在底物磷酸烯醇式丙酮酸的磷酸结合位点具有一个必需的精氨酸残基。

塔瓦科里（H. Tavakoli）等用化学修饰的方法研究了维生素B 复合体氧化酶（ChOx）活性部位的组氨酸和丝氨酸的作用。他们用二乙基焦碳酸盐（DEPC）和苯甲基磺酰氟（PMSF）对组氨酸和丝氨酸残基进行了化学修饰，实验结果表明，组氨酸位于酶的活性中心，而丝氨酸则存在于酶活性中心附近。

戈特（M. M. Gote）等用化学修饰的方法研究了乳糖水解酶活性中心的重要氨基酸，他们的实验结果表明，酶活性部位的一个羧基和赖氨酸的残基具有重要作用，而赖氨酸的残基与底物结合相关，羧基则作为一种亲核基团在底物裂解时发挥作用。另外，在酶的活性部位附近发现有4个色氨酸残基可能在较高温度下对酶的活性构象起稳定作用。

化学修饰能够用于酶变构部位必需氨基酸残基的分析和协同相互作用所必需残基的表征。

3. 测定酶分子中某种氨基酸的数量 虽然氨基酸分析法也可以测定酶分子中氨基酸的数量，但是在只需测定某一种氨基酸的数量时，就可以用定量的化学修饰方法，因为这样既快速又灵敏。例如，用三硝基苯磺酸测定氨基，用对氧汞苯甲酸测定巯基等。其他氨基酸残基也有相应的试剂用于定量测定。

化学修饰在酶的结构与功能研究中的应用除上述三个方面以外，在测定酶的氨基酸序列和研究别构酶时，许多方法也都是以化学修饰为基础。例如，胰蛋白酶对精氨酸和赖氨酸具有高度特异性，通常用此酶来水解酶分子，以制备肽碎片。为了防止精氨酸和赖氨酸相互干扰，可选择性化学修饰赖氨酸和精氨酸，使水解局限在其中一种残基的肽键。

二、在医药方面的应用

语音讲解5-2

酶在疾病的诊断、治疗和药物的生产方面有广泛用途。然而由于酶在体内不稳定，具有抗原性，半衰期短，严重影响其使用效果。通过酶分子修饰，可以显著提高酶的稳定性，减少或者消除其抗原性，延长其半衰期，大大扩宽酶的应用范围、提高应用价值。有关“酶在医药方面的应用”的语音讲解可扫描二维码。

1. 降低或者消除酶抗原性 通过酶分子修饰可以显著降低甚至消除酶的抗原性。例如，具有抗癌作用的精氨酸酶经聚乙二醇结合修饰，其抗原性被消除；对白血病有显著疗效的L-天冬酰胺酶经聚乙二醇结合修饰后，使抗原性显著降低甚至消除，1994年正式作为治疗急性淋巴性白血病的药物在临床使用。

2. 增强医药用酶的稳定性 经过酶分子修饰的医药用酶，可以显著增强其稳定性。

（1）有显著消炎抗菌功效的溶菌酶经过氨基酸置换修饰，分子中第3位的异亮氨酸（Ilu_3）置换成半胱氨酸后，该半胱氨酸（Cys_3）可以与第97位的半胱氨酸（Cys_{97}）形成二硫键，修饰后的T_4溶菌酶，其活力保持不变，但该酶对热的稳定性却大大提高；用*O*-甲基异脲修饰溶菌酶，使酶分子中的赖氨酸残基上的ε-氨基与它结合，将氨基屏蔽起来，修饰后酶的稳定性显著增强。

（2）有抗氧化、抗辐射、抗衰老功能的超氧化物歧化酶，经过大分子结合修饰，形成聚乙二醇超氧化物歧化酶（PEG-SOD），其稳定性显著提高，在血浆中的半衰期可以延长350倍。

（3）在半合成青霉素和半合成头孢菌素的研究和生产中有重要用途的青霉素酰化酶，采用葡聚糖二乙醛进行分子内交联修饰后，可以使该酶在55℃条件下的半衰期延长9倍，而其最大反应速率V_m不改变。

（4）用亚硝酸修饰L-天冬酰胺酶，使其氨基变成羟基。经过修饰后，酶的稳定性大大提高，在体内的半衰期延长2倍。

三、在工业方面的应用

由于酶具有专一性强、催化效率高、作用条件温和等特点，已在食品、轻工、化工等工业生产中广泛应用。然而由于酶的活力较低，稳定性较差，其应用受到许多限制。通过酶分子修饰，可以显著提高酶的催化效率，增强酶的稳定性，还可以改变某些酶的动力学特性，使酶在工业上的应用更加适应实际要求。

1. 提高工业用酶的催化效率　采用适当的修饰方法对酶分子进行修饰，可以使酶的催化效率得到显著提高。

（1）胰蛋白酶可以用于蛋白质水解物、蛋白胨、多肽、氨基酸等的生产，采用大分子结合修饰，使1分子胰凝乳蛋白酶与11分子右旋糖酐结合，酶的催化效率可以达到原有酶的5.1倍。

（2）在糊精、葡萄糖等的生产和淀粉原料的水解等领域广泛使用的α-淀粉酶，分子中含有钙离子等金属离子，通过金属离子置换修饰，将杂离子型α-淀粉酶全部置换为钙型α-淀粉酶，其酶的催化效率可以提高3倍以上，而且稳定性大大增加。所以，在α-淀粉酶的发酵生产、保存和应用过程中，添加一定量的钙离子有利于提高α-淀粉酶的催化效率和稳定性。

（3）将锌型蛋白酶的锌离子除去，然后加进钙离子，置换成钙型蛋白酶，酶的催化效率可以提高20%～30%。

2. 增强工业用酶的稳定性　酶分子经过修饰，可以显著增强稳定性。

（1）木瓜蛋白酶、菠萝蛋白酶、胰蛋白酶、α-淀粉酶、β-淀粉酶等是食品工业中广泛应用的酶，经过大分子结合修饰，其稳定性均显著提高。

（2）胰蛋白酶通过物理修饰，将酶的原有空间构象破坏后，再在不同的温度条件下使酶重新构建新的空间构象。结果表明，在50℃的条件下重新构建的酶的稳定性比天然酶提高5倍。

3. 改变酶的动力学特性　有些酶经过分子修饰以后，其动力学特性会发生某些变化，更有利于工业生产。例如，葡萄糖异构酶能催化葡萄糖转化为果糖，在果糖、果葡糖浆的生产中有重要应用价值。经过琥珀酰化修饰后，葡萄糖异构酶的最适pH下降0.5，并增强酶的稳定性，更加有利于果葡糖浆和果糖的生产。

四、在抗体酶研究开发方面的应用

抗体酶（abzyme）又称为催化性抗体（catalytic antibody），是一类具有催化功能的抗体。

抗体是由抗原诱导产生的与抗原具有特异结合功能的免疫球蛋白。预计人体免疫系统具有产生10^5种甚至更多抗体的能力。如果在抗体与抗原的结合部位引进催化基团，就有可能成为具有催化功能的抗体酶，甚至成为自然界不存在的新酶种。

有关“抗体酶”的相关内容可扫码阅读。

知识拓展5-2

抗体酶可以通过诱导法或修饰法产生。诱导法是在免疫系统中采用半抗原或酶抗原进行诱导而产生。修饰法是将抗体进行分子修饰，即采用氨基酸置换修饰或者侧链基团修饰，在抗体与抗原的结合部位引进催化基团，从而成为具有催化活性的抗体酶。

氨基酸置换修饰采用定点突变技术，将抗体与抗原结合部位的某个氨基酸残基置换为其他氨基酸残基，从而使抗体分子具有催化活性。例如，舒尔茨（Schultz）等采用定点突变技术，将抗体MOPC315（对二硝基苯专一结合的抗体）的结合部位34位酪氨酸置换成组氨酸，获得具有显著酯解活性的抗体酶。

侧链基团修饰是将抗体与抗原结合部位上的某个基团进行修饰，从而使抗体具有催化功能。采用此法可以将巯基或咪唑基等引进抗体的结合部位，而获得具有水解活性的抗体酶。

五、在核酸类酶人工改造方面的应用

自从切赫（Cech）在1982年发现核酸类酶（ribozyme），确认RNA分子具有催化活性以来，人们考虑既然蛋白类酶可以进行分子修饰使酶的催化特性改变，那么核酸类酶是否也能通过人工修饰获得具有新的催化特性的核酸类酶。

如果采用核苷酸置换修饰，将保守核苷酸以外的某个或某些核苷酸置换，就可以获得各种不同的人造核酸类酶。

如果对某些核苷酸残基进行修饰，连接上氨基酸等有机化合物，就有可能扩展核酸类酶的结构多样性，从而扩展其催化功能，提高酶的催化活力。

此外，既然RNA分子具有催化活性，那么DNA分子是否也具有催化活性？然而至今为止，人们还没有在自然界中发现具有催化活性的DNA。这可能是由于RNA分子中的2′-OH可以作为质子供体直接参与许多催化反应。而DNA分子中没有2′-OH，无疑使其潜在的催化能力大为降低。然而，正如缺少蛋白质分子中众多侧链基团的RNA分子具有催化活性一样，缺少2′-OH的单链DNA分子也可能在特定的条件下具有催化功能。

1994年，布瑞克（Breaker）等通过人工方法，从PCR得到的大量的随机序列的单链DNA分子中筛选获得了具有催化RNA水解的单链DNA分子，称为脱氧核酸类酶（deoxyribozyme）。随后人们通过同样的方法获得了多种具有不同催化功能的单链DNA分子。脱氧核酸类酶是具有催化活性的单链DNA分子，具有很高的稳定性，在生理条件下DNA比RNA的稳定性高10^6倍；磷酸二酯键比肽键的抗水解能力高100倍，所以脱氧核酸类酶具有良好的开发应用前景。

单链DNA分子与RNA分子的区别主要有两点：①RNA分子中含有尿嘧啶，而DNA分子中含胸腺嘧啶；②RNA分子中有2′-OH，而DNA分子没有。

如果采用核苷酸置换修饰，通过定点突变技术将RNA分子中的尿苷酸置换为胸苷酸，再采用侧链基团修饰脱去RNA分子中的2′-OH，则核酸类酶有可能成为脱氧核酸类酶。

如果通过侧链基团修饰，将一部分2′-OH去除，就可以获得含有一部分脱氧核苷酸的核酸类酶，有可能使其稳定性得以提高。

六、在有机介质酶催化反应中的应用

酶在一定的有机溶剂介质中能够维持酶分子的基本结构和活性中心的构象，所以能够发挥其催化功能。

在有机介质的酶催化中，通常采用冻干的酶粉悬浮在有机溶剂中进行催化。由于酶粉一般不溶于有机溶剂，难以均匀地分布，致使酶的催化效率较低。

如果对酶分子进行侧链基团修饰，使酶分子表面的基团增强疏水性，就可能使酶溶解于有机溶剂，均匀地分布于溶剂中，进而提高酶的催化效率和稳定性。

例如，采用单甲氧基聚乙二醇对脂肪酶、过氧化氢酶、过氧化物酶等酶分子表面上的氨基进行共价结合修饰，得到的修饰酶能够均一地溶解于苯和氯仿等有机溶剂中，并具有较高

的催化活性和稳定性。

复习思考题

习题答案

1. 简述酶分子修饰的概念和作用。
2. 酶分子的物理修饰有何特点？
3. 简述金属离子置换修饰的主要操作过程。
4. 简述定点突变技术的主要过程。
5. 举例说明肽链有限水解修饰。
6. 何谓大分子结合修饰？简述修饰剂的活化方法。
7. 举例说明酶分子的亲和修饰。

第六章 酶固定化

在酶的广泛应用过程中，人们注意到酶的一些不足之处。

1）*酶的稳定性较差*　除了在食品、轻工领域广泛应用的α-淀粉酶和在PCR技术中普遍采用的*Taq* DNA聚合酶等某些耐高温的酶及可以耐受较低的pH条件的胃蛋白酶等以外，大多数的酶在高温、强酸、强碱和重金属离子等外界因素影响下都容易变性失活。

2）*酶的一次性使用*　酶一般都是在溶液中进行催化反应，在反应系统中，酶与底物、产物混在一起，难以回收利用。这种一次性使用酶的方式，不仅使生产成本提高，而且难以连续化生产。

3）*催化产物的分离纯化较困难*　酶催化反应后与产物混在一起，成为杂质，给产物的分离纯化带来一定的困难。

为此，人们针对酶的不足寻求其改进方法，最早研究成功的就是酶固定化技术。将酶固定在载体上，制备固定化酶的技术过程称为酶固定化（enzyme immobilization），酶固定化是最早被研究、开发并广泛应用的酶改性技术。

酶固定化的研究从20世纪50年代开始，1953年德国的格鲁布霍费尔（Grubhofer）和施莱特（Schleith）采用聚氨基苯乙烯树脂为载体，经重氮化法活化后，分别与羧肽酶、淀粉酶、胃蛋白酶、核糖核酸酶等结合，从而制成固定化酶。60年代后期，固定化技术迅速发展。1969年，日本的千畑一郎首次在工业生产规模应用固定化氨基酰化酶从DL-氨基酸连续生产L-氨基酸。

固定化酶是指固定在载体上并在一定的空间范围内进行催化反应的酶。对于固定化酶的名称，曾经有过固相酶、水不溶酶、固定酶等多种，但都不能确切地表达。在1971年召开的第一届国际酶工程学术会议上，确定固定化酶的统一英文名称为immobilized enzyme。

在固定化酶的研究制备过程中，起初都是采用经提取和分离纯化后的酶进行固定化。随着固定化技术的发展，也可采用含酶菌体或菌体碎片进行固定化，直接应用菌体或菌体碎片中的酶或酶系进行催化反应，这称为固定化菌体或固定化死细胞。

20世纪70年代后期出现了固定化细胞技术。固定化细胞是指固定在载体上并在一定的空间范围内进行生命活动的细胞，也称为固定化活细胞或固定化增殖细胞。1976年，法国首次用固定化酵母细胞生产啤酒和乙醇。1978年，日本固定化枯草杆菌细胞生产α-淀粉酶的研究取得成功。笔者团队从1984年开始，在国内首次进行固定化细胞生产α-淀粉酶、糖化酶和果胶酶等的研究，取得良好效果。

1982年，日本首次研究用固定化原生质体生产谷氨酸，并取得了进展。细胞被制备成固定化原生质体后，由于解除了细胞壁这一扩散障碍，有利于胞内物质的分泌，同时由于有载体的保护作用，稳定性较好，可以反复使用或者连续使用较长的一段时间。1986年开始，笔者团队采用固定化原生质体技术进行生产胞内酶的研究，用固定化枯草杆菌原生质体生产细胞间质中存在的碱性磷酸酶，用固定化黑曲霉原生质体生产葡萄糖氧化酶，用谷氨酸棒杆菌原生质体生产谷氨酸脱氢酶等的研究，均取得可喜成果。

酶经过固定化后，基本保持酶的空间结构和活性中心，所以能够在一定的空间范围内进行催化反应，但是由于载体与酶的相互作用，酶的结构发生了某些改变，从而使酶的催化特性得以改进。固定化酶既保持了酶的催化特点，又克服了游离酶的某些不足之处，具有增加稳定性、可反复或连续使用及易于和反应产物分开等显著优点。

酶固定化技术多种多样，主要有吸附固定化、包埋固定化、结合固定化、交联固定化、位点定向固定化、表面展示固定化等技术。这些技术除了可以用于固定化酶的制备以外，有些还可以用于细胞固定化和原生质体固定化。

第一节 吸附固定化

利用各种吸附剂将酶或含微生物细胞吸附在其表面上而使酶或细胞固定的方法，称作物理吸附法，简称吸附法。通常有非特异性吸附法和离子吸附法（图6-1）。

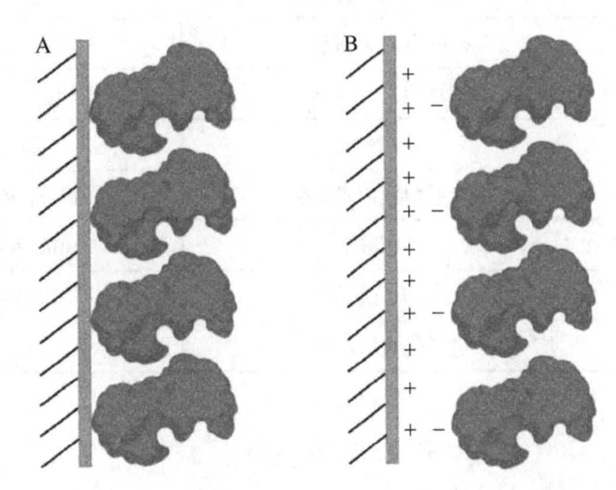

图6-1 非特异性吸附法（A）和离子吸附法（B）对酶分子的固定化

（一）非特异性吸附法

非特异性吸附法主要是指非特异性物理吸附，酶分子是通过非特异的作用力（如范德瓦耳斯力、氢键及亲水或疏水作用等），被固体载体所吸附，从而实现固定。许多载体都能够通过非特异性结合来吸附酶分子。

常用的吸附剂有活性炭、氧化铝、硅藻土、多孔陶瓷、多孔玻璃、硅胶、羟基磷灰石等。采用吸附法固定酶，其操作简便、条件温和，不会引起酶变性或失活，且载体廉价易得，可反复使用。虽然吸附法制备固定化酶有诸多优点，但由于单靠物理吸附结合酶分子的作用力较弱，酶与载体结合不紧密，易发生酶分子脱落，并且酶分子在载体上的分布不均一，使固定化酶效果减弱，限制了其广泛使用。表6-1列举了一些利用吸附介质实现固定化酶的实例。

表6-1 利用吸附法固定化的酶

酶	载体介质	吸附类型
脂酶	M41S硅土	亲水
青霉素酰基转移酶	非孔硅土	
β-葡糖苷酶	微孔陶瓷MCM-41	
辣根过氧化物酶	折叠片状介孔材料FSM-16，MCM-41	
枯草杆菌蛋白酶		
细胞色素c	MCM-41，MCM-48	
中性蛋白酶	蛭石	

续表

酶	载体介质	吸附类型
果胶酯酶	聚对苯二甲酸乙二醇酯（PET）	疏水
蛋白酶	滑石粉	
脂肪酶		
过氧化物酶		
木瓜蛋白酶	二氧化硅	
胰凝乳蛋白酶	PET（Sorsilen）聚苯二甲酸乙二醇酯	
乳酸脱氢酶	聚氯三氟乙烯（PCT-FE）	
角质酶	NaY Zeolite/Accurel PA6	
辣根过氧化物酶	中孔硅基质	吸附
青霉素G酰基转移酶	微孔陶瓷MCM-41	
α-胰凝乳蛋白酶	硅藻土	
前列腺素合成酶	硅胶G（含$CaSO_4$的硅胶）	
酯酶	氨乙基纤维素	离子吸附
荧光假单胞菌脂肪酶	Dowex 66（弱阴离子型）	
天冬氨酸酶	Doulite AT（弱阴离子型）	
溴过氧化物酶	DEAE-Cellulofine	
过氧化物水解酶	DEAE-纤维素	

（二）离子吸附法

离子吸附法是指载体上带电的基团与酶的氨基酸残基上的电荷发生相互作用而发生吸附效应的方法，如赖氨酸上的ε-氨基、谷氨酸和天冬氨酸的羧基等。

用于离子吸附的载体大体可分为三类：合成载体、衍生的合成聚合物和衍生化的交联葡聚糖。合成载体也可像其他吸附剂一样直接作为吸附剂使用，如Duolite树脂（一种离子交换树脂的商品名）可作为弱阴离子交换剂直接吸附酶分子。衍生的合成聚合物是由一些合成的惰性聚合物经衍生化后制备的离子型吸附剂，如衍生化的聚丙烯酰胺、多孔性酚醛树脂等。衍生化的交联葡聚糖，如DEAE-纤维素、SP-纤维素、DEAE-交联葡聚糖等。表6-1中列举了一些通过离子吸附法实现固定化的酶。

第二节　包埋固定化

酶的包埋（entrapment）是指通过物理、化学的方法（如交联或凝胶化）将酶包裹在多孔载体中的过程。

包埋法通常使用多孔介质作为载体，如琼脂糖、海藻酸钠、角叉菜胶、明胶、聚丙烯酰胺、光交联树脂、聚酰胺、火棉胶等。依据所用包埋材料和方法不同，包埋法制备固定化酶可分为凝胶包埋法和半透膜包埋法。

（一）凝胶包埋法

以多孔凝胶为载体，将酶分子包埋在凝胶的微孔而使其固定化的方法称为凝胶包埋法。

凝胶包埋法是应用最广泛的固定化方法，不仅适用于酶分子的固定化，还适用于各种微生物、动物和植物细胞的固定化。一般来讲，酶分子的直径只有几纳米，因此在固定化过程中要控制凝胶载体的孔径小于酶分子的大小，防止已经被包埋的酶分子再次从凝胶孔隙中渗漏出来。

凝胶包埋法所使用的载体主要有琼脂凝胶、海藻酸钙凝胶、聚乙烯醇凝胶、明胶、卡拉胶、聚丙烯酰胺凝胶和光交联树脂等。

1. 琼脂凝胶包埋法 在固定化过程中，先将一定量琼脂加到一定体积的水中，加热使之溶解，然后冷却至48～55℃，加入一定量的酶溶液，迅速搅拌均匀后，趁热分散在预冷的甲苯或四氯乙烯溶液中，形成球状固定化细胞胶粒，分离后洗净备用。由于琼脂凝胶的机械强度较差，而且氧气、底物和产物的扩散较困难，故其使用受到限制。

2. 海藻酸钙凝胶包埋法 将酶液加入一定浓度的无菌海藻酸钙溶液中充分混匀，然后用注射器将其滴入一定浓度的$CaCl_2$溶液中，得到白色小珠，将小珠浸泡在$CaCl_2$中于冰箱内过夜，滤出小珠，洗净备用。

目前，由于海藻酸钙凝胶的机械强度较好，内部呈多孔结构，并且利用此方法固定化酶或细胞方法简便，条件温和，对细胞的毒性较小，在固定化过程中应用比较广泛。利用此方法进行固定化，酶或细胞的包埋量、海藻酸钙浓度、小珠的直径大小对固定化作用的影响较大。现已知海藻酸钙珠体的结构与直径对酶活性有影响，珠体的直径越小，酶活性越高。例如，直径为0.5mm的珠体酶活性是5mm珠体的20倍。并且，所用$CaCl_2$溶液的浓度对固定化酶（或细胞）的酶活性也有直接影响。

3. 聚乙烯醇凝胶包埋法 将一定量的酶蛋白或菌悬液与无菌聚乙烯醇（PVA）混匀，倒平板，加入饱和硼酸溶液，置冰箱内静置过夜。用手术刀切成小块状，用无菌水洗净备用。

PVA水凝胶胶囊的商品化产品，又称为LentiKats，其直径为3～4mm，厚200～400μm，类似于隐形眼镜镜片状。这种类型的酶固定化材料最初于1995年提出。PVA水凝胶胶囊具有良好的机械性、化学性质稳定、在酶催化反应过程中无副作用、能很好地维持酶活性、价格低廉等优点，近年来作为酶固定化载体材料获得广泛的应用。

4. 明胶包埋法 配制一定浓度的明胶悬浮液，加热灭菌后，冷却至35℃以上，与一定浓度的酶或细胞悬浮液混合均匀，倒入光滑的培养皿中，置于冰箱内冷凝2h，取出凝胶，将其浸泡于含戊二醛的生理盐水中1.5h，再取出切割成1～2mm的颗粒，将凝胶颗粒置于戊二醛生理盐水中静置1.5h，滤出备用。其中，加入戊二醛等双功能试剂可以强化交联，增加凝胶的机械强度。由于明胶是一种蛋白质，因此不适于蛋白酶的包埋。

5. 卡拉胶包埋法 用生理盐水配制一定浓度的卡拉胶溶液，灭菌冷却至45℃后与适量菌丝混合，冷却凝固后，放入28℃恒温箱中干燥2h，切成小块，置2% KCl溶液中硬化过夜。

6. 聚丙烯酰胺凝胶包埋法 先配制一定浓度的丙烯酰胺和甲叉双丙烯酰胺的溶液，与一定浓度的酶蛋白或细胞悬浮液混合均匀，然后加入一定量的过硫酸铵和四甲基乙二胺（TEMED），混合后让其静置聚合，然后将凝胶块用手术刀切块，获得所需形状的固定化细胞胶粒。

用聚丙烯酰胺凝胶制备的固定化细胞机械强度高，可通过改变丙烯酰胺的浓度以调节凝胶的孔径，适用于多种细胞和酶的固定化，如利用此方法将具有青霉素酰基转移酶活性的*E. coli*细胞固定于聚丙烯酰胺凝胶珠中，其水解活性显著提高，且在使用90次后，其酶活性也没有明显损失。但是由于丙烯酰胺单体对细胞有一定的毒害作用，因此用它作为包埋剂的研究较少。

7. 光交联树脂包埋法 选用合适种类和一定相对分子质量的光交联树脂预聚体，如聚二甲基丙烯酸乙二醇酯（PEGM）或相对分子质量在1000～3000的光交联树脂预聚体，加入1%左右的光敏剂（如PEGM的引发剂苯乙醚），加入水配制成一定浓度，加热至50℃后使之完全溶解，冷却后与一定量的酶、细胞或原生质体悬液混合均匀，用汞灯（对于PEGM而言）或紫外灯照射5min固化，切成小块备用。

光交联树脂包埋法制备固定化酶或细胞是一种非常经典的方法，其可以通过选择符合要求的预聚体，如适宜的链长、含有恰当的亲水或疏水性的阳离子或阴离子等，来改变树脂的孔径，从而满足不同分子大小的酶及细胞的固定化要求，用来固定生物催化剂，并且此方法是在非常温和的条件下制成的固定化酶凝胶制品，对固定化细胞的生长、繁殖和新陈代谢没有明显的影响。笔者团队利用研制的光交联树脂在国内首先进行光交联树脂固定化细胞生产α-淀粉酶和糖化酶的研究，取得较大进展。

（二）半透膜包埋法

半透膜包埋法又称微胶囊法，使用直径几十微米到几百微米、厚约25nm的半透膜将酶分子包埋在相对固定的微空间中，可防止酶的脱落，防止其与微胶囊外的环境直接接触，可增加酶的稳定性。常用的材料有聚酰胺、火棉胶、硝化纤维、醋酸纤维素、聚苯乙烯、壳聚糖等（相关语音讲解可扫描二维码）。张明瑞（1964）最早提出此方法并利用其制备出第一个人工细胞。

语音讲解6-1

在半透膜包埋法固定的酶或细胞体系中，半透膜的空间一般为几埃（Å）到几十埃，比大多数酶分子的直径小，固定化后的酶分子不会从膜孔中渗漏出来，因此小分子底物能迅速通过膜与酶作用，产物也能快速释放出来。但对于底物和产物都是大分子的酶，此方法的应用受到限制。目前，应用此方法固定的酶有脲酶、天冬酰胺酶、尿酸氧化酶、过氧化氢酶等。

半透膜包埋有多种制备方法，主要有界面沉积法、界面聚合法、表面活性剂乳化液膜包埋法等。

1. 界面沉积法 此方法是利用高聚物在水相和有机相接触界面区域溶解度降低而发生凝聚，从而形成皮膜将酶包埋起来。常用的包埋剂有醋酸纤维素、火棉胶、聚苯乙烯和甲基丙烯酸甲酯等。例如，现将酶的水溶液在含有硝酸纤维素的乙醚溶液中乳化、分散，然后再加入苯甲酸丁酯，使硝酸纤维素在酶溶液周围凝聚，最后用Tween 20去乳化后就可得到含有酶分子的火棉胶微囊。

2. 界面聚合法 在微滴的界面通过加成或缩合反应形成的水不溶性多聚体，利用这种特性制备微胶囊包埋酶。常用的包埋剂有尼龙膜、聚酰胺和聚脲。

3. 表面活性剂乳化液膜包埋法 是指在酶的水溶液中添加表面活性剂，使其乳化形成液膜从而实现包埋的方法。常用的高聚物有乙基纤维素、聚苯乙烯等。包埋时，先将高聚物在有机相中乳化分散，再在水相中分散形成次级乳化液，有机高聚物固化后，其中包埋有多滴酶液。此方法较容易实现，不发生化学反应，操作简便，并且固定化可逆。但膜较厚，不利于底物的进入和产物的释放，且有发生渗漏的可能。

第三节　结合固定化

共价结合法（covalent binding）是酶蛋白分子上的非必需氨基酸侧链集团和载体的功能基团之间发生化学反应，以化学共价键连接，制备固定化酶的方法（图6-2；动画讲解6-1）。

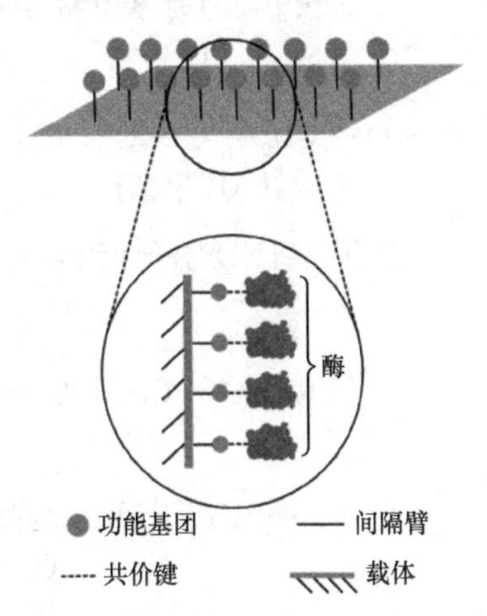

图6-2　酶固定化的共价结合法

共价结合法所采用的载体主要有纤维素、琼脂糖凝胶、葡聚糖凝胶、甲壳质、氨基酸共聚物、甲基丙烯醇共聚物等。这些载体必须在温和条件下才可和酶分子发生化学反应，并且还要具有一定的机械强度和较大的表面积。

酶分子中可以形成共价键的基团主要有氨基、羧基、巯基、羟基、酚基和咪唑基等。与载体发生化学反应的氨基酸残基不能构成酶活性中心，且不能为维持酶分子空间结构所必需的残基，否则固定化后的酶往往会丧失活力。

动画讲解6-1

使用此方法固定酶分子，首先应使载体活化。所谓载体活化，即在载体上引入一些活泼基团，然后此活泼基团再与酶分子上的某一基团反应，形成共价键。

使载体活化的方法很多，主要有重氮法、叠氮法、溴化氰法和烷基化法等。

1. 重氮反应　将含有苯氨基的不溶性载体与亚硝酸反应，生成重氮盐衍生物，使载体引入了活泼的重氮基团，如对氨基苯甲基纤维素可与亚硝酸反应：

$$R-O-\overset{H_2}{C}-C_6H_4-NH_2 + HNO_2 \longrightarrow R-O-\overset{H_2}{C}-C_6H_4-N{=}N^+ + H_2O$$

亚硝酸可由亚硝酸钠和盐酸反应生成。

$$NaNO_2+HCl = HNO_2+NaCl$$

载体活化后，活泼的重氮基团可与酶分子中的酚基或咪唑基发生偶联反应而制得固定化酶。

2. 叠氮反应　含有酰肼基团的载体可用亚硝酸活化，生成叠氮化合物。此方法适用于含有羟基、羧甲基等基团的载体，如羧甲基纤维素、葡聚糖、聚氨基酸、乙烯-顺丁烯二酸酐共聚物等。例如，羧甲基纤维素的酰肼衍生物可与亚硝酸反应生成羧甲基纤维素的叠氮衍生物，其反应式如下：

$$R-O-\overset{H_2}{C}-\underset{\underset{O}{\|}}{C}-NH-NH_2 + HNO_2 \longrightarrow R-O-\overset{H_2}{C}-\overset{\overset{O}{\|}}{C}-N_3+ 2H_2O$$

其中，亚硝酸由亚硝酸钠与盐酸反应生成。

$$NaNO_2 + HCl = HNO_2 + NaCl$$

羧甲基纤维素的酰肼衍生物可由羧甲基纤维素（CMC）制备得到，其反应分两步进行。首先是羧甲基纤维素与甲醇反应生成羧甲基纤维素甲酯：

$$\underset{(CMC)}{R-O-\overset{H_2}{C}-COOH} + H_3C-OH \longrightarrow \underset{(CMC甲酯)}{R-O-CH_2-\overset{O}{\overset{\|}{C}}-O-CH_3} + H_2O$$

然后羧甲基纤维素甲酯与肼反应生成羧甲基纤维素的酰肼衍生物。

$$\underset{(CMC甲酯)}{R-O-CH_2-\overset{O}{\overset{\|}{C}}-O-CH_3} + \underset{(肼)}{H_2N-NH_2} \longrightarrow \underset{(CMC酰肼衍生物)}{R-O-CH_2-\overset{O}{\overset{\|}{C}}-\overset{H}{N}-NH_2} + CH_3OH$$

羧甲基纤维素叠氮衍生物中活泼的叠氮基团可与酶分子中的氨基形成肽键，使酶固定化。

$$R-O-CH_2-\overset{O}{\overset{\|}{C}}-N_3 + H_2N-E \longrightarrow \underset{(固定化酶)}{R-O-CH_2-\overset{O}{\overset{\|}{C}}-NH-E}$$

此外，叠氮基团还可以与酶分子中的羟基、巯基等反应，而制成固定化酶。

$$R-O-CH_2-\overset{O}{\overset{\|}{C}}-N_3 + HO-E \longrightarrow R-O-CH_2-\overset{O}{\overset{\|}{C}}-O-E$$

$$R-O-CH_2-\overset{O}{\overset{\|}{C}}-N_3 + HS-E \longrightarrow R-O-CH_2-\overset{O}{\overset{\|}{C}}-S-E$$

3. 溴化氰反应 含有羟基的载体，如纤维素、琼脂糖凝胶、葡聚糖凝胶等，可用溴化氰活化生成亚氨基碳酸衍生物：

$$\begin{matrix} R-CH-OH \\ | \\ R-CH-OH \end{matrix} + BrCN \longrightarrow \begin{matrix} R-CH-O \\ | \\ R-CH-O \end{matrix}\!\!>C=NH + HBr$$

活化载体上的亚氨基碳酸基团在微碱性的条件下，可与酶分子上的氨基反应，制成固定化酶。通过此法得到的固定化酶相对活力一般比较高，并且性质较稳定，加之操作很方便，因此得到广泛应用。

$$\begin{matrix} H \\ R-C-OH \\ | \\ R-C-OH \\ H \end{matrix} + \overset{Br}{\overset{|}{C}}\equiv N \longrightarrow \begin{matrix} H \\ R-C-O \\ | \\ R-C-O \\ H \end{matrix}\!\!>C=NH + HBr$$

4. 烷基化反应 含羟基的载体可用三氯均三嗪等多卤代物进行活化，形成含有卤素基团的活化载体。

$$\underset{(羟基载体)}{R-OH} + \underset{(三氯均三嗪)}{R'-Cl_3} \longrightarrow \underset{(活化载体)}{R-O-R'-Cl_2} + HCl$$

活化载体上的卤素基团可与酶分子上的氨基、巯基、羟基等发生烷基化反应，制备成固定化酶。

$$R—O—R'—Cl + H_2N—E \longrightarrow R—O—R'—\overset{H}{N}—E + HCl$$
$$R—O—R'—Cl + HS—E \longrightarrow R—O—R'—S—E + HCl$$
$$R—O—R'—Cl + HO—E \longrightarrow R—O—R'—O—E + HCl$$

用共价结合法固定化的酶，酶蛋白与载体结合牢固，不容易脱落，可以连续使用多个批次，重复利用率高，使用时间长。但同时也存在一些问题，如固定前载体需要活化，这一步骤操作复杂，并且利用共价结合反应固定化得到的酶蛋白空间结构会发生微小的改变，导致活性往往会有所降低。

现在已有活化载体的商品出售，商品名为偶联凝胶（coupling gel）。偶联凝胶有多种类型，如溴化氰活化的琼脂糖凝胶4B、活化羧基琼脂糖凝胶4B等，在实际应用时，选择适宜的偶联凝胶，可免去载体活化的步骤而很简便地制备固定化酶。在选择偶联凝胶时，一方面要注意偶联凝胶的特性和使用条件；另一方面要了解酶的结构特点，要避免酶活性中心上的基团被偶联而引起失活，也要注意酶在与载体偶联后可能引起酶活性中心的构象变化而影响酶的催化能力。

此外，近年还开发了诸多类型的合成活性聚合物载体，如酰基叠氮、酸酐、卤素、环氧、异氰酸酯、羰基、乙醛、活性酯和乙酰唑胺内酯等。它们通常可以在一种或多种共聚物或交联剂存在下悬浮聚合一步合成，如含有酰基叠氮的聚合物就可通过此法合成。

第四节 交联固定化

交联法（cross-linking）是利用双功能试剂或多功能试剂使酶分子间发生相互交联反应，并以共价键制备固定化酶的方法。此方法与共价结合法固定化酶相似，也是通过共价键来对酶蛋白进行固定，酶分子和双功能试剂或多功能试剂间形成共价键，得到三元的交联网架结构，如图6-3所示。

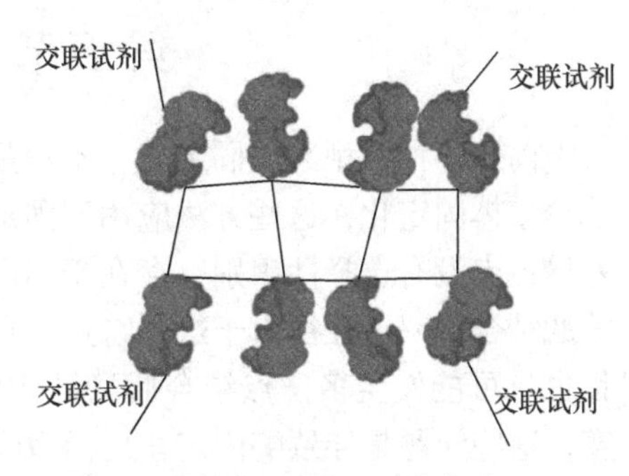

图6-3 交联法固定化酶

酶分子除了发生分子间交联外，还存在着分子内交联。与共价结合法有所不同，虽然也是通过共价键实现分子的交联，但此方法不需要载体即可实现酶的固定化。通常使用的双功能交联剂有戊二醛、己二胺、顺丁烯二酸酐、双偶氮联苯和双重氮联苯胺-2,2-二磺酸等，其中戊二醛使用最为广泛。

戊二醛的交联方式如图6-4所示。

虽然交联法固定化酶的结合较牢固，并可长时间使用。但此法固定化酶的反应条件较为剧烈，固定的酶回收率一般比较低，并且由于酶分子中多个基团参与交联反应，酶的活性损失比较大。再加之交联剂的价格较为昂贵，单独交联所得到的酶活性、物理特性又不能满足实际使用需要，因此很少单独使用。绝大多数情况下将此方法作为包埋法或吸附法的辅助方法来用，多种固定化方法联合此法固定得到的酶效果较好，因此在工业上使用也较为广泛。

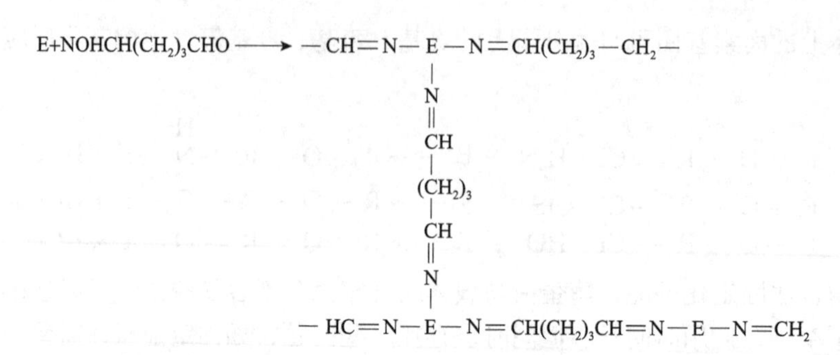

图6-4 交联法固定化酶的交联方式

比如常用的有吸附交联法和包埋交联法。

吸附交联法是将酶吸附在硅胶、皂土、氧化铝等树脂或其他大孔型离子交换树脂上，再用戊二醛试剂进行交联。也可将双功能试剂与载体反应得到有功能性的载体，再进行酶分子的交联。

包埋交联法是指将酶液和双功能试剂（戊二醛）凝结成颗粒很细的聚集体，再利用高分子或多糖类物质包埋成颗粒。

除了经典的酶固定化方法在工业中广泛使用外，为了保持传统方法的优点并且克服其不足，近年来研究人员不断尝试开发一些固定条件较为温和的方法，尽量使酶的活性损失较小，达到最理想的固定化效果。交联酶聚集体方法是其中最具代表性的一种新型固定化方法。

知识拓展6-1

交联酶聚集体（cross-linked enzyme aggregate，CLEA），是利用物理方法使蛋白质先沉淀后交联形成不溶性的、稳定的固定化酶。

“交联酶聚集体”的相关内容可扫码阅读。

第五节 位点定向固定化

前述多种类型酶的固定化，不论是传统的离子吸附固定化、共价结合固定化，还是交联酶聚集体固定化，这些方法应用于固定化酶的过程中，对参与固定化的酶分子的结构域和氨基酸位点没有选择性识别，存在于不同结构域中的相似或相同氨基酸残基与载体介质有着同等的结合概率。往往由于这一特点，在固定化过程中关键位点的修饰会导致酶活力降低，并且也有可能发生多位点结合后酶结构僵化，或是使酶固定化中底物进出活性中心通道被堵塞，这些问题是导致酶固定化后活力降低或完全失活的重要原因。这种不控制与载体介质的结合位点和结合数目的固定化方式都可归为酶的随机固定化。

与之相反，位点定向固定化酶（也称位点特异固定化酶）不仅可以提高固定化酶的特性，诸如活性、稳定性等，还可实现酶可控模式的固定化。这种固定化模式在20世纪70年代初就有报道，但当时“位点特异固定化”这个概念尚未明确提出。位点特异的酶固定化是指酶分子通过特异位点与载体发生共价结合或亲和结合的固定化方法。这种特异性结合的实现可以通过引入化学标签或特异性配体-酶、抗原-抗体的相互作用来实现。由此，与载体结合的酶分子可以以高度有序的结构被固定在载体上，有利于底物和酶的高效结合（图6-5）。

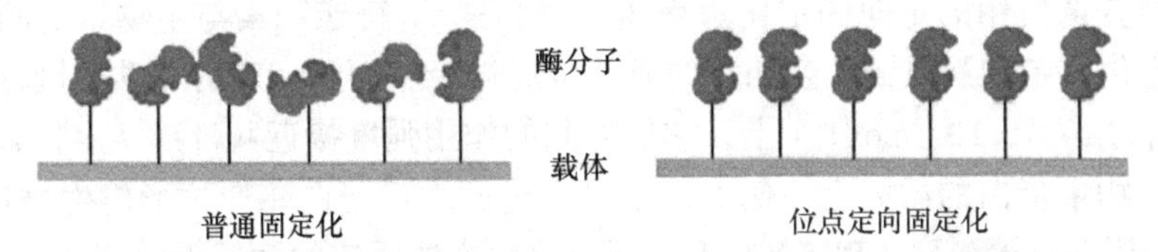

图6-5　位点定向固定化酶与普通固定化酶的比较

位点定向固定化酶有诸多优点，如酶固定化方向可以控制、提高载体对酶分子的承载量等。与随机固定化相比，位点定向固定化酶可以使底物更好地接近酶活性中心，避免酶分子多位点修饰和多种定位形成的空间障碍，还可避免对重要氨基酸的修饰，从而增加酶催化的效率和可重复利用率。位点定向固定化酶的方法大体可分为两类：非共价定向固定化和共价定向固定化。

非共价定向固定化酶是指依靠酶分子与固定载体介质之间的非共价结合作用固定化酶分子。非共价结合作用通常有抗原抗体亲和作用、亲和素/链霉亲和素与生物素之间的相互作用、多聚组氨酸标签与Co^{2+}/Ni^{2+}之间的结合，以及一些其他的蛋白质亲和标签，如氧化锌结合态、氧化铁亲和肽等。

视频讲解6-1

有关"酶固定化新方法"的视频讲解请扫描二维码。

（一）基于抗原-抗体相互作用的定向固定化

基于抗原-抗体相互作用的定向固定化虽然特异性最高，但由于需要将酶作为抗原时才使用，因此实际中的使用有较大限制性。例如，羧肽酶A（carboxypeptidase A，CPA）可直接与其抗体紧密结合而固定，形成复合物的亲和常数可达10^9。

若酶分子自身不作为抗原使用，一般也可使用此方法进行定向固定化，但需要在靶分子的N端或C端融合一段短肽序列标签，让酶分子通过亲和作用与固定在载体上的标签抗体相互作用而实现固定化。载体上通常用于吸附抗体的标签为金黄色葡萄球菌蛋白A，此蛋白与抗体有很强的相互作用，可与抗体紧密结合，固定化过程中，抗体再与靶酶进行定向吸附，形成定向固定化酶（图6-6）。

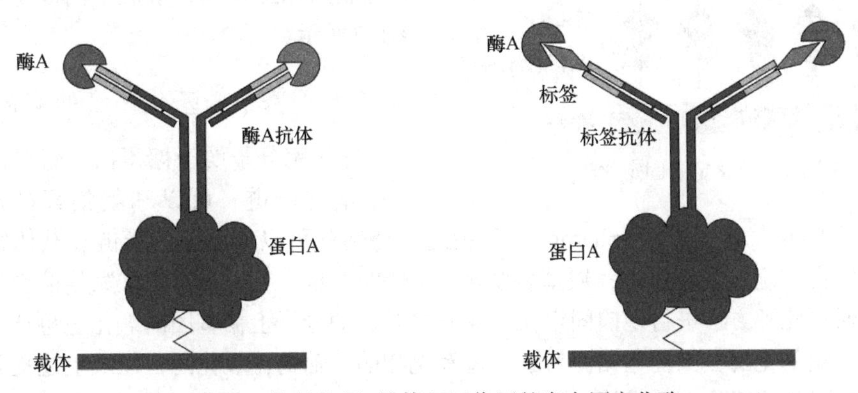

图6-6　依赖抗原-抗体相互作用的定向固定化酶

（二）基于亲和素/链霉亲和素与生物素的特异作用的定向固定化

还有一类普遍使用的定向固定化酶是通过亲和素/链霉亲和素与生物素之间的特异作用实现定向固定化。亲和素或链霉亲和素的亚基可通过专一而又特定的非共价键连接到生物素（解离常数K_D为10^{-16}～10^{-15}mol/L）上，它们之间的作用强度接近共价键。生物素化的酶可结合到含有抗生物素蛋白的载体上。例如，生物素化的木瓜蛋白酶通过形成生物素-抗生物素蛋白复合体被固定在聚醚砜（PES）膜上。通过这种方法固定的木瓜蛋白酶V_m升高，K_m降低，表现出了优于天然游离酶的催化特性。抗生物素蛋白可以通过基因工程手段与目标酶进行融合，制备出带有标签的酶使其能利用这种方法进行固定。

（三）基于氨基酸残基与金属离子作用的定向固定化

基于组氨酸残基上的咪唑环可与这些过渡金属形成稳定的螯合键这一原理，可以利用多聚组氨酸作为标签和诸多过渡态金属，如Co^{2+}/Ni^{2+}之间相互吸附形成的固定化作用也可实现定向固定化。例如，酶-聚组氨酸标签可以结合到带有螯合金属或金属复合物（Ni-TiO_2）的载体上，带有聚阴离子六组氨酸标签的酶分子可以结合到聚阴离子的载体上，实现固定。用于固定聚组氨酸的载体包括镍-氧化钛薄膜、铜离子螯合琼脂糖凝胶等。通过此方法已定向固定了碱性磷酸酶、木糖异构酶、NADH氧化酶、甘油脱氢酶、萤光素酶等酶分子。

（四）基于化学标签的定向固定化

共价定向固定化可以通过利用存在于酶分子表面的天然功能基团（如半胱氨酸、糖基化基团等）或引入化学标签来完成酶分子定向固定化。最简便的共价定向固定化是通过酶分子自身带有的半胱氨酸残基与载体介质上的特定官能团发生化学反应，形成稳定的共价键。例如，β-半乳糖苷酶与硫代亚磺酸酯琼脂糖形成很强的二硫键而定向固定。但如果目标酶分子中含有多个半胱氨酸残基，此方法就不能有效地实现定向固定化，因而对用这种方法固定化的酶分子有较大限制。

另外一个共价定向固定化的方式是化学标签法。存在于酶分子表面的特定天然功能基团可以通过化学方法被激活，活化后的分子可以共价或非共价地固定到载体上，与载体上的官能团相互作用，形成定向固定的酶，如图6-7所示。

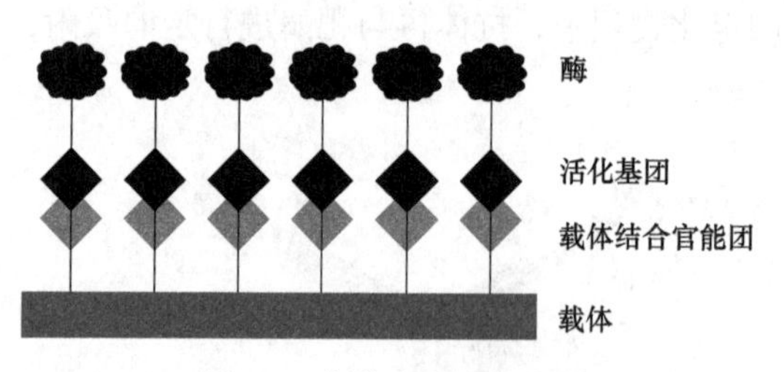

图6-7　化学定向固定化酶

（五）基于糖基化侧链的定向固定化

有些酶分子属于糖蛋白，蛋白质分子上有糖基化侧链，可以和凝集素ConA结合，将凝集素交联到载体上（如Spheron），利用这一特性就可以使酶上的糖链和载体特异地结合，形成定向固定化酶。例如，羧基多肽酶Y（CPY）是一个属于丝氨酸家族的糖蛋白外肽酶，可以通过此种方法进行定向固定化。除此之外，酶分子上糖基团的氧化也可产生特殊的结合位点。糖基化酶，如葡萄糖淀粉酶、过氧化物酶、葡萄糖氧化酶，以及上述提到的羧肽酶Y的糖基团可被氧化成乙醛基，然后转化成氨基，通过*N*-羟基琥珀酰亚胺酯共价结合到活化的琼脂糖上，完成定向固定化。

第六节 微生物细胞表面展示固定化

微生物细胞表面展示技术是指利用微生物细胞中一些能定位于细胞膜或细胞壁的蛋白质及多肽与目的蛋白质或酶分子融合，使酶分子与其一起定位在细胞表面上，从而使目的蛋白质能在表面上展现生物学活性（图6-8）。此技术在重组细菌疫苗、抗原表位分析、全细胞催化剂、全细胞吸附剂、多肽库筛选等多个领域得到广泛应用。从20世纪80年代中期发现表面展示技术到现在，许多研究已将此技术应用于多种微生物系统中，如丝状真菌系统、噬菌体系统、杆状病毒系统和酵母系统。在细菌中常用于融合目的蛋白的锚蛋白有冰晶核蛋白、自体转运蛋白、S层蛋白等。其中，噬菌体表面展示和酵母表面展示应用最为广泛。酵母表面展示用于酶的展示也是定向固定化酶的一种新形式。

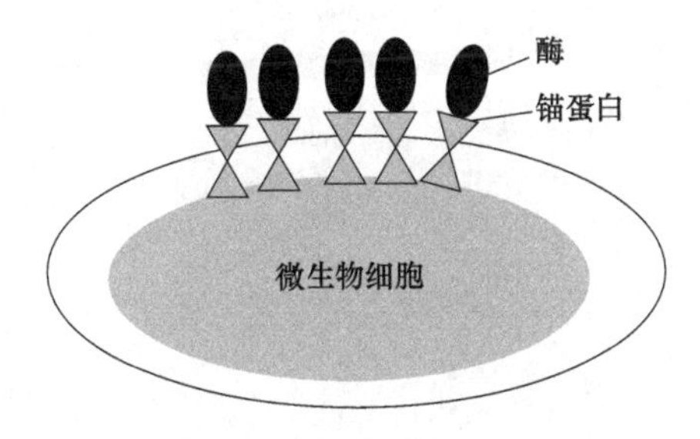

图6-8 微生物细胞表面展示示意图

酵母表面展示（yeast surface display）技术是将外源蛋白基因与特定的锚定蛋白基因序列融合，与特定载体重组后导入酵母细胞，利用酵母细胞内蛋白转运到膜表面的机制使外源蛋白在酵母细胞表面锚定表达的一种技术。目前，诸如酿酒酵母（*Saccharomyces cerevisiae*）、毕赤酵母（*Pichia pastoris*）等系统中都可用表面展示的方式使目的酶分子固定在细胞表面来进行催化反应。外源蛋白与载体蛋白序列的融合方法有N端融合、C端融合、插入融合。N端融合适用于载体蛋白的定位区域在它的C端；C端融合适用于载体蛋白的定位区域在它的N端；插入融合适用于融合位点在载体蛋白的中部区域。与噬菌体和大肠杆菌细胞表面展示技术相比，酿酒酵母细胞表面展示表达系统具有糖基化作用、蛋白质翻译后折叠和与哺乳动物类似的分泌机制的优势，且一个酵母细胞大概能够展示表达10^4个凝集素蛋白，更利于高效表达具有生物活性的复杂蛋白。

常用于酵母表面展示中作为锚蛋白的系统有两类：一类是凝集素展示系统，另一类是絮凝素展示系统。a-凝集素和α-凝集素是酵母细胞壁上的两种甘露糖蛋白，它们在酿酒酵母的a交配型（MATa）和α交配型（MATα）单倍体细胞之间介导细胞与细胞的黏附，使细胞融合形成双倍体。

α-凝集素由*AGa1*基因编码，在加工前具有650个氨基酸，α-凝集素已成为在酿酒酵母细胞壁表面展示酶分子最常用的锚定分子之一，将酶分子编码序列与α-凝集素C端［320个氨基酸残基，含有糖基磷脂酰肌醇（GPI）锚定信号序列］编码序列连接后插入载体信号肽下游分泌表达，信号肽引导嵌合分子向细胞外分泌，而凝集素则锚定在酵母细胞壁中，从而将酶分子展示表达，同时酿酒酵母染色体组中的α-凝集素基因仍然保持完整，使酵母细胞壁结构和细胞之间信号交换未受损害，酵母细胞活力不受影响。

a-凝集素由两对二硫键连接的*AGA1*基因编码的核心亚基（725个氨基酸残基）和*AGA2*基因编码的小结合亚基（69个氨基酸残基）组成。核心亚基一般由分泌信号区域、活性区域、富含Ser/Thr残基的支持区域和一个可能的GPI锚定信号区域组成。Ser/Thr富集区和GPI

因广泛存在的*O*-糖基化而拥有一个杆状构象，可作为空间支撑物发挥作用。a-凝集素的分泌蛋白Aga2p通过两对二硫键与核心蛋白Aga1p连接。目的蛋白与结合亚基Aga2p的C端融合（图6-9）。Aga2p融合蛋白和Aga1p在分泌途径中结合，并被转运到细胞表面后与细胞壁共价结合。

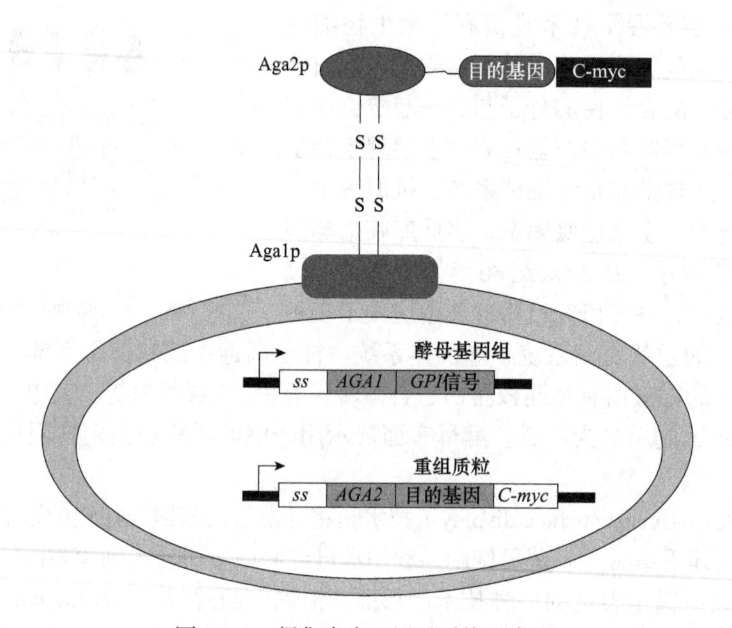

图6-9 a-凝集素表面展示系统示意图

另一类絮凝素展示表达系统是依靠絮凝素FlolP蛋白发挥作用引导目的蛋白展示到酵母细胞表面的方法。FlolP由几个不同的结构域组成：N端分泌信号区、絮凝功能结构域、C端GPI锚附着信号区和膜锚定结构域。FlolP絮凝功能结构域靠近N端，识别细胞壁中的α-甘露聚糖组分并与之非共价结合，引起细胞聚集成可逆性絮状物。已经形成了两种类型的絮凝素展示系统。一是GPI系统，包括8种由FlolP的C端构建的含有GPI锚的细胞表面展示系统，根据目的蛋白的特性确定FlolP肽段的长度，然后将目的蛋白的C端与锚定序列融合。二是利用FlolP的絮凝结构域的黏附能力创建一个表面展示系统。它包括FlolP的絮凝结构域——FS蛋白和FL蛋白，分别由1099个和1447个氨基酸组成，含有一个分泌信号区和目的蛋白插入位点。目的蛋白的N端与FlolP的絮凝功能域融合，融合蛋白通过它的絮凝功能结构域与细胞壁的甘露聚糖链的非共价相互作用而诱导细胞黏着。

另外，还有如酵母细胞壁甘露糖蛋白Sed1p、Cwp1p、Cwp2p和Tip1p等介导的表面展示，其C端都可与重组蛋白融合将靶蛋白展示到酵母细胞表面。

第七节 固定化酶的性质及应用

一、固定化酶的特性

酶固定化后，酶的活性中心和空间立体结构基本可以保持不变，但由于催化性质由均相移到了多相，并且受限于载体等性质的影响，酶的活性和其他性质均会表现出与游离酶有所不同的地方。

“固定化酶的特性”的语音讲解可扫描二维码。

（一）稳定性

酶的稳定性包括多种类型，如对热的稳定性、对蛋白酶降解的稳定性及对变性剂的耐受性。

酶的热稳定性这一性质在工业生产中表现得非常重要。作为生物催化剂，大多数天然酶蛋白对热都不呈现出强的抵抗作用。固定化后，酶分子由于和载体有刚性接触，酶蛋白部分结构的刚性也发生改变，限制了高温条件下酶分子结构的变形，与天然酶相比，表现出一定程度的热稳定性提高。例如，利用共价结合固定化得到的酶，其热稳定性与酶分子和载体之间形成共价键的数量有密切的关系。高结合密度使酶与载体之间形成的键的数量增加，酶的空间构型得到固定，因此酶和载体间多点结合可增强酶的热稳定性，如图6-10所示。

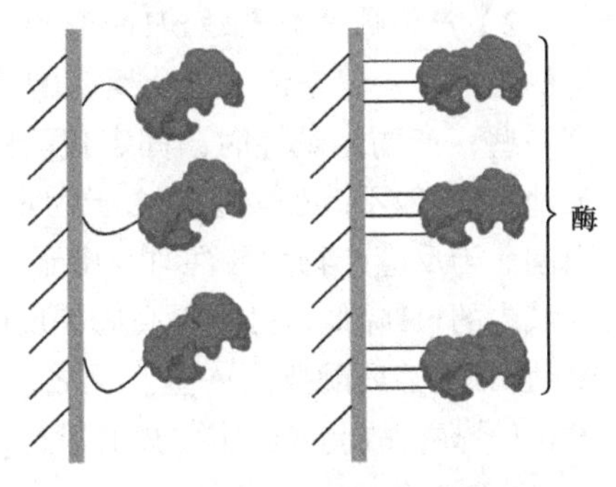

图6-10 固定化对酶热稳定性的影响

固定化酶除了能够提高酶的热稳定性之外，还表现出贮藏的稳定性。这种稳定性以半衰期表示，作为固定化酶稳定性的一个重要的衡量指标。例如，固定化的胰蛋白酶可以在20℃条件下保存数月，活力不损失。

另外，游离酶经过固定化后，使得酶的聚集度进一步变大，而蛋白酶同样作为大分子不易进入固定化的酶中，从而使固定化酶表现出了一定的抗蛋白酶降解的能力。例如，用尼龙膜或用聚丙烯酰胺凝胶包埋的固定化天冬酰胺酶，对蛋白酶的降解极为稳定。而在同样的条件下，游离酶全部失活。

在抗变性剂方面，固定化酶对尿素、有机溶剂和盐酸胍等变性剂也表现出较强的耐受性。

（二）最适温度

固定化酶的最适温度一般与游离酶差不多，活化能也变化不大，但有些固定化酶的最适温度与游离酶比较会有较明显的变化。例如，用重氮法制备的固定化胰蛋白酶和胰凝乳蛋白酶，其作用的最适温度比游离酶高5～10℃；以共价结合法固定化的色氨酸酶，其最适温度比游离酶高5～15℃。同一种酶，在采用不同的方法或不同的载体进行固定化后，其最适温度也可能不同。例如，氨基酰化酶，用DEAE-葡聚糖凝胶经离子键结合法固定化后，其最适温度（72℃）比游离酶的最适温度（60℃）提高12℃；用DEAE-纤维素固定化的，其最适温度（67℃）比游离酶提高7℃；而用烷基化法固定化的氨基酰化酶，其最适温度却比游离酶有所降低。由此可见，固定化酶作用的最适温度可能会受到固定化方法和固定化载体的影响，在使用时要加以注意。

（三）最适pH

酶经过固定化后，其作用的最适pH相对固定化前往往会发生一些偏移。在使用固定化酶时，须注意这一特性。影响固定化酶最适pH的因素主要有两个：一个是载体的带电性质，另一个是酶催化反应产物的性质。

1）载体的带电性质对最适pH的影响　载体的带电性质对固定化酶的最适pH有明显的影响。一般情况下，用带负电荷的载体制备的固定化酶，其最适pH比游离酶的最适pH稍高（即向碱性一侧移动）；用带正电荷的载体制备的固定化酶的最适pH比游离酶的最适pH偏低（即向酸性一侧移动）；而用不带电荷的载体制备的固定化酶，其最适pH一般不改变（有时也会有所改变，但不是由于载体的带电性质所引起的）。

2）产物性质对最适pH的影响　酶催化作用的产物的性质对固定化酶的最适pH有一定的影响。一般来说，催化反应的产物为酸性时，固定化酶的最适pH要比游离酶的最适pH高一些；产物为碱性时，固定化酶的最适pH要比游离酶的最适pH低一些；产物为中性时，最适pH一般不改变。这是由于固定化载体成为扩散障碍，使反应产物向外扩散受到一定的限制。当反应产物为酸性时，由于扩散受到限制而积累在固定化酶所处的催化区域内，使此区域内的pH降低，必须提高周围反应液的pH，才能达到酶所要求的pH。为此，固定化酶的最适pH比游离酶要高一些。反之，反应产物为碱性时，由于它的积累，固定化酶催化区域的pH升高，故此使固定化酶的最适pH比游离酶的最适pH要低一些。

（四）底物特异性

底物特异性是酶的重要特性之一，固定化酶的底物特异性与游离酶相比可能会有或多或少的差异。其变化的程度与底物的相对分子质量的大小有一定关系。对于一些底物分子质量较低的酶，固定化后的底物特异性不会有明显变化。例如，氨基酰化酶、葡萄糖氧化酶、葡萄糖异构酶等，固定化酶的底物特异性与游离酶的底物特异性相同。而对于那些既可作用于大分子底物又可作用于小分子底物的酶而言，固定化酶的底物特异性往往会发生变化。例如，胰蛋白酶既可作用于高分子的蛋白质，又可作用于低分子的二肽或多肽，固定在羧甲基纤维素上的胰蛋白酶，对二肽或多肽的作用保持不变，而对酪蛋白的作用仅为游离酶的3%左右；以羧甲基纤维素为载体经叠氮法制备的核糖核酸酶，当以核糖核酸为底物时，催化速率仅为游离酶的2%左右，而以环化鸟苷酸为底物时，催化速率可达游离酶的50%～60%。

固定化酶底物特异性的改变，是由载体的空间位阻作用引起的。酶固定在载体上以后，使大分子底物难以接近酶分子而使催化速度大大降低，而相对分子质量较小的底物受空间位阻作用的影响较小或不受影响，故与游离酶的作用没有显著不同。

二、固定化技术的应用

随着固定化技术的不断发展，在酶工程领域，固定化技术已经发展为固定化酶、固定化细胞（原核细胞、真核细胞）、固定化原生质体，这些技术被广泛应用于医药、食品、轻工、环保、化合物分离纯化等方面，用来制备药物中间体、重要的化合物分子、有机酸、香精、色素、疫苗、激素等重要物质。

（一）固定化酶在工业生产中的应用

现已用于工业化生产的固定化酶主要有下列几种。

1）氨基酰化酶　这是世界上第一种用于工业化生产的固定化酶。1969年，日本田边制药公司将从米曲霉中提取分离得到的氨基酰化酶，用DEAE-葡聚糖凝胶为载体通过离子键结合法制成固定化酶，将L-乙酰氨基酸水解生成L-氨基酸，用来拆分DL-乙酰氨基酸，连续生产L-氨基酸。剩余的D-乙酰氨基酸经过消旋化，生成DL-乙酰氨基酸，再进行拆分。其生产成本仅为用游离酶生产成本的60%左右。

$$\underset{\text{(L-乙酰氨基酸)}}{\begin{array}{c}H-N-O-\overset{\overset{O}{\|}}{C}-CH_3\\ |\\ HC-COOH\\ |\\ R\end{array}} + \xrightarrow{\text{氨基酰化酶}} \underset{\text{(L-氨基酸)}}{\begin{array}{c}NH_2\\ |\\ HC-COOH\\ |\\ R\end{array}} \underset{\text{(乙酸)}}{+CH_3COOH}$$

2）L-天冬氨酸酶　L-天冬氨酸酶是一种重要的工业用酶，主要用于酶法合成L-天冬氨酸。后者在医药、食品和化工领域中有广泛的用途，特别是它为当今世界重要的二肽甜味剂阿斯巴甜（Aspartame）和阿力甜（Alitame）合成所必需的原料。1973年，日本用聚丙烯酰胺凝胶为载体，将具有高活力天冬氨酸酶的大肠杆菌菌体包埋制成固定化天冬氨酸酶，用于工业化生产。随后不久，改用角叉菜胶为载体制备固定化酶，也可将天冬氨酸酶从大肠杆菌细胞中提取分离出来，再用离子键结合法制成固定化酶，用于工业化生产。

$$\underset{\text{(延胡索酸)}}{\begin{array}{c}HOOC-C-H\\ \|\\ H-C-COOH\end{array}} + NH_3 \xrightarrow{\text{L-天冬氨酸酶}} \underset{\text{(L-天冬氨酸)}}{HOOC-CH_2-\overset{\overset{NH_2}{|}}{\underset{\underset{H}{|}}{C}}-COOH}$$

3）青霉素酰化酶　青霉素酰化酶在医药工业中被广泛用于半合成抗生素及其中间体的制备、手性药物的拆分和多肽合成等方面。青霉素酰化酶既可催化青霉素或头孢菌素水解生成6-氨基青霉素烷酸（6-APA）或7-氨基头孢烷酸（7-ACA），也能制备半合成类抗生素。目前，通过吸附法、包埋法和共价偶联法均可呈现酶的固定化，制备的固定化酶催化效率没有明显降低，现已被广泛应用。此外，通过交联酶聚集体（CLEA）固定得到的青霉素酰化酶能保证催化水解重复使用20批次依然保持100%的酶活力，已被用于高效制备半合成抗生素。

$$\text{青霉素} \xrightarrow{\text{青霉素酰化酶}} \text{6-APA} + R-COOH$$

$$\text{头孢菌素} \xrightarrow{\text{青霉素酰化酶}} \text{7-ACA} + R-COOH$$

4）葡萄糖异构酶　这种固定化酶是目前生产规模最大的一种。将培养好的含葡萄糖异构酶的放线菌细胞用60～65℃热处理15min，该酶即固定在菌体上，制成固定化酶，催化葡萄糖异构化生成果糖，用于连续生产果葡糖浆。

$$\text{葡萄糖} \xrightarrow{\text{葡萄糖异构酶}} \text{果糖}$$

5）延胡索酸酶　延胡索酸酶（EC 4.2.1.2）是TCA循环中的一个关键性酶，催化延胡索酸转变成L-苹果酸这一可逆水合反应，广泛存在于动植物和微生物中。工业上主要应用它生产L-苹果酸。最早用聚丙烯酰胺凝胶包埋产氨短杆菌菌体，用于生产L-苹果酸。随着进一步发展，改用角叉莱胶包埋具有高活力延胡索酸酶的黄色短杆菌菌体，使L-苹果酸的产率比前者提高5倍。我国学者除了使用聚丙烯酰胺凝胶、明胶等固定化介质外，还使用卡拉胶混合凝胶（在卡拉胶中加入明胶、羧甲基纤维素钠和琼脂等制成）对产氨短杆菌和黄色短杆菌进行固定化，用于生产L-天冬氨酸，酶的回收率提高至90%，同时半衰期也能提高10%～20%。

$$\begin{matrix}\text{HOOC}-\text{C}-\text{H}\\ \| \\ \text{H}-\text{C}-\text{COOH}\end{matrix} + H_2O \xrightarrow{\text{延胡索酸酶}} \text{HOOC}-\text{CH}_2-\text{CHOH}-\text{COOH}$$

(延胡索酸) **(L-苹果酸)**

6）β-半乳糖苷酶　为β-D-半乳糖苷水解酶，常简称为乳糖酶，广泛存在于各种动物、植物及微生物中，可用于水解乳中存在的乳糖，生成半乳糖和葡萄糖。用于生产低乳糖奶、制备低聚半乳糖和乳清加工。1977年实现了采用固定化乳糖酶连续生产低乳糖奶。

$$\text{乳糖+水} \xrightarrow{\text{乳糖酶}} \text{葡萄糖+半乳糖}$$

7）天冬氨酸-β-脱羧酶　天冬氨酸-β-脱羧酶是迄今为止自然界中发现的唯一氨基酸β-脱羧酶，它能催化L-天冬氨酸脱羧生成L-丙氨酸。目前已用来生产L-丙氨酸及拆分DL-天冬氨酸生产D-天冬氨酸。日本已经在1982年实现用卡拉胶固定假单胞菌（*Pseudomonas dacunhae*）细胞用于L-Asp连续工业化生产L-丙氨酸。

$$\text{HOOC}-\text{CH}_2-\underset{\displaystyle \text{NH}_2}{\underset{|}{\text{CH}}}-\text{COOH} \xrightarrow{\text{L-天冬氨酸脱羧酶}} \text{CH}_3-\underset{\displaystyle \text{NH}_2}{\underset{|}{\text{CH}}}-\text{COOH}$$

(L-天冬氨酸) **(L-丙氨酸)**

8）脂肪酶　脂肪酶具有广泛用途，不仅可以催化甘油三酯水解生成甘油和脂肪酸，还可以催化转酯反应、酯的合成、多肽的合成、手性化合物的拆分、生物柴油的生产、植物油的脱胶等。已经有多种固定化脂肪酶用于工业化生产。

9）植酸酶　植酸酶可以催化植酸水解生成肌醇和磷酸，固定化植酸酶已经工业化生产，被广泛用于饲料工业，使饲料中的植酸水解，以减少畜禽粪便中的植酸造成环境的磷污染。

$$\text{植酸+水} \xrightarrow{\text{植酸酶}} \text{肌醇+磷酸}$$

（二）固定化酶在酶传感器方面的应用

酶传感器是由固定化酶与能量转换器（电极、场效应管、离子选择场效应管等）密切结合而成的传感装置，是生物传感器的一种，是生物传感器领域中研究最多的一种类型。它是将生物活性物质与各种固态物理传感器相结合而形成的一种检测仪器，具有灵敏度高、准确度高、选择性好、检测限低、价格低廉、稳定性好、能在复杂的体系中进行快速在线连续监测等特点，被广泛应用于基础研究、生物、临床化学和诊断、农业和畜牧兽医、化学分析、军事、过程控制与检测、环境监控与保护等领域。

葡萄糖传感器是生物传感器领域研究最多、商品化最早的生物传感器。根据克拉克（Clark）电极理论，自20世纪60年代开始，各国科学家纷纷开始葡萄糖传感器的研究。经过近半个世纪的努力，葡萄糖传感器的研究和应用已有了很大的发展，在食品分析、发酵控制、临床检验等方面发挥着重要的作用。

1967年，厄普代克（Updik）和希克斯（Hicks）首次研制出以铂电极为基体的葡萄糖氧化酶（GOD）电极，用于定量检测血清中的葡萄糖含量，如图6-11所示。该方法中葡萄糖氧化酶固定在透析膜和氧穿透膜中间，形成一个“三明治”的结构，再将此结构附着在铂电极的表面。在施加一定电位的条件下，通过检测氧气的减少量来确定葡萄糖的含量。大气中氧气分压的变化会导致溶液中溶解氧浓度的变化，从而影响测定的准确性。为了避免氧干扰，1970年，克拉克（Clark）对其设计的装置进行改进后，可以较准确地测定H_2O_2的产生量，从而间接测定葡萄糖的含量。此后，许多研究者采用过氧化氢电极作为基础电极，其优点是：葡萄糖浓度与产生的H_2O_2有当量关系，不受血液中氧浓度变化的影响。

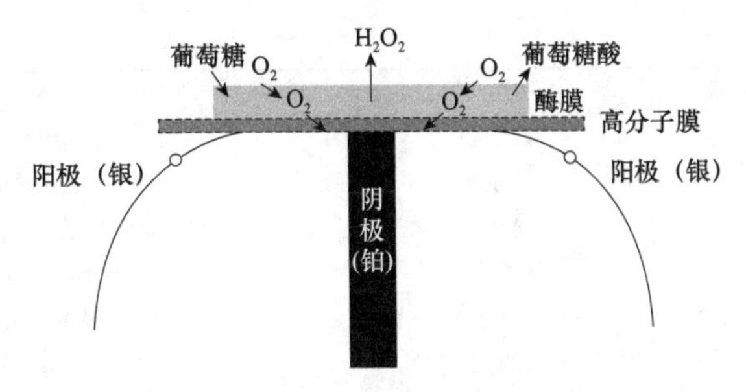

图6-11 葡萄糖氧化酶电极工作原理示意图

目前，葡萄糖氧化酶电极测定仪已经有各种型号商品，并在许多国家普遍应用。我国第一台葡萄糖生物传感器于1986年研制成功，商品化产品主要有SBA葡萄糖生物传感器。该传感器选用固定化葡萄糖氧化酶与过氧化氢电极构成酶电极葡萄糖生物传感分析仪，每次进样量25μL，进样后20s可测出样品中葡萄糖含量，在10～1000mg/L内具有良好的线性关系，连续测定20次的变异系数小于2%。

另一种使用广泛的酶电极是青霉素酶电极。它以固定化的青霉素酶的酶膜与平板pH电极组装而成。将青霉素酶固定在聚丙烯酰胺凝胶或光交联树脂膜内，然后紧贴在玻璃（pH）电极上即可。当酶电极浸入含有青霉素的溶液中时，青霉素酶催化青霉素水解生成青霉烷酸，引起溶液中氢离子浓度增加，通过pH电极测出的pH变化而测出样品溶液中青霉素的含量。

酶电极用于样品组分的分析检测，有快速、方便、灵敏、精确的特点，发展很快，现已用酶电极测定各种糖类、抗生素、氨基酸、甾体化合物、有机酸、脂肪、醇类、胺类，以及尿素、尿酸、硝酸、磷酸等。

所用的酶必须具有较强的专一性，并且要有一定的纯度。固定化方法一般采用凝胶包埋法制成强度较高、通透性较好、厚度较小的酶膜，并将它与适宜的电极紧密结合。

所采用的电极应根据酶催化反应前后物质变化的特性进行选择。常用的有pH电极等离子选择电极及氧电极、二氧化碳电极等气体电极。表6-2列出了一些常见的酶电极。

表6-2 常用的酶电极

底物	酶	电极
5′-腺苷酸	5′-腺苷酸脱氢酶	NH_4^+
乙醇，醇	乙醇脱氢酶	Pt
过氧化物	过氧化氢酶	Pt（O_2）
磷酸葡萄糖	硫酸酯酶＋葡萄糖氧化酶	Pt（O_2）
D-氨基酸	D-氨基酸氧化酶	NH_4^+
L-氨基酸	L-氨基酸氧化酶	NH_3
蔗糖	蔗糖酶＋葡萄糖氧化酶	Pt（H_2O_2）
琥珀酸	琥珀酸脱氢酶	Pt（O_2）

续表

底物	酶	电极
硫酸酯	芳基硫酸酯酶	Pt
硫氰酸	硫氰酸酶	CN^-
硝酸盐	硝酸盐还原酶/亚硝酸盐还原酶	NH_4^+
亚硝酸盐	亚硝酸盐还原酶	NH_3（气体）
草酸	草酸脱羧酶	CO_2（气体）
青霉素	青霉素酶	pH
乳酸	乳酸脱氢酶，细胞色素b	Pt，$Fe(CN)^{4-}$
L-氨基酸	脱羧酶	CO_2
L-精氨酸	精氨酸酶	NH_4^+
L-天冬酰胺	天冬酰胺酶	NH_4^+
L-谷氨酰胺	谷氨酰胺酶	NH_4^+
L-谷氨酸	谷氨酸脱氢酶	NH_4^+
L-谷氨酸	谷氨酸脱氢酶	CO_2
L-组氨酸	组氨酸酶	NH_4^+
L-赖氨酸	赖氨酸脱羧酶	CO_2
L-甲硫氨酸	甲硫氨酸脱氨酶	NH_3
L-苯丙氨酸	苯丙氨酸脱氨酶	NH_3
L-酪氨酸	酪氨酸脱羧酶	CO_2
L-酪氨酸	酪氨酸酶	Pt（O_2）
苦杏仁苷	β-葡糖苷酶	CN^-
丁酰硫代胆碱	胆固醇酯酶	Pt（SCH）
总胆固醇	酯酶+氧化酶	Pt（H_2O_2）
胆固醇	胆固醇氧化酶	Pt（O_2）
尿素	脲酶	NH_3、NH_4^+、pH、CO_2
肌酸酐	肌酸酐酶	NH_3、NH_4^+
葡萄糖	葡萄糖氧化酶	pH、Pt（H_2O_2）、Pt（O_2）
葡萄糖	葡萄糖氧化酶+过氧化物酶	Pt
尿酸	尿酸酶	Pt（O_2）
乳糖	β-半乳糖苷酶/葡萄糖氧化酶	Pt（O_2）
麦芽糖	麦芽糖酶/葡萄糖氧化酶	Pt（O_2）
NADH	醇脱氢酶	Pt

复习思考题

1. 常用的酶固定化技术有哪些？
2. 利用结合法进行酶固定化时，载体活化的常用方法有哪些？
3. 何谓交联酶聚集体？与交联法有何区别？
4. 什么是位点定向固定化？有哪些方法？
5. 简述酵母表面展示技术的基本原理。
6. 固定化后，酶的特性会发生哪些改变？
7. 举例说明固定化酶在工业上的应用。

习题答案

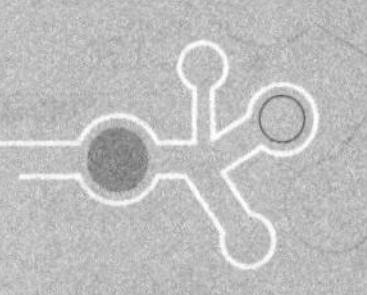

第七章　酶的非水相催化

酶在非水介质中进行的催化作用称为酶的非水相催化（enzymatic non-aqueous catalysis，enzymatic catalysis in non-aqueous system）。

酶的非水相催化是通过反应介质的改变，使酶的表面结构和活性中心发生某些改变，从而改进酶的催化特性。

酶在医药、食品、轻工、化工、能源、环保等领域的应用大多数在水溶液中进行，有关酶的催化理论也是基于酶在水溶液中的催化反应而建立的，酶在其他介质中往往不能催化，甚至会变性失活，因此，人们以往普遍认为酶只有在水溶液中才具有催化活性。

1984年，克利巴诺夫（Klibanov）等在有机介质中进行了酶催化反应的研究，并成功利用了酶在有机介质中的催化作用，获得酯类、肽类、手性醇等多种有机化合物，明确指出酶可以在水与有机溶剂的互溶体系中进行催化反应；也可以在水和有机溶剂组成的双液相体系中进行催化反应；还可以在微水介质（microaqueous media）中进行催化反应。这些结果表明，只要条件适合，酶也可以在有机介质中催化疏水性底物进行反应转化为相关产物，从此改变了酶只有在水溶液中才具有催化活性的传统观念，使得酶在非水介质（non-aqueous media）中的催化作用研究取得了突破性的进展。

人们对有机介质中酶的催化作用进行了大量研究，表明酯酶、脂肪酶、蛋白酶、纤维素酶、淀粉酶等水解酶，过氧化氢酶、过氧化物酶、醇脱氢酶、胆固醇氧化酶、多酚氧化酶、细胞色素氧化酶等氧化还原酶，醛缩酶及转移酶中的十几种酶都可以在适当的有机溶剂介质中起催化作用，通过理论上对酶在非水介质（包括有机介质、超临界流体介质、气相介质、离子液介质等）中的结构、功能、作用机制及催化作用动力学等方面的研究，初步建立了非水酶学（non-aqueous enzymology）的理论体系，利用酶在非水介质中的催化作用进行甾体转化，在多肽、酯类及功能高分子的合成，手性药物的拆分等方面均取得了显著成果。

第一节　酶的非水相催化的内容和特点

一、酶的非水相催化的主要内容

延伸阅读7-1

酶的非水相催化主要包括有机介质中的酶催化、气相介质中的酶催化、超临界流体介质中的酶催化和离子液介质中的酶催化等。

推荐扫码阅读相关文献《非水相酶催化技术的研究进展》。

关于“酶的非水相催化的主要内容和特点”的视频讲解可扫码查看。

视频讲解7-1

（一）有机介质中的酶催化

有机介质中的酶催化是指酶在含有一定量水的有机溶剂中进行的催化反应。

有机介质中的酶催化适用于底物、产物二者或其中之一为疏水性物质的酶催化反应。由于酶在有机介质中能够基本保持其完整结构和活性中心的空间构象，因而能够发挥其催化功能。酶在有机介质中起催化作用时，酶的底物特异性、立体选择性、区域选择性、键选择性和热稳定性等都有所改变。利用酶在有机介质中的催化作用进行甾体转化，多肽、酯类及功能高分子等的生产合成，手性药物的拆分等方面的研究均取得了显著成果。例如，在叔丁醇介质中，具有较高反应活性和对映体选择性的脂肪酶通过不对称氨解反应，所得单一对映体R-苯甘氨酸的产率可以达到88%；在己酸浓度为0.8mol/L，己酸与乙醇的摩尔比为1∶1.1的反应条件下，脂肪酶B催化己酸合成风味脂的转化率高达97.3%等。

（二）气相介质中的酶催化

气相介质中的酶催化是指酶在气相介质中进行的催化反应。

气相介质中的酶催化适用于底物是气体或者能够转化为气体的物质的酶催化反应。由于气体介质的密度低，易扩散，因此酶在气相介质中的催化作用与在水溶液中的催化作用有着明显的不同。例如，脱硫弧菌的氢化酶在水质子不参与反应的条件下，可以活化氢分子进行反应；固定化醇氧化酶在没有水存在的条件下，可以在较高温度下氧化甲醇和乙醇蒸气。

（三）超临界流体介质中的酶催化

超临界流体介质中的酶催化是指酶在超临界流体中进行的催化反应。

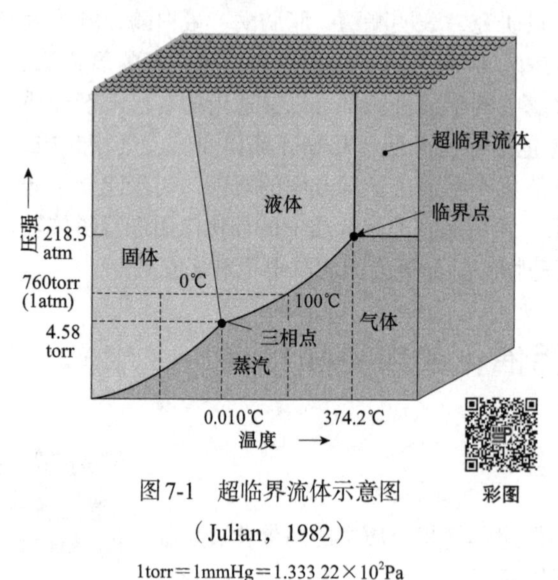

图7-1　超临界流体示意图（Julian，1982）

1torr＝1mmHg＝1.333 22×10^2Pa

超临界流体是指温度和压强超过某种物质超临界点的流体（图7-1）。用于酶催化反应的超临界流体应当对酶的结构没有破坏作用，对催化作用没有明显的不良影响；具有良好的化学稳定性，对设备没有腐蚀性等；超临界流体的温度不能太高或太低，最好接近室温或酶的最适催化反应温度；超临界流体的压强也不能太高，以节约压缩动力费用；此外，超临界流体还应具备容易获得、价格便宜等特点。例如，CO_2在温度150～250℃，压强20.7～62.1MPa的反应釜中达到超临界状态，此时控制甘油与大豆摩尔比为（15～25）∶1，底物含水量为0～8%，可以有效、简洁地制备出甘醇酯。

（四）离子液介质中的酶催化

离子液介质中的酶催化是指酶在离子液体中进行的催化反应（图7-2）。离子液体（ionic liquid）是由有机阳离子与有机（无机）阴离子构成的在室温条件下呈液态的低熔点盐类，具有挥发性低、稳定性好的特点，对某些酶促反应还可以保护酶免于热失活，对一些酶促酯交换反应具有优异反应选择性等。在离子液体中起催化作用的酶具有良好的稳定性、区

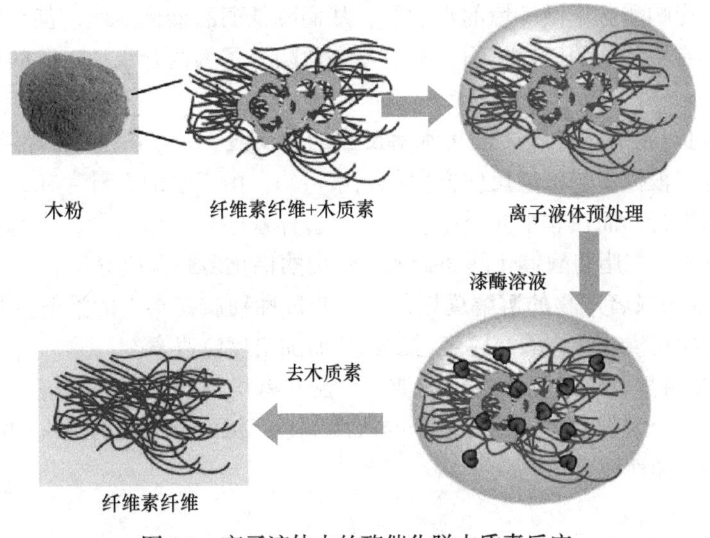

图7-2　离子液体中的酶催化脱木质素反应

域选择性、立体选择性和键选择性等显著特点。例如，在疏水性离子液体1-丁基-3-甲基咪唑六氟磷酸盐与缓冲液构成的两相体系中，毕赤酵母细胞内生物酶催化乙酰乙酸乙酯（EOB）的不对称还原反应，得到光学活性（R）-3-羟基丁酸乙酯的产率可达72.2%。此外，离子液体也可应用于全细胞生物催化转化过程中。例如，红球菌属菌株R312（*Rhodococcus* R312）细胞可以在［BMIm］［PF6］-水相体系中完成1,3-间苯二甲腈的转化；嗜热菌蛋白酶（thermolysin）在饱和［BMIm］［PF6］缓冲体系培养基中以40%乙酸乙酯合成氨酸乙酯；脂肪酶介导的酯交换反应在离子液体中的反应效率与叔丁醇、二噁烷或甲苯中的反应效率相当。

二、酶的非水相催化的特点

酶在非水介质中催化与在水相中催化相比，具有下列显著特点。

1. 酶的热稳定性提高　许多酶在有机介质中的稳定性比在水溶液中的稳定性更好。例如，胰脂肪酶在100℃的水溶液中很快失活；而在100℃的有机介质中的半衰期却长达数小时。

在有机介质中，酶的热稳定性之所以增强，一是由于在无水状态下，酶分子的空间构象更加稳定；二是由于在非水介质中缺少引起酶分子变性失活的水分子。水分子会引起酶分子中天冬酰胺和谷氨酰胺的脱氨基作用，还可能会引起天冬氨酸肽键的水解、半胱氨酸的氧化和二硫键的破坏等，所以，酶分子在水溶液中的热稳定性较差，而在有机介质中的热稳定性显著提高。

2. 酶的催化活性有所降低　酶在有机溶剂的作用下，其空间结构会受到某些破坏，从而使酶的催化活性受到影响甚至变性失活。例如，碱性磷酸酶冻干粉悬浮于乙腈中20h后，60%以上的酶不可逆地变性失活；悬浮在丙酮中36h后，75%以上的酶不可逆地失活。

有些有机溶剂，特别是极性较强的有机溶剂，如甲醇、乙醇、乙酸乙酯等，会夺取酶分子的结合水，影响酶分子微环境的水化层，从而降低酶的催化活性，甚至引起酶的变性失活。研究表明，有机溶剂的极性越强，越容易夺取酶分子的结合水，对酶的催化活性影响也越大。

3. 水解酶可以在非水介质中催化水解反应的逆反应 水解酶在水溶液中只能催化底物进行水解反应，根据影响可逆反应方向的因素可知，由于水的大量存在，可逆反应无法向着反应的逆方向进行，而在非水介质中，由于反应体系中含水量较少，因此水解酶可以催化水解反应的逆反应，如脂肪酶催化酯类合成、蛋白酶催化多肽合成等。

4. 非极性底物或者产物的溶解度增加 非极性物质在水中的溶解度低，而在有机溶剂介质中，非极性底物或产物的溶解度增加，从而加快反应速率。

5. 酶的底物特异性和选择性有所改变 酶在有机溶剂中无法溶解，当酶悬浮于有机介质中时，有一部分溶剂会渗入到酶分子的活性中心，从而影响酶的活性中心位点，致使酶的底物特异性和选择性随之发生改变。

第二节 有机介质中水和有机溶剂对酶催化反应的影响

所有的酶催化反应都要在一定的反应体系中进行，在特定的反应体系中，酶分子与底物在一定条件下相互作用，从而催化底物转化为产物。反应体系的组成对酶的催化活性、酶的稳定性、酶催化作用底物和催化反应产物的溶解度及其分布状态、酶催化反应速率等都有显著影响。酶催化反应体系主要有水溶液反应体系、有机介质反应体系、气相介质反应体系和超临界流体介质反应体系等。由于酶分子均可以溶于水，因此水溶液反应体系是常规的酶反应体系，而其他的反应体系统称为非水介质反应体系，其中以有机介质反应体系研究最多，应用最为广泛。

视频讲解 7-2

关于“有机介质中水和有机溶剂对酶催化反应的影响”的视频讲解可扫描二维码。

一、有机介质反应体系

酶在有机介质中进行催化反应的反应体系与常规的水相催化反应体系有所不同，常见的有机介质反应体系包括以下几种。

（一）微水介质体系

微水介质体系是指由有机溶剂和微量的水组成的反应体系，是在有机介质酶催化中广泛应用的一种反应体系。微量的水主要是酶分子的结合水，它对维持酶分子的空间构象和催化活性至关重要，另外有一部分水分配在有机溶剂中。由于酶分子不能溶解于疏水有机溶剂，因此酶主要以冻干粉或固定化酶的形式悬浮于有机介质中，在悬浮状态下进行催化反应。通常所说的有机介质反应体系主要是指微水介质体系。

（二）与水溶性有机溶剂组成的均一体系

与水溶性有机溶剂组成的均一体系是指由水和极性较大的有机溶剂互相混溶组成的反应

体系。由于体系中的水和有机溶剂的含量均较大且互相混溶，因此组成了均一的反应体系。在这种均一体系中，酶和底物均以溶解状态存在。由于极性大的有机溶剂对一般酶的催化活性影响较大，因此能在该反应体系中进行催化反应的酶的种类较少。然而该体系近几年来却受到人们极大的关注，主要是因为辣根过氧化物酶（horseradish peroxidase，HRP）可以在这种均一体系中催化酚类或芳香胺类底物聚合生成聚酚或聚胺类物质，而这些聚酚和聚胺类物质在环保黏合剂、导电聚合物和发光聚合物等功能材料的研究开发方面的应用引起了人们极大的兴趣。

（三）与水不溶性有机溶剂组成的两相或多相体系

与水不溶性有机溶剂组成的两相或多相体系是指由水和疏水性较强的有机溶剂组成的两相或多相反应体系。游离酶、亲水性底物或产物可溶解于水相，而疏水性底物或产物可溶解于有机相，如果采用固定化酶，则以悬浮形式存在于两相的界面，因此，这种体系的催化反应通常在两相界面进行。一般适用于底物和产物两者或其中一种属于疏水化合物的催化反应，相对来说，这种体系的酶催化反应研究并不广泛，应用也很少。

（四）（正）胶束体系

胶束又称为正胶束或正胶团，是指在水溶液中含有少量与水不相混溶的有机溶剂，在加入表面活性剂后形成的水包油的微小液滴（图7-3）。表面活性剂的极性端朝外，非极性端朝内，有机溶剂包在液滴内部。反应时，酶在胶束外的水溶液中，而疏水性底物或产物在胶束内部，因此，反应主要在胶束的两相界面中进行。

（五）反胶束体系

反胶束又称为反胶团，是指在大量与水不相混溶的有机溶剂中含有少量的水溶液，在加入表面活性剂后形成的油包水的微小液滴（图7-4）。表面活性剂的极性端朝内，非极性端朝外，水溶液包在胶束内部。反应时，酶分子在反胶束内部的水溶液中，疏水性底物或产物在反胶束外部，因此，催化反应主要在两相的界面中进行。在反胶束体系中，由于酶分子处于反胶束内部的水溶液中，因此稳定性较好。反胶束与生物膜有相似之处，适用于处于生物膜表面或与膜结合的酶的结构、催化特性和动力学性质的研究。

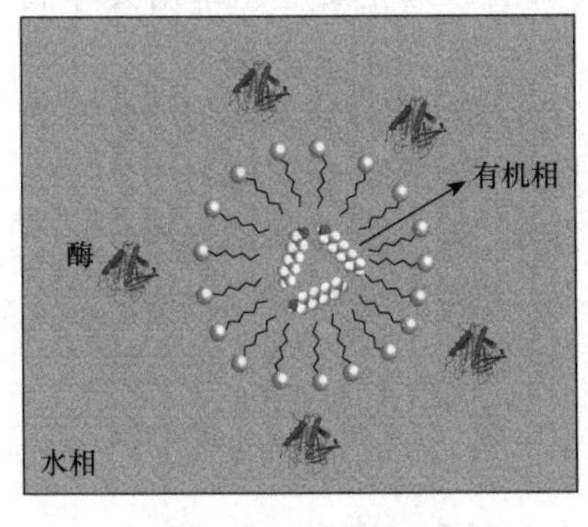

图7-3　正胶束体系　　彩图

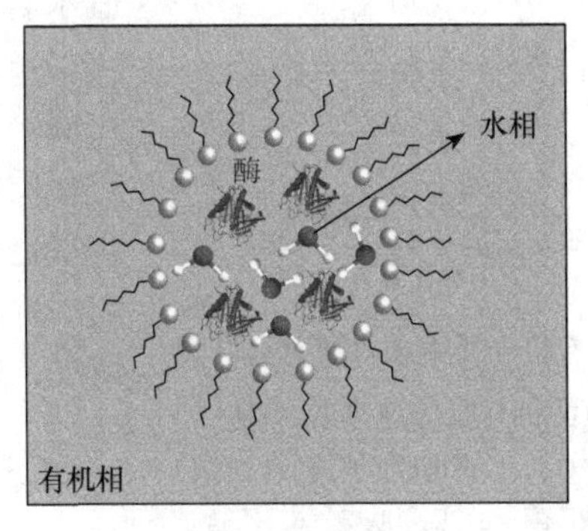

图7-4　反胶束体系　　彩图

在上述各种有机介质酶反应体系中，研究最多、应用最广泛的是微水介质体系。因此，本章以微水介质体系为主，介绍酶在有机介质中催化的特性、条件、影响因素及其应用。

不管采用何种有机介质反应体系，酶催化反应的介质中都含有机溶剂和一定量的水，它们都对催化反应有显著的影响。

二、水对有机介质中酶催化的影响

酶都溶于水，只有在一定量的水存在的条件下，酶分子才能进行催化反应。所以酶在有机介质中进行催化反应时，水是不可缺少的成分之一。有机介质中水含量的多少与酶分子的空间构象、酶的催化活性、酶的稳定性、酶的催化反应速率等都有密切关系，水还与酶催化作用的底物和反应产物的溶解度有关。

（一）水对酶分子空间构象的影响

酶分子只有在空间构象完整的状态下，才具有催化功能，在无水的条件下，酶的空间构象被破坏，酶将变性失活，因此，酶分子需要一层水化层，以维持其完整的空间构象。

维持酶分子完整空间构象所必需的最低水量称为必需水（essential water）。

必需水与酶分子的结构和性质有密切关系，不同的酶所要求的必需水的量差别很大。例如，每分子凝乳蛋白酶只需50分子的水即可维持其空间构象而进行正常的催化反应；而每分子多酚氧化酶却需要3.5×10^2个水分子，才能显示其催化活性。

由于必需水是维持酶分子结构中氢键、盐键等副键所必需的，而氢键和盐键是酶空间结构的主要稳定因素，因此，酶分子一旦失去必需水，必将使其空间构象被破坏而失去其催化功能。

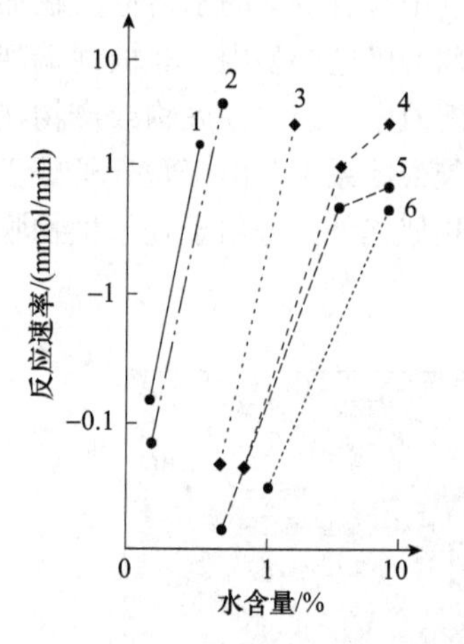

图7-5　有机介质中水含量对马肝醇脱氢酶催化反应速率的影响

1. 二氯甲烷；2. 异丙醇；3. 乙酸丁酯；4. 乙酸乙酯；5. 四氢呋喃；6. 乙腈

（二）水对酶催化反应速率的影响

有机介质中水含量对酶催化反应速率有显著影响，一般来说，当体系中的水含量较低时，酶的催化反应速率随水含量的增加而升高（图7-5），当体系中的水含量达到一定量时，催化反应速率达到最大，此时的水含量称为最适水含量，超过最适水含量后，催化反应速率则会降低（图7-6A）。由于添加到有机介质反应体系中的水可以分布在酶分子、有机溶剂、固定化酶的载体或修饰酶的修饰剂等介质中，因此，即使采用相同的酶，反应体系的最适水含量也会随着有机溶剂的种类、固定化载体的特性、修饰剂的种类等变化而有所差别。在实际应用时应当根据实际情况，通过实验确定最适水含量。

（三）水活度

在有机介质中含有的水主要有两类：一类是与酶分子紧密结合的结合水；另一类是溶解在有机溶剂中的游离水。

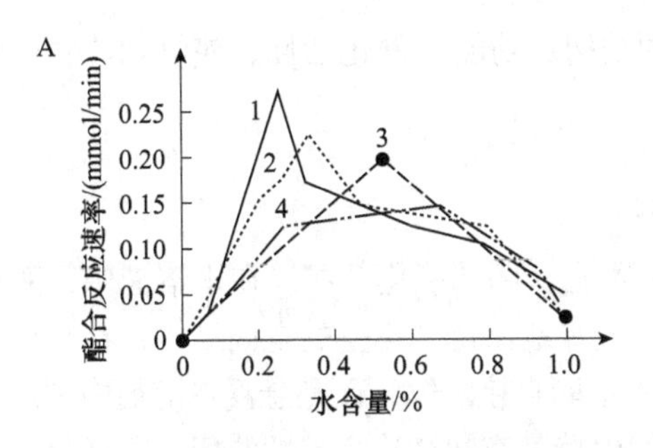

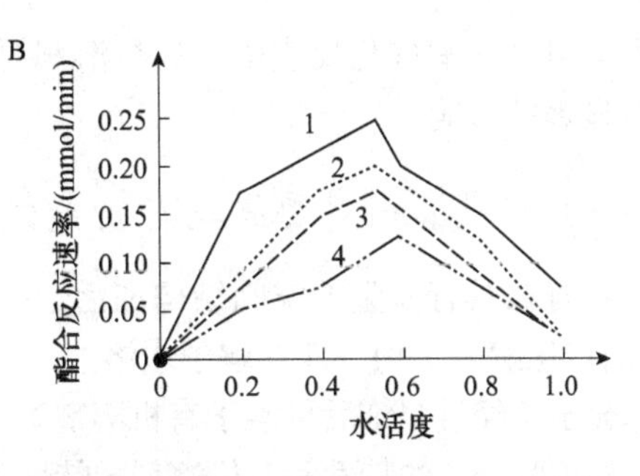

图7-6　水含量和水活度对假单胞菌脂肪酶催化酯合反应速率的影响

1. 己烷；2. 四氯甲烷；3. 甲苯；4. 苯

研究表明，酶在完全干燥的溶剂体系中是没有催化能力的，其催化能力会随着水含量的增加而提高，这是因为水可以使酶活性中心的极性和结构柔性大大提高。在无水状态下，酶分子的带电基团和部分极性基团之间的相互作用会使酶分子形成一种非活性的刚性结构，而水分子可以和这些基团形成氢键，以降低蛋白质多肽链折叠结构中带电基团之间的静电作用和极性基团之间的偶极-偶极相互作用，从而提高蛋白质结构的柔韧性和极化性。但是水分过多也会使酶的活性降低，这是因为过多的水会使酶分子聚集成团以影响底物和产物的扩散，或使酶活性中心形成水簇，从而改变酶的结构最终降低酶活性。

因此，为了更好地反映水与酶催化活性的关系，引进了水活度的概念。

水活度（water activity，A_w）是指体系中水的逸度（fugacity）与纯水逸度之比。通常可以用体系中水的蒸气压与相同条件下纯水的蒸气压之比表示，即

$$A_w = P/P_0 \tag{7-1}$$

式中，P为在一定条件下体系中水的蒸气压；P_0为在相同条件下纯水的蒸气压。

在体系中的水活度较低的条件下，酶的催化反应速率随着水活度的增加而升高，当体系中的水活度达到某一点时，酶催化反应速率达到最大，此时的水活度称为最适水活度，超过最适水活度，反应速率则会降低（图7-6B）。

研究表明，在一般情况下，最适水含量随着溶剂极性的增加而增加，而最适水活度与溶剂的极性大小无关。所以，采用水活度作为参数来研究有机介质中水对酶催化作用的影响更为确切。

不同的酶所需的水量是不同的，酪氨酸酶在$A_w=1$，即酶分子周围只有一层水分子时显示最高活性。而米黑根毛霉（*Rhizomucor miehei*）来源的脂肪酶在$A_w<0.0001$，即酶分子周围只有几个水分子时活性最高。因此，在进行酶催化反应时，应尽可能在能表现酶最高活性的水活度条件下进行。通常控制水活度的方法有两种，即预平衡法和无机盐水合物法。

知识拓展7-1

请扫码查看并了解更多有关“水活度”的内容。

三、有机溶剂对有机介质中酶催化的影响

有机溶剂是有机介质反应体系中的主要成分之一。常用的有机溶剂有辛烷、正己烷、苯、吡啶、季丁醇、丙醇、乙腈、己酯、二氯甲烷等。

在有机介质酶催化反应中，有机溶剂对酶的结构、功能、催化活性、底物和产物的分配等都有显著的影响。

（一）有机溶剂对酶结构与功能的影响

酶只有在具有完整的空间结构和活性中心时才能发挥其催化功能。在水溶液中，酶分子（除了固定化酶外）均一地溶解于水溶液中，可以较好地保持其完整的空间结构；在有机溶剂中，酶分子（经过修饰后可溶于有机溶剂者除外）不能直接溶解，而是悬浮在溶剂中进行催化反应。根据酶分子的特性和有机溶剂的特性不同，保持其空间结构完整性的情况也有所差别。

有些酶在有机溶剂的作用下，其空间结构会受到某些破坏，从而使酶的催化活性受到影响甚至引起酶的变性失活。例如，碱性磷酸酶冻干粉悬浮于乙腈中20h后，60%以上的酶不可逆地变性失活；悬浮于丙酮中36h后，75%以上的酶呈现不可逆的失活等。此外，要使酶悬浮于有机介质中进行催化反应，通常要将酶进行冷冻干燥。

研究表明，酶分子在冷冻干燥的过程中，往往也会使酶的活性中心构象受到破坏，所以在酶的冷冻干燥过程中，应当加入蔗糖、甘露醇等冷冻干燥保护剂，以避免酶的变性失活。

有些酶，如脂肪酶、蛋白酶、多酚氧化酶等，在有机溶剂中的整体结构和活性中心基本保持完整，能够在适当的有机介质中进行催化反应，但酶的表面结构和活性中心也可能受到一定程度的影响。

此外，也有研究表明，共结晶或浸泡在有机溶剂中的蛋白质保持了蛋白质折叠的完整性。例如，己烷中的胰凝乳蛋白酶、无水乙腈中的枯草杆菌蛋白酶、环己烷中的胰蛋白酶、醇存在下的蛋清溶菌酶和异丙醇溶液中的嗜热菌蛋白酶等。但是，蛋白质结构的保持也并不能保证蛋白质的活性。

1）*有机溶剂对酶分子表面结构的影响* 酶在有机介质中与有机溶剂接触，酶分子的表面结构会有所变化。例如，枯草杆菌蛋白酶晶体自身含有191个与酶分子结合的水分子，在悬浮于乙腈中后，与酶分子结合的水分子只有99个，而有12个乙腈分子结合到酶分子中，其中有4个是原来水分子的结合位点。

2）*有机溶剂对酶活性中心结合位点的影响* 当酶悬浮于有机溶剂中时，有一部分溶剂能渗入酶分子的活性中心，与底物竞争活性中心的结合位点，降低底物结合能力，从而影响酶的催化活性。例如，辣根过氧化物酶在甲醇中催化时，甲醇分子可以进入酶的活性中心，与卟啉铁配位结合；枯草杆菌蛋白酶悬浮于乙腈中，有4个乙腈分子进入酶的活性中心。此外，有机溶剂分子进入酶的活性中心，会降低活性中心的极性，从而降低酶与底物的结合能力。

（二）有机溶剂对酶催化活性的影响

有些有机溶剂，特别是极性较强的有机溶剂，如甲醇、乙醇等，会夺取酶分子的结合水，影响酶分子微环境的水化层，从而降低酶的催化活性，甚至引起酶的变性失活。

有机溶剂极性的强弱可以用极性系数lg$P$表示。P是指溶剂在正辛醇与水两相中的分配系数，极性系数越大，表明其极性越小；反之，极性系数越小，则极性越强。

研究表明，有机溶剂的极性越强，越容易夺取酶分子的结合水，对酶活性的影响就越大。反之，有机溶剂的极性越弱，对酶活性的影响就越小。例如，正己烷能够夺取酶分子

0.5%的结合水，甲醇可以夺取酶分子60%的结合水，因此，甲醇对酶活性的影响比正己烷大得多。极性系数lg$P$<2的极性溶剂一般不适宜作为有机介质酶催化的溶剂使用，所以在有机介质酶催化过程中，应选择适宜的溶剂，控制好介质中的水含量，或者经过酶分子修饰提高酶分子的亲水性，以避免酶分子在有机介质中因脱水作用而影响其催化活性。

（三）有机溶剂对底物和产物分配的影响

有机溶剂与水之间的极性不同，在反应过程中会影响底物和产物的分配，从而影响酶的催化反应。酶在有机介质中进行催化反应时，酶的作用底物首先必须进入必需水层，然后才能进入酶的活性中心进行催化反应，所以溶剂可以通过控制底物和产物在水层内的浓度来影响酶的活性，而反应后生成的产物也首先分布在必需水层中，然后从必需水层转移到有机溶剂中，只有将产物移出必需水层，酶的催化反应才能继续进行。

酶在有机溶剂里的活性与分配系数$P_s=[S]_{solvent}/[S]_{H_2O}$（底物在溶剂、水两相中的分配系数；[S]为底物浓度）有关，每个底物都有一个最佳P_s值，P_s值越小，酶的水合层内底物浓度过高，可能发生底物抑制；P_s值越大，酶的水合层内底物浓度过低，反应速率达不到V_m。因此，有机介质中的酶活性与酶的水合层内的底物浓度有关，而与溶剂本身没有直接关系。若考虑长时间的反应，则需引入另一个分配系数$P_p=[P]_{solvent}/[P]_{H_2O}$（产物在溶剂、水两相中的分配系数；[P]为压力），在进行有机溶剂介质的酶催化反应时，应选用P_p/P_s值较高的溶剂。

有机溶剂能改变酶分子必需水层中底物和产物的浓度，因此，有机溶剂的极性越小，疏水性越强，尽管疏水性底物在有机溶剂中的溶解度大，浓度高，却也难以从有机溶剂中进入必需水层，导致酶分子活性中心结合的底物浓度降低，进而降低酶的催化速度；同样，有机溶剂的极性越大，亲水性越强，疏水性底物在有机溶剂中的溶解度低，底物浓度降低，也会使得酶催化速度减慢。所以应该选择极性适中的有机溶剂作为酶催化介质使用，一般选用2≤lg$P$≤5的有机溶剂作为有机介质最宜。

有机溶剂对不同的酶和不同的反应有不同的影响，因此，作为催化介质使用的有机溶剂必须通过试验进行选择与确定。

（四）提高酶在有机溶剂中活性的策略

1）克服质量传递的限制　酶制剂一般不溶于有机溶剂，酶粉末悬浮于有机相中，造成底物向酶的扩散受阻。同时，酶分子的互相重叠也会导致酶活性降低，这种由质量传递引起的酶活性降低，可以通过增加搅拌力度和减小酶粉末颗粒的方式得以缓解。

2）优化pH状况　适当的pH处理可以提高酶的活性，酶在有机溶剂中的活性取决于其冷冻干燥前最后存在的水溶液pH，一般来说，如果冷冻干燥前溶解酶的缓冲液是酶在水溶液中的最适pH，那么酶在有机介质中表现出来的活性也最大。

3）减轻溶剂对反应活化能的影响　选用不利于底物溶剂化的溶剂，或者有利于与反应过渡态相互作用而使其稳定化的溶剂，以增强酶的反应活性。

4）提高酶的分子柔性　向反应体系加入一定量的水分或把体系的热力学水活度（A_w）调节到最佳值，可以使酶的反应速率提高。

5）防止酶的变性　酶在有机溶剂中活性下降的主要原因是酶的蛋白质构型发生变化。

引入溶剂前，酶的脱水过程（如冷冻干燥）容易使酶变性。因此，为了避免或减少酶在脱水过程中引起的变性作用，可以通过将冷冻干燥后的酶先溶解于少量水中，再引入有机溶剂，或者在冷冻干燥时向酶的水溶液中加入适量无机物质或有机物质（如无机盐、冠醚、环糊精、底物类似物、冷冻防护剂等）的方法使其与酶一同冻干以避免或减少酶在脱水过程中引起的变性作用。

第三节 酶在有机介质中的催化特性

由于酶在有机介质中能够基本保持其完整的结构和活性中心的空间构象，因此能发挥其催化功能。然而，酶在有机介质中起催化作用时，由于有机溶剂的极性与水有很大差别，对酶的表面结构、活性中心的结合部位和底物性质都会产生一定的影响，从而影响酶的底物专一性、对映体选择性、区域选择性、键选择性和热稳定性等，而显示出与水相介质中不同的催化特性。

延伸阅读7-2

推荐扫码阅读相关文献《有机相中酶催化作用》。

一、底物专一性

酶在水溶液中进行催化反应时，具有高度的底物专一性，或底物特异性，是酶催化反应的显著特点之一。

在有机介质中，由于酶分子活性中心的结合部位与底物之间的结合状态发生某些变化，致使酶的底物特异性发生改变。例如，胰蛋白酶在催化*N*-乙酰-L-丝氨酸乙酯和*N*-乙酰-L-苯丙氨酸乙酯的水解反应时，由于苯丙氨酸的疏水性比丝氨酸强，因此，酶在水溶液中催化苯丙氨酸酯水解的速度比在同等条件下催化丝氨酸酯水解的速度高10^4倍；而在辛烷介质中，催化丝氨酸酯水解的速度却比催化苯丙氨酸酯水解的速度快20倍。这是由于在水溶液中，底物与酶分子活性中心的结合主要依靠疏水作用，因此，疏水性较强的底物容易与活性中心部位结合，催化反应速率较高；但是在有机介质中有机溶剂与底物之间的疏水作用比底物与酶之间的疏水作用更强，导致疏水性较强的底物更容易受到有机溶剂的作用而影响其与酶分子活性中心的结合。

不同的有机溶剂具有不同的极性，所以在不同的有机介质中，酶的底物专一性也不一样。一般来说，在极性较强的有机溶剂中，疏水性较强的底物容易反应；而在极性较弱的有机溶剂中，疏水性较弱的底物更容易反应。例如，枯草杆菌蛋白酶催化*N*-乙酰-L-丝氨酸乙酯和*N*-乙酰-L-苯丙氨酸乙酯与丙醇的转酯反应，在极性较弱的二氯甲烷或者苯介质中，含丝氨酸的底物优先反应；而在极性较强的吡啶或季丁醇介质中，含苯丙氨酸的底物则首先发生转酯反应。

二、对映体选择性

酶的对映体选择性（enantioselectivity）又称立体选择性或立体异构专一性，是酶在对称的外消旋化合物中识别一种异构体的能力大小的指标。酶的立体选择性强弱可以用立体选择系数（K_{LD}）的大小来衡量。立体选择系数与酶对L型和D型两种异构体的酶催化的转换数

（K_{cat}）和米氏常数（K_m）有关，即

$$K_{LD}=\frac{(K_{cat}/K_m)\ L}{(K_{cat}/K_m)\ D} \tag{7-2}$$

式中，K_{LD}为立体选择系数；L为L型异构体；D为D型异构体；K_m为米氏常数，即酶催化反应速率达到最大反应速率一半时的底物浓度；K_{cat}为酶催化的转换数，是酶催化效率的一个指标，指每个酶分子每分钟催化底物转化的分子数。

立体选择系数越大，表明酶催化的对映体选择性越强。酶在有机介质中催化，与在水溶液中催化比较，由于介质的特性发生改变，而引起酶的对映体选择性也发生改变。例如，胰蛋白酶、枯草杆菌蛋白酶、胰凝乳蛋白酶等蛋白酶在有机介质中催化*N*-乙酰丙氨酸氯乙酯（*N*-AC-Ala-O-EtCl）水解的立体选择系数$K_{LD}<10$，而在水溶液中的$K_{LD}=10^3\sim10^4$，相差100～1000倍。

酶在水溶液中催化的立体选择性较强，而在疏水性强的有机介质中，酶的立体选择性较差。例如，蛋白酶在水溶液中只对含有L-氨基酸的蛋白质起作用，使其水解生成L-氨基酸。而在有机介质中，某些蛋白酶可以用D-氨基酸为底物合成由D-氨基酸组成的多肽等。这一点在手性药物的制造中有重要应用。

三、区域选择性

酶在有机介质中进行催化时，具有区域选择性（regioselectivity），即酶能够选择底物分子中某一区域的基团优先进行反应。

酶的区域选择性强弱可以用区域选择系数K_{rs}的大小来衡量。区域选择系数与立体选择系数相似，只是以底物分子的区域位置1,2代替了异构体的构型L和D，即

$$K_{1,2}=(K_{cat}/K_m)_1/(K_{cat}/K_m)_2 \tag{7-3}$$

例如，用脂肪酶催化1,4-二丁酰基-2-辛基苯与丁醇之间的转酯反应，在甲苯介质中，区域选择系数$K_{4,1}=2$，表明酶优先作用于底物C-4位上的酰基；而在乙腈介质中，区域选择系数$K_{4,1}=0.5$，则表明酶优先作用于底物C-1位上的酰基。由此可以看到，在两种不同的介质中，区域选择系数相差4倍。

四、键选择性

酶在有机介质中进行催化的另一个显著特点是具有化学键选择性，即当同一个底物分子中有两种以上的化学键都可以与酶反应时，酶对其中一种化学键优先进行反应。键选择性与酶的来源和有机介质的种类有关。例如，脂肪酶催化6-氨基-1-己醇的酰化反应，底物分子中的氨基和羟基都可能被酰化，分别生成肽键和酯键。当采用黑曲霉脂肪酶进行催化时，羟基的酰化占绝对优势；而采用毛霉脂肪酶催化时，则优先使氨基酰化。研究表明，在不同的有机介质中，氨基的酰化与羟基的酰化程度也有所不同。

五、热稳定性

许多酶在有机介质中的热稳定性比在水溶液中的热稳定性更好（表7-1）。例如，胰脂肪

酶在水溶液中，100℃时很快失活；而在有机介质中，在相同的温度条件下，半衰期却长达数小时。胰凝乳蛋白酶在无水辛烷中20℃保存5个月仍然可以保持其活性，而在水溶液中，其半衰期却只有几天。

表7-1 某些酶在有机介质与水溶液中的热稳定性

酶	介质条件	热稳定性
猪胰脂肪酶	三丁酸甘油酯，100℃	$T_{1/2}<26h$
	水，pH 7.0，100℃	$T_{1/2}<2min$
酵母脂肪酶	三丁酸甘油酯或庚醇，100℃	$T_{1/2}=1.5min$
	水，pH 7.0，100℃	$T_{1/2}<2min$
脂蛋白脂肪酶	甲苯，100℃，100h	活力剩余40%
胰凝乳蛋白酶	正辛醇，100℃	$T_{1/2}=80min$
	水pH 8.0，55℃	$T_{1/2}=15min$
枯草杆菌蛋白酶	正辛醇，110℃	$T_{1/2}=80min$
核糖核苷酶	壬烷，110℃，6h	活力剩余95%
	水，pH 8.0，90℃	$T_{1/2}<10min$
酸性磷酸酶	正十六烷，80℃	$T_{1/2}=8min$
	水，70℃	$T_{1/2}=1min$
腺苷三磷酸酶（F_1-ATPase）	甲苯，70℃	$T_{1/2}>24h$
	水，60℃	$T_{1/2}<10min$
限制性内切核酸酶（*Hin*d Ⅲ）	正庚烷，55℃，30d	活力不降低
β-葡糖苷酶	2-丙醇，50℃，30h	活力剩余80%
溶菌酶	环己烷，110℃	$T_{1/2}=140min$
	水，50℃	$T_{1/2}=10min$
酪氨酸酶	氯仿，50℃	$T_{1/2}=90min$
	水，50℃	$T_{1/2}=10min$
醇脱氢酶	正庚烷，55℃	$T_{1/2}>50d$
细胞色素氧化酶	甲苯，0.3%水	$T_{1/2}=4h$
	甲苯，1.3%水	$T_{1/2}=1.7min$

酶在有机介质中的热稳定性还与介质中的水含量有关。通常情况下，随着介质中水含量的增加，其热稳定性降低。例如，核糖核酸酶在有机介质中的水含量从0.06g/g蛋白质增加到0.2g/g蛋白质时，酶的半衰期从120min减少到45min。此外，细胞色素氧化酶在甲苯中的水含量从1.3%降低到0.3%时，半衰期从1.7min增加到4h。

第四节 有机介质中酶催化反应的类型与影响因素

酶在有机介质中可以催化多种反应，主要包括合成反应、转移反应、醇解反应、氨解反应、异构反应、氧化还原反应和裂合反应等。酶在有机介质中的各种催化反应受到多种因素的影响，主要有酶的种类和浓度、底物的种类和浓度、有机溶剂的种类、水含量、温度、pH和离子强度等。为了提高酶在有机介质中的催化效率和选择性，必须控制好各种条件并根据情况变化加以必要的调节控制。

推荐扫码阅读“有机介质中酶催化反应的类型与影响因素”的相关文献。

延伸阅读7-3

一、有机介质中酶催化反应的类型

酶在有机介质中可以催化多种类型的反应。简单介绍如下。

1. 合成反应　原来在水溶液中催化水解反应的酶类，由于有机介质中的水含量极微，水解反应难以发生，此时，酶可以催化其逆反应，即催化合成反应。

（1）脂肪酶或酯酶在有机介质中可以催化有机酸和醇进行酯类的合成反应：

$$\underset{\text{(有机酸)}}{R-COOH} + \underset{\text{(醇)}}{R'-OH} \xrightarrow{\text{脂肪酶/酯酶}} \underset{\text{(酯)}}{R-R'} + \underset{\text{(水)}}{H_2O}$$

（2）蛋白酶可以在有机介质中催化氨基酸进行合成反应，生成各种多肽。

2. 转移反应　在有机介质中，酶可以催化一些转移反应。例如，脂肪酶可以催化转酯反应，即催化一种酯与一种有机酸反应，生成另一种酯和有机酸。

$$\underset{\text{(酯)}}{R-COOR_1} + \underset{\text{(有机酸)}}{R_2-COOH} \xrightarrow{\text{脂肪酶}} \underset{\text{(酯)}}{R-COOR_2} + \underset{\text{(有机酸)}}{R_1-COOH}$$

3. 醇解反应　某些酶在有机介质中可以催化一些醇解反应。例如，假单胞脂肪酶可以在二异丙醚介质中催化酸酐醇解生成二酸单酯化合物。

$$\text{R-(环状酸酐)} + R'OH \xrightarrow{\text{假单胞脂肪酶}} R-CH(CH_2COOH)(CH_2COOR')$$

（酸酐）　（醇）　（二酸单酯化合物）

4. 氨解反应　某些酶在有机介质中可以催化某些酯类进行氨解反应，生成酰胺和醇。例如，脂肪酶可以在叔丁醇介质中催化外消旋苯甘氨酸甲酯进行不对称氨解反应，将R-苯丙氨酸甲酯氨解生成R-苯丙氨酰胺和甲醇。

$$C_6H_5-CH(NH_2)-C(=O)-O-CH_3 \xrightarrow[H_3N \;\to\; CH_3OH]{\text{脂肪酶}} C_6H_5-CH(NH_2)-C(=O)-NH_2$$

（R-苯丙氨酸甲酯）　（R-苯丙氨酰胺）

5. 异构反应　一些异构酶在有机介质中可以催化异构反应，将一种异构体转化为另一种异构体。例如，消旋酶催化一种异构体转化为另一种异构体，生成外消旋的化合物。

$$\text{D-异构体} \xrightarrow{\text{异构酶}} \text{L-异构体}$$

6. 氧化还原反应 很多氧化还原酶类可以在一定的有机介质中催化氧化反应和还原反应，例如，

（1）单加氧酶催化二甲基苯酚与分子氧反应，生成二甲基二羟基苯。

$$\text{(}H_3C)_2C_6H_3\text{—OH} + O_2 \xrightarrow{\text{单加氧酶}} (H_3C)_2C_6H_2(OH)_2$$

（二甲基苯酚） （二甲基二羟基苯）

（2）双加氧酶催化二羟基苯与分子氧反应，生成己二烯二酸。

$$C_6H_4(OH)_2 + O_2 \xrightarrow{\text{双加氧酶}} \text{HOOC—CH=CH—CH=CH—COOH}$$

（二羟基苯） （己二烯二酸）

（3）马肝醇脱氢酶或酵母醇脱氢酶等脱氢酶可以在有机介质中催化醛类化合物或者酮类化合物还原，生成伯醇或仲醇等醇类化合物。

$$\text{R-CHO} + \text{NADH} \xrightarrow{\text{醇脱氢酶}} \text{R-CH}_2\text{OH} + \text{NAD}$$

（醛） （伯醇）

$$\text{R—C(=O)—R'} + \text{NADH} \xrightarrow{\text{醇脱氢酶}} \text{R—CH(OH)—R'} + \text{NAD}$$

（酮） （仲醇）

7. 裂合反应 酶在有机介质中可以催化裂合反应。例如，醇腈酶催化醛与氢氰酸反应生成醇腈衍生物。

$$\text{R—CHO} + \text{HCN} \xrightleftharpoons{\text{醇腈酶}} \text{R—CH(OH)—CN}$$

（醛） （氢氰酸） （氰醇）

二、有机介质中酶催化反应的影响因素

（一）酶的种类和浓度

要进行酶在有机介质中的催化反应，首先要选择适宜的酶。不同的酶具有不同的结构和特性，同一种酶，由于其来源和处理方法（如纯度、冻干条件、固定化载体和固定化方法、修饰方法和修饰剂等）的不同，其特性也有所差别，因此，要根据需要通过试验进行选择。

在酶催化反应时，通常酶所作用的底物浓度远远高于酶的浓度，所以酶催化反应速率随着酶浓度的升高而升高。然而，酶浓度的升高意味着成本的增加，因此，酶浓度必须控制在适宜的范围。在有机介质中进行催化反应时，对酶的选择不但要看催化反应速率的大小，还

要特别注意酶的稳定性、底物专一性、对映体选择性、区域选择性和键选择性等。

（二）底物的种类和浓度

由于酶在有机介质中的底物专一性与在水溶液中的专一性有些差别，因此，要根据酶在所使用的有机介质中的专一性选择适宜的底物。

底物的浓度对酶催化反应速率有显著影响，一般来说，在底物浓度较低的情况下，酶催化反应速率随底物浓度的升高而增大，当底物达到一定浓度后，再增加底物浓度，反应速率的增幅反而逐渐减少，最后趋于平衡，逐步接近最大反应速率。

因此，在使用时底物浓度必须控制在合适的浓度范围，以提高酶的反应速率。酶在有机介质中进行催化，要考虑底物在有机溶剂和必需水层中的分配情况。疏水性强的底物虽然在有机溶剂中溶解度大，浓度高，但难以从有机溶剂中进入必需水层，导致与酶分子活性中心结合的底物浓度较低而降低酶的催化速度；若底物亲水性强，在有机溶剂中的溶解度低，也会使催化速度减慢。所以实际应用时应该根据底物的极性，结合有机溶剂的选择，控制好底物的浓度。

此外，有些底物在高浓度时，会对反应产生不利影响，即产生高浓度底物对酶反应的抑制作用。要采用适宜的方法，使底物浓度持续维持在一定的浓度范围内。例如，脂肪酶在叔丁醇介质中催化苯甘氨酸甲酯的氨解反应，氨作为反应底物之一，如果采用直接通入氨气的方法，不仅操作不便，反应也较难控制，而且过高浓度的氨对酶分子也有不利影响。如果采用氨基甲酸胺作为氨的供体，可以使反应体系中持续维持较低的氨浓度，有利于催化反应的进行。

（三）有机溶剂的极性与含量

不同的有机溶剂由于极性不同，对酶分子的结构及底物和产物的分配有不同的影响，从而影响酶催化反应速率，同时还会影响酶的底物专一性、对映体选择性、区域选择性和键选择性等。有机溶剂是影响酶在有机介质中催化的关键因素之一，在使用过程中要根据具体情况进行选择。有机溶剂的极性选择要适当，极性过强（$\lg P<2$）的溶剂会夺取较多的酶分子表面结合水，影响酶分子的结构，并使疏水性底物的溶解度降低，从而降低酶反应速率，一般情况下不选用；极性过弱（$\lg P\geqslant 5$）的溶剂，虽然对酶分子必需水的夺取较少，疏水性底物在有机溶剂中的溶解度也较高，但是底物难以进入酶分子的必需水层，导致酶的催化反应速率也不高，所以通常选用$2\leqslant \lg P\leqslant 5$的溶剂作为催化反应介质。

在与水混溶的有机介质中，水与有机溶剂混合在一起，组成均一的单相反应体系。在此反应体系中，有机溶剂的含量对酶的催化作用也有显著影响。例如，在与水混溶的二氧六环介质中，辣根过氧化物酶（HRP）催化对苯基苯酚的聚合反应，随着二氧六环的含量增加，聚合得到的聚合物的相对分子质量也逐渐增大。如图7-7所示，

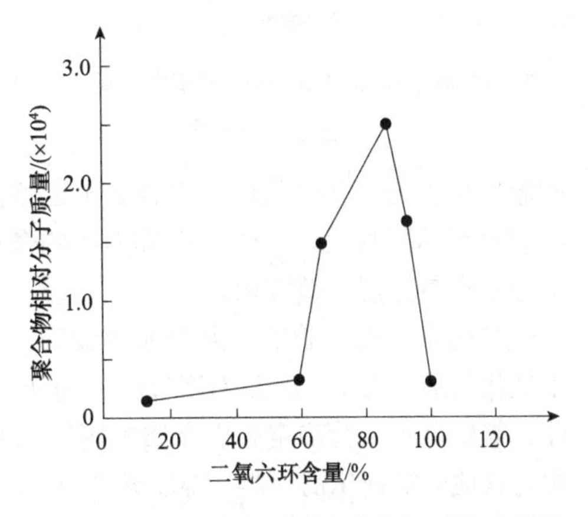

图7-7　二氧六环含量对聚合物相对分子质量的影响

在二氧六环的含量为85%时，聚合物的相对分子质量达到25 000，而二氧六环的含量为60%时，获得的聚合物相对分子质量仅为3000左右，前者是后者的8倍多。通过进一步优化并控制反应条件，经过酶的催化作用聚合得到的聚合物分子质量还可以进一步提高。

（四）水含量和水活度

有机介质中，水含量对酶分子的空间构象和酶催化反应速率有显著影响。在酶、有机溶剂和其他反应条件不变的情况下，水含量（或水活度）低时，反应速率随水含量的升高而增大；当体系中的水含量（或水活度）达到最适水含量（或水活度）时，酶催化反应速率达到最大；超过最适水含量（或水活度），反应速率又降低，因此需通过试验确定反应体系的最适水含量和最适水活度。

最适水含量与溶剂的极性有关，通常随着溶剂极性的增大，最适水含量也增大；而最适水活度与溶剂的极性没有关系，所以水活度能够更加确切地反映水对催化反应速率的影响，在实际应用时应当控制反应体系的水活度在最适水活度的范围内。

（五）离子强度

离子强度的静电相互作用对细胞内外的生物大分子功能都有着非常广泛的影响。生物大分子中的酶对人体的营养调节及食品加工（腌制、乳制品）具有重要作用。然而，离子强度对于酶所处微环境的静电相互作用有很大影响，进而影响酶发挥作用。例如，离子强度（NaCl）对淀粉酶有抑制作用，随着离子强度增加，抑制作用变强；在反应微环境中，随着离子强度的增加，淀粉酶受到的抑制作用也随之增强（图7-8）。

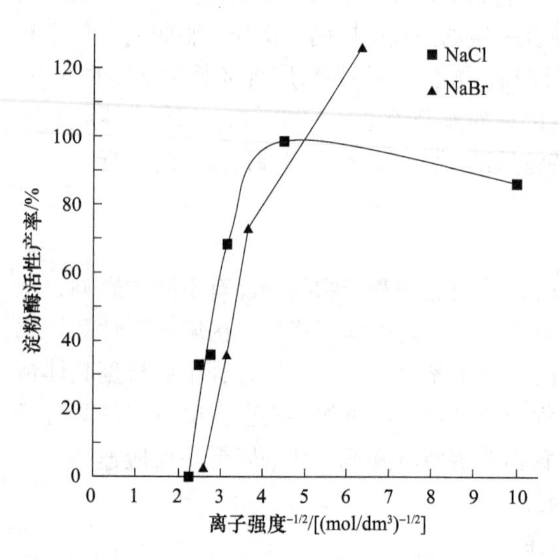

图7-8 离子强度对全溶解-反萃取循环中α-淀粉酶活性产率的影响

（六）温度

温度是影响酶催化作用的主要因素之一，一方面，随着温度的升高，化学反应速率加快；另一方面，酶是生物大分子，过高的温度会引起酶变性失活。综合两种因素的结果是，在某一个特定的温度条件下，酶催化的反应速率达到最大，这个温度称为酶的最适反应温度。在实际使用时，酶催化反应的温度通常控制在最适温度范围内。

在微水有机介质中，由于水含量低，酶的热稳定性增强，因此其最适温度高于在水溶液中催化的最适温度。但是温度过高，同样会使酶的催化活性降低，甚至引起酶的变性失活。因此，需要通过试验确定有机介质中酶催化的最适温度，以提高酶催化反应速率。要注意的是，酶与其他非酶催化剂一样，温度升高时，其立体选择性降低，这一点在有机介质的酶催化过程中尤其重要，因为手性化合物的拆分是有机介质酶催化的主要应用领域，必须通过试验，控制适宜的反应温度，使酶催化反应在较高的反应速率及较强的立体选择性条件下进行。

（七）pH

酶催化过程中，pH影响酶活性中心基团和底物的解离状态，直接影响酶的催化活性，极大地影响酶的催化反应速率。在某一特定的pH时，酶的催化反应速率达到最大，这个pH称为酶催化反应的最适pH。

在进行酶催化反应时，pH通常控制在最适pH范围内。在水溶液中，缓冲液的pH决定了酶分子活性中心基团的解离状态和底物分子的解离状态，从而影响酶与底物的结合和催化反应。但是在有机溶剂中并不存在质子获得或者丢失的条件，那么，在有机介质中，pH是如何影响酶的催化反应呢？研究结果表明，在有机介质反应中，酶所处的pH环境与酶在冻干或吸附到载体上之前所使用的缓冲液pH相同。这种现象称为pH印记（pH imprinting）或pH记忆（pH memory）。酶在冻干或吸附到载体之前，先置于一定pH的缓冲液中，缓冲液的pH决定了酶分子活性中心基团的解离状态，当酶分子从水溶液转移到有机介质时，酶分子保留了原有的pH印记，原有的解离状态保持不变。

酶在有机介质中催化的最适pH通常与水溶液中催化的最适pH相同或者近似。因为在有机介质中，与酶分子基团结合的必需水维持酶分子的空间构象，而且只有在特定的pH和离子条件下，酶的活性中心上的基团才能达到最佳的解离状态，从而保持其催化性能。

在有机介质中，酶的催化活性与酶在缓冲液中的pH和离子强度有密切关系，因此可以通过调节缓冲液pH和离子强度的方法对有机介质中酶催化的pH和离子强度进行调节控制。尽管酶分子从缓冲液转到有机介质时，其pH状态保持不变，但是在酶进行冷冻干燥过程中，pH状态却往往有所变化。例如，希林（Hilling）等发现，酵母乙醇脱氢酶在磷酸缓冲液中进行冷冻干燥的过程中，pH急剧下降，酶活性大量丧失；而在Tris缓冲液和甘氨酰甘氨酸缓冲液中进行冷冻干燥时，pH没有明显变化，酶活力也比较稳定。这就表明，缓冲液对冷冻干燥过程中pH和酶活力的变化有明显影响，所以在酶的冷冻干燥过程中，除了要选择适宜的缓冲液外，通常还要加入一定量的蔗糖、甘露醇等冷冻干燥保护剂，以减少冷冻干燥过程对酶活性的影响。

为了使酶分子在有机介质中具有最佳的解离状态，应当在酶液冻干之前或者催化过程中采取某些保护措施，以免酶的催化活性受到不良影响。例如，在α-胰蛋白酶冻干之前，向缓冲液中加入冠醚，冻干后的酶在乙腈介质中催化二肽合成反应的速度比不加冠醚时提高了426倍。脂肪酶在有机介质中催化苯甘氨酸甲酯的氨解反应时，在有机介质中添加一定量的冠醚，可以提高酶的催化反应速率，并对酶的对映体选择性有明显的影响。

此外，有研究表明，在有机介质中加入某些有机相缓冲液（organic phase buffer），即某些疏水性酸与其相应的盐组成的混合物，或者某些疏水性碱与其相应的盐组成的混合物，可以对反应的pH进行调节控制。

（八）化学修饰

化学修饰是指通过化学基团的引入或除去，使蛋白质或核酸共价结构发生改变的一种方法。常用的化学修饰方法主要包括磷酸化与脱磷酸化、乙酰化与脱乙酰化、甲基化与脱甲基化、腺苷化与脱腺苷化、—SH与—S—S—互变等。

在溶剂体系中，通过化学修饰葡糖苷酶的表面，发现葡糖苷酶的最佳酶活力比在水介

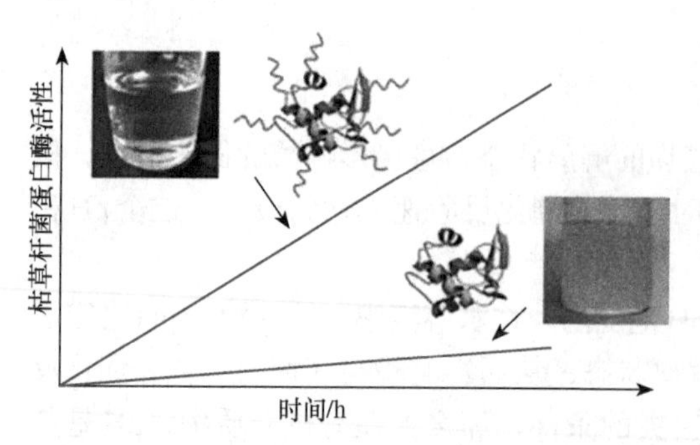

图7-9 化学修饰提高枯草杆菌蛋白酶活性

质中提高了大约30倍，同时在溶剂体系中的溶解性、稳定性也有所提高。莫尼鲁扎曼（Moniruzzaman）等通过用梳状聚乙二醇（PM）进行化学修饰，提高了枯草杆菌蛋白酶在离子液体中的溶解性、催化活性和稳定性（图7-9）。

彩图

此外，使用聚乙二醇（PEG）修饰使得酶可以完全溶解在离子液体中，而酶的活性也可以通过分光光度测定法进行测定。

第五节 酶的非水相催化的应用

酶在非水介质中可以催化多种反应。通过酶的催化作用，可以生成一些具有特殊性质与功能的产物，在医药、食品、化工、功能材料、环境保护等领域具有重要的应用价值和广阔的应用前景（图7-10）。表7-2是酶在有机介质中的催化反应。

延伸阅读7-4

推荐扫码阅读相关文献。

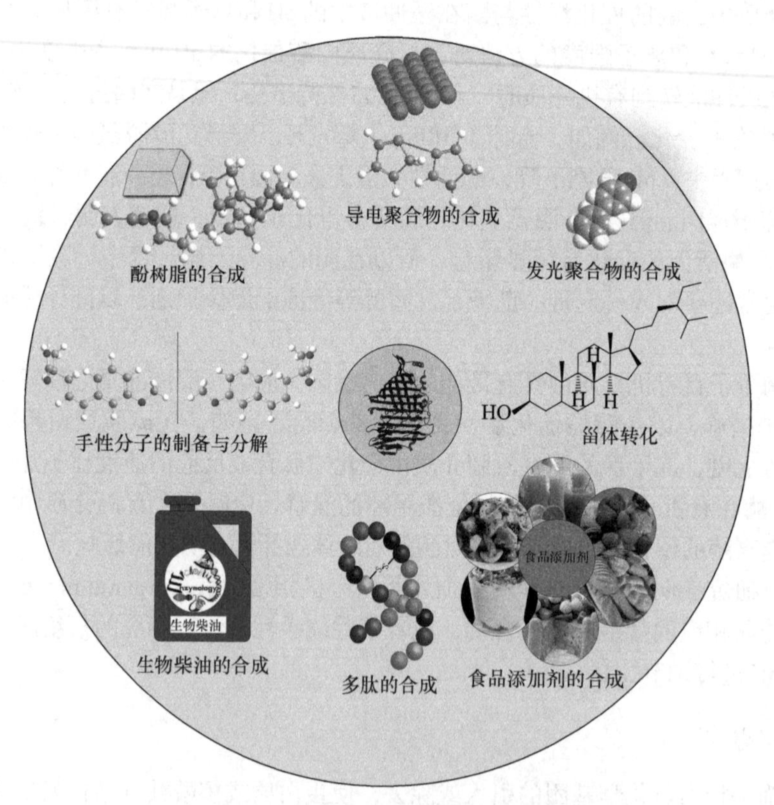

彩图

图7-10 酶的非水相催化的应用

表7-2 酶的非水相催化的应用

酶	催化反应	应用
脂肪酶	肽合成	青霉素G前体肽合成
	酯合成	醇与有机酸合成酯类
	转酯	各种酯类合成
	聚合	二酯的选择性聚合
	酰基化	甘醇的酰基化
	水解	植物油的脱胶（除去磷脂）
	氨解	苯甘氨酸甲酯的拆分
蛋白酶	肽合成	合成多肽
	酰基化	糖类酰基化
羟基化酶	氧化	甾体转化
过氧化物酶	聚合	酚类、胺类化合物的聚合
多酚氧化酶	氧化	芳香化合物的酰基化
胆固醇氧化酶	氧化	胆固醇测定
醇脱氢酶	酯化	有机硅醇的转化

一、手性药物的拆分

手性（chirality）化合物是指化学组成相同，立体结构互为对映体的两种异构体化合物。自然界中组成生物体的基本物质，如蛋白质、氨基酸、糖类等都属于手性化合物。目前世界上40%左右的化学合成药物都属于手性药物。在这些手性药物中，只有约10%的手性药物以单一对映体药物形式出售，大多数仍然以外消旋体（两种对映体的等量混合物）形式使用。如表7-3所示，很多手性药物的两种对映体化学组成相同，但药理作用不同，因此药效也有很大差别。

表7-3 手性药物两种对映体的药理作用

药物名称	有效对映体的作用	另一种对映体的作用
普萘洛尔（Propranolol）	S构型，治疗心脏病，β-受体阻断剂	R构型，钠通道阻滞剂
萘普生（Neproxen）	S构型，消炎、解热、镇痛	R构型，疗效很弱
青霉胺（penicillamine）	S构型，抗关节炎	R构型，突变剂
羟基苯哌嗪（dropropizine）	S构型，镇咳	R构型，有神经毒性
反应停（Thalidomide）	S构型，镇静剂	R构型，致畸胎
酮基布洛芬（ketoprofen）	S构型，消炎	R构型，防治牙周病
喘速宁（Tretoquinol）	S构型，扩张支气管	R构型，抑制血小板凝集
乙胺丁醇（ethambutol）	S,S构型，抗结核病	R,R构型，致失明
萘必洛尔（Kebivolol）	右旋体，治疗高血压，β-受体阻断剂	左旋体舒张血管

（一）手性药物两种对映体的药效差异

根据两种对映体之间的药理、药效差异，手性药物可以分为以下5种类型。

（1）一种对映体有显著疗效，另一种对映体疗效很弱或者没有疗效。例如，常用的消炎解热镇痛药萘普生（Neproxen）的两种对映体中，S-(＋)-萘普生的疗效是R-(－)-萘普生的28倍，如果进行对映体拆分，单独使用S构型，则其疗效将显著提高。

（2）一种对映体有疗效，另一种却有毒副作用。例如，镇咳药羟基苯哌嗪的S-(－)-对映体有镇咳作用，而R-(＋)-对映体却对神经系统有毒副作用；镇静剂反应停（thalidomide）的S构型有镇静作用，而R构型不仅没有镇静作用，还有致畸胎的副作用。若要消除其副作用，必须进行拆分，使用单一的S构型。

（3）两种对映体的药效相反。例如，5-(二甲丁基)-5-乙基巴比妥是一种常用的镇静、抗惊厥药物，其左旋体对神经系统有镇静作用，而右旋体却有兴奋作用，由于左旋体的镇静作用比右旋体的兴奋作用强得多，因此消旋体仍然表现为镇静作用，如果使用单一的左旋体，则可以显著增强其药效。

（4）两种对映体有不同的药效。例如，喘速宁（Tretoquinol）的S构型具有扩张支气管的功效，而R构型具有抑制血小板凝集的作用。在此情况下，必须将两种异构体分开，根据不同目的进行使用。

（5）两种消旋体的作用具有互补性。例如，治疗心律失常的普萘洛尔（Propranolol），其S构型具有阻断β-受体的作用，而R构型具有抑制钠离子通道的作用，所以外消旋普萘洛尔的抗心律失常作用效果比单一对映体的作用效果好。

对于上述（1）～（4）类手性药物，两种对映体的药理、药效都有很大的不同，所以有必要进行对映体的拆分，而在（5）类情况下，使用手性药物消旋体最佳。由此可见，手性药物的拆分具有重要意义和应用价值。因此，1992年，美国FDA明确要求对于具有手性特性的化学药物，都必须说明其两个对映体在体内的不同生理活性、药理作用及药物代谢动力学情况，许多国家和地区也都制定了有关手性药物的政策和法规，大大推动了手性药物拆分的研究和生产应用。目前提出注册申请和正在开发的手性药物中，单一对映体药物占绝大多数。

有机介质中的酶催化反应在手性药物拆分的研究与开发方面具有广阔的应用前景。

（二）酶在手性化合物拆分方面的应用

酶在手性化合物拆分方面的研究、开发和应用越来越广泛。例如，

（1）环氧丙醇衍生物的拆分：2,3-环氧丙醇单一对映体的衍生物是一种多功能手性中间体，可以用于β-受体阻断剂、艾滋病病毒（HIV）蛋白酶抑制剂、抗病毒药物等多种手性化合物的合成。其消旋体可以在有机介质体系中用酶法进行拆分，获得单一对映体。例如，用猪胰脂肪酶（PPL）在有机介质体系中对2,3-环氧丙醇丁酸酯进行拆分，得到单一的对映体。

（2）苯甘氨酸甲酯的拆分：苯甘氨酸的单一对映体及其衍生物是半合成β-内酰胺类抗生素，如氨苄青霉素、头孢氨苄、头孢拉定等抗生素的重要侧链。脂肪酶在有机介质中通过不对称氨解反应，可以拆分得到单一对映体。

（3）芳基丙酸衍生物的拆分：2-芳基丙酸（$CH_3CHArCOOH$）是手性化合物，其单一

对映体衍生物是多种治疗关节炎、风湿病的消炎镇痛药物，如布洛芬、酮基布洛芬、萘普生等药物的活性成分。用脂肪酶在有机介质体系中进行消旋体的拆分，可以得到S构型的活性成分。

在有机介质中脂肪酶催化外消旋苯甘氨酸甲酯对映体氨解反应中，选择得到具有较高反应活性和对映体选择性的脂肪酶，在叔丁醇介质中通过不对称氨解反应，拆分得到单一对映体，转化率达88%，对映体过剩值（ee%）达到85%。此外，利用优势对映体对酶进行诱导处理，可使氨解反应的对映体选择性更高，利用苯甲醛为外消旋剂对劣势对映体进行原位消旋化，可有效地提高反应速率和产物的光学纯度。

（4）外消2-辛醇的拆分：2-辛醇可用于制香料、消毒皂、防泡剂、脂肪和作蜡的溶剂；也可用于聚氯乙烯增塑剂邻苯二甲酸二仲辛酯的生产，还可以用于合成纤维油剂、消沫剂、农药乳化剂的生产，是驱肠虫药己雷琐辛的原料。可以通过酶的非水相催化技术拆分得到光学纯度为98%的（S）-2-辛醇。

（5）（R，S）-2-芳基丙酸硫酯的拆分：（S）-2-芳基丙酸硫酯是一种重要的非甾体抗炎药物，可以通过脂肪酶（PCPL）在水饱和有机溶剂中水解拆分（R，S）-布洛芬硫酯的有效对映体选择性获得。

$$R_1-\underset{H}{\overset{CH_3}{C}}-\underset{O}{\overset{\|}{C}}-S-R_2 \xrightarrow{\text{脂肪酶}} R_1-\underset{H}{\overset{CH_3}{C}}-\underset{O}{\overset{\|}{C}}-OH \text{ 或 } R_1-\underset{H}{\overset{CH_3}{C}}-\underset{O}{\overset{\|}{C}}-OH$$

(S)-酸　　(R)-酸

二、手性高分子聚合物的制备

蛋白质、核酸、多糖等生物大分子都属于手性高分子聚合物，手性对于生物体的新陈代谢具有重要意义。研究表明，手性对于人工合成的高分子有机化合物的物理特性和加工特性都有明显影响，所以手性有机材料的研究开发受到越来越多的重视。利用脂肪酶等水解酶在有机介质中的催化作用，可以合成多种具有手性的聚合物，用作可生物降解的高分子材料、手性物质吸附剂等的合成。

1. 可生物降解的聚酯合成　利用脂肪酶在甲苯、四氢呋喃、乙腈等有机介质中的催化作用，将选定的有机酸和醇的单体聚合，可以得到可生物降解的聚酯。例如，猪胰脂肪酶在甲苯介质中，催化己二酸氯乙酯与2,4-戊二醇反应，聚合生成可生物降解的聚酯。

$$ClCH_2CH_2OOC(CH_2)_4COOCH_2CH_2Cl + CH_3CH(OH)CH_2CH(OH)CH_3 \xrightarrow{\text{猪胰脂肪酶}} \text{聚酯}$$

2. 糖脂的合成　糖脂是一类由糖和酯类聚合而成的具有重要应用价值的可生物降解的聚合物。例如，高级脂肪酸的糖脂是一种高效无毒的表面活性剂，在医药、食品等领域应用广泛；一些糖脂，如二丙酮缩葡萄糖丁酸酯等具有抑制肿瘤细胞生长的功效。

1986年，克利巴诺夫（Klibanov）等首次进行有机介质中酶催化合成糖脂的研究，利用枯草杆菌蛋白酶在吡啶介质中将糖和酯类聚合，得到6-*O*-酰基葡萄糖酯，随后以不同的糖为羟基供体，以各种有机酸酯为酰基供体，蛋白酶、脂肪酶等为催化剂，在有机介质中反应，获得各种糖脂。例如，蛋白酶在吡啶介质中催化蔗糖与三氯乙醇丁二酸酯聚合生成聚糖酯等。

三、酚树脂的合成

酚树脂是一种被广泛应用的酚类聚合物，酚树脂通常在甲醛存在条件下通过酚类物质聚合而成，可以用作黏合剂、化学定影剂等，由于在生产和使用过程中，甲醛会引起环境污染，因此，急需寻求一种无甲醛污染的树脂。

辣根过氧化物酶（horseradish peroxidase，HRP）在二氧六环与水混溶的均一介质体系中，可以催化苯酚等酚类物质聚合，生成酚类聚合物。

辣根过氧化物酶催化酚类化合物与过氧化氢反应生成酚氧自由基，酚氧自由基可以聚合形成二聚体，然后通过自由基传递形成二聚体自由基，再聚合形成三聚体、四聚体等，如此反复进行，使聚合物链不断延长，进而生成高分子酚类聚合物，在环保黏合剂等的研究开发方面具有较好的应用前景。

$$2\,\text{R-C}_6\text{H}_4\text{-OH} + H_2O_2 \xrightarrow{HRP} 2\,\text{R-C}_6\text{H}_4\text{-O}\cdot + 2H_2O$$

（酚） （酚氧自由基）

$$\text{C}_6\text{H}_5\text{O}\cdot + \text{C}_6\text{H}_5\text{O}\cdot \longrightarrow \text{O—H}\cdots\text{O—H}$$

（二聚体）

由于反应体系中含有较大量的水及与水混溶的有机溶剂，HRP和酚类底物都可以溶解在介质体系中，另一个底物过氧化氢通过蠕动泵滴加到反应体系中，随着反应的进行，当聚酚的分子质量达到一定大小时就会沉淀出来。

在此反应体系中，底物和产物的溶解度都极大地提高，使生成的聚合物分子质量比在水溶液中增大几十倍，而且反应速率显著提高。

四、导电有机聚合物的合成

有机聚合物通常是绝缘体。1997年，麦克迪尔米德（MacDiarmid）制备得到的碘掺杂的聚乙炔电导率达到金属水平，打破了有机聚合物都是绝缘体的传统观念。此后人们又相继研究出聚吡咯、聚噻吩、聚苯胺等具有良好应用前景的导电聚合物。

辣根过氧化物酶可以在与水混溶的有机介质（如丙酮、乙醇、二氧六环等）中，催化苯胺聚合生成聚苯胺。聚苯胺具有导电性能，可以用于飞行器的防雷装置，以免飞行器受到雷电袭击；还可用于衣物的表面，起到抗静电的作用；同时也可用作雷达、屏幕等的微波吸收剂等。

五、发光有机聚合物的合成

新型光学材料在激光技术、全色显示系统、光电计算机等方面都有重要应用，是当今材料科学与工程领域的研究热点之一。

非线性光学材料是激光技术的物质基础之一。研究表明，有机非线性光学材料的倍频效应比无机材料高几百倍，激发响应时间比无机材料快成千倍。在有机介质中，通过酶的催化作用聚合而成的聚酚类物质具有较高的三阶非线性光学系数，是一类具有重要应用前景的非线性光学材料。非线性光学材料在发光二极管的制造方面具有重要应用价值。

全色显示是众人期待的一种显示系统，该系统需要能够发出红、黄、绿三种颜色光的发光二极管。目前国际上只有发出红光的二极管，而发黄光的二极管的亮度不能满足需要，发蓝光的二极管的研制刚处于起步阶段。辣根过氧化物酶在有机介质中可以催化对苯基苯酚合成聚对苯基苯酚，将这种聚合物制成二极管，可以发出蓝光，尽管发出的蓝光较弱，但是已经显示出其潜力，是一种具有良好应用前景的蓝光发射材料。

六、食品添加剂的生成

食品添加剂是指为改善食品品质、防腐和加工工艺而加入食品中的物质。食品添加剂的生产可以通过提取分离技术从天然动植物或微生物中获得，也可以通过微生物发酵、酶法转化或化学合成法生产。利用酶在有机介质中的催化作用，可以获得人们所需的食品添加剂，现举例如下。

1. 利用芳香醛脱氢酶生产香兰素　香兰素是一种被广泛应用的食品香料，可以从天然植物中提取分离得到，但是产量有限；也可以以苯酚、甲基邻苯二酚等为原料进行化学合成，但是这些化学原料有毒性。另一种途径是先通过微生物发酵得到香兰酸（3-甲氧基-4-羟基苯甲酸），然后通过脱氢酶的催化作用，将香兰酸还原为香兰素（3-甲氧基-4-羟基苯甲醛）。

COOH　　　　　　　　　　　CHO

$H_3C—O$（苯环，OH）　—芳香醛脱氢酶→　$H_3C—O$（苯环，OH）

（香兰酸）　　　　　　　　（香兰素）

2. 利用脂肪酶或酯酶的催化作用生成所需的酯类　其中利用脂肪酶的作用，将甘油三酯水解生成的甘油单酯，简称为单甘酯，是一种广泛应用的食品乳化剂。此外，还可以利用脂肪酶在有机介质中的转酯反应，将甘油三酯转化为具有特殊风味的可可酯等；利用酯酶催化小分子醇和有机酸合成具有各种香型的酯类等。

$$\begin{array}{l} H_2C—OOC—R_1 \\ \quad| \\ HC—OOC—R_2 \\ \quad| \\ H_2C—OOC—R_3 \end{array} + H_2O \xrightarrow{\text{脂肪酶/酯酶}} \begin{array}{l} CH_2OH \\ \quad| \\ CHOOC—R_2 \\ \quad| \\ CH_2OOC—R_3 \end{array} + R_1COOH$$

（甘油三酯）　　　　　　　　（甘油二酯）

3. 利用嗜热菌蛋白酶生产天苯肽　天苯肽是由天冬氨酸和苯丙氨酸甲酯缩合而成的二肽甲酯，是一种用途广泛的食品甜味剂，其甜味纯正，甜度是蔗糖的150～200倍，在pH 2～5的酸性范围内非常稳定。

天苯肽可以通过嗜热菌蛋白酶在有机介质中催化合成。

嗜热菌蛋白酶（thermolysin，thermophilic-bacterial proteinase）是由嗜热细菌生产得到的一种蛋白酶。其在有机介质中催化L-天冬氨酸（L-Asp）与L-苯丙氨酸甲酯（L-Phe-OMe）反应生成天苯肽（L-Asp-L-Phe-OMe）。

HOOC COOH NH$_2$ + O O NH$_2$ —嗜热菌蛋白酶→ H N NH$_2$ COOH O C O O CH_3

(L-天冬氨酸)　(L-苯丙氨酸甲酯)　(天苯肽，L-天冬氨酸-苯丙氨酸甲酯)

由于氨基酸都含有氨基和羧基，在合成二肽的过程中，可能会生成不同的二肽。为了确保天冬氨酸的α-羧基与苯丙氨酸的氨基缩合，生成天苯肽，在反应之前，除了苯丙氨酸的α-羧基必须进行甲酯化以外，天冬氨酸的β-羧基也必须进行苯酯化，所以酶催化反应生成的产物是苯酯化天冬氨酰-苯丙氨酸甲酯（Z-L-Asp-L-Phe-OMe），在反应结束后，再经过氢化反应，生成天苯肽。其反应式为

Z-L-Asp + L-Phe-OMe ⟶ Z-L-Asp-Phe-OMe ⟶ L-Asp-L-Phe-OMe

(L-天冬氨酸苯酯)　(L-苯丙氨酸甲酯)　(L-苯酯化天冬酰胺-苯丙氨酸甲酯)　(天苯肽)

在生产中通常采用外消旋化的DL-苯丙氨酸甲酯进行反应，反应后剩下未反应的D-苯丙氨酸甲酯可以被分离出来，经过外消旋化后形成DL-苯丙氨酸甲酯重新使用。

4. 利用皱褶假丝酵母脂肪酶生产植物甾醇月桂酸酯　以混合植物甾醇和月桂酸为原料，以非水相有机溶剂正己烷作为反应介质，以生物催化剂皱褶假丝酵母脂肪酶为催化剂，通过控制反应体系的水分活度，可以以94.62%的产率合成植物甾醇月桂酸酯，经过纯化后纯度可以达到98.2%。

七、生物柴油的生产

柴油是石油化工产品，由于石油属于不可再生的能源，石油资源的短缺是世界面临的危机之一，寻求新的可再生能源已经成为世界性的重大课题。

生物柴油是由动物、植物或微生物油脂与小分子醇类经过酯交换反应而得到的脂肪酸酯类物质，可以代替柴油作为柴油发动机的燃料使用。由于动植物或微生物油脂属于可再生资源，因此生物柴油的生产具有重大意义。

生物柴油可以采用酸、碱催化油脂与甲醇之间的转酯反应生成脂肪酸甲酯，但在反应过程中由于使用过量的甲醇，后处理过程变得较为繁杂，同时废酸（碱）会造成二次污染。在有机介质中，脂肪酶可以催化油脂与甲醇的酯交换反应，生成生物柴油，所使用的脂肪酶或酯酶也可以制成固定化酶，使转酯反应可以连续进行。

$$\begin{array}{l} H_2C-OOC-R_1 \\ HC-OOC-R_2 \\ H_2C-OOC-R_3 \end{array} + 3CH_3OH \longrightarrow \begin{array}{l} H_2C-OH \\ HC-OH \\ H_2C-OH \end{array} + R_1\text{-}COOR'CH_3 + R_2\text{-}COOR'CH_3 + R_3\text{-}COOR'CH_3$$

(油脂)　(甲醇)　(甘油)　(生物柴油)

八、多肽的合成

（1）α-胰蛋白酶可以催化*N*-乙酰色氨酸与亮氨酸合成二肽。该反应在水溶液中进行时，合成率仅为0.1%，而在乙酸乙酯和微量水组成的系统中，合成率可达100%。

N-乙酰色氨酸＋亮氨酸＝*N*-乙酰色氨酸-亮氨酸＋水

（2）嗜热菌蛋白酶除了上述催化天冬氨酸和苯丙氨酸甲酯缩合而成天苯肽以外，还可以在有机介质中催化L-天冬氨酸与D-丙氨酸缩合生成天丙二肽等。

（3）脂肪酶在有机介质中也可以催化青霉素前体肽等多肽的合成。

九、甾体转化

许多微生物和植物的细胞、组织中都含有催化各种甾体转化的酶，如5β-羟基化酶、11β-羟基化酶、17-羟基化酶等。在酶催化甾体转化过程中，由于甾体在水中的溶解度低，反应受到限制，因而转化率很低。但是在由有机溶剂和水组成的两相系统中，羟基化酶可以催化各种甾体转化，并大大提高甾体转化率。例如，可的松转为氢化可的松的酶促反应，在水-乙酸丁酯或水-乙酸乙酯组成的系统中，转化率可分别达到100%和90%。

复习思考题

习题答案

1. 简述酶的非水相催化的概念与特点。
2. 酶在有机溶剂介质中与在水溶液中的特性有何改变？
3. 什么是必需水和水活度？水对非水相中酶的特性有何影响？
4. 有机溶剂对酶催化有何影响？
5. 简述有机介质中酶催化反应的影响因素及其控制。
6. 举例说明酶的非水相催化的应用。

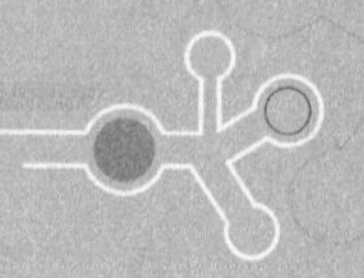

第八章　酶的分子定向进化

酶的分子定向进化（directed molecular evolution of enzyme）简称为酶定向进化（enzyme directed evolution），是模拟自然进化过程（随机突变和自然选择），在体外进行酶基因的人工随机突变，建立突变基因文库，在人工控制条件的特殊环境中，定向选择得到具有优良催化特性的酶突变体的技术过程。

天然酶长期在生物体内存在并进行催化活动，在生物体内的环境条件下，经过长期的自然进化，形成了与生物体内条件相适应的完整的空间结构和一系列催化特性。然而随着酶工程的发展，酶从生物体内被提取分离出来，在人工控制条件的酶反应器中进行催化时，往往不能适应环境条件的变化，呈现出催化效率较低、稳定性较差等缺点，不能满足人们使用的要求。为此人们采用多种酶改性（enzyme improving）技术，以改进酶的催化特性。其中，酶定向进化技术就是其中一种行之有效的方法。

酶定向进化的基本过程包括随机突变、构建突变基因文库、定向选择等步骤。通过酶的定向进化，可以显著提高酶活性、增加酶的稳定性、改变酶的底物特异性等，它已经成为一种快速高效地改进酶催化特性的手段。

第一节　酶定向进化的基本原理

自然进化是在整个有机体繁殖和存活的过程中自发出现的一个非常缓慢的过程。自然选择进化向有利于生物适应生存环境的方向发展。环境的多样性和适应方式的多样性决定了进化方向的多样性。

我们可以在实验室中模仿自然进化的关键步骤——突变、重组和筛选，在较短时间内完成漫长的自然进化过程，有效地改造蛋白质，使之适于人类的需要。与自然进化不同的是，这种策略具有明确的人为设定的目标，只针对特定蛋白质的特定性质，因而被称为定向进化。

对酶分子的研究可以分为认识和改造两个方面。前者是利用各种生物化学、晶体学、光谱学等方法对天然酶或其突变体进行研究，获得酶分子特征、空间结构、结构和功能之间的关系及氨基酸残基功能等方面的信息，以此为依据对酶分子进行改造，称为酶分子的合理设计（rational design），如化学修饰、定点突变（site-directed mutagenesis）等。与此相对应，不需要准确的酶分子结构信息而通过随机突变、基因重组、定向筛选等方法对其进行改造，则称为酶分子的非合理设计（irrational design），如定向进化、杂合进化（hybrid evolution）等。非合理设计的实用性较强，往往可以通过随机产生的突变，改进酶的特性。对酶分子的设计和改造方法，是基于基因工程、蛋白质工程和计算机技术互补发展和渗透的结果，它标志着人类可以按照自己的意愿和需要改造酶分子，甚至设计出自然界中原来并不存在的全新的酶分子。

近年来，易错PCR、DNA改组和高突变菌株等技术的应用，在对目的基因表型有高效检测筛选系统的条件下，建立了酶分子的定向进化策略，基本上实现了酶分子的人为快速进化。

酶分子的定向进化属于蛋白质的非合理设计，它不需事先了解酶的空间结构和催化机制，人为地创造特殊的进化条件，模拟自然进化机制（随机突变、基因重组和自然选择），在体外改造酶基因，并定向选择/筛选出所需性质的突变酶。

酶催化的精确性和有效性往往并不能满足通常的工业化要求，天然的酶通常缺乏有商业价值的催化功能及其他性质。因此，对天然酶分子水平的改造显得十分重要。天然酶在自然条件下已经进化了千百万年，但是酶分子仍然蕴藏着巨大的进化潜力，这是酶的体外定向进化的基本先决条件。酶分子存在着进化潜力的主要原因如下。

（1）天然酶在生物体内存在的环境与酶的实际应用环境不同。一个比较好的例子是把枯草杆菌蛋白酶E应用于非水相（二甲基甲酰胺，DMF）催化肽合成反应，自然生理条件下进化得比较完善的枯草杆菌蛋白酶E由于没有接触过非水环境，因此其活力和稳定性不适合在有机相中完成催化反应，这就为该酶在新的筛选条件下（有机相中）提供了适合该条件的进化空间。

（2）实际应用中，总是期待酶的活力和稳定性越高越好，这样可以加快反应速率、提高酶的利用率、降低反应成本，但在生物体内更重要的是各种生物分子之间的协同作用，作为一个整体去适应环境。生物对环境适应的进化主要不是表现为某个酶分子活力和稳定性的不断提高，而是在于整体的适应能力、调控能力的增强。在自然选择的筛选压力下，更主要的是这个系统中瓶颈部分的进化。对于某个酶分子来说，其活力可以受到调节部位的调控，含量可以受到基因表达的调控，而当其酶活力和稳定性已经大大超过了满足整个体系在环境中生存的需求时，它们的提高就显得没有必要了，即失去了进化的筛选压力，因而进化的机会很有限，这也为体外定向进化留下了很大的进化空间。例如，SOD在体内的活力已经足以完成歧化生命体系自然产生的超氧离子，因此，在自然氧压下，体外进化基本不会取得进展。

（3）某些酶或蛋白质待进化的性质不是其在生物体内所涉及的。例如，研究者对蛋白质类药物改造，消除其副作用，这部分性质的改善有着很大的进化潜力。

酶分子定向进化是从一个或多个已经存在的亲本酶（天然的或者人为获得的）出发，经过基因的突变和重组，构建一个人工突变酶库，通过筛选最终获得预先期望的具有某些特性的进化酶。

以对单一酶分子基因进行定向进化为例，来说明酶分子基因进行定向进化的基本实验路线。

在待进化酶基因的PCR扩增反应中，利用*Taq* DNA聚合酶不具有3′→5′校对功能，并控制突变库的大小使其与特定的筛选容量相适应，选择适当条件以较低的比率向目的基因中随机引入突变，进行正向突变间的随机组合以构建突变库，凭借定向的选择/筛选方法，选出所需性质的优化酶，从而排除其他突变体（图8-1）。

也就是说，定向进化的基本规则是“获取你所筛选的突变体”。简言之，定向进化＝随机突变＋正向重组＋选择（或筛选）。

与自然进化不同，定向进化是在人为引发随机突变后，“定向重组＋选择”相当于环境作用于突变后的分子群，通过选择某一方向的进化而排除其他方向的突变。酶分子的定向进化过程完全是在人为控制下进行的，使酶分子朝向人们期望的特定目标进化。

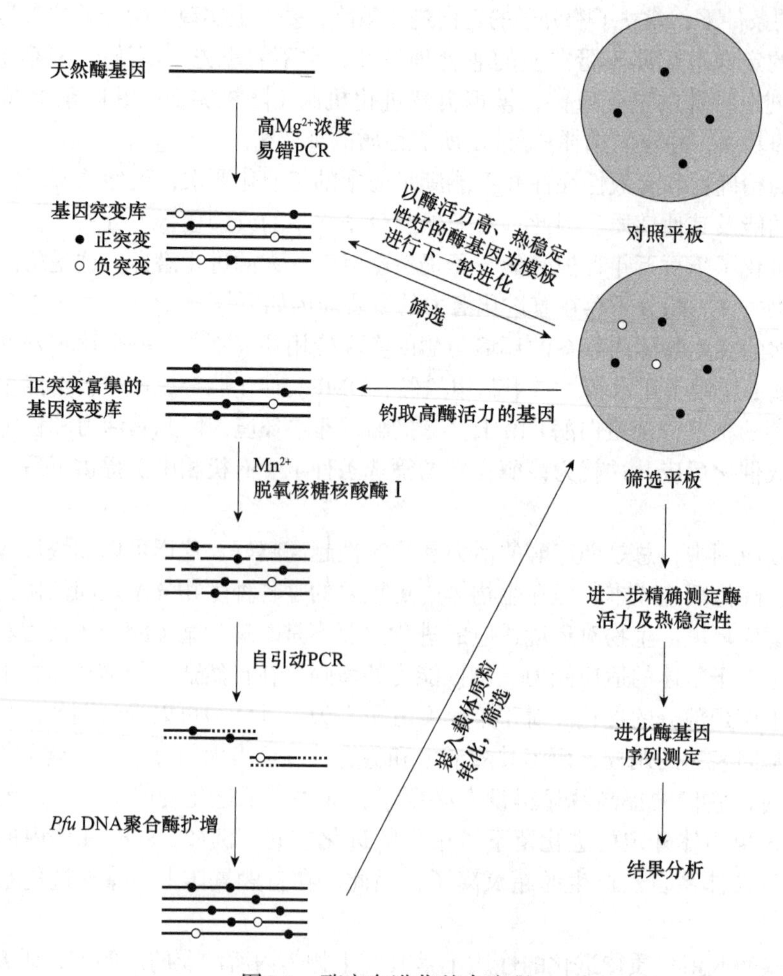

图8-1 酶定向进化基本流程

第二节 酶定向进化的策略

酶定向进化的第一步是对酶基因进行体外随机突变，以获得丰富多样的突变基因，为后续的定向选择打下基础。

酶基因的体外随机突变首先要获得酶基因，然后在体外进行随机突变。体外随机突变的方法很多，常用的有易错PCR技术、DNA改组技术、随机引物体外重组法、交错延伸法、渐进切割与DNA改组结合法、临时模板随机嵌合技术、基因家族重排技术等，如表8-1所示。

表8-1 基因随机突变方法及其特点

随机突变方法	特点
易错PCR技术	从酶的单一基因出发，在特定的反应条件下进行PCR扩增，使碱基配对出现错误而引起基因突变
DNA改组技术	从两条以上的正突变基因出发，经过酶切，不加引物的PCR扩增，使碱基序列重新排布而引起基因突变
随机引物体外重组法	用一套随机序列引物，产生互补于模板不同位置的短 DNA 片段库，然后进行全长基因装配反应，获得多样性基因突变

续表

随机突变方法	特点
交错延伸法	以两个以上相关的DNA片段为模板，引物先在一个模板链上延伸，随之进行多轮变性和短暂的复性/延伸反应
渐进切割与DNA改组结合法	酶切两个同源性较低的基因获得一系列依次有一个碱基缺失的片段库，将一个的一组随机长度的5′端片段与另一个的一组随机长度的3′端片段随机融合产生杂合基因文库
临时模板随机嵌合技术	将随机切割的基因片段杂交到一个临时DNA模板上进行排序、修剪、空隙填补，悬垂切割步骤使短片段(比DNA酶消化片段还短)得以重组
基因家族重排技术	从基因家族的若干同源基因出发，经过酶切和不加引物的PCR扩增，使碱基序列重新排布而引起基因突变

这些突变方法的目标都是获得丰富多样的突变基因，但是各自所采用的进化策略和侧重点有所不同。这些随机突变方法可以单独使用，也可以联合使用，交叉进行，通过多次试验，反复筛选，以完成对酶的定向进化。

一、易错PCR技术为代表的无性进化

易错PCR（error-prone PCR）是指在体外扩增基因时使用适当条件，使扩增的基因出现少量错配，引起突变。易错PCR的关键是控制DNA的突变频率。如果DNA的突变频率太高，产生的绝大多数酶将失去活性；如果突变频率太低，野生型的背景太高，样品的多样性则较少。理想的碱基置换率和易错PCR的最佳条件则依赖于随机突变的目标DNA片段的长度。

在采用*Taq* DNA聚合酶进行PCR扩增目的基因时，通过调整反应条件，如提高镁离子浓度，加入锰离子，改变体系中4种dNTP的浓度等，可改变*Taq* DNA聚合酶的突变频率，从而向目的基因中以一定的频率随机引入突变构建突变库，然后选择或筛选需要的突变体。

其中关键之处在于调控突变率，突变率不应太高，也不能太低，理论上每个靶基因导入的取代残基的适宜个数为1.5～5。

通常仅经过一次突变的基因很难获得满意的结果。由此，发展出连续易错PCR（sequential error-prone PCR）策略，即将一次PCR扩增得到的有用突变基因作为下一次PCR扩增的模板，连续反复地进行随机诱变，使每一次获得的小突变累积而产生重要的有益突变。

Chen和Arnold用此策略在非水相DMF中，定向进化枯草杆菌蛋白酶E的活力获得成功。所得突变体PC3在60%和85%的DMF中，催化效率K_{cat}/K_m分别是野生酶的256倍和131倍，比活力提高了157倍。将PC3再进行两个循环的定向进化，产生的突变体13M的K_{cat}/K_m比PC3高3倍（在60% DMF中），比天然酶高471倍。在该方法中，遗传变化只发生在单一分子内部，所以易错PCR属于无性进化（asexual evolution）。

实现无性进化的方法除了易错PCR技术外，还有化学诱变剂介导的随机诱变及由致突变菌株（mutator strain）产生的随机突变。

化学诱变剂介导的随机诱变是指在65℃条件下直接用羟胺处理带有目的基因片段的质粒，然后用限制性内切核酸酶切下突变了的基因片段，再克隆到表达载体中进行功能的筛选。

具有DNA修复途径缺陷的菌株可以使菌株失去DNA修复功能，其体内的DNA突变率比野生型可以高出上千倍。有公司构建了一株DNA修复途径缺陷的大肠杆菌突变株XL1-Red，

它体内的DNA突变率比野生型高5000倍。将带有突变基因的质粒转化到XL1-Red菌株内复制过夜，在此过程中会产生随机突变，每2000个碱基中通常约有1个碱基置换。将带有突变基因的质粒转化到表达系统中即可进行筛选。

二、DNA改组技术为代表的有性进化

1. DNA改组技术 在酶分子无性进化策略中，一个具有正向突变的基因在下一轮易错PCR过程中继续引入的突变是随机的，而这些后引入的突变仍然是正向突变的概率是很小的。因此人们开发出DNA改组等基因重组策略，将已经获得的存在于不同基因中的正突变结合在一起形成新的突变基因库。

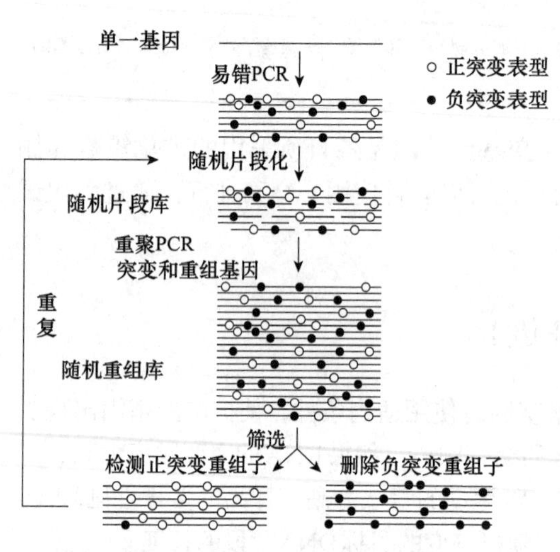

图8-2 DNA改组基本原理

DNA改组又称有性PCR（sexual PCR），基本操作过程是将从正突变基因库中分离出来的DNA片段用脱氧核糖核酸酶Ⅰ随机切割，得到的随机片段经过不加引物的多次PCR循环；在PCR循环过程中，随机片段之间互为模板和引物进行扩增，直到获得全长的基因，这使得来自不同基因的片段之间发生重组（图8-2）。

该策略将亲本基因群中的优势突变尽可能地组合在一起，最终是酶分子某一性质的进一步进化，或者是两个或更多的已优化性质的结合。所以在理论和实践上，它都优于连续易错PCR等无性进化策略。

DNA改组技术是由施特默尔（Stemmer）等1994年首次提出的，是指把目的基因酶切成随机片段，然后通过PCR进行重组，这是由同源重组而产生基因突变的方法。Stemmer等用β-内酰胺酶系统作为研究对象，采用DNA改组技术筛选得到了一株新菌株，其头孢噻肟最低抑制浓度（MIC）比原始菌株提高16 000倍。其实验过程如图8-3所示。

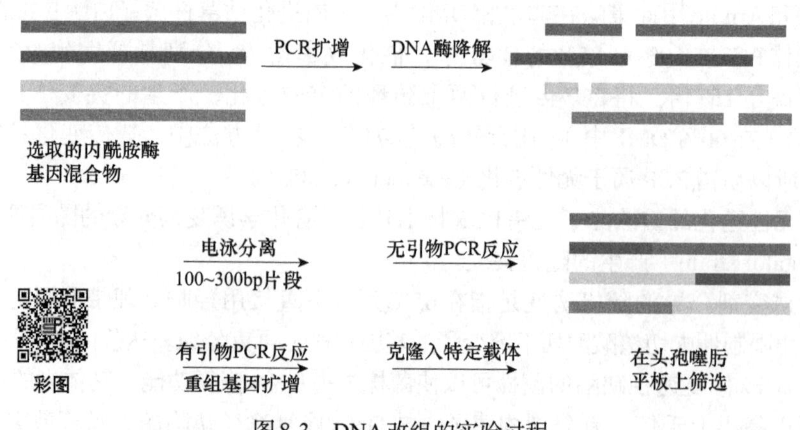

图8-3 DNA改组的实验过程

2. 随机引物体外重组法　随机引物体外重组法（random-priming *in vitro* recombination，RPR）是用一套随机序列引物，产生互补于模板不同位置的短DNA片段库（由于碱基错配，这些短DNA片段也含有少量的点突变），然后进行类似于DNA改组的全长基因装配反应，获得多样性文库。

该方法是在1998年由阿诺德（Arnold）提出的，RPR的原理是用随机序列的引物来产生互补于模板序列不同部分的大量的DNA小片段。由于碱基的错误掺入和错误引导，这些DNA的小片段中也因而含有少量的点突变，DNA小片段之间可以相互同源引导和重组。在DNA聚合酶的作用下，经反复的热循环可重新组装成全长的基因，克隆到表达载体上，随后筛选。

与DNA改组相比，RPR技术具有以下优点：①RPR可直接利用单链DNA或mRNA作为模板。②DNA改组利用DNase Ⅰ随机切割双链DNA模板，在DNA片段重新组装成全长序列之前，DNase Ⅰ必须去除干净。一般来说，RPR技术使基因的重新组装更容易。③合成的随机引物长度一致并缺乏序列的偏向性，保证了点突变和交换在全长的后代基因中的随机性。④随机引导的DNA合成不受DNA模板长度的影响，这为小肽的改造提供了机会。⑤所需亲代DNA是改组所需DNA量的1/20～1/10。

有关“随机引物体外重组”的更多内容可扫码查看。

知识拓展8-1

3. 交错延伸法　1997年，Arnold研究组巧妙地设计了PCR程序，将DNA改组技术进一步改进提高，创造性地提出了交错延伸法。

如图8-4所示，在一个反应体系中以两个以上相关的DNA片段为模板，进行PCR反应，引物先在一个模板链上延伸，随之进行多轮变性和短暂的复性/延伸反应。在每个循环中，延伸的片段在复性时与不同的模板配对。由于模板的改变，所合成的DNA片段中包含了不同模板DNA的信息。这种交错延伸过程继续进行，直到获得全长的基因。

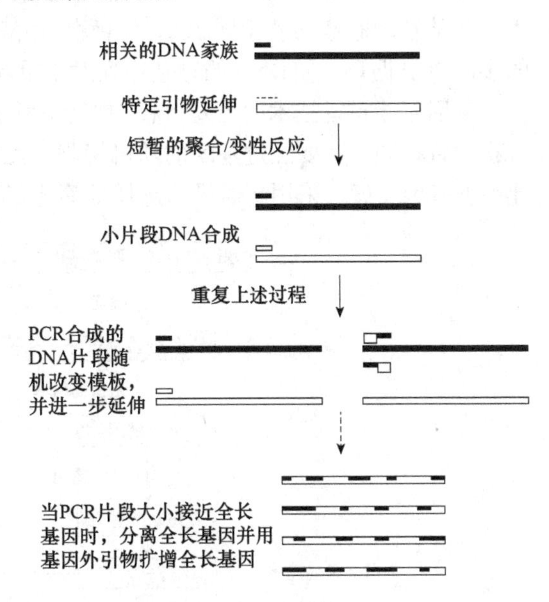

图8-4　交错延伸法改造DNA的基本流程

交错延伸程序的核心点也是有性PCR（即DNA改组）技术。此方法较上述有性PCR法省去了用DNA酶切割成片段这一步，因而简化了DNA改组的方法。

4. 渐进切割与DNA改组结合法（SCRATCH）　尽管DNA改组介导的重组已成为定向进化构建DNA序列多样性的重要工具，但它不适用于同源性低于70%的序列进行重组。为解决这个问题，研究者将渐进切割产生杂合酶方法（incremental truncation for the creation of hybrid enzyme，ITCHY）与DNA改组技术结合，建立了SCRATCH技术。

SCRATCH技术首先通过ITCHY技术用两个低同源性基因建立杂合文库，然后该文库被用于DNA改组。该方法是将两个同源性较低的基因（基因*A*和基因*B*）分别用核酸外切酶进行切割，控制切割速度不大于10bp/min；在此期间，间隔很短时间连续取样并终止所取样品中的酶切反应，以获得一系列依次有一个碱基缺失的片段库；然后将基因*A*的一组随机长度

基因A的系列片段库 + 基因B的系列片段库 —片段随机融合→ 基因A-B的杂合基因文库

↓

DNase Ⅰ消化、DNA改组 ←PCR扩增— 筛选有益突变克隆

图8-5 SCRATCH技术示意图

的5′端片段与基因B的一组随机长度的3′端片段随机融合产生杂合基因文库，进而从中筛选有益突变（图8-5）。SCRATCH技术突破了单一DNA改组要求目标序列同源性较高的限制，可以在低同源性基因之间多次交叉重组；应用于高同源性基因上也能构建比单一DNA改组平均多1.5个重组交叉点的突变文库。

5. 临时模板随机嵌合技术 临时模板随机嵌合技术是与DNA改组概念上明显不同的、改进的基因家族重组技术。它不包括热循环、链转移或交错延伸反应，而是将随机切割的基因片段杂交到一个临时DNA模板上进行排序、修剪、空隙填补，其中的悬垂切割步骤使短片段（比DNA酶消化片段还短）得以重组，明显提高了重组频率；如果在片段重组前后采用易错PCR，还可引入额外点突变。*相关技术流程可扫码查看。*

知识拓展8-2

科科（Coco）等首次报道利用此法改造二苯并噻吩单加氧酶，产生的嵌合文库平均每个基因含14个交叉，重组水平比DNA改组类方法（1～4个交叉）高出几倍，并且可以短至5bp的序列同一区内产生交叉，这种高频率、高密度的交叉水平是DNA改组难以达到的。

6. 基因家族重排技术 基因家族重排（gene family shuffling）又称为基因家族改组技术，是从基因家族的若干同源基因出发，用酶（DNase Ⅰ）切割成随机片段，经过不加引物的多次PCR循环，使DNA的碱基序列发生重新排布而引起基因突变的技术过程。

基因家族重排技术的主要过程如图8-6所示。基因家族重排技术与DNA重排技术的基本过程大致相同，都要经过基因的随机切割、无引物PCR等步骤以获得突变基因，然后经过构建突变基因文库、采用高通量筛选技术筛选获得正突变基因。

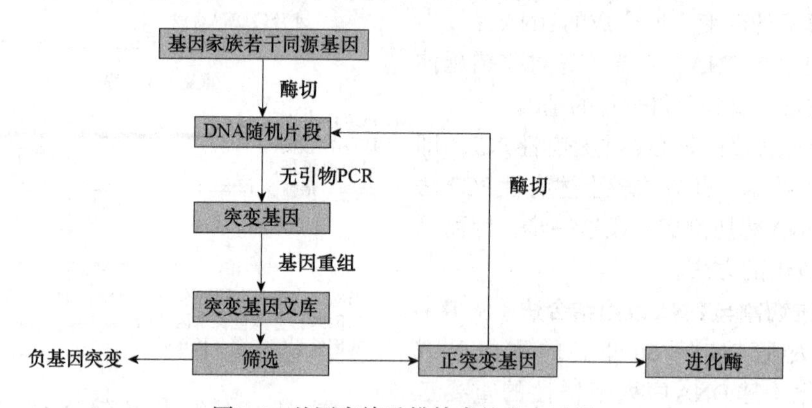

图8-6 基因家族重排技术的基本过程

基因家族重排技术与DNA重排技术的主要不同点在于前者从基因家族的若干同源基因出发进行DNA序列的重新排布，而后者则从采用易错PCR等技术所获得的两个以上的正突变基因出发进行DNA序列的重新排布。

经过一次基因家族重排获得的突变基因往往未能达到人们的要求，为此需要经过构建突变基因文库和筛选的过程，获得的正突变基因再反复经过上述步骤，直到获得所需的突变基因。由于自然界中每一种天然酶的基因都经过长时间的自然进化，形成了既具有同源性又有

所差别的基因家族，通过基因家族重排技术获得的突变基因既体现了基因的多样性，又最大限度地排除了那些不必要的突变，大大加快了基因体外进化的速度。例如，2004年阿哈若尼（Aharonia）等用基因家族重排技术进行定向进化，使大肠杆菌磷酸酶对有机磷酸酯的特异性提高了2000倍，同时使该酶对有机磷酸酯的催化效率提高了40倍。

但是采用基因家族重排技术进行定向进化，由于基因之间的同源性较高，因此形成杂合体的频率较低。

第三节　酶突变基因的定向选择

酶突变基因的定向选择是在人工控制条件的特殊环境中，按照人们所设定的进化方向对突变基因进行选择，以获得具有优良催化特性的酶的突变体的过程。

通过上述易错PCR、DNA重排或基因家族重排等技术对酶基因进行体外随机突变，可以获得丰富多样的突变基因。然而由于采用随机突变，所获得的大多数是负突变或中性突变，只有少数是正突变。为此需要在特定的环境条件下进行定向选择，以便排除众多的无效突变，把具有新催化特性的酶突变基因筛选出来。

要从众多的突变基因中将人们所需的突变基因筛选出来，首先，要通过DNA重组技术将随机突变获得的各种突变基因与适宜的载体进行重组，获得重组载体；其次，通过细胞转化等方法将重组载体转入适宜的细胞或进行体外包装成为有感染活性的重组λ噬菌体，形成突变基因文库；最后，采用各种高通量的筛选技术，在人工控制条件的特定环境中对突变基因进行筛选，从突变基因文库中筛选得到所需的突变基因。

一、突变基因文库的构建

突变基因文库的构建是将各种不同的突变基因与载体重组，再转入适宜的细胞或包装成重组λ噬菌体的技术过程。

（一）构建基因文库的质量要求

构建的突变基因文库必须尽可能地把各种突变基因包含在其中，并且能够完整地反映基因的结构和功能信息。所以突变基因文库不但必须具有包容性，还必须具有突变基因序列的完整性。

1）**文库的包容性**　突变基因文库的包容性是指所构建的文库必须尽可能地包含基因的任何一种可能的突变信息，包括正突变、负突变和中性突变，以便进行全面的筛选。为此要求构建的文库必须有足够大的容量，通常一个包容性好的文库应具有10^6甚至更大的库容量。

2）**文库的完整性**　突变基因文库的完整性是指文库中包含的DNA片段必须尽可能完整地反映基因的结构和功能信息，以便通过筛选得到的突变基因能够通过表达获得完整的具有催化功能的进化酶。

（二）构建突变基因文库的主要过程

构建突变基因文库的过程主要包括载体的选择、基因重组、组装突变基因文库等。

1. 载体的选择 突变基因文库的构建，要通过DNA连接酶的作用，将突变基因与适当的载体（vector）重组，所以首先要根据目的基因的特性、载体的特点和重组DNA的筛选方法等选择适宜的载体，构建突变基因文库时通常采用的载体有质粒载体、噬菌体DNA载体、黏粒载体、噬菌粒载体等。

1）质粒载体 质粒（plasmid）是存在于微生物细胞内染色体外的遗传单位，是一种闭合环状双链DNA分子。

质粒载体是由天然质粒经过人工改造而成的一种常用的基因克隆载体，如pBR322质粒、pUC质粒等。质粒载体具有自主的复制起点、两种以上易于检测的选择性标记、多种限制性内切核酸酶的单一位点等元件。质粒载体适合较小片段DNA的重组，重组质粒通常采用转化方法转入受体细胞而形成突变基因文库，然后通过遗传标记进行筛选而获得所需的突变基因。

利用质粒载体构建的基因文库通常以活的转化菌的形式进行保存和扩增，在保存过程中要控制好保存条件，以免转化菌死亡。

2）噬菌体DNA载体 由噬菌体DNA改造而成的具有自我复制能力的载体称为噬菌体DNA载体。

天然存在的噬菌体DNA由于其毒性和侵染力强，必须经过改造才能用作基因载体。常用的噬菌体DNA载体主要有λ噬菌体DNA载体、M13噬菌体载体等。

λ噬菌体是大肠杆菌中存在的一种温和噬菌体，有一个由呈正二十面体的外壳蛋白组成的头部，内含一条线状双链DNA分子，称为λ噬菌体DNA。在DNA分子两端各有一条12nt的彼此完全互补的5′-单链突出序列，通常称为黏性末端，将此DNA分子溶液加热至60℃，再经过退火，两条黏性末端可以通过互补碱基的配对而连接起来，形成环状λDNA分子。λDNA溶液加热至70℃后迅速冷却，即恢复成为线性λDNA。

λ噬菌体DNA经过人工改造而成的基因克隆载体称为λ噬菌体DNA载体。λ噬菌体DNA载体具有装载容量大、适合大片段DNA的克隆、重组效率高等特点，是一种常用的构建基因文库的基因克隆载体。重组λ噬菌体DNA一般采用体外包装的方式成为有感染活性的重组噬菌体而形成突变基因文库，然后通过噬菌斑进行筛选而获得所需的突变基因。

利用λ噬菌体DNA载体构建的基因文库以重组噬菌体颗粒的形式存在，这些重组噬菌体颗粒在0～5℃的环境条件下非常稳定，可以长期保存。

M13噬菌体是一类丝状大肠杆菌噬菌体，含有长度为6.4kb的环状单链DNA分子，M13 DNA含有6407nt，10个基因，其中有一个长度为507nt的基因间隔区段（IG区段），间隔区段上有M13噬菌体DNA的复制起点，但是该区段的完整性对噬菌体的发育功能并不重要。可以将大肠杆菌β-半乳糖苷酶的基因片段（lacZ′）插入到间隔区段中，再根据噬菌斑颜色的变化来鉴别外源DNA片段是否插入到lacZ′区段。还可以插入化学合成的具有多克隆位点的DNA片段，从而形成具有多种限制性内切核酸酶作用位点的序列，扩展其使用范围。M13噬菌体载体特别适用于单链DNA的克隆。

3）黏粒载体 黏粒（cosmid）是一类人工构建的、含有λDNA黏性末端（cos序列）和质粒复制子的质粒载体，又称为柯斯质粒，或译为柯斯米德。

黏粒载体具有质粒载体的特性，在受体细胞内可以自主复制，并带有抗药性标记；同时黏粒载体具有λ噬菌体的某些特性，可以由λ噬菌体的外壳包装而高效地转导进入大肠杆菌细胞；黏粒载体具有很大的组装外源DNA的能力，插入的DNA片段长度可以高达35～45bp。常用的黏粒载体有pHC79黏粒载体、pJB8黏粒载体、c2RB黏粒载体、pcosEMBL黏粒载体等。

4）噬菌粒载体　噬菌粒（phagemid）载体是一类人工构建的、由M13噬菌体单链DNA的基因间隔区与质粒载体结合而成的基因载体。其具有M13噬菌体DNA的复制起点，同时具有质粒载体的特性。噬菌粒载体可以组装比载体长度长几倍的外源DNA片段。

常用的噬菌粒载体有pUC118噬菌粒载体、pUC119噬菌粒载体等。pUC118噬菌粒载体和pUC119噬菌粒载体的构建是将M13噬菌体DNA的基因间隔区分别插入到pUC18质粒和pUC19质粒的*Nde* Ⅰ位点上组建而成的。

2. 基因重组　基因重组（gene recombination）是在体外通过DNA连接酶的作用，将基因与载体DNA连接在一起形成重组DNA的技术过程。

根据目的基因片段的末端性质和载体DNA、外源DNA分子上限制性内切核酸酶位点的性质，外源DNA与载体DNA的重组方法主要有黏性末端连接、平头末端连接、修饰末端连接等。

1）黏性末端连接　黏性末端连接是外源DNA与质粒载体DNA连接的常用方法，其主要过程如下：①将载体DNA和目的基因用形成黏性末端的同一种限制性内切核酸酶（如*Eco*R Ⅰ、*Hin*d Ⅲ等）进行切割，形成黏性末端；②按照1∶1的比例混合，经过退火处理，使载体DNA与外源DNA的黏性末端结合，形成双链接合体；③在T_4 DNA连接酶的作用下，双链接合体连接形成稳定重组DNA分子。

2）平头末端连接　有些限制性内切核酸酶（如*Hpa* Ⅰ、*Sma* Ⅰ等）作用于DNA分子后，形成的末端是平头末端；具有平头末端的质粒载体DNA和外源DNA分子，可以在T_4 DNA连接酶的作用下形成重组DNA分子。

一般来说，平头末端连接的重组效率要比黏性末端连接的效率低得多。采取提高外源DNA和质粒载体DNA的浓度、提高T_4 DNA连接酶的浓度、降低ATP的浓度、避免亚精胺等多胺物质的存在等措施，可以提高重组效果。

3）修饰末端连接　当载体DNA和外源DNA的末端不相匹配时，T_4 DNA连接酶无法进行连接。所以在进行连接之前，必须对两个末端或其中一个末端进行修饰处理，使两种DNA的末端互相匹配，以便于连接，形成重组DNA。主要的修饰方法是引进附加末端。附加末端可以是单链DNA，也可以是双链DNA，可以在一个末端附加，也可以在两个末端都附加。

3. 组装突变基因文库　突变基因文库的组装是将重组DNA转入受体细胞或包装成有感染活性的重组噬菌体的过程。

不同的重组载体组装基因文库的方法有所不同。

对于重组质粒载体，可以通过细胞转化等方法将重组DNA转入受体细胞，形成突变基因文库。转化（transformation）是将带有外源基因的重组质粒DNA引入受体细胞的技术过程。在转化过程中，首先用钙离子处理而制备感受态细胞，然后将重组质粒DNA与感受态细胞混合，在一定温度条件下保温一段时间，将重组质粒DNA引入受体细胞。例如，转化大肠杆菌细胞时，首先用0.1mol/L的$CaCl_2$溶液处理细胞，制成感受态细胞，然后与重组质粒DNA混合，在42℃保温90s，立即冰浴降温，使重组质粒DNA进入受体细胞，然后加入适宜的培养基，在一定条件下培养12～24h，获得重组细胞。该法具有简单、快速、重复性好的特点，应用广泛。

对于重组噬菌体DNA载体，需要用噬菌体外壳蛋白将重组DNA进行包装，成为有感染活性的重组噬菌体，从而形成基因文库。包装的过程是将含有外源DNA的重组噬菌体DNA与含有包装所需的各种蛋白质成分的包装液混合，在一定的温度条件下保温一段时间，即可包装成具有感染能力的病毒。

二、突变基因的筛选

突变基因文库构建好以后，就可以根据定向进化的目的要求，在一定的环境条件下进行筛选，从突变基因文库中选取得到所需的突变基因。

在突变基因的筛选过程中，如果基因文库是以质粒载体构建而成的，在筛选时可以直接利用重组细胞在一定的环境条件下进行培养，从中筛选得到所需的突变基因；如果基因文库是以噬菌体DNA载体构建而成的，则首先要将重组噬菌体通过转导（transduction）方法转入细胞，即让重组噬菌体感染受体细胞而获得重组细胞，然后再在一定的环境条件下进行培养，从中筛选得到所需的突变基因。

（一）定向选择环境条件的设定

在突变基因的定向选择过程中，重组细胞培养的环境条件是根据定向进化的目的要求而人工设定的，所设定的环境条件需要在每一次突变-筛选的循环中加以调整，逐步向着进化的方向靠近，最终达到目的，获得人们所需的具有新催化特性的进化酶。

酶定向进化的目的多种多样，主要是围绕提高酶催化效率和增强酶稳定性等目标进行的。根据酶本身的特性和进化目标的不同，在突变基因的定向选择过程中，环境条件的设定方式也有所不同。现举例如下。

（1）如果定向进化的目的是提高酶的热稳定性，可以在较高的温度条件下培养重组细胞，并在每一次突变-筛选的循环中逐步提高重组细胞的培养温度，经过几次循环以后，可以获得热稳定性更好的酶突变体。例如，茹瓦耶（Joyet）等通过这个方法，获得了热稳定性大大提高的α-淀粉酶，该酶在90℃条件下半衰期增加9～10倍。

这种环境条件的设定方式具有简便、快捷、效果显著的特点，在以提高酶的pH稳定性和增强酶在极端条件下（如高盐浓度、低温、高浓度有毒物质等）的稳定性为目标的定向进化过程中，也采用与此类似的环境条件设定模式。

（2）如果定向进化的目的是提高β-内酰胺酶的活性，从而提高对β-内酰胺类抗生素的耐受性，可以通过在含有一定浓度的β-内酰胺类抗生素的培养基中培养重组细胞，并在每一次突变-筛选循环中逐步提高抗生素的浓度，经过几次循环可以使β-内酰胺酶的活力显著提高。例如，斯田沫等通过这个方法大大提高了重组菌株对头孢噻肟（cefotaxime，一种β-内酰胺类抗生素）的耐受能力。

（二）高通量筛选技术

由于通过体外随机突变形成了丰富多样的突变基因，构建的突变基因文库容量很大，而且这些突变基因大多数为负突变或中性突变基因，只有极少数的正突变基因。要从突变基因文库中筛选得到人们所需的突变基因，筛选工作量很大，必须采用各种高通量的筛选技术才能达到目的。

所采用的高通量筛选技术都要求具有通量大、效率高的特点，能够在较短的时间内简便地判断出哪些是正突变基因，并易于排除那些无效的突变基因。

从突变基因文库中筛选目的基因的高通量筛选技术有多种，常用的有平板筛选法、荧光筛选法、噬菌体表面展示法、酵母细胞表面展示法、体外区室化及液滴微流控筛选法等，如表8-2所示。

表8-2　常用的高通量筛选技术

筛选方法	筛选依据	特点
平板筛选法	依据细胞在平板培养基上的生长情况、颜色变化情况、透明圈情况等进行筛选	通量大、效率高、简便、快速、直观、容易控制和调整环境条件
荧光筛选法	依据是否产生荧光、荧光的强度情况等进行筛选	通量大、效率高、直观、明确、容易判断、需要克隆报告基因
噬菌体表面展示法	依据噬菌体外膜结构蛋白与外源蛋白形成的融合蛋白在噬菌体表面的展示情况进行筛选	通量大、效率高、有效基因通过展示进行富集、需要构建外源基因与噬菌体外膜蛋白基因的融合基因
酵母细胞表面展示法	依据凝集素蛋白与外源蛋白形成的融合蛋白在酵母细胞表面的展示情况进行筛选	通量大、效率高、有效基因通过细胞表面展示进行富集、需要构建靶蛋白基因与外源蛋白基因的融合基因
体外区室化及液滴微流控筛选法	依据酶分子在乳浊液区室中催化底物产生荧光等信号进行筛选	通量大、效率高、单细胞液滴、超微量、集成生长和反应等生物生化过程

1．平板筛选法　平板筛选法是将含有随机突变基因的重组细胞涂布在平板培养基上，在一定条件下培养，依据重组细胞的表型鉴定出有效突变基因的筛选方法。该方法具有简便、快速、直观、容易控制和调整环境条件等特点，是一种常用的高通量筛选方法，在酶定向进化中得到了广泛应用。

平板筛选法所依据的重组细胞的表型包括细胞生长情况、颜色变化情况、透明圈情况等。

1）依据细胞生长情况筛选突变基因　在平板筛选法中，依据细胞生长情况筛选突变基因，是一种常用的快速高效的筛选方法。在提高酶的热稳定性、抗生素耐受性、pH稳定性和对其他极端环境的耐受性等方面有广泛应用。

（1）在以提高酶的热稳定性为目标的定向进化中，将接种有重组细胞的平板置于某一较高温度的环境条件下培养，结果只有一部分具备较好热稳定性的重组细胞可以在此温度条件下生长。从这些生长的重组细胞中可以得到热稳定性较好的突变基因，同时一举排除包含在那些不能生长的重组细胞中的负突变或中性突变基因，然后在逐步增高的温度条件下经过突变-筛选的循环操作，经过几次循环，就可以筛选获得热稳定性更好的酶突变体。

（2）在以提高抗生素耐受性为目标的定向进化中，将重组细胞接种在含有较高浓度抗生素的平板上培养，只有那些耐药性好的细胞才能生长，从中可以获得耐药性好的突变基因。然后在含有更高浓度的抗生素平板培养基上经过突变-筛选的循环操作，经过几次循环，就可以筛选抗生素耐受性更好的酶突变体。

（3）在以提高酶的pH稳定性为目标的定向进化中，将重组细胞接种在极端pH（较高酸度或较强碱性）的平板培养基上进行培养，只有那些耐受较高酸性或较强碱性的细胞能够生长。从这些生长的细胞中可以获得pH稳定性较好的突变基因，然后在更极端的pH（更高酸度或更强碱性）条件下经过突变-筛选的循环操作，经过几次循环，就可以筛选获得pH稳定性更好的酶突变体。

（4）在以提高酶对极端环境的耐受性为目标的定向进化中，将重组细胞接种在平板培基上，在某种极端环境条件下（如高盐浓度、低温、高浓度有毒物质等）进行培养，大多数细胞死亡，只有极少数细胞能够生长。从这些生长的重组细胞中可以获得对极端环境耐受性较好的突变基因，然后在更极端的环境条件下经过突变-筛选的循环操作，筛选获得对极端环境的耐受性更高的酶突变体。

2）*依据颜色变化情况筛选突变基因*　依据颜色变化情况筛选突变基因也是一种常用的筛选方法。通过颜色变化可以简单地排除无效重组细胞，选择得到高活性的酶突变体。举例如下。

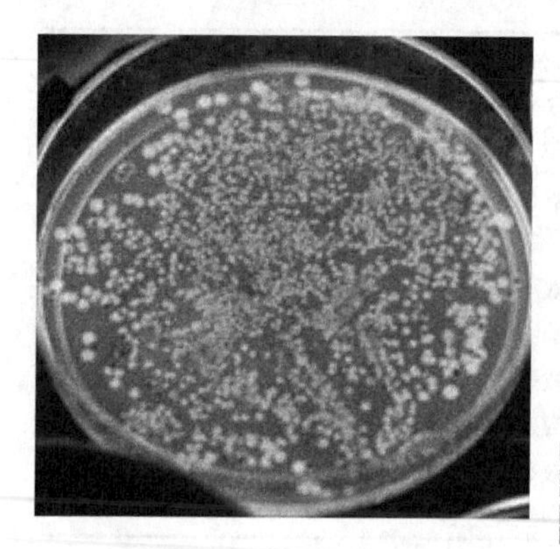

图8-7　蓝白斑筛选

彩图

（1）在采用噬菌体DNA载体构建突变基因文库时，可以将大肠杆菌β-半乳糖苷酶的基因片段（lacZ′）插入到噬菌体DNA的间隔区段中，当它感染了相应的大肠杆菌宿主细胞时，会产生有活性的β-半乳糖苷酶，在含有诱导物IPTG和底物X-gal的平板培养基上可以形成蓝色噬菌斑；而当外源DNA片段插入到lacZ′区段上时，β-半乳糖苷酶不会产生，形成的噬菌斑为白色，从而可以通过选择白色的噬菌斑而排除没有插入突变基因的无效的重组细胞（图8-7）。

（2）在对磷酸酯酶进行定向进化的过程中，可以在平板培养基中加入硝基酚磷酸（NPP），接种重组细胞培养一段时间后，有些重组细胞周围出现黄色，这是由于重组细胞产生了磷酸酯酶，该酶催化NPP水解，生成黄色的硝基酚，颜色越深，表明磷酸酯酶的活性越高；有些重组细胞周围无黄色出现，表明该重组细胞产生的磷酸酯酶活性低或者不产生磷酸酯酶。选取颜色深的重组细胞，可以获得磷酸酯酶活性较高的突变基因，经过几次突变-筛选循环，就可以选择得到活性更高的酶突变体。

3）*依据透明圈情况筛选突变基因*　依据透明圈情况筛选突变基因是在平板培养基中加入目的酶的作用底物，然后接种重组细胞，在一定条件下进行培养，培养一段时间后，在一些重组细胞的菌落周围会出现较大的透明圈，说明这些重组细胞表达出的目的酶活性较高；另一些重组细胞周围透明圈较小或没有透明圈，则表明这些重组细胞表达出的目的酶活性较低或根本不产生目的酶。从产生大透明圈的重组细胞中可以获得高活性酶的突变基因，经过多次突变-筛选循环，可以筛选得到高活性的酶突变体。例如，在平板培养基中加入淀粉制成淀粉平板培养基，用于筛选高活性的淀粉酶突变体；在平板培养基中加入果胶制成果胶平板培养基，用以筛选出高活性的果胶酶突变体等。

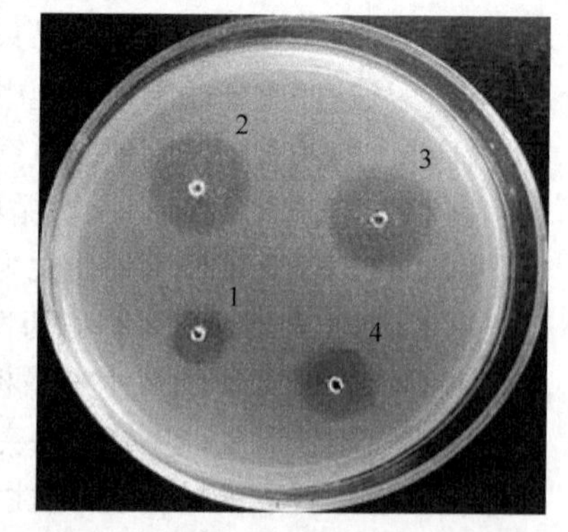

图8-8　通过血纤维蛋白平板的透明圈情况筛选高活性豆豉纤溶酶
1～4分别代表透明圈的变化

笔者等在对豆豉纤溶酶（douchi fibrinolytic enzyme，DFE）的定向进化研究中，采用血纤维蛋白平板通过透明圈的变化情况进行筛选（图8-8），获得了酶活性显著提高的豆豉纤溶酶。

2. 荧光筛选法　荧光筛选法是通过观察荧光产生与否，以及荧光的强度情况进行突变基因筛选的方法。荧光筛选法通常是将具有荧光激发特性物质的基因作为报告基因，与突变基因一起克隆到载体中，形成重组细胞，在突变基因表达的同时报告基因也进行表达，由于报告基因的表达产物可以激发荧光，所以通过检测荧光的产生情况，就可以获得能够在重组细胞中表达的突变基因，而将不能表达的无效突变基因排除。

例如，可以将绿色荧光蛋白的基因作为报告基因，该基因能够通过表达生成具有荧光激发特性的绿色荧光蛋白，因此，可以根据绿色荧光的激发情况及其强度进行筛选。

再如，可以将辣根过氧化物酶（HRP）的基因与单加氧酶的基因融合在一起作为报告基因，当此报告基因表达时，在有萘存在的条件下可以激发出荧光。这是由于表达出的单加氧酶能催化萘氧化生成萘酚，萘酚再在过氧化物酶的催化作用下，生成具有荧光激发特性的醌类物质。根据荧光的激发情况可以筛选出能够表达的突变基因。

动画8-1

荧光筛选法具有直观、明确、容易判断等特点，但是需要利用具有荧光激发特性物质的基因作为报告基因。通过流式细胞仪对荧光信号进行检测和分选（动画8-1），可高通量地对酶的催化特性进行定向进化改造。

语音讲解8-1

3. 噬菌体表面展示法　噬菌体表面展示法是利用丝状噬菌体的外膜结构蛋白与某些特定的外源蛋白或多肽分子形成稳定的复合物，使目标外源蛋白或多肽富集在噬菌体表面的一种分子展示技术，也是一种高通量的筛选技术。

“噬菌体表面展示技术”的语音讲解可扫描二维码。

噬菌体的外膜结构蛋白有多种，如P3蛋白、P6蛋白、P8蛋白等。在利用P3蛋白或P8蛋白时，外源蛋白的C端与P3蛋白或P8蛋白的N端结合，当外源蛋白的基因带有终止信号时会影响融合蛋白的产生，无法在噬菌体表面展示；P6蛋白通过其C端与外源蛋白的N端结合，形成融合蛋白，展示在噬菌体表面。所以在突变基因文库筛选时，若外源基因带有终止信号，通常采用P6蛋白。

外源蛋白与噬菌体外膜结构蛋白的结合方法主要有两种。一种方法是在构建突变基因文库时，通过基因重组技术，构建外源基因与噬菌体外膜蛋白基因的融合基因，融合基因表达生成外源蛋白与噬菌体外膜蛋白的融合蛋白，再通过噬菌体外膜蛋白的锚定作用而展示在噬菌体表面。另一种方法是外源基因和噬菌体外膜蛋白基因分别与可以相互作用的介导蛋白的基因形成融合基因，表达出来的两种融合蛋白可以通过介导蛋白的相互作用结合在一起，通过噬菌体外膜蛋白的锚定作用而展示在噬菌体表面。

通过噬菌体表面展示法可以从突变基因文库中将能够表达出与噬菌体外膜蛋白相结合的蛋白质基因进行富集，筛选获得有效基因，而排除大量的无效基因。

语音讲解8-2

4. 酵母细胞表面展示法　酵母细胞表面展示法是通过可以锚定在酵母细胞表面的特定蛋白质（凝集素蛋白）与某些外源蛋白或多肽形成稳定的复合物，使这些外源蛋白或多肽富集在酵母细胞表面的一种分子展示技术，是20世纪90年代发展起来的一种基因文库筛选方法。

“酵母细胞表面展示法”的语音讲解可扫描二维码。

凝集素蛋白与外源蛋白的结合，可以通过基因重组技术，构建凝集素基因与外源蛋白基因的融合基因，通过表达生成凝集素蛋白与外源蛋白的融合蛋白，再通过凝集素蛋白的锚定作用而展示在酵母细胞表面。酵母细胞表面展示系统主要有两种，目的蛋白-α凝集素表面展示系统和a凝集素-目的蛋白表面展示系统，而目的蛋白分别与α凝集素或a凝集素融合后，展示于酵母细胞表面。目的蛋白-α凝集素表面展示系统是将目的蛋白作为N端与α凝集素蛋白的C端部分融合形成融合蛋白，目的蛋白经过α凝集素展示于酵母细胞表面的一种酵母细胞表面展示系统。而a凝集素-目的蛋白表面展示系统则是将目的蛋白作为C端与a凝集素的N端融合，a凝集素再与酵母细胞壁的葡聚糖共价连接。

酵母细胞表面展示法可以用来筛选在突变基因文库中能够与凝集素蛋白形成融合蛋白的目标蛋白基因，而将大量的无效基因排除。

5. 体外区室化及液滴微流控筛选法 体外区室化（*in vitro* compartmentalization，IVC）是最近发展起来的一种表面展示技术，它是将突变基因库的水溶液和转录翻译系统混入（或均质化）到一个油-表面活性剂体系，产生油包水型乳浊液；突变基因和表达系统被包含在这种乳浊液的小液滴中，在液滴中基因表达产生酶，底物经酶催化生成产物，表达的蛋白质和催化活性不能离开小液滴，这样使基因和表型联系起来，进行大量基因文库的筛选。这种方法除了可以针对改变底物特异性的筛选外，还可以针对那些酶与底物结合力不强的筛选。无锡某生物科技有限公司开发的液滴微流控细胞分选系统可实现单细胞液滴的快速生成（动画8-2）、液滴的可控培养、液滴内试剂皮升（pL）级注射（动画8-3）、液滴的高速分选（动画8-4）、实时过程监测等功能。在一个典型的液滴微流控筛选体系中，每秒可以产生成千上万的微液滴，细胞包裹于微液滴之中，可进行生长、裂解、代谢、反应等生物生化过程，并与液滴之中的荧光筛子进行充分结合，产生不同强度的荧光信号；之后利用微液滴分选技术将低产出和高产出的细胞通过荧光信号分选出来，实现分选过程的高通量化，被广泛应用于酶分子定向进化。

动画8-2

动画8-3

动画8-4

第四节 酶定向进化的应用

酶定向进化是当今酶改性技术的研究热点之一，通过酶定向进化可以显著改进酶的催化特性。酶定向进化具有适应面广、目的性强和效果显著等特点，在改进酶的催化特性方面得到了广泛应用，如表8-3所示。

表8-3 酶定向进化的应用

酶	定向进化结果
枯草杆菌蛋白酶E	在60%的*N,N*-二甲基甲酰胺（DMF）中酶催化效率提高157倍，增强热稳定性，最适作用温度提高17℃，65℃时的半衰期（$T_{1/2}$）延长50～200倍
β-内酰胺酶	酶催化效率提高32 000倍，增强耐药性
α-淀粉酶	增强热稳定性，在90℃时的半衰期（$T_{1/2}$）延长9～10倍
对硝基苄基酯酶	在30%的DMF中酶催化效率提高100倍，改变底物特异性
β-半乳糖苷酶	改变底物特异性，呈现糖基转移酶活性
四膜虫RNA剪切酶	改变底物特异性，对DNA的剪切活性提高100倍
RNA剪接酶	改变底物特异性，可以催化RNA的5′端与多肽的氨基端结合，形成稳定的磷酰胺键，将RNA和多肽拼接在一起
天冬氨酸酶	酶活力提高28倍，并增强热稳定性和pH稳定性

续表

酶	定向进化结果
大肠杆菌磷酸酶	对有机磷酸酯的特异性提高2000倍
β-糖苷酶	改变底物特异性，成为糖苷转移酶
谷胱甘肽转移酶	底物特异性提高100倍
卡那霉素磷酸转移酶	酶催化效率提高64倍，增强耐药性
羧甲基纤维素酶	酶催化效率提高2.2～5倍
儿茶酚-2,3-双加氧酶	50℃时的热稳定性提高13～26倍
3-异丙基苹果酸脱氢酶	在70℃时的热稳定性提高3.4倍
头孢菌素	酶催化效率提高270～540倍
卡那霉素核苷酰转移酶	提高热稳定性，在60～65℃时的半衰期延长200倍
真菌过氧化物酶	热稳定性提高174倍，氧化稳定性提高100倍

从表8-3可以看到，定向进化技术在酶的改性方面，主要用于提高酶催化效率、增强酶的稳定性、改变酶的底物特异性等方面。以下介绍一些研究成果。

一、提高酶的催化效率

酶催化效率不高是人们在应用酶的过程中经常遇到的问题，为此，提高酶的催化效率是酶定向进化研究的主要目标之一。

通过酶定向进化可以显著提高酶的催化效率。例如，枯草杆菌蛋白酶E是由枯草杆菌产生的蛋白酶，可以在*N*,*N*-二甲基甲酰胺（DMF）介质中催化糖的酰基化，生成酰基化糖脂，还可以催化D-氨基酸插入肽链分子中形成含有D-氨基酸的多肽，但是在DMF介质中酶的催化效率较低。1993年，研究人员通过易错PCR技术进行定向进化研究，使枯草杆菌蛋白酶在60%的DMF中进行非水相催化的催化效率提高157倍，显著提高了该酶对有机溶剂的耐受性，大大提高了该酶在非水相介质中的催化能力。

再如，β-内酰胺酶是一种催化β-内酰胺水解的酶，在该酶的作用下，可使β-内酰胺类抗生素的内酰胺结构被破坏而失去活性。1994年，斯田沫等通过DNA重排技术进行定向进化，使β-内酰胺酶的催化效率提高32 000倍，大大提高了突变菌株对于抗生素的耐受能力。

又如，四膜虫的一种RNA剪切酶也可以催化DNA的剪切反应，生成DNA片段，但是酶催化效率较低。1992年，毕乌德里（Beaudry）等通过体外定向进化，使该酶对DNA的剪切活性提高了100倍。

二、增加酶的稳定性

酶的稳定性是酶的重要特性之一。在酶的应用过程中，人们要求酶具有较好的稳定性。如果一种酶可以在一定的条件下，在较长时间内保持其催化特性，或者在比较极端的环境条件下也可以进行催化作用，就表明该酶的稳定性好；反之，则该酶的稳定性较差。酶的稳定性高低与酶本身的结构有密切关系，同时也受环境条件的影响。

为了增强酶的稳定性，可以通过酶分子修饰或者酶固定化等方法。研究结果表明，通过酶定向进化可以显著增加酶的稳定性。

例如，上述枯草杆菌蛋白酶E通过定向进化，明显提高其热稳定性，其最适作用温度提高17℃，在65℃的半衰期（$T_{1/2}$）延长50～200倍。

又如，天冬氨酸酶是一种重要的工业用酶，该酶可催化富马酸与氨反应生成L-天冬氨酸，在医药、食品、化工等领域有重要用途，但是在应用过程中存在稳定性较差、活力较低等不足，为此，2000年，研究人员用易错PCR技术进行定向进化，使该酶的热稳定性和pH稳定性显著提高，并使酶活性提高了28倍。

再如，α-淀粉酶是一种在食品、医药、轻工等领域有广泛用途的催化淀粉水解的工业用酶，Joyet等通过定向进化，获得热稳定性大大提高的α-淀粉酶，该酶在90℃的半衰期（$T_{1/2}$）延长9～10倍。

三、改变酶的底物特异性

底物特异性是酶催化作用的最重要特性，通过酶定向进化可以改变酶催化作用的底物特异性，使酶对某种底物的特异性提高或者降低，甚至呈现出另一种酶的催化活性。

例如，大肠杆菌磷酸酶是由大肠杆菌产生的磷酸酶，可以催化磷酸酯水解生成无机磷酸，在化合物的脱磷和基因工程等领域有广泛应用。2004年，阿哈若尼（Aharonia）等用基因家族重排技术进行定向进化，使大肠杆菌磷酸酶对有机磷酸酯的特异性提高2000倍。

又如，2005年，冯志勇等采用易错PCR技术对β-葡糖苷酶进行随机突变，定向进化结果表明该酶的底物特异性发生改变，失去水解糖苷的活性，而呈现糖基转移酶（transglycosidase）的活性，可以以β-葡萄糖邻硝基苯苷为糖基供体，以麦芽糖或者纤维二糖为糖基受体，催化转糖基反应，生成β-1,3-三糖。

再如，2002年，巴特尔（Bartel）通过定向进化和合理设计，使RNA剪接酶失去剪接其他RNA分子的特性，而呈现出将RNA和多肽链拼接在一起的催化特性，可以催化RNA的5′端与多肽的氨基端结合，形成稳定的磷酰胺键，将RNA和多肽拼接在一起。

复习思考题

1. 何谓酶定向进化？有何特点？
2. 简述易错PCR技术进行体外基因突变的主要过程。
3. 什么叫作DNA改组技术？其主要过程包括哪些步骤？
4. 什么是基因家族重排技术？它与DNA改组技术有何异同？
5. 简述酶突变基因定向选择的基本过程。
6. 突变基因的高通量筛选技术主要有哪些？各有何特点？
7. 举例说明酶定向进化技术的应用。

习题答案

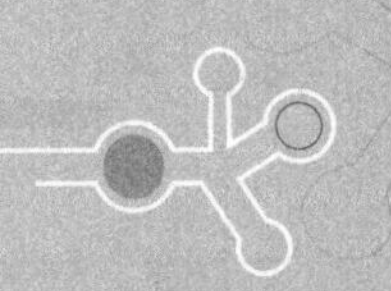

第九章 酶反应器

用于酶催化反应的容器及其附属设备，称为酶反应器（enzyme reactor）。

酶反应器是酶催化反应的载体。相对于化工反应器或者其他高温反应器，酶反应器一般是在低温、低压，相对温和的条件下使用。通过调节温度、pH、底物浓度、酶浓度，从而对酶催化反应进行调节控制。

酶反应器有多种类型，按照结构的不同可以分为搅拌罐式反应器、填充床式反应器、流化床式反应器、鼓泡式反应器、膜反应器、喷射式反应器等。

酶反应器的操作方式可以分为分批式（batch）、连续式（continuous）和流加分批式（feeding batch）。有时还可以将反应器的结构和操作方式结合在一起，对酶反应器进行分类，如连续搅拌罐式反应器（continuous stirred tank reactor，CSTR）、分批搅拌罐式反应器（batch stirred tank reactor，BSTR）。作为生物催化剂，酶具有专一性特点。

众多酶不断被合成出来之后，酶功能的应用筛选、反应条件优化逐步成为科学家的主要工作之一。而这些工作的完成都离不开生物反应器的优化设计。各种不同的酶反应器具有不同的特性和用途，在进行酶催化反应时，要根据酶的特性、底物和产物的特性及生产的要求等对酶反应器进行选择、设计和操作。选择使用的反应器应当尽可能具有结构简单、操作简便、易于维护和清洗、可以适用于多种酶的催化反应、制造成本和运行成本较低等特点。从控制方式来看，实验室级别的平行反应器越来越受到科研工作者的青睐，这类反应器可以大幅度提高实验效率，以较快的速度找到相对稳定、高效的实验条件。

酶反应器的设计是酶反应器加工与安装的基础，也是确定酶反应器操作条件的主要依据，设计的内容主要包括反应器类型的选择、反应器制造材料的选择、热量衡算、物料衡算等。

第一节 酶反应器的类型

酶反应器多种多样。依据其结构的不同，有搅拌罐式反应器、填充床式反应器、流化床式反应器、鼓泡式反应器、膜反应器、喷射式反应器等（表9-1）。

表9-1 常用的酶反应器概况

反应器类型	适用的操作方式	适用的酶	特点
搅拌罐式反应器	分批式、流加分批式、连续式	游离酶，固定化酶	由反应罐、搅拌器和保温装置组成，设备简单，操作容易，酶与底物混合较均匀，传质阻力小，反应比较完全，反应条件容易调节控制
填充床式反应器	连续式	固定化酶	设备简单，操作方便，单位体积反应床的固定化酶密度大，可以提高酶催化反应的速率，在工业生产中被普遍应用
流化床式反应器	分批式、流加分批式、连续式	固定化酶	混合均匀，传质和传热效果好，温度和pH的调节控制比较容易，不易堵塞，对黏度较大的反应液也可进行催化反应

续表

反应器类型	适用的操作方式	适用的酶	特点
鼓泡式反应器	分批式、流加分批式、连续式	游离酶，固定化酶	结构简单，操作容易，剪切力小
膜反应器	连续式	游离酶，固定化酶	结构紧凑，集反应与分离于一体，利于连续化生产，但是容易发生浓差极化而引起膜孔阻塞，清洗比较困难
喷射式反应器	连续式	游离酶	通入高压喷射蒸汽，实现酶与底物的混合，进行高温短时催化反应，适用于某些耐高温酶的反应

现将常用的酶反应器简介如下。

一、搅拌罐式反应器

搅拌罐式反应器（stirred tank reactor，STR）是带有搅拌装置的一种罐式反应器，在酶催化反应中是最常用的反应器。它由反应罐、搅拌器和保温装置组成。搅拌罐式反应器可以用于游离酶的催化反应，也可以用于固定化酶的催化反应。搅拌罐式反应器的操作方式可以根据需要采用分批式、流加分批式和连续式三种。与之对应的有分批搅拌罐式反应器和连续搅拌罐式反应器。

1．分批搅拌罐式反应器　采用分批式反应时，是将酶（固定化酶）和底物溶液一次性加到反应器中，在一定条件下反应一段时间，然后将反应液全部取出。

分批搅拌罐式反应器的示意图如图9-1所示。

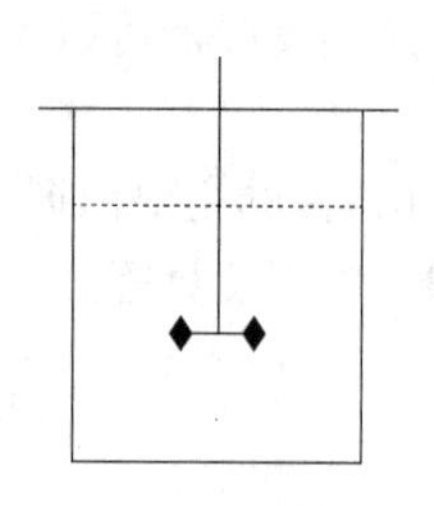

图9-1　分批搅拌罐式反应器示意图

分批搅拌罐式反应器设备简单，操作容易，酶与底物混合较均匀，传质阻力较小，反应比较完全，反应条件容易调节控制。分批搅拌罐式反应器用于游离酶催化反应时，反应后产物和酶混合在一起，酶难以回收利用；用于固定化酶催化反应时，酶虽然可以回收利用，但是反应器的利用效率较低，而且可能对固定化酶的结构造成破坏。分批搅拌罐式反应器也可以用于流加分批搅拌罐式反应。流加分批搅拌罐式反应器的装置与分批搅拌罐式反应器的装置相同。只是在操作时，先将一部分底物加到反应器中，与酶进行反应，随着反应的进行，底物浓度逐步降低，然后再连续或分次地缓慢添加底物到反应器中进行反应，反应结束后，将反应液一次全部取出。流加分批搅拌罐式反应器也可以用于游离酶和固定化酶的催化反应。某些酶的催化反应会出现高浓度底物的抑制作用，即在高浓度底物存在的情况下，酶活力会受到抑制作用。通过流加分批的操作方式，可以避免或减少高浓度底物的抑制作用，以提高酶催化反应的速率。

2．连续搅拌罐式反应器　连续搅拌罐式反应器只适用于固定化酶的催化反应，在操作时固定化酶置于罐内，底物溶液连续从进口处进入，同时反应液从出口连续流出。连续搅拌罐式反应器的示意图如图9-2所示。在反应器的出口处装上筛网或其他过滤介质，以截留固定化酶，以免固定化酶流失。也可以将固定化酶装在固定于搅拌轴上的多孔容器中，或者直接将酶固定于罐壁、挡板或搅拌轴上。连续搅拌罐式反应器结构简单，操作简便，反应条件的调节、控制较容易，底物与固定化酶接触较好，传质阻力较低，反应器的利用效率较高，是一种常用的固定化酶反应器。但要注意控制好搅拌速度，以免强烈搅拌所产生的剪切力使固定化酶的结构受到破坏。

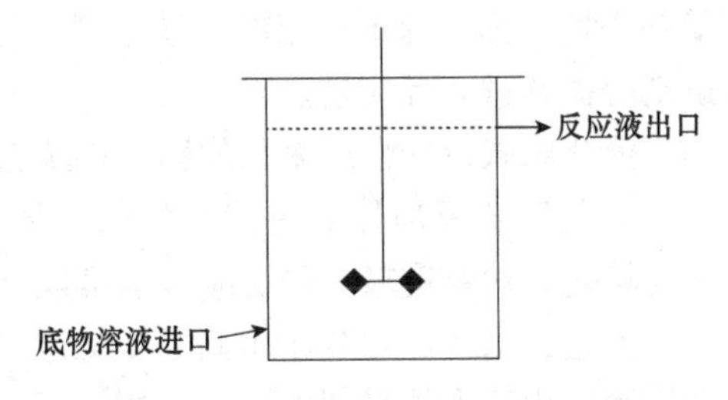

图9-2 连续搅拌罐式反应器示意图

二、填充床式反应器

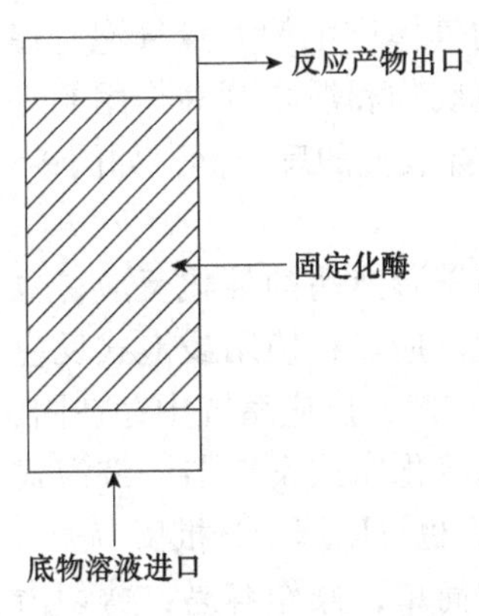

图9-3 填充床式反应器示意图

填充床式反应器（packed column reactor，PCR）是将固定化酶堆叠在反应器中进行催化反应的一类反应器，如图9-3所示。

填充床式反应器中的固定化酶堆叠在一起，固定不动，底物溶液按照一定的方向以一定的速度流过反应床，通过底物溶液的流动，实现物质的传递和混合。

填充床式反应器的优点是设备简单，操作方便，单位体积反应床的固定化酶密度大，可以提高酶催化反应的速率，在工业生产中被普遍使用。

填充床底层的固定化酶颗粒所受到的压力较大，容易引起固定化酶颗粒的变形或破碎，为了减少底层固定化酶颗粒所受到的压力，可以在反应器中间用板分隔。由于底物和产物都是沿轴向梯度分布，其内部反应条件（pH、温度）不易控制。

延伸阅读9-1

推荐扫码阅读相关综述《固定化多酶级联反应器》。

三、流化床式反应器

流化床式反应器（fluidized bed reactor，FBR）是通过流体的流动使固定化酶颗粒在悬浮翻动状态下进行催化反应的一类反应器，是一种适用于固定化酶进行连续催化反应的反应器，如图9-4所示。

流化床式反应器在进行催化反应时，固定化酶颗粒置于反应容器内，底物溶液以一定的速度连续地由下而上流过反应器，同时反应液连续地排出，固定化酶颗粒不断地在悬浮翻动状态下进行催化反应。

在操作时，要注意控制好底物溶液和反应液的流动速度，流动速度过低时，难以保持固定化酶颗粒的悬浮翻动状态；流动速度过高时，则催化反应不完全，甚至会使固定化酶的结构

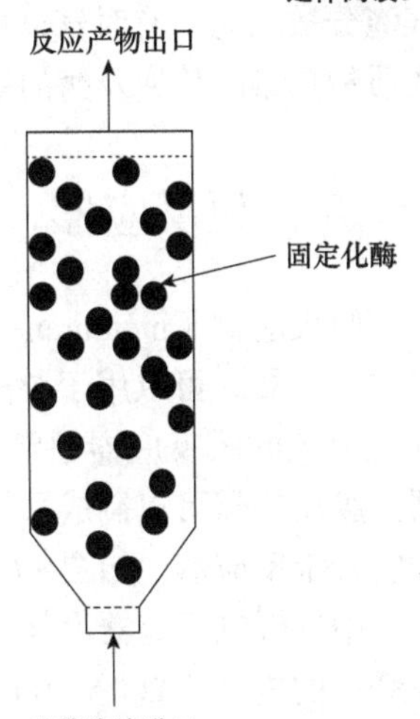

图9-4 流化床式反应器示意图

受到损坏。为了保证一定的流动速度，并使催化反应更为完全，在必要时，流出的反应液可以部分循环进入反应器。

流化床式反应器所采用的固定化酶颗粒不应过大，同时应具有较高的强度。

流化床式反应器具有混合均匀，传质和传热效果好，温度和pH的调节控制比较容易，不易堵塞，对黏度较大的反应液也可进行催化反应等特点。

但是，由于固定化酶不断处于悬浮翻动状态，流体流动产生的剪切力及固定化酶的碰撞会使固定化酶颗粒受到破坏。此外，流体力学变化较大，参数复杂，放大较为困难。

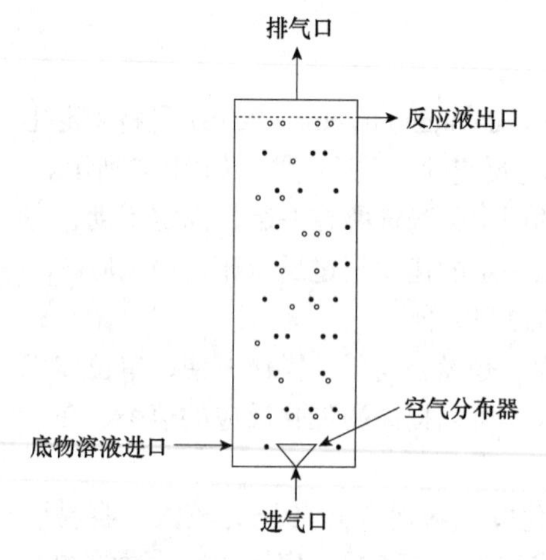

图9-5 鼓泡式反应器示意图

四、鼓泡式反应器

鼓泡式反应器（bubble column reactor，BCR）是利用从反应器底部通入的气体产生的大量气泡，在上升过程中起到提供反应底物和混合两种作用的一类反应器。它是一种无搅拌装置的反应器，如图9-5所示。

鼓泡式反应器可以用于游离酶的催化反应，也可以用于固定化酶的催化反应。在使用鼓泡式反应器进行固定化酶的催化反应时，反应系统中存在固、液、气三相，又称为三相流化床式反应器。鼓泡式反应器可以用于连续反应，也可以用于分批反应。

鼓泡式反应器的结构简单，操作容易，剪切力小，物质与热量的传递效率高，是有气体参与的酶催化反应中常用的一种反应器。例如，氧化酶的催化反应需要供给氧气，羧化酶的催化反应需要供给二氧化碳等。鼓泡式反应器在操作时，气体和底物从反应器底部进入，通常气体需要通过分布器进行分布，以使气体产生小气泡分散均匀。有时气体可以采用切线方向进入，以改变流体流动方向和流动状态，有利于物质和热量的传递及酶的催化反应。

五、膜反应器

膜反应器（membrane reactor，MR）是将酶催化反应与半透膜的分离作用组合在一起而成的反应器，可以用于游离酶的催化反应，也可以用于固定化酶的催化反应。用于固定化酶催化反应的膜反应器通常是将酶固定在具有一定孔径的多孔薄膜中而制成的一种生物反应器。膜反应器可以制成平板形、螺旋形、管形、中空纤维形、转盘形等多种形状。常用的是中空纤维反应器，如图9-6所示。

中空纤维反应器由外壳和数以千计的醋酸纤维等高分子聚合物制成的中空纤维组成。中空纤维的内径为200～500μm，外径为300～900μm，中空纤维的壁上分布有许多孔径均匀的微孔，可以截留大分子而允许小分子物质通过。

酶被固定在外壳和中空纤维的外壁之间，培养液和空气在中空纤维管内流动，底物透过中空纤维的微孔与酶分子接触进行催化反应，小分子的反应产物再透过中空纤维微孔进入中空纤维管，随着反应液流出反应器。

收集流出液，可以从中分离得到所需的反应产物，必要时分离后的流出液可以循环使用。中空纤维反应器结构紧密，集反应与分离于一体，利于连续化生产。但是经过较长时间的使用，酶或其他杂质会被吸附在膜上，造成膜的透过性降低，而且清洗比较困难。膜反应器也可以用于游离酶的催化反应。如图9-7所示，Cao等在2020年的研究中利用游离酶的酶膜反应器连续生产低聚半乳糖。游离酶膜反应器的装置如图9-8所示。

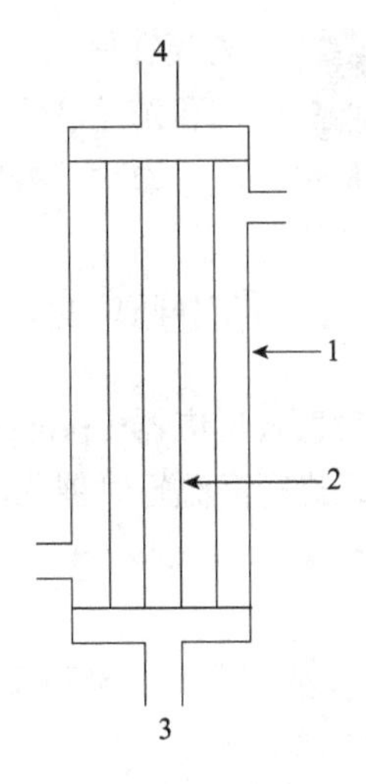

图9-6 中空纤维反应器示意图

1. 外壳；2. 中空纤维；3. 底物溶液进口；4. 反应产物出口

游离酶在膜反应器中进行催化反应时，底物溶液连续地进入反应器，酶在反应容器的溶液中与底物反应之后，酶与反应产物一起进入膜分离器进行分离，小分子的产物透过超滤膜而排出，大分子的酶分子被截留，可以再循环使用。膜反应器所使用的分离膜，可以根据酶分子和产物的分子质量大小，选择适宜孔径的超滤膜，分离膜可以根据需要制成平面膜、直管膜、螺旋膜或中空纤维膜等。采用膜反应器进行游离酶的催化反应，集反应与分离于一体。一方面，酶可以回收循环使用，提高酶的催化效率，特别适用于价格较高的酶；另一方面，反应产物可以连续地排出，对于产物对催化活性有抑制作用的酶，就可以降低甚至消除产物引起的抑制作用，也可以显著提高酶催化反应的速率。然而分

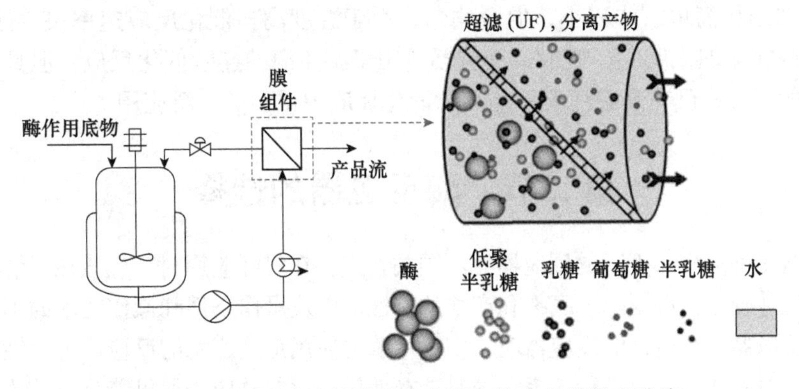

图9-7 利用游离酶的酶膜反应器连续生产低聚半乳糖

彩图

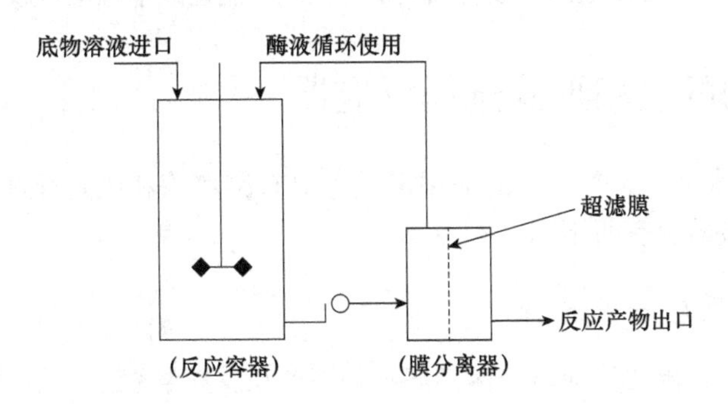

图9-8 游离酶膜反应器示意图

语音讲解9-1

离膜在使用一段时间后，酶和杂质容易吸附在膜上，不但造成酶的损失，而且会由于浓差极化而影响分离速度和分离效果。

关于“酶膜反应器的应用”的语音讲解请扫描二维码。

六、喷射式反应器

喷射式反应器（projectional reactor，PR）是利用高压蒸汽的喷射作用，实现酶与底物的混合，进行高温短时催化反应的一种反应器，如图9-9所示。

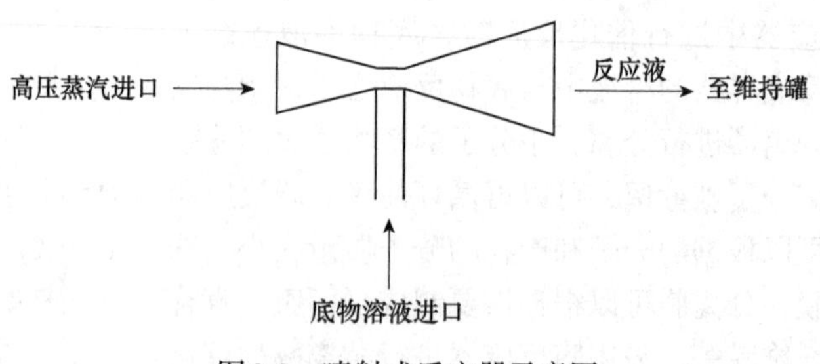

图9-9　喷射式反应器示意图

喷射式反应器由喷射器和维持罐组成，酶与底物在喷射器中混合，进行高温短时催化，当混合液从喷射器中喷出以后，温度迅速降低到90℃左右，在维持罐中继续进行催化作用。喷射式反应器结构简单、体积小、混合均匀，由于温度高，催化反应速率快、催化效率高，可在短时间内完成催化反应。喷射式反应器适用于游离酶的连续催化反应，但是只适用于某些耐高温酶的反应，已在高温淀粉酶的淀粉液化反应中得到了广泛应用。

第二节　酶反应器的选择

酶反应器多种多样，不同的反应器有不同的特点，在实际应用时，应该在了解各种类型酶反应器特点的基础上，根据酶、底物和产物的特性，以及操作条件和操作要求的不同而进行设计和选择酶反应器。在选择酶反应器时，主要从酶的应用形式、酶的反应动力学性质、底物和产物的理化性质等几个方面进行考虑。同时选择使用的反应器应当尽可能具有结构简单、操作简便、易于维护和清洗、可以适用于多种酶的催化反应、制造成本和运行成本较低等特点。

一、根据酶的应用形式选择反应器

在体外进行酶催化反应时，酶的应用形式主要有游离酶和固定化酶。酶的应用形式不同，其所使用的反应器也有所不同。

（一）游离酶反应器的选择

在应用游离酶进行催化反应时，酶与底物均溶解在反应溶液中，通过互相作用进行催化反应。可以选用搅拌罐式反应器、膜反应器、鼓泡式反应器、喷射式反应器等。

（1）游离酶催化反应最常用的反应器是搅拌罐式反应器。搅拌罐式反应器具有设备简单、操作简便、酶与底物的混合较好、物质与热量的传递均匀、反应条件容易控制等优点，但是反应后酶与反应产物混合在一起，酶难以回收利用。游离酶搅拌罐式反应器可以采用分批式操作，也可以采用流加分批式操作。对于具有高浓度底物抑制作用的酶，采用流加分批式反应，可以降低或者消除高浓度底物对酶的抑制作用。

（2）对于有气体参与的酶催化反应，通常采用鼓泡式反应器。鼓泡式反应器结构简单、操作容易、混合均匀、物质与热量的传递效率高，是有气体参与的酶催化反应中常用的一种反应器。例如，葡萄糖氧化酶催化葡萄糖与氧反应，生成葡萄糖酸和过氧化氢，采用鼓泡式反应器从底部通进含氧气体，不断供给反应所需的氧，同时起到搅拌作用，使酶与底物混合均匀，提高反应效率，还可以通过气流带走生成的过氧化氢，以降低或者消除产物对酶的反馈抑制作用。

（3）对于某些价格较高的酶，由于游离酶与反应产物混在一起，为了使酶能够回收，可以采用游离酶膜反应器。游离酶膜反应器将反应与分离组合在一起，酶在反应容器中反应后，将反应液导出到膜分离器中，小分子的反应产物透过超滤膜排出，大分子的酶被超滤膜截留，再循环使用。一则可以将反应液中的酶回收，循环使用，以提高酶的使用效率，降低生产成本；二则可以及时分离出反应产物，降低或者消除产物对酶的反馈抑制作用，以提高酶催化反应速率。

在使用膜反应器时，要根据酶和反应产物的分子质量，选择好适宜孔径的超滤膜，同时要尽量防止浓差极化现象的发生，以免膜孔阻塞而影响分离效果。

（4）对于某些耐高温的酶，如高温淀粉酶等，可以采用喷射式反应器，进行连续式的高温短时反应。喷射式反应器混合效果好，催化效率高，只适用于耐高温的酶。

（二）固定化酶反应器的选择

固定化酶是与载体结合，在一定空间范围内进行催化反应的酶，具有稳定性较好、可以反复或连续使用的特点。应用固定化酶进行催化反应，可以选择搅拌罐式反应器、填充床式反应器、鼓泡式反应器、流化床式反应器、膜反应器等。

应用固定化酶进行反应，由于酶不会或者很少流失，为了提高酶的催化效率，通常采用连续反应的操作形式。

在选择固定化酶反应器时，应根据固定化酶的形状、颗粒大小和稳定性等进行选择。固定化酶的形状主要有颗粒状、平板状、直管状、螺旋管状等，通常为颗粒状固定化酶。颗粒状固定化酶可以采用搅拌罐式反应器、填充床式反应器、流化床式反应器、鼓泡式反应器等进行催化反应。

采用搅拌罐式反应器时，混合较均匀，传质传热效果好。但是对于机械强度稍差的固定化酶，要注意搅拌桨叶旋转产生的剪切力会对固定化酶颗粒产生损伤甚至破坏。

采用填充床式反应器时，单位体积反应床的固定化酶密度大，可以提高酶催化反应的速度和效率。但是填充床底层的固定化酶颗粒所受到的压力较大，容易引起固定化酶颗粒的变形或破碎，因而容易造成阻塞现象。所以对于容易变形或者破碎的固定化酶，要控制好反应器的高度，为了减少底层固定化酶颗粒所受到的压力，可以在反应器中间用多孔托板进行分隔，以减小静压力。

采用流化床式反应器时，混合效果好，但是消耗的动力较大，固定化酶的颗粒不能太大，密度要与反应液的密度相当，而且要有较高的强度。

鼓泡式反应器适用于需要气体参与的反应。对于鼓泡式固定化酶反应器，由于有气体、液体和固体三相存在，又称为三相流化床式反应器，具有流化床式反应器的特点。

其他平板状、直管状、螺旋管状的反应器一般是作为膜反应器使用。膜反应器集反应和分离于一体，特别适用于小分子反应产物具有反馈抑制作用的酶反应。但是膜反应器容易产生浓差极化而导致膜堵塞，清洗较困难。

二、根据酶的反应动力学性质选择反应器

酶的反应动力学是研究酶催化反应的速度及其影响因素的学科，是酶反应条件的确定及其控制的理论根据，对酶反应器的选择也有重要影响。

在考虑酶的反应动力学性质对反应器选择的影响方面，主要因素是酶与底物的混合程度、底物浓度对酶反应速率的影响、反应产物对酶的反馈抑制作用及酶催化作用的温度条件等。

（1）酶进行催化反应时，首先要与底物结合，然后再进行催化反应。要使酶能够与底物结合就必须保证酶分子与底物分子能够有效碰撞，为此，必须使酶与底物在反应系统中混合均匀。在上述各种反应器中，搅拌罐式反应器、流化床式反应器均具有较好的混合效果。填充床式反应器的混合效果较差。在使用膜反应器时，也可以采用辅助搅拌或者其他方法，以提高混合效果，防止浓差极化。

（2）底物浓度的高低对酶反应速率有显著影响，在通常情况下，酶反应速率随底物浓度的增加而升高。所以在酶催化反应过程中底物浓度都应保持在较高的水平，但是有些酶的催化反应，当底物浓度过高时，会对酶产生抑制作用，称为高浓度底物的抑制作用。

具有高浓度底物抑制作用的酶，如果采用分批搅拌罐式反应器，可以采取流加分批反应的方式进行反应，即先将一部分底物和酶加到反应器中进行反应，随着反应的进行，底物浓度逐步降低以后，再连续或分次地缓慢添加底物到反应器中进行反应，反应结束后将反应液一次全部取出。通过流加分批的操作方式，反应体系中底物浓度能够保持在较低的水平，可以避免或减少高浓度底物的抑制作用，以提高酶催化反应的速率。

对于具有高浓度底物抑制作用的游离酶，可以采用游离酶膜反应器进行催化反应；而对于具有高浓度底物抑制作用的固定化酶，可以采用连续搅拌罐式反应器、填充床式反应器、流化床式反应器、膜反应器等进行连续催化反应。此时应控制底物浓度在一定的范围内，以避免高浓度底物的抑制作用。

（3）有些酶的催化反应，其反应产物对酶有反馈抑制作用。当产物达到一定浓度后，会使反应速率明显降低。对于这种情况，最好选用膜反应器，由于膜反应器集反应和分离于一体，能够及时地将小分子产物进行分离，就可以明显降低甚至消除小分子产物引起的反馈抑制作用。对于具有产物反馈抑制作用的固定化酶，也可以采用填充床式反应器，在这种反应器中，由于反应溶液基本上是以层流方式流过反应器，混合程度较低，产物浓度按照梯度分布，因此靠近底物进口的部分产物浓度较低，反馈抑制作用较弱，只有靠近反应液出口处产物浓度较高，才会引起较强的反馈抑制作用。

（4）某些酶可以耐受100℃以上的高温，最好选用喷射式反应器，利用高压蒸汽喷射，实现酶与底物的快速混合和反应，由于在高温条件下，反应速率加快，反应时间明显缩短，

催化效率显著提高。

三、根据底物或产物的理化性质选择反应器

酶的催化反应是在酶的催化作用下，将底物转化为产物的过程。在催化过程中，底物和产物的理化性质直接影响酶催化反应的速率，底物或产物的分子质量、溶解性、黏度等性质也对反应器的选择有重要影响。

（1）反应底物或产物的分子质量较大时，由于底物或产物难以透过超滤膜的膜孔，因此一般不采用膜反应器。

（2）反应底物或者产物的溶解度较低、黏度较高时，应当选择搅拌罐式反应器或者流化床式反应器，而不采用填充床式反应器和膜反应器，以免造成阻塞现象。

（3）反应底物为气体时，通常选择鼓泡式反应器。

（4）有些需要小分子物质作为辅酶（辅酶可以看作一种底物）的酶催化反应，通常不采用膜反应器，以免由于辅酶的流失而影响催化反应的进行。

四、其他影响因素

所选择的反应器应当能够适用于多种酶的催化反应，并能满足酶催化反应所需的各种条件，并可进行适当的调节控制。

所选择的反应器应当尽可能结构简单、操作简便、易于维护和清洗。

所选择的反应器应当具有较低的制造成本和运行成本。

第三节 酶反应器的设计

在酶的催化反应过程中，首先要了解酶催化反应的动力学特性及其各种参数，还要根据生产的要求进行酶反应器的设计，目的是希望能够设计出生产成本低、产品的质量和产量达到要求的高效低耗的酶反应器。

酶反应器的设计主要包括反应器类型的选择、反应器制造材料的选择、热量衡算、物料衡算等，现简介如下。

一、酶反应器的类型

酶反应器的设计，首先要根据酶、底物和产物的性质，按照上一节所述的原则，选择并确定反应器的类型。

二、反应器的制造材料

由于酶催化的反应具有条件温和的特点，通常都是在常温、常压、pH近乎中性的环境中进行反应，因此酶反应器的设计对制造材料没有什么特别要求，一般采用不锈钢制造反应

容器即可。

三、热量衡算

酶催化反应一般在30～70℃的常温条件下进行，所以热量衡算并不复杂。温度的调节控制也较为简单，通常采用一定温度的热水通过夹套（或列管）加热或冷却的方式进行温度的调节控制。热量衡算是根据热水升温前后的温度差和使用量计算，也可以根据反应液升温前后的温度差、反应液体积及热利用率进行计算。对于某些耐高温的酶，如高温淀粉酶，可以采用喷射式反应器，热量衡算时，根据所使用的水蒸气热焓和用量来进行计算。

四、物料衡算

物料衡算是酶反应器设计的重要任务，主要包括以下内容。

1. 酶反应动力学参数的确定　酶反应动力学参数是反应器设计的主要依据。在反应器设计之前，就应当根据酶反应动力学特性，确定反应所需的底物浓度、酶浓度、最适温度、最适pH、激活剂浓度等参数。

其中，底物浓度对酶催化反应速率有很大影响。通常在底物浓度较低的情况下，酶催化反应速率随底物浓度的升高而升高，当底物达到一定浓度后，反应速率达到最大值，即使再增加底物浓度，反应速率也不再提高。有些酶会受到高底物浓度的抑制作用。所以底物浓度不是越高越好，而是要确定一个适宜的底物浓度。

酶的浓度对催化反应速率的影响也很大，通常情况下，酶浓度升高，反应速率加快，但是酶浓度并非越高越好。因为酶浓度增加，用酶量也增加，过高的酶浓度会造成浪费，且提高生产成本，所以要确定一个适宜的酶浓度。

2. 计算底物用量　酶的催化作用是在酶的作用下将底物转化为产物的过程，所以酶反应器的设计首先要根据产品产量的要求、产物转化率和收得率，计算所需的底物用量。

产品的产量是物料衡算的基础，通常用年产量（P）表示。在物料衡算时，分批式反应器一般根据每年实际生产天数（一般按每年生产300d计算），转换为日产量（P_d）进行计算。对于连续式反应器，一般采用每小时获得的产物量（P_h）进行衡算，即

$$P\ (\text{kg/年}) = P_d\ (\text{kg/d}) \times 300 = P_h\ (\text{kg/h}) \times 300 \times 24 \tag{9-1}$$

产物转化率（$Y_{P/S}$）是指底物转化为产物的比率，即

$$Y_{P/S} = \frac{P}{S} \tag{9-2}$$

式中，P为生成的产物量（kg，g）；S为投入的底物量（kg，g）。

在催化反应的副产物可以忽略不计的情况下，产物转化率可以用反应前后底物浓度的变化与反应前底物浓度的比率表示，即

$$Y_{P/S} = \frac{\Delta[\mathrm{S}]}{S_0} = \frac{S_0 - S_t}{S_0} \tag{9-3}$$

式中，$\Delta[\mathrm{S}]$为反应前后底物浓度的变化；S_0为反应前的底物浓度（g/L）；S_t为反应后的底物浓度（g/L）。

产物转化率的高低直接关系到生产成本的高低，与反应条件、反应器的性能和操作工艺等有关，在设计反应器时要充分考虑如何提高产物转化率。

收得率（R）是指分离得到的产物量与反应生成的产物量的比值，即

$$R=\frac{分离得到的产物量}{反应生成的产物量} \tag{9-4}$$

收得率的高低与生产成本密切相关，主要取决于分离纯化技术及其工艺条件。收得率在设计反应器进行底物用量的计算时是一个重要的参数。

根据所要求的产物产量、产物转化率和产物收得率，可以按照式（9-5）计算所需的底物用量，即

$$S=\frac{P}{Y_{P/S}\cdot R} \tag{9-5}$$

式中，S为所需的底物用量（kg，g）；P为反应产物的产量（kg，g）；$Y_{P/S}$为产物转化率（%）；R为产物收得率（%）。

在计算所需的底物量时，要注意产物产量的单位，分批式反应器通常采用日产量（P_d），则计算得到的是每天需要的底物用量（S_d）；连续式反应器一般采用时产量（P_h），则计算得到的是每小时所需的底物用量（S_h）；如果采用年产量，则计算得到的是全年所需的底物用量。

3. 计算反应液总体积 根据所需的底物用量和底物浓度，就可以计算得到反应液的总体积，即

$$V_t=\frac{S}{[S]} \tag{9-6}$$

式中，V_t为反应液总体积（L）；S为底物用量（g）；[S]为反应前的底物浓度（g/L）。

对于分批式反应器，反应液的总体积一般以每天获得的反应液总体积（V_d）表示，应采用每天所需的底物用量（S_d）进行计算。而对于连续式反应器，则以每小时获得的反应液总体积（V_h）表示，应采用每小时所需的底物用量（S_h）进行计算。

4. 计算酶用量 根据催化反应所需的酶浓度和反应液体积，就可以计算所需的酶量。所需的酶量为所需的酶浓度与反应液体积的乘积，即

$$E=[E]\cdot V_t\ (U) \tag{9-7}$$

式中，E为所需的酶量（U）；[E]为酶浓度（U/L）；V_t为反应液体积（L）。

例如，所需的酶浓度为5U/L，每天的反应液总体积为10 000L，即每天需要的用酶量为5×10^4U。如果酶制剂的含量为10 000U/g，即每天需要用酶制剂5g。在所用的酶制剂单位数不变的情况下，酶用量也可以根据酶制剂与底物用量的百分比进行计算。例如，酶制剂与底物用量比为0.01%，每天使用底物100t，即每天需用酶制剂0.01t＝10kg。

5. 计算反应器数目 在酶反应器的设计过程中，选定了反应器的类型和计算得到反应液总体积以后，要根据生产规模、生产条件等确定反应器的有效体积（V_0）和反应器的数目。

根据上述计算得到的反应液总体积，一般不采用一个足够大的反应器，而是采用两个以上的反应器。为了便于设计和操作，通常要选用若干个相同的反应器。这就要确定反应器的有效体积和反应器的数目。

反应器的有效体积是指酶在反应器中进行催化反应时，单个反应器可以容纳反应液的最大体积，一般反应器的有效体积为反应器总体积的70%～80%。

对于分批式反应器，可以根据每天获得的反应液的总体积、单个反应器的有效体积和底物在反应器内的停留时间，计算所需反应器的数目。计算公式如下：

$$N=\frac{V_d}{V_0}\cdot\frac{t}{24} \tag{9-8}$$

式中，N为反应器数目（个）；V_d为每天获得的反应液总体积（L/d）；V_0为单个反应器的有效体积（L）；t为底物在反应器中的停留时间（h）；24指每天有24h。

对于连续式反应器，可以根据每小时获得的反应液体积、反应器的有效体积和底物在反应器内的停留时间，计算反应器的数目。计算公式如下：

$$N=\frac{V_h\cdot t}{V_0} \tag{9-9}$$

式中，N为反应器数目（个）；V_h为每小时获得的反应液体积（L/h）；V_0为单个反应器的有效体积（L）；t为底物在反应器中的停留时间（h）。

连续式反应器还可以根据其生产强度计算反应器的数目。

反应器的生产强度是指反应器每小时每升反应液所生产的产物克数。可以用每小时获得的产物产量与反应器的有效体积的比值表示；也可以用每小时获得的反应液体积、产物浓度和反应器的有效体积计算得到，即

$$Q_p=\frac{P_h}{V_0}=\frac{V_h\cdot[P]}{V_0} \tag{9-10}$$

式中，Q_p为反应器的生产强度［g/（L·h）］；P_h为每小时获得的产物量（g/h）；V_0为每个反应器的有效体积（L）；V_h为每小时获得的反应液体积（L/h）；［P］为产物浓度（g/L）。

连续式反应器的数目（N）与反应液的生产强度（Q_p）的关系可用式（9-11）表示：

$$N=\frac{Q_p\cdot t}{[P]}（个） \tag{9-11}$$

式中，N为反应器的数目（个）；［P］为反应液中所含的产物浓度（g/L）；t为底物在反应器中的停留时间（h）。

五、酶反应器设计实例

酶反应器的工艺设计是根据设计任务书的要求进行的，设计任务书通常给出设计的基本要求，是进行设计的依据，现以“年产一万吨葡萄糖车间糖化酶反应器的设计”为例说明如下。

设计任务书

项目名称：年产一万吨葡萄糖车间糖化酶反应器的设计

产品产量：葡萄糖1万吨/年

原料：可溶性淀粉（淀粉经过α-淀粉酶液化而成）

酶的使用量：糖化酶与淀粉比例为0.01%

淀粉葡萄糖转化率：95%（淀粉葡萄糖转化率是指100g原料淀粉转化生成的葡萄糖克数，纯淀粉的理论转化率为110%）

葡萄糖收得率：98%

根据以上设计任务书进行酶反应器工艺设计，主要内容如下。

（1）工艺条件的确定。根据任务要求和糖化酶的反应动力学常数确定下列工艺条件：淀粉液浓度35%，糖化温度60℃，反应pH 5.0，糖化时间48h。

（2）反应器的选型。由于底物分子质量较大，游离糖化酶的价格较低，因此本设计采用游离糖化酶为催化剂，选用分批搅拌罐式反应器。

（3）反应器制造材料。由于反应温度和pH等条件较温和，选用不锈钢作为制造反应器的材料。

（4）物料衡算。

a．原料用量：年产葡萄糖10 000t，按每年生产天数为300d计，即每天生产葡萄糖10 000/300＝33.3t。根据设计要求，淀粉葡萄糖转化率为95%，葡萄糖收得率为98%，即每天需要淀粉33.3/（0.95×0.98）＝35.8t。

b．反应液体积：每天需要淀粉35.8t，反应液中淀粉浓度为35%，即每天所需反应液总体积为35.8/0.35＝102m^3＝102 000L。

c．糖化酶用量：每天需要淀粉35.8t，按照设计任务书要求，糖化酶与淀粉比例为0.01%，即每天需要糖化酶0.00358t＝3.58kg。

d．反应器数目：反应液体积为102m^3，选用每个反应器的体积为20m^3，反应器有效体积为80%，糖化时间为48h，即需要反应器的数目为

$$N=\frac{102}{20\times 0.8}\times\frac{48}{24}=12.75$$

取整数为13个，加上一个备用罐，选定反应器数目为14个。

（5）热量衡算：反应液体积为102 000L，糖化温度为60℃，用热水通过列管进行热交换，假设1L反应液提高1℃需1kcal热量，室温为20℃，即反应液从室温升温至60℃所需热量为102 000×（60－20）＝4 080 000kcal①。

设定热利用率为65%，即实际所需热量为4 080 000/0.65≈6 277 000kcal。

如果使用α-淀粉酶液化液，液化液温度约为90℃，将其降温至60℃，即可进行糖化反应。

六、酶反应器的流场模拟

在生化加工工业中，生物反应器中的动态环境会影响酶的活性和酶生产的产量，流动参数对搅拌罐式反应器中酶失活行为有一定的影响。带有搅拌桨的容器内部的流型基本分为三种，分别是轴向流、径向流、切向流，流型主要取决于搅拌桨的形式、挡板的有无、容器内部的几何形态、流体性质等因素。

计算流体力学（computational fluid dynamics，CFD）是以计算机数值计算为基础，对流体流动、传热及相关现象进行分析的一种研究方法，其原理是通过连续性方程、动量方程和能量守恒方程进行计算得到一定体积内的流体质量、动量和能量的变化，借此得到流体流场的变化（王福军，2004）。

语音讲解9-2

关于“在填充床反应器中的CFD计算步骤”的语音讲解请扫描二维码。

CFD在生物反应器中的模拟方法（约翰D. 安德森，2007）有边界条件法、内外迭代法、

① 1kcal＝4186.8J。

滑动网格法和多重参照系法，上述方法的优缺点见表9-2。

表9-2　CFD模拟方法的优缺点

方法	原理	优点	缺点
边界条件法（"黑箱"法）	通过实验或经验数据代替搅拌桨叶边界条件	a）最早应用的方法 b）模拟时间短	a）缺乏独立性 b）不能预测桨附近的流动细节
内外迭代法	将流体区分为内外两个区域，内区域采用旋转坐标系计算，在惯性坐标系下将内区域的计算结果导入，内外循环，直至收敛结果	a）实现流体区的完全模拟不需要实验数据 b）较为准确地预测流场	a）无法解决搅拌桨叶的尾涡问题 b）收敛速度慢 c）需要试差
滑动网格法（完全非稳态模拟）	将流体区分为搅拌域和非搅拌域，其中，非搅拌域网格静止，搅拌域随搅拌桨转动，在惯性坐标系下运算	a）适用于周期性过程的瞬态模拟 b）适用于桨叶和挡板强相互作用的体系	a）需要大型计算 b）后处理复杂
多重参照系法	流体区域分为内外两域同时计算，内区域在旋转坐标系下进行计算，外区域在惯性坐标系下计算，之后计算结果在交界面处进行数据交换	a）与实验数据吻合 b）计算量小，适用于多相流的计算	局限于运动和静止区域相对作用较弱的情况

第四节　酶反应器的操作

在酶的催化反应过程中，如何充分发挥酶的催化功能，是酶工程的主要任务之一。要完成这个任务，除了选用高质量的酶、选择适宜的酶应用形式、选择和设计适宜的酶反应器以外，还要确定适宜的反应器操作条件并根据情况的变化进行调节控制。

一、酶反应器操作条件的确定及其调控

酶反应器的操作条件主要包括温度、pH、底物浓度、酶浓度、反应液的混合与流动等。现简介如下。

1. 反应温度的确定与调节控制　酶催化作用受到温度的显著影响，酶的催化反应有一个最适温度，温度过低，反应速率减慢；温度过高，会引起酶的变性失活。因此，在酶反应器的操作过程中，要根据酶的动力学特性，确定酶催化反应的最适温度，并将反应温度控制在适宜的温度范围内，在温度发生变化时，要及时进行调节。一般酶反应器中均设计、安装有夹套或列管等换热装置，里面通进一定温度的水，通过热交换作用，保持反应温度恒定在一定的范围内。如果蒸汽采用喷射式反应器，则通过控制水蒸气的压力，以达到控制温度的目的。

2. pH的确定与调节控制　反应液的pH对酶催化反应有明显影响，酶催化反应都有一个最适pH，pH过高或过低都会使反应速率减慢，甚至使酶变性失活。因此，在酶催化反应过程中，要根据酶的动力学特性确定酶催化反应的最适pH，并将反应液的pH维持在适宜的范围内。采用分批式反应器进行酶催化反应时，通常在加入酶液之前，先用稀酸或稀碱将底物溶液调节到酶的最适pH，然后加酶进行催化反应；对于在连续式反应器中进行的酶催化反应，一般将调节好pH的底物溶液（必要时可以采用缓冲溶液）连续加到反应器中。有些酶催化反应前后pH变化不大，如α-淀粉酶催化淀粉水解生成糊精，在反应过程中不需要

进行pH的调节；而有些酶的底物或者产物是一种酸或碱，反应前后pH的变化较大，必须在反应过程中进行必要的调节。pH通常采用稀酸或稀碱进行调节，必要时可以采用缓冲溶液以维持反应液的pH。

3. 底物浓度的确定与调节控制 酶的催化作用是指底物在酶的作用下转化为产物的过程。底物浓度是决定酶催化反应速率的主要因素之一。

在底物浓度较低的情况下，酶催化反应速率与底物浓度成正比，反应速率随着底物浓度的增加而升高。当底物浓度达到一定的数值时，反应速率的上升不再与底物浓度成正比，而是逐步趋向平衡。所以底物浓度不是越高越好，而是要确定一个适宜的底物浓度。底物浓度过低，反应速率慢；底物浓度过高，反应液的黏度增加，有些酶还会受到高底物浓度的抑制作用。

对于分批式反应器，首先将一定浓度的底物溶液引进反应器，调节好pH，将温度调节到适宜的温度，然后加进适量酶液进行反应；为了防止高浓度底物引起的抑制作用，可以采用逐步流加底物的方法，即先将一部分底物和酶加到反应器中进行反应，随着反应的进行，底物浓度逐步降低以后，再连续或分次地将一定浓度的底物溶液添加到反应器中进行反应，反应结束后，将反应液一次全部取出。通过流加分批的操作方式，反应体系中底物浓度保持在较低的水平，可以避免或减少高浓度底物的抑制作用，以提高酶催化反应的速率。对于连续式反应器，则将配制好的一定浓度的底物溶液连续地加进反应器中进行反应，反应液连续地排出。反应器中底物的浓度保持恒定。

4. 酶浓度的确定与调节控制 酶反应动力学研究表明，在底物浓度足够高的条件下，酶催化反应速率与酶浓度成正比，提高酶浓度，可以提高催化反应的速率。然而，酶浓度的提高，必然会增加用酶的费用，所以酶浓度不是越高越好，特别是对于价格高的酶，必须综合考虑反应速率和成本的问题，确定一个适宜的酶浓度。

在酶使用过程中，特别是连续使用较长的一段时间以后，必然会有一部分的酶失活，所以需要进行补充或更换，以保持一定的酶浓度。因此，连续式固定化酶反应器应具备添加或更换酶的装置，而且要求这些装置的结构简单、操作容易。

5. 搅拌速度的确定与调节控制 酶进行催化反应时，首先要与底物结合，然后才能进行催化反应。要使酶能够与底物结合，就必须保证酶与底物混合均匀，使酶分子与底物分子能够进行有效碰撞，进而互相结合进行催化反应。

在搅拌罐式反应器和游离酶膜反应器中都设计安装有搅拌装置，通过适当的搅拌实现均匀的混合。为此首先要在实验的基础上确定适宜的搅拌速度，并根据情况的变化进行搅拌速度的调节。搅拌速度过慢，会影响混合的均匀性；搅拌速度过快，则产生的剪切力会使酶的结构受到影响，尤其是会使固定化酶的结构破坏甚至破碎，从而影响催化反应的进行。

6. 流动速度的确定与调节控制 在连续式酶反应器中，底物溶液连续地进入反应器，同时反应液连续地排出，通过溶液的流动实现酶与底物的混合和催化。为了使催化反应高效进行，在操作过程中必须确定适宜的流动速度和流动状态，并根据变化的情况进行适当的调节控制。

在流化床式反应器的操作过程中，要控制好液体的流速和流动状态，以保证酶与底物混合均匀，并且不会影响酶的催化。流体流速过慢，固定化酶颗粒不能很好地漂浮翻动，甚至沉积在反应器底部，从而影响酶与底物的均匀接触和催化反应的顺利进行。流体流速过高或流动状态混乱，则固定化酶颗粒在反应器中激烈翻动、碰撞，会使固定化酶的结构受到破坏，甚至使酶脱落、流失。流体在流化床式反应器中的流动速度和流动状态，可以通过控制进液口的流体流速和流量，以及进液管的方向和排布等方法加以调节。

在填充床式反应器中，底物溶液按照一定的方向以恒定的速度流过固定化酶层，其流动速度决定酶与底物的接触时间和反应的进行程度，在反应器的直径和高度确定的情况下，流速越慢，酶与底物接触的时间越长，反应越完全，但是生产效率越低，因此要选择好流速。在理想的操作情况下，填充床式反应器在任何一个横截面上的流体流动速度是相同的，在同一个横截面上底物浓度和产物浓度也是一致的，此种反应器又称为活塞流反应器（plug flow reactor，PFR）。这种流动方式只是通过底物溶液的流动与酶接触，混合效果差。

膜反应器在进行酶催化反应的同时，小分子的产物透过超滤膜进行分离，可以降低或者消除产物引起的反馈阻遏作用，然而容易产生浓差极化而使膜孔阻塞。为此，除了以适当的速度进行搅拌以外，还可以通过控制流动速度和流动状态，使反应液混合均匀，以减少浓差极化现象的发生。

喷射式反应器反应温度高、时间短、混合效果好、效率高，可以通过控制蒸汽压力和喷射速度进行调节，以达到最佳的混合和催化效果。

二、酶反应器操作的注意事项

在酶反应器的操作过程中，除了控制好各种条件以外，还必须注意下列问题。

1. 保持酶反应器的操作稳定性 在酶反应器的操作过程中，应尽量保持操作的稳定性，以避免反应条件的剧烈波动。在搅拌式反应器中，应保持搅拌速度的稳定，不要时快时慢；在连续式反应器的操作中，应尽量保持流速的稳定及流体的流动方式和流动状态，并保持流进的底物浓度和流出的产物浓度不要变化太大；此外，反应温度、反应液pH等也应尽量保持稳定，以保持反应器恒定的生产能力。

2. 防止酶的变性失活 在酶反应器的操作过程中，应当特别注意防止酶的变性失活。引起酶变性失活的因素主要有温度、pH、重金属离子及剪切力等。

酶反应器操作时的温度是影响酶催化作用的重要因素之一，较高的温度可以提高酶的催化反应速率，从而增加产物的产率。然而，酶是一种生物大分子，温度过高会加速酶的变性失活、缩短酶的半衰期和使用时间。因此，酶反应器的操作温度一般不宜过高，通常在等于或者低于酶催化最适温度的条件下进行反应。

酶反应器操作中反应液的pH应当严格地控制在酶催化反应的适宜pH范围内，过高或过低都对催化不利，甚至引起酶的变性失活。在操作过程中进行pH的调节时，一定要一边搅拌一边慢慢加入稀酸或稀碱溶液，以防止局部过酸或过碱而引起酶的变性失活。

重金属离子会与酶分子结合而引起酶的不可逆变性，因此在酶反应器的操作过程中，要尽量避免重金属离子的进入。为了避免从原料或者反应器系统中带进的某些重金属离子给酶分子造成的不利影响，必要时可以添加适量的EDTA等金属螯合剂，以除去重金属离子对酶的危害。

在酶反应器的操作过程中，剪切力是引起酶变性失活的一个重要因素。所以在搅拌式反应器的操作过程中，要防止过高的搅拌速度对酶，特别是固定化酶结构的破坏；在流化床式反应器和鼓泡式反应器的操作过程中，要控制流体的流速，防止由固定化酶颗粒的过度翻动、碰撞而引起固定化酶的结构破坏。

此外，为了防止酶的变性失活，在操作过程中，可以添加某些保护剂，以提高酶的稳定性，酶作用底物的存在往往对酶有保护作用。

3. 防止微生物的污染 在酶催化反应过程中，由于酶的作用底物或反应产物往往只有一两种，不具备微生物生长、繁殖的基本条件。酶反应器的操作，与微生物发酵和动植物细胞培养所使用的反应器有所不同，不必在严格的无菌条件下进行操作，然而这并不意味着酶反应器的操作过程没有防止微生物污染的任务。

不同酶的催化反应，由于底物、产物和催化条件各不相同，在催化过程中受到微生物污染的可能性也有很大差别。

一些酶催化反应的底物或产物对微生物的生长、繁殖有抑制作用，如乙醇氧化酶催化乙醇氧化反应、青霉素酰化酶催化青霉素或头孢菌素反应等，其受微生物污染的情况较少。

有些酶的催化反应温度较高，如α-淀粉酶、*Taq* DNA聚合酶等的反应温度在50℃以上，微生物无法生长。

有些酶催化的pH较高或较低，如胃蛋白酶在pH为2的条件下进行催化，碱性蛋白酶在pH为9以上催化蛋白质水解反应等，该条件对微生物有抑制作用。

有些酶在有机介质中进行催化，微生物污染的可能性甚微。

而有些酶催化反应的底物或产物是微生物生长、繁殖的营养物质，如淀粉、蛋白质、葡萄糖、氨基酸等，同时在反应条件又适合微生物生长、繁殖的情况下，必须十分注意防止微生物的污染。

酶反应器的操作必须符合必要的卫生条件，尤其是在生产药用或食用产品时，对卫生条件要求较高，应尽量避免微生物的污染。因为微生物的污染不仅影响产品质量，而且微生物的滋生还会消耗一部分底物或产物，产生无用甚至有害的副产物，增加分离纯化的困难。在酶反应器的操作过程中，防止微生物污染的主要措施有以下几种。

（1）保证生产环境的清洁、卫生，要求符合必要的卫生条件。

（2）在使用前后都要进行清洗和适当的消毒处理。

（3）在反应器的操作过程中，要严格管理、经常检测，以避免微生物污染。

（4）在反应液中添加适当的对酶催化反应和产品质量没有不良影响的物质，以抑制微生物的生长，防止微生物的污染。

第五节 酶电化学生物传感器

一、概述

酶电化学生物传感器的本质是非均相酶反应器，也称为酶电极。电化学生物传感器将生物传感器技术和电化学传感器技术结合起来，既整合了电化学传感器的强大分析功能，又利用了酶的识别特性，具有微型化、数字化、专一化的特点，被广泛用于生命科学、农业化学品分析、食品安全、环境保护等领域，具有广阔的发展前景。

1962年，美国克拉克（Clark）提出应用葡萄糖氧化酶与氧电极组成的复合电极体系，完成了对葡萄糖的检测，目前这种方法依旧被广泛用于生命科学研究领域，如快速检测发酵产物中葡萄糖的含量。1972年，美国YSI公司推出了第一个商业化的电化学传感器，开启了固定化酶生物传感器的时代。

二、酶电化学生物传感器的基本原理

传感器的两个核心部件为生物敏感元器件（分子识别元器件）和转换器件。生物敏感元器件通常由酶、抗原、抗体、激素、细胞（器）、组织等构成。

转换器件包括电极、晶体管、热敏电阻、光电池等。转换器件可将在酶膜上发生的生化反应中消耗或者生成的化学物质信息转换成可记录的信号（电流、电压、光强、频率）。模拟信号通过A/D转换进入单片机系统，最终提供可视化结果，这种结果通常以待测溶液中某种成分的浓度来表达。

三、酶电化学生物传感器的种类

酶电极最早得到应用和商业化推广，也是目前为止技术最为成熟、应用最为广泛的一种生物电极。最典型的应用就是血糖仪。

根据电极反应过程，我们可以将酶电极分为三种，即经典酶电极、介体酶电极及无介体（直接）酶电极。

1. 经典酶电极 经典酶电极也是第一代酶电化学生物传感器，为基于开创性研发的极谱法溶氧测量电极，1962年Clark首先将生物酶同溶氧电极结合在一起。以葡萄糖酶电极为例，其可用于测量溶液中的葡萄糖浓度，溶液中的溶解氧（O_2）作为酶促反应的电活性物质，通过检测氧的消耗量来测得底物的浓度（葡萄糖的浓度），以上反应的结果也可以通过测量生成的H_2O_2而获得。

O_2天然存在于各种溶液中，比较容易获得，但在如此快的反应中如何保持测量体系中O_2的含量不受外界影响是一个挑战。O_2的含量最易受到温度和大气压的影响。另外，待测溶液pH的变化对测量结果也会产生一些影响。

2. 介体酶电极 介体酶电极为第二代酶电化学生物传感器。

为了克服第一代电极测量过程容易受环境影响，且测量噪声比较大的缺点，科学家在传感器中引入了媒介体修饰剂用于替代O_2的作用，同时也不需要H_2O_2的参与，从而实现酶促反应的氧化还原反应中心和电极之间的直接电子传递，提高了测量的灵敏度和稳定性，以及拓宽了检测线性范围。

这种电子媒介体主要有含过渡金属的化合物、配合物，以及醌类、硫堇等有机导电物质，分别依靠过渡金属价态的变化和大π键中双键的打开与再形成来进行电子传递和氧化还原作用，这些媒介体的固定化过程往往比较复杂，通常会引起带毒性的媒介体的慢慢泄漏。目前，研究方向主要集中在修饰性媒介，通过进行修饰以降低毒性，同时，通过研发新型固化技术，以提高传感器的稳定性、延长传感器的寿命。

3. 无介体酶电极 无论是经典酶电极还是介体酶电极，都是氧或者介体来参与电子的转移。而第三代酶电极，则是通过酶与电极之间直接的电子转移来实现信号转换。这一类电极目前的适用性还比较窄，这主要是因为活性单元很难直接与电极表面产生电子转移。目前适用的酶主要包括葡萄糖氧化酶、辣根过氧化酶、超氧化物歧化酶和漆酶等。

四、酶电化学生物传感器的新技术应用和发展方向

1. 固定化新技术 酶电极的关键技术之一在于如何将酶更好地固定在电极表面。在电极上固定酶主要有如下方法：吸附法、共价键结合法、交联法、包埋法、电化学聚合法等。酶作为一种催化剂被固定在载体上，具有单一识别性，但又不能妨碍被测物的自由扩散。

寻找更高效、更稳定的固定化方法是人们研究的重点。将纳米技术应用于酶固定化，能够增加酶的催化活性，提高电极的响应电流值。用溶胶-凝胶材料作为酶固定化载体具有易制备、基质孔径分布可控，从而更容易为酶分子提供活性空间，而不至于流失。

2. 小型化，阵列化 酶膜制作技术和精细机加工、微电子技术要紧密结合，才能制作出稳定、高效的酶电极。国外公司之所以在传感器领域占有垄断性地位，有一个很重要的原因是其机械加工配套能力非常完善。

第六节 小型酶反应器在蛋白质组学分析中的应用

目前，采用液质联用分析仪（LC-MS）来分析高度复杂的生物样品，属于蛋白质组学分析的重要分支。分析前蛋白质消化对分析工作至关重要。以传统的方式进行蛋白质消化或者糖链的释放非常耗时。酶解后的混合液中也容易产生干扰多肽，使得质谱（MS）谱图分析更加困难。

对于组学分析来说，小体积固定化酶反应器（IMER）作为一种新的前处理手段越来越受到科研工作者的欢迎。IMER不但可以选择不同载体，而且可以重复使用，有效提高酶转化效率，减少酶自溶带来的分析干扰。随着固定化技术的发展，出现了许多载体材料，如膜、熔融石英毛细管、芯片等，特别是整体材料，已经用于制备不同形式的IMER。磁性纳米材料具有表面体积比大、可增强酶活性和稳定性、对磁场有高响应性等优点，成为目前研究的热点。

已经有很多研究者在此方面针对高效IMER的研究做了大量的工作，但是目前所制备的IMER通常是以离线模式进行检测，只有少数IMER是在线集成的分析应用。研究者今后要努力实现的方向是将样品前处理与IMER集成于一个分析平台，并且开发出直接将IMER与超高性能的液相色谱（LC）分离系统及检测系统在线耦合的装置。

20世纪90年代初，曼茨（Manz）和威德默（Widmer）首次提出了微型全分析系统的概念，其目的是通过化学分析设备的微型化与集成化，最大限度地将分析实验室的功能转移到便携的分析设备中，甚至集成到方寸大小的芯片上。

微流控芯片给分析仪器微型化、集成化和便携化等方面带来了革命性的变化，成为当今最前沿的科技领域之一。本学科是以分析化学为依托，结合微加工技术、材料学、电子学、机械学、流体力学等学科发展起来的综合交叉领域。将酶固定化在芯片通道内，我们就称之为微流控芯片酶反应器。

与传统的分析方法相比，这种新兴的快速微量分析方法更具独到之处。

（1）微流控芯片尺度小，大大减少了酶与反应物的用量；

（2）微流控芯片上能快速地进行混合及多步催化反应，并能在线自动监测与分析，适合酶催化反应快速的特点；

（3）微流控芯片上容易实现各种操作单元灵活组合，规模集成，用于复杂样本分析；

（4）微流控芯片上可以快速构造浓度梯度，实现高效率、高通量分析。

因此，微流控芯片可方便快捷地用于酶学相关研究，包括抑制剂筛选及其作用机制研究等。

随着芯片酶分析技术的自动化程度和可靠性不断提高，与之相适应的检测方法也得到了飞速的发展。其常用的检测方法根据分析信号的不同可分为光学检测（如放射性同位素法、比色法、荧光法、发光法等）和非光学检测（如质谱法、电化学法、色谱法、核磁共振等）。根据是否需要借助标记技术扩展分析系统的检测信号，又可分为标记检测技术和非标记检测技术。光学检测技术借助标记技术，以分析通量高、检测成本低、检测仪器发展成熟、可实现原位检测等突出优势，在酶分析中占据一席之地。总体来看，正是得益于这些快速可靠的检测技术的支撑，使近年来基于微流控芯片平台的酶学研究进展迅速。

复习思考题

1. 试述酶反应器的主要类型和特点。
2. 选择酶反应器的主要依据有哪些？
3. 简述酶反应器设计的主要内容。
4. 如何控制酶反应器的操作条件？
5. 在酶反应器的操作过程中要注意哪些问题？

习题答案

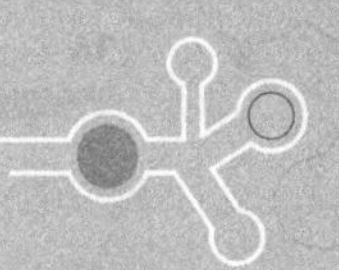

第十章　酶的应用

酶的应用是酶工程的最终目的，是指在特定的条件下，通过酶的催化作用获得所需产品、除去不良物质或者获取所需信息的技术过程。

通过酶的催化作用，可以得到人们所需要的各种物质和信息；或者将不需要的甚至有害的物质除去，以利于人体的健康、环境的保护、经济的发展和社会的进步。

酶的催化作用具有专一性强、催化效率高、作用条件温和等显著特点，在医药、食品、轻工、化工、能源、环保、检测和生物工程等领域得到广泛应用。

在酶的应用过程中，首先必须根据酶的催化特性选择好酶和底物，还必须运用酶反应动力学的知识，控制好酶催化反应的各种条件，使酶的催化作用达到预期的效果。

随着工业生物技术的发展，酶的应用越来越普遍，应用面也十分广泛。本章就酶在几个大领域中的应用做简要的介绍。

推荐扫码阅读英文文献《酶的工业应用：最新进展、技术和展望》和《工业酶的应用》。

延伸阅读 10-1

第一节　酶在医药领域的应用

长期以来人类一直在努力寻求对付疾病的方法，从而促进医药卫生事业的发展。近年来，我国生物医药产业驶入发展“快车道”，一系列新产品、新服务为保障人民生命健康提供了新助力。在党的二十大报告中，生物医药被列为了关键核心技术实现突破领域。

各种天然药物和合成药物的研究、开发和应用对保障人们的健康做出了巨大的贡献。药物的种类很多，其中酶类药物有着与其他药物不同的特点，在医药方面的应用发展很快。

据《左传》记载，我们的祖先在2500多年前就懂得利用麦曲治病，实际上是利用在谷物中生长的各种微生物所产生的酶类进行疾病的治疗，说明酶在医药方面的应用具有悠久的历史。1894年，日本的高峰让吉从米曲霉中制得淀粉酶，用于治疗消化不良。20世纪后半叶，生物科学和生物工程飞速发展，酶在医药领域的用途越来越广泛。随着新型酶种的研究开发，以及酶分子修饰、酶固定化、酶定向进化和酶非水相催化等技术的发展，将不断扩大酶在医药方面的应用。

酶在医药方面的应用多种多样，可归纳为下列三个方面。

（1）用酶进行疾病的诊断。

（2）用酶进行疾病的预防和治疗。

（3）用酶制造各种药物。

在医药方面使用的酶具有种类多、用量少、效率高等特点。

一、酶在疾病诊断方面的应用

疾病的治疗效果好坏与否，在很大程度上取决于诊断的准确性。疾病诊断的方法很多，其中酶学诊断特别引人注目。

酶学诊断是通过酶的催化作用测定体内某些物质的含量及其变化，或者通过体内原有酶活性的变化情况进行疾病诊断的方法。由于酶具有专一性强、催化效率高、作用条件温和等显著的催化特点，酶学诊断已经发展成为可靠、简便又快捷的诊断方法。

酶学诊断方法包括两个方面，一方面是根据体内酶活性的变化来诊断某些疾病；另一方面是利用酶来测定体内某些物质的含量，从而诊断某些疾病。

（一）根据体内酶活性的变化诊断疾病

一般健康人体内所含有的某些酶的量恒定在某一范围内。当人们患上某些疾病时，则由于组织、细胞受到损伤或者代谢异常，体内的某种或某些酶的活性发生相应的变化。因此，可以根据体内某些酶的活性变化情况诊断出某些疾病（表10-1）。

表10-1 通过酶活性变化进行疾病诊断

酶	疾病与酶活性变化
淀粉酶	胰脏疾病、肾脏疾病时升高；肝病时下降
胆碱酯酶	肝病、肝硬化、有机磷中毒、风湿等时，活性下降
酸性磷酸酶	前列腺癌、肝炎、红细胞病变时，活性升高
碱性磷酸酶	佝偻病、软骨化病、骨瘤、甲状旁腺功能亢进时，活性升高；软骨发育不全等时，活性下降
谷丙转氨酶	肝病、心肌梗死等时，活性升高
谷草转氨酶	肝病、心肌梗死等时，活性升高
γ-谷氨酰转肽酶（γ-GT）	原发性和继发性肝癌时，活性增高至200U以上，阻塞性黄疸、肝硬化、胆管癌等时，血清中酶活性升高
醛缩酶	急性传染性肝炎、心肌梗死时，血清中酶活性显著升高
精氨酰琥珀酸裂解酶	急、慢性肝炎时，血清中酶活性增高
胃蛋白酶	胃癌时，活性升高；十二指肠溃疡时，活性下降
磷酸葡糖变位酶	肝炎、癌症时，活性升高
β-葡萄糖醛酸苷酶	肾癌及膀胱癌时，活性升高
碳酸酐酶	坏血病、贫血等时，活性升高
乳酸脱氢酶	肝癌、急性肝炎、心肌梗死时，活性显著升高；肝硬化时，活性正常
端粒酶	癌细胞中含有端粒酶活性，正常体细胞内没有端粒酶活性
山梨醇脱氢酶（SDH）	急性肝炎时，活性显著提高
5′-核苷酸酶	阻塞性黄疸、肝癌时，活性显著增高
脂肪酶	急性胰腺炎时，活性明显升高，胰腺癌、胆管炎患者中活性升高
肌酸磷酸激酶（CK）	心肌梗死时，活性显著升高；肌炎、肌肉创伤时，活性升高
α-羟基丁酸脱氢酶	心肌梗死、心肌炎时，活性升高
单胺氧化酶（MAO）	肝脏纤维化、糖尿病、甲状腺功能亢进时，活性升高
磷酸己糖异构酶	急性肝炎时，活性极度升高；心肌梗死、急性肾炎、脑出血时，活性明显升高
鸟氨酸氨基甲酰转移酶	急性肝炎时，活性急速升高；肝癌时，活性明显升高
乳酸脱氢酶（LDH）同工酶	心肌梗死、恶性贫血时，LDH1增高；白血病、肌肉萎缩时，LDH2增高；白血病、淋巴肉瘤、肺癌时，LDH3增高；转移性肝癌、结肠癌时，LDH4增高；肝炎、原发性肝癌、脂肪肝、心肌梗死、外伤、骨折时，LDH5增高
葡萄糖氧化酶	测定血糖含量，诊断糖尿病
亮氨酸氨肽酶（LAP）	肝癌、阴道癌、阻塞性黄疸时，活性明显升高

现将一些体内存在的酶活性变化与疾病的关系简单介绍如下。

1. 酸性磷酸酶 酸性磷酸酶（acid phosphatase，ACP，EC 3.1.3.2）是一种在酸性条件下催化磷酸单酯水解生成无机磷酸的水解酶。人血清酸性磷酸酶的最适pH为5～6，最适作用温度37℃。

正常人血清中的ACP广泛存在于体内各组织、细胞和体液中。血液中ACP的组织来源是前列腺、肝、脾、肾、红细胞、白细胞、血小板，以前列腺含量最为丰富。正常男性血清中的ACP有1/3～1/2来自前列腺，女性血清中的ACP主要来自肝、红细胞和血小板。ACP有20种同工酶，临床测定的同工酶大致为两大类：一类是前列腺酸性磷酸酶；另一类是非前列腺酸性磷酸酶。ACP测定主要用于前列腺癌的辅助诊断，尤其在前列腺癌有骨转移时，血清中酸性磷酸酶可显著升高。

除前列腺疾病（前列腺癌、前列腺肥大、前列腺炎等）以外，骨骼疾病（原发性骨肿瘤、恶性肿瘤骨转移、代谢性骨病等），肝病（肝炎、肝硬化、肝癌等），血液病（溶血性贫血、急慢性粒细胞性白血病、血小板减少症、巨幼细胞贫血等），甲状旁腺功能亢进，急、慢性肾炎，急性尿潴留等患者血清中ACP的活性也都会升高。

为了鉴别血清中升高的ACP是来自前列腺还是来自其他组织器官，可进一步采用某些抑制剂进行选择性抑制作用。例如，乙醇和酒石酸对前列腺酸性磷酸酶有显著的抑制作用，而对红细胞酸性磷酸酶的抑制作用较弱；相反，铜离子和甲醛对红细胞酸性磷酸酶的抑制作用显著，对前列腺酸性磷酸酶的抑制作用微弱。这种鉴别有助于进一步做出确切的诊断。

血清中酸性磷酸酶的活性测定可以采用定磷法、测酚法、磷酸麝香草酚酞法、硝基酚磷酸法等。其中磷酸苯二钠法的原理是酸性磷酸酶在酸性环境中能够催化磷酸苯二钠生成游离酚，酚与4-氨基安替比林和铁氰化钾反应生成红色亚醌衍生物，产物在510nm处具有特征吸收峰，通过吸光值增加速率即可表征酸性磷酸酶的活性。

2. 碱性磷酸酶 碱性磷酸酶（alkaline phosphatase，ALP或AKP，EC 3.1.3.1）是一种在碱性条件下催化磷酸单酯水解生成无机磷酸的水解酶。人血清中碱性磷酸酶的最适作用pH为9.5～10，最适作用温度为37℃。

AKP是广泛分布于人体肝、骨骼、肠、肾和胎盘等组织经肝向胆外排出的一种酶。目前已发现有AKP1、AKP2、AKP3、AKP4、AKP5与AKP6六种同工酶。其中第1、2、6种均来自肝，第3种来自骨细胞，第4种产生于胎盘及癌细胞，而第5种则来自小肠绒毛上皮与成纤维细胞。

儿童在生理性的骨骼发育期，AKP活力可比正常人高1～2倍。处于生长期的青少年、孕妇，以及进食脂肪含量高的食物后，AKP均可以升高，这些都属于正常的生理性增高。而病理性的增高则可对疾病进行预警，该酶主要由成骨细胞产生，所以对于佝偻病、骨骼软化症、骨瘤、骨骼广泛性转移癌等骨骼疾病患者，肝胆系统疾病，尤其是黄疸性肝炎及甲状旁腺功能亢进等疾病患者，血清中AKP活性会有所升高，其中由营养不良引起的佝偻病，用此法诊断的灵敏度比X射线检查的灵敏度还要高。而在一些特殊的情况下，则会发生AKP的病理性降低，重症慢性肾炎、儿童甲状腺机能不全，以及软骨发育不全、贫血等疾病，会引起患者血清中AKP的活性下降。对于不明原因的高AKP血清水平，可测定同工酶以协助明确其器官来源。

AKP的活性测定可以采用比色法和连续监测法等，其测定的原理与酸性磷酸酶相同，只是反应在碱性条件下进行，最后通过吸光值增加速率即可表征AKP的活性。

3. 转氨酶 转氨酶又称为氨基转移酶（aminotransferase，EC 2.6.1），是一类催化氨基从一个分子转移到另一个分子的转移酶类。在疾病诊断方面应用的主要有谷丙转氨酶和谷草转氨酶。血清谷丙转氨酶和谷草转氨酶的最适作用pH为7.4，最适作用温度为37℃。

谷草转氨酶（glutamic-oxaloacetic transaminase，GOT），又称为天冬氨酸转氨酶（aspartate transaminase，AST，EC 2.6.1.1），它催化天冬酰胺与α-酮戊二酸之间进行氨基转移，生成谷氨酸和草酰乙酸。

谷丙转氨酶（glutamic-pyruvic transaminase，GPT），又称为丙氨酸转氨酶（alanine transaminase，ALT，EC 2.6.1.2），它催化丙氨酸与α-酮戊二酸之间进行氨基转移反应，生成谷氨酸和丙酮酸。

血清中谷丙转氨酶（GPT）和谷草转氨酶（GOT）的活性测定，已在肝病和心肌梗死等疾病的诊断中得到广泛应用。GPT主要存在于肝组织中，肝细胞或某些组织损伤或坏死，都会使血液中的GPT升高，所有类型肝病疾患包括各种急慢性肝炎、肝硬化、传染性单核细胞增多症、急慢性心衰、各种感染、转移癌及肉芽肿性和酒精性肝病等，以及药物对肝产生的毒性作用，都会导致GPT活性增高，出现广泛性肝细胞损伤时，如药物或病毒性肝炎、急性心力衰竭，此时GPT水平常高达上千或几千单位。

GOT则主要分布在心肌，其次是肝、骨骼肌和肾等组织中。临床一般常作为心肌梗死和心肌炎的辅助检查。GOT在心肌细胞中含量最高，心肌梗死时血清GOT活性增高，GOT活性峰值与梗死灶大小成正比。此外，在发生急性病毒性肝炎时，血清GOT活性可明显增高，当血清GOT活性增高持续超过GPT活性时，提示肝炎病变呈慢性化和进展性。结合GOT/GPT值，可以进一步对肝病进行一些判断，比值大于1时，提示有肝实质的广泛损害，预后不良，比值大于2时，表明主要是坏死型的严重肝病。

转氨酶的检测通常使用二硝基苯肼法，其中GPT的检测原理在于其催化丙氨酸和α-酮戊二酸发生转氨基反应，生成丙酮酸和谷氨酸，酮酸中羰基能够与2,4-二硝基苯肼反应生成丙酮酸苯腙，苯腙在碱性条件下呈红棕色，产物在505nm处具有特征吸收峰，通过吸光值的变化即可表征GPT的活性。而GOT的检测原理与GPT相似，但GOT主要催化α-酮戊二酸和天冬氨酸发生转氨基反应，生成谷氨酸和草酰乙酸，草酰乙酸进一步自行脱羧生成丙酮酸，丙酮酸能够与2,4-二硝基苯肼反应生成2,4-二硝基苯腙，在碱性条件下呈棕红色，产物在505nm处具有特征吸收峰，通过吸光值的变化即可表征GOT的活性。目前临床对转氨酶的检测主要是利用自动生化分析仪来进行。

4. 乳酸脱氢酶 乳酸脱氢酶（lactic acid dehydrogenase，LDH，EC 1.1.1.7）是一类NAD依赖性激酶，催化乳酸脱氢反应生成丙酮酸的一种氧化还原酶。其催化乳酸还原生成丙酮酸。乳酸脱氢酶广泛存在于人体组织中，以肾含量最高，其次是心肌和骨肌。人血清中含有5种LDH同工酶，同工酶是指具有相同的底物特异性而结构不同的一群酶。同工酶在代谢的调节控制方面有重要作用。当人体代谢失常而出现某种疾病时，可能引起同工酶含量的改变。

按其组织来源来说，LDH1和LDH2主要来源于心肌，临床常用的α-羧基丁酸脱氢酶（α-HBD）实际上就是LDH1和LDH2的活性之和；LDH3主要来源于肺、脾；LDH4和LDH5（特别是LDH5）主要来源于肝和骨骼肌。正常人血清中乳酸脱氢酶的含量很低，但是在肝病（急性肝炎、慢性活动性肝炎、肝癌、肝硬化、阻塞性黄疸等）、血液病（白血病、贫血、恶性淋巴瘤等）、心肌梗死、骨骼肌损伤等疾病的患者血清中，该酶活性显著升高，尤其是恶性肿瘤转移所致胸、腹水中该酶活力显著升高。

不少疾患不仅有LDH总活性变化，而且由于病变的脏器不同，各个同工酶变化也不一致。对于心肌梗死、恶性贫血患者，血清中LDH1增高；对于白血病、肌肉萎缩患者LDH2增高；对于白血病、淋巴肉瘤、肺癌患者LDH3增高；对于转移性肝癌、结肠癌患者LDH4增高；对于肝炎、原发性肝癌、脂肪肝、心肌梗死、外伤、骨折患者LDH5增高。

乳酸脱氢酶催化乳酸还原生成丙酮酸，因此乳酸脱氢酶的测定方法也可使用二硝基苯肼法。生成的丙酮酸与2,4-二硝基苯肼作用，生成丙酮酸二硝基苯腙，苯腙在碱性溶液中呈现棕红色。颜色的深浅与丙酮酸浓度成正比。测定OD_{540}，再测定同样条件下标准丙酮酸溶液的OD_{540}，计算出乳酸脱氢酶活性。而对乳酸脱氢酶同工酶的检测则通常先使用醋酸纤维薄膜电泳或者琼脂膜电泳方法进行分离。采用pH为8.4～8.6的巴比妥缓冲液作为电极缓冲液，电泳后经过染色，可以显出3～5条蓝紫色区带，按照从阳极端到阴极端的排列顺序，依次为LDH1、LDH2、LDH3、LDH4、LDH5。

5. 脂肪酶 脂肪酶（lipase，LPS，EC 3.1.1.3）又称三酰基甘油酰基水解酶或三酰甘油酶，是特异性较低的脂肪水解酶类。血清中LPS主要来源于胰腺，其次为胃及小肠，能水解多种含长链脂肪酸的甘油酯。正常人血清LPS含量极少，但在急慢性胰腺炎、胰液淤滞（胰腺癌、胰腺囊肿、胆管癌、胆石症、乳头癌等）、肾功能不全、胰腺损伤、穿孔性腹膜炎、胰腺导管阻塞（结石、鸦片、可待因、甲基胆碱）等患者血清中会有所升高，而在胰腺癌晚期、胰腺大部切除患者中LPS会降低。

因此，LPS可作为多种胰腺问题的检测指标，如蛔虫性急性胰腺炎、胆源性急性胰腺炎、小儿急性胰腺炎、急性胰腺炎、老年人急性胰腺炎、妊娠合并急性胰腺炎、胰腺癌、原发性肝癌、乳腺癌、胰腺外伤等。

根据LPS催化油脂水解成游离脂肪酸和甘油的原理来对LPS进行检测。可以通过检测甘油的生成变化，也可以通过检测脂肪酸生成速率来体现脂肪酶的活性。铜皂法可以测定脂肪酸的生成速率：脂肪酸与显色剂中铜离子反应生成铜皂蓝色络合物，产物在710nm处具有特征吸收峰，通过吸光值变化即可表征脂肪酶活性。

临床对LPS的检测方法主要有电极法、滴定法、比浊法、比色法、免疫酶标法等。

6. 葡萄糖磷酸异构酶 葡萄糖磷酸异构酶（glucose phosphate isomerase，GPI，EC 5.3.1.9）是催化葡萄糖-6-磷酸异构化生成果糖-6-磷酸的异构酶，是糖酵解和糖异生的重要酶类，除了具有酶活性，还有细胞和生长因子的活性。该酶是类风湿性关节炎（rheumatoid arthritis，RA）的一种自身抗原，在RA患者血清和关节液中活性升高。同时，急性心肌梗死、急性肝炎患者血清中GPI活性升高。对于急性肾炎、皮肌炎、脑出血及恶性肿瘤患者血清中GPI活性也明显升高。

对GPI的活力测定通常是在pH 7.8、温度37℃的条件下，催化葡萄糖-6-磷酸异构化生成果糖-6-磷酸。生成的果糖-6-磷酸经浓盐酸脱水后，与间苯二酚结合，生成橘红色化合物。在410nm波长下测定光吸收值，再测定果糖标准溶液的OD_{410}，从而得出葡萄糖磷酸异构酶的活性。此外，临床还使用抗体夹心酶联免疫吸附法检测血清和关节液中的GPI。

7. 胆碱酯酶 胆碱酯酶（choline esterase，EC 3.1.1.8）是催化胆碱酯水解，生成胆碱和有机酸的水解酶。胆碱酯酶根据对底物特异性的差别可分为乙酰胆碱酯酶和拟胆碱酯酶；乙酰胆碱酯酶主要分布于红细胞、肺、脾、神经末梢和大脑灰质。它的主要生理功能是迅速水解神经末梢所释放的乙酰胆碱。拟胆碱酯酶分布于肝、胰、心脏、大脑和血清。在正常情况下，血清中胆碱酯酶的活性随个体的不同有较大的差异，但对于具体的某个个体来说，则基本上维持在一定的范围内。由于血清胆碱酯酶由肝合成，故该酶活性降低常常反映肝受损。当出现急性病毒性肝炎、慢性肝炎、肝硬化、亚急性重型肝炎，尤其是肝昏迷等时，患者血清中胆碱酯酶的活性下降，有机磷中毒的患者也会出现该酶活力下降。

胆碱酯酶的活性通常采用羟胺显色法测定。血液胆碱酯酶使乙酰胆碱分解为胆碱和乙酸。未被胆碱酯酶水解而剩余的乙酰胆碱和碱性羟胺反应，形成红色羟肟酸铁络合物。显色程度与剩余乙酰胆碱的量成正比，在波长520nm比色定量，由水解的乙酰胆碱的量计算出胆碱酯酶活性。

8. 淀粉酶 淀粉酶（amylase，AMY）主要来自于人体的胰腺和唾液腺。胰淀粉酶由胰腺以活性状态排入消化道，是最重要的水解碳水化合物的酶，其与唾液腺分泌的淀粉酶一样都属于α-淀粉酶，作用于α-1,4-糖苷键，可通过肾小球滤过，是唯一能在正常时于尿中出现的血浆酶。人体的其他组织，如卵巢、输卵管、肺、睾丸、精液、乳腺等的提取物中都发现有淀粉酶活性，血液、尿液、浆膜腔液中也含淀粉酶。血液淀粉酶中主要来自胰腺、唾液腺，尿液中的淀粉酶则来自于血液。根据不同组织来源淀粉酶的测定，在临床上淀粉酶的检测又分为血清淀粉酶、尿淀粉酶、淀粉同工酶和浆膜腔液淀粉酶。

1）*血清淀粉酶* 血清淀粉酶（AMY）是血清中淀粉酶的主要分型，属于糖苷链水解酶，主要来源于胰腺等，近端十二指肠、肺、子宫、泌乳期的乳腺等器官也有少量分泌。血清淀粉酶活性升高最多见于急性胰腺炎，是急性胰腺炎的重要诊断指标之一。

2）*尿淀粉酶* 分泌入血液的淀粉酶由于其分子质量较小（4～5kDa），易经血循环从尿中排出，称尿淀粉酶（uAMY）。尿淀粉酶和血清淀粉酶类似，都是胰腺疾病最常用的实验室诊断方法，当罹患胰腺疾病，或有胰腺外分泌功能障碍时都可引起其活性升高或降低，有助于胰腺疾病的诊断。急性胰腺炎、胰头癌、胰腺外伤、胆管阻塞、胃溃疡穿孔及流行性腮腺炎等可见尿淀粉酶升高；重症肝炎、肝硬化、糖尿病、重症烧伤等则通常尿淀粉酶降低。凡血淀粉酶活性长期增高而尿淀粉酶正常，而又肾功能损害者，应考虑巨淀粉酶血症。另外，淀粉酶活性变化也可见于某些非胰腺疾患，因此在必要时测定淀粉酶同工酶具有其鉴别诊断意义。

3）*淀粉酶同工酶* 淀粉酶同工酶是一种具有相同催化活性但来源于不同基因的酶，它们在氨基酸序列和空间结构上存在差异，但却能发挥相同的功能。淀粉酶除来源于胰腺外，还来源于唾液腺及许多其他组织，所以在淀粉酶活性升高时，同工酶的测定有助于疾病的鉴别诊断。当血清淀粉酶活性升高而又诊断不清时，应进一步测定同工酶以助鉴别诊断。有许多方法可以测定淀粉酶同工酶，琼脂糖和醋酸纤维素薄膜电泳法都是比较常用的方法。人淀粉酶同工酶根据脏器来源分为胰型同工酶（P-AMY）和唾液型同工酶（S-AMY）。P-AMY升高或降低时，说明可能有胰腺疾病，如急性胰腺炎、慢性胰腺炎、胰腺炎并发假性囊肿、胰腺炎并发脓肿、胰腺损伤、胰腺癌等。此外，还可见于其他腹腔内脏疾病，如溃疡穿孔、肠梗阻及急性阑尾炎等，以及应用阿片类药物后，S-AMY的变化可能是源于唾液腺或其他组织，如腮腺疾病、支气管肺癌、卵巢癌、巨淀粉酶血症、异位妊娠破裂、大手术后、肾移植后、海洛因肺等。P-AMY及S-AMY均升高，主要见于肾功能不全、糖尿病、酮症酸中毒及急性酒精中毒等。

4）*浆膜腔液淀粉酶* 急性胰腺炎、胰腺创伤及其他胰腺疾病患者通常胸膜腔积液内淀粉酶（AMY）增高。食管穿孔、10%新生儿、少数的类肺炎，AMY也可见增高。此外，原发性或继发性胰腺肿瘤，其胸腔积液中AMY活性可明显增高，且原发性胰腺肿瘤胸腔积液中AMY水平要明显高于胸腔其他肿瘤。AMY的活性通常采用电极法、显色法等测定，

AMY的测定结果受方法的影响较大，不同方法的参考值也有所不同，临床所用方法也较多，因此必须了解所用测定方法和其参考值，才能作出正确的诊断。

9. β-葡萄糖醛酸苷酶　β-葡萄糖醛酸苷酶（β-glucuronidase，β-G）是细胞溶酶体中的一种酸性水解酶，可水解基底膜中的主要成分——蛋白多糖，在肝细胞中含量较高，该酶含量的高低对于疾病有一定的预示作用。病毒性或中毒性肝炎（伴有肝细胞坏死），肝硬变及胰腺、乳腺、肝、结肠和子宫颈的恶性肿瘤患者血清中，该酶表达量上升。血清中β-G的含量下降，则预示严重肝衰竭及Ⅶ型黏多糖积累症。当尿中β-G上升时，可能提示急性肾衰、肾及子宫颈或膀胱的癌症、肾小球疾病、急性肾小管坏死、泌尿系感染、尿道损伤、肾移植排斥反应、肾结核、急性肾盂肾炎、血吸虫病、系统性红斑狼疮（SLE）等疾病的发生。通常临床使用比色法对该酶进行检测，β-G催化苯酚β-D-葡萄糖醛酸产生游离的酚酞，通过测定苯酚含量判断该酶活性的高低。

（二）用酶测定体液中某些物质的变化诊断疾病

人体在出现某些疾病时，由于代谢异常或者某些组织器官受到损伤，体内某些物质的量或者存在部位就会发生变化。通过测定体液中某些物质的变化，可以快速、准确地对疾病进行诊断。

酶具有专一性强、催化效率高等特点，可以利用酶来测定体液中某些物质的含量变化，从而诊断某些疾病，如表10-2所示。

表10-2　用酶测定物质的量变化进行疾病诊断

酶	测定的物质	用途
葡萄糖氧化酶	葡萄糖	测定血糖、尿糖，诊断糖尿病
葡萄糖氧化酶＋过氧化物酶	葡萄糖	测定血糖、尿糖，诊断糖尿病
尿素酶	尿素	测定血液、尿液中尿素的含量，诊断肝、肾病变
尿酸酶	尿酸	测定血液中尿酸的量，诊断高尿酸血症、肾病变
谷氨酰胺酶	谷氨酰胺	测定脑脊液中谷氨酰胺的量，诊断肝昏迷、肝硬化
胆固醇氧化酶	胆固醇	测定血液中胆固醇含量，诊断高脂血症等
肌酐酶	肌酐	测定血液、尿液中肌酐的量，诊断肾病
DNA聚合酶	基因	通过基因扩增、基因测序，诊断基因变异、检测癌基因

以下为通过酶检测某种物质的量变化来进行疾病诊断的一些具体实例。

1. 利用葡萄糖氧化酶检测葡萄糖的含量，进行糖尿病诊断　葡萄糖氧化酶（glucose-oxidase，EC 1.1.3.4）是一种催化葡萄糖与氧反应生成葡萄糖酸和过氧化氢的氧化还原酶。

测定时取一定量的血液或尿液样本，加入适量的葡萄糖氧化酶，在一定条件下反应一段时间，然后测定反应液中生成的葡萄糖酸的量，计算出葡萄糖的量；也可以通过氧电极或铂电极测定氧的消耗量，得出葡萄糖的量，从而作为糖尿病临床诊断的依据。

2. 利用葡萄糖氧化酶和过氧化物酶的联合作用检测葡萄糖的含量，进行糖尿病诊断　血液或者尿液样本中的葡萄糖首先在葡萄糖氧化酶的作用下，与氧反应生成葡萄糖酸和过氧化氢（H_2O_2）。过氧化物酶在氧受体存在的条件下，催化过氧化氢生成水和原子氧，新生成的原子氧将无色的氧受体——4-氨基安替吡啉氧化生成红色的醌类化合物。

$$葡萄糖+O_2 \xrightarrow{葡萄糖氧化酶} 葡萄糖酸+H_2O_2$$

$$\underset{(无色)}{H_2O_2+4\text{-}氨基安替吡啉} \xrightarrow{过氧化物酶} \underset{(红色)}{H_2O+醌类化合物}$$

溶液颜色的深浅与葡萄糖浓度成正比。在500nm波长下测定光密度（OD_{500}），同时在相同的条件下测出标准葡萄糖液的OD_{500}，再计算得出葡萄糖的量。

葡萄糖氧化酶和过氧化物酶还可以与邻联甲苯胺一起用明胶进行共固定化在滤纸条上制成酶试纸，将酶试纸与样品接触10～60s即可显色，从颜色的深浅可以判断样品中葡萄糖的含量，用于临床检测糖尿病十分方便。

3. 利用尿素酶测定尿素的含量，诊断肝、肾病变 尿素酶（urease，EC 3.5.1.5）是一种专一地催化尿素水解生成二氧化碳和氨的水解酶。血液中含氮物质的98%～99%为蛋白氮，非蛋白氮占总氮量的1%～2%。非蛋白氮主要是蛋白质分解代谢的产物，其中尿素氮占血液中非蛋白氮总量的40%～65%。在尿液中尿素氮占尿液中总氮量的80%～90%。

尿素在肝中生成，通过肾排出体外，当肾机能发生障碍时，尿液中尿素含量减少而血液中尿素含量增加；当肝有实质性病变时，尿素的生成量减少，血液和尿液中尿素的含量均减少。所以，可以通过测定血液和尿液中的尿素含量，从而诊断肝或者肾是否发生病变。

4. 利用尿酸酶测定血液中尿酸的含量，诊断高尿酸血症、肾病变 尿酸酶（uricase）能催化尿酸迅速氧化，最终生成尿囊酸。

正常人体尿液中的产物主要为尿素，含少量尿酸。尿酸是嘌呤代谢的终产物，为三氧基嘌呤，其醇式呈弱酸性。各种嘌呤氧化后生成的尿酸随尿排出。血尿酸增高主要见于痛风，血尿酸增高无痛风发作者为高尿酸血症。在肾功能减退时，常伴有血清尿酸增高。可见于肾病如急慢性肾炎，其他肾病的晚期如肾结核、肾盂肾炎、肾盂积水等。而恶性贫血和范科尼综合征患者则会出现血尿酸降低的情况。

血液中尿酸含量的检测可采用尿酸酶法。尿酸在尿酸酶的催化下氧化生成尿囊素，尿酸在293nm处有特定的吸收峰，随着尿酸不断被氧化，吸光度也随之成比例降低。反应式如下：

$$尿酸 \xrightarrow{尿酸酶} 尿囊素+H_2O_2+CO_2\uparrow$$

用生化自动分析仪或带有293nm波长及具有恒温装置的分光光度计检测，从而计算出血液中尿酸的含量。

5. 利用胆固醇氧化酶测定血液中胆固醇的含量，诊断高脂血症等疾病 胆固醇氧化酶（cholesterol oxidase）是一种催化胆固醇与氧反应生成胆固酮（4-胆甾烯-3-酮）的氧化还原酶。

$$胆固醇+O_2 \xlongequal{胆固醇氧化酶} 4\text{-}胆甾烯\text{-}3\text{-}酮$$

胆固醇是血液中最主要的固醇类物质。其中，约1/3为游离状态，另外2/3与长链脂肪酸结合生成胆固醇酯。两者合称总胆固醇。对于动脉粥样硬化、严重糖尿病、管道病、肾病等患者，血液中总胆固醇含量增高；肝有实质性病变、恶性贫血等，总胆固醇含量降低。

利用胆固醇氧化酶测定胆固醇含量时，胆固醇氧化酶催化血液样品中的胆固醇与氧反应生成4-胆甾烯-3-酮，可以通过华勃氏呼吸仪或者氧电极测定氧的消耗量，得出胆固醇的含量，从而诊断高脂血症等疾病。

6. 利用谷氨酰胺酶测定脑脊液中谷氨酰胺的含量，进行肝硬化、肝昏迷的诊断 谷氨酰胺酶（glutaminase，EC 3.5.1.2）可以催化谷氨酰胺水解，生成谷氨酸和氨。

在脑组织中，氨基酸代谢生成的游离氨，可以在谷氨酰胺酶的作用下，合成谷氨酰胺，以消除氨对中枢神经的毒害作用。有肝硬化、肝昏迷的患者由于脑氨增加，脑脊液中谷氨酰胺的含量明显升高。通过测定脑脊液中谷氨酰胺的含量，可以诊断肝硬化、肝昏迷等疾病。

脑脊液中的谷氨酰胺可以采用谷氨酰胺酶进行测定。测定时，谷氨酰胺酶催化脑脊液中的谷氨酰胺水解生成谷氨酸和氨。然后加入10%的硫酸溶液，与反应生成的氨结合成硫酸铵，再用铵显色剂显色，在490nm波长下测定光密度（OD_{490}），同时测定标准硫酸铵溶液在相同的条件下显色的OD_{490}，从而计算出脑脊液中的谷氨酰胺含量。

7. 利用肌酐酶检测血液和尿液中肌酐的含量，进行肾病诊断 肌酐酶（creatininase）是催化肌酐水解生成肌酸的水解酶。

肌酐（creatinine，CRE）是人体肌肉代谢的产物，包括外源性和内源性两种。外源性肌酐是肉类食物在体内代谢后的产物，内源性肌酐是体内肌肉组织代谢的产物。在正常情况下，人体内肌酐的含量基本稳定。如果机体肌肉的容积无明显变化，内源性肌酐的生成量是相对恒定的，主要通过肾小球滤过排出体外。所以，在外源性肌酐稳定的情况下，血液中的肌酐浓度可作为检测肾小球滤过功能的指标之一。若肾功能受损时，肌酐的正常排泄受到阻碍，致使血清中肌酐含量增加，血清中肌酐含量升高意味着肾功能受到损害，因此血清肌酐含量是肾功能的重要指标。

血液和尿液中的肌酐可以采用肌酐酶进行测定。测定时，肌酐酶催化血液和尿液中的肌酐水解生成肌酸和尿素，肌酸又可经一系列反应在肌氨酸氧化酶的作用下生成H_2O_2等，最后偶联Trinder反应形成的醌亚胺色素与肌酐的浓度成正比，可用比色测定。除此之外，肌酐亚胺酶水解法也可以对肌酐进行检测，肌酐亚胺酶将肌酐水解，经一系列反应生成谷氨酸，通过测定340nm处的吸光度降低速率计算肌酐水平。酶法抗干扰能力相对较好且交叉污染相对少，但试剂成本相对较高。

8. 利用DNA聚合酶检测基因异常，进行基因诊断 DNA聚合酶（DNA polymerase）是在DNA模板、引物等存在的条件下，催化脱氧核苷三磷酸聚合成DNA的合成酶。在检测癌基因或者进行基因诊断时，由于基因的含量低，难以直接进行检测，必须进行扩增后，才能进行测序。通过聚合酶链反应（PCR）技术，DNA聚合酶将模板DNA进行扩增，然后进行基因序列测定，检测基因是否正常，从而进行基因诊断和癌基因检测。

9. 利用酶标免疫检测法测定抗体或者抗原，进行疾病诊断 酶标免疫检测是将酶的检测与抗体抗原的免疫检测相结合的一种检测技术，在疾病诊断方面的应用越来越广泛。所谓酶标免疫测定，是先把酶与某种抗体或抗原结合，制成酶标记的抗体或抗原，然后利用酶标抗体（或酶标抗原）与待测定的抗原（或抗体）结合，再借助于酶的催化特性进行定量测定，测定出酶抗体抗原结合物中酶的含量，就可计算出预测定的抗体或抗原的含量。通过抗体或抗原的量就可诊断某种疾病。常用的标记酶有碱性磷酸酶和过氧化物酶等。通过酶标免疫测定，可以诊断肠虫、毛线虫、血吸虫等寄生虫病，以及疟疾、麻疹、疱疹、乙型肝炎等疾病。随着细胞工程的发展，已生产出各种单克隆抗体，为酶标免疫测定带来极大的方便和广阔的应用前景。

二、酶在疾病预防和治疗方面的应用

酶可以作为药物治疗多种疾病，作为药物用于预防和治疗疾病的酶称为药用酶。药用酶具有疗效显著、副作用小的特点。其应用也越来越广泛（表10-3）。

表10-3 酶在疾病预防和治疗方面的应用

酶	来源	用途
淀粉酶	胰脏、麦芽、微生物	治疗消化不良，食欲不振
蛋白酶	胰脏、胃、植物、微生物	治疗消化不良，食欲不振，消炎，消肿，除去坏死组织，促进创伤愈合，降低血压
脂肪酶	胰脏、微生物	治疗消化不良，食欲不振
纤维素酶	霉菌	治疗消化不良，食欲不振
溶菌酶	蛋清、细菌	治疗各种细菌性和病毒性疾病
尿激酶	人尿	治疗心肌梗死，结膜下出血，黄斑部出血
链激酶	链球菌	治疗血栓性静脉炎，咳痰，血肿，下出血，骨折，外伤
链道酶	链球菌	治疗炎症，血管栓塞，清洁外伤创面
青霉素酶	蜡状芽孢杆菌	治疗青霉素引起的变态反应
L-天冬酰胺酶	大肠杆菌	治疗白血病
超氧化物歧化酶	微生物、植物、动物血液、肝等	预防辐射损伤，治疗红斑狼疮，皮肌炎，结肠炎，氧中毒
凝血酶	动物、蛇、细菌、酵母等	治疗各种出血病
胶原酶	细菌	分解胶原，消炎，化脓，脱痂，治疗溃疡
右旋糖酐酶	微生物	预防龋齿
胆碱酯酶	细菌	治疗皮肤病，支气管炎，气喘
溶纤酶	蚯蚓	溶血栓
纳豆激酶	纳豆、纳豆生产菌	溶血栓
豆豉纤溶酶	豆豉生产菌	溶血栓
组织纤溶酶原激活剂	转基因微生物或动物细胞	治疗心肌梗死，溶血栓
弹性蛋白酶	胰脏	治疗动脉硬化，降血脂
核糖核酸酶	胰脏	抗感染，祛痰，治疗肝癌
尿酸酶	牛肾	治疗痛风
L-精氨酸酶	微生物	抗癌
L-组氨酸酶	微生物	抗癌
L-甲硫氨酸酶	微生物	抗癌
谷氨酰胺酶	微生物	抗癌
α-半乳糖苷酶	牛肝、人胎盘	治疗遗传缺陷病（弗勃莱症）
核酸类酶	生物、人工改造	基因治疗，治疗病毒性疾病
降纤酶	蛇毒	溶血栓
木瓜凝乳蛋白酶	番木瓜	治疗腰椎间盘突出，肿瘤辅助治疗
抗体酶	分子修饰，诱导	与特异抗原反应，清除各种致病性抗原

目前常见的药用酶主要包括用作促消化的消化酶类，如胃蛋白酶、脂肪酶、淀粉酶、胰酶等；具有分解坏死组织和致炎多肽功能的消炎酶类，如胰蛋白酶、胰凝乳蛋白酶、溶菌酶等；抗肿瘤酶类，如L-天冬酰胺酶、PEG-KYNase等；溶解血栓的纤溶酶类，如尿激酶、纳豆激酶、豆豉纤溶酶、组织纤溶酶原激活剂等；血液促凝酶，如蛇毒凝血酶、凝血酶和凝血酶原复合物及抑蛋白酶多肽等；调节血管活性酶类，如弹性蛋白酶、激肽释放酶等；酶缺陷病替代用酶，如酶乳糖酶、糖原代谢相关酶、腺苷脱氨酶等；核酸类酶等。

现以一些常用的药用酶为例，简单介绍如下。

1．消化酶类 消化酶类药物主要是消化液及生物体中所含的一些重要成分，消化和分解食物中的蛋白质、脂肪和淀粉等并使其易于被胃肠道吸收的药物。常用于治疗消化不良的蛋白酶主要有胰蛋白酶、胃蛋白酶、胰凝乳蛋白酶、木瓜蛋白酶、菠萝蛋白酶等，除蛋白酶外，还有纤维素酶、淀粉酶、麦芽淀粉酶等。

1）*胃蛋白酶* 胃蛋白酶（pepsin）是一种消化性蛋白酶，由胃部中的胃黏膜主细胞分泌，功能是将食物中的蛋白质分解为小的肽片段。胃蛋白酶不是由细胞直接生成的，主细胞分泌的是胃蛋白酶原，胃蛋白酶原经胃酸或者胃蛋白酶刺激后形成胃蛋白酶。

胃蛋白酶是第一个从动物身上获得的酶，药用胃蛋白酶可以从猪、牛、羊胃中提取。临床上主要用于食蛋白性食物过多所致消化不良、病后恢复期消化功能减退以致慢性萎缩性胃炎、胃癌、恶性贫血而导致的胃蛋白酶缺乏。胃蛋白酶必须在酸性条件下才能发挥作用，故常与盐酸合用。它有散剂、合剂、糖浆剂及片剂等，于饭前或饭时服用，但不宜与硫糖铝、碱性药物同服。此外，胃蛋白酶作为助消化剂，用于治疗消化不良和食欲不振，使用时往往与淀粉酶、脂肪酶等制成复合制剂，以增加疗效。

2）*胰酶* 胰酶（pancreatin）就是一种由胰蛋白酶、胰脂肪酶和胰淀粉酶等组成的复合酶制剂。主要用于食欲不振及胰脏病、糖尿病引起的消化不良，强力胰酶含有胰酶与胆汁浸膏成分，可使紊乱的消化机能正常化，令消化道内的脂肪、蛋白质和碳水化合物得以顺利消化，故适用于治疗急慢性肝病、胃酸缺乏、感染性疾病及用于手术恢复期等。

目前有商品化的胰淀双酶肠溶片，含有淀粉酶与胰酶成分，以口服方式给药，适用于治疗缺乏淀粉酶与胰酶引起的消化不良、食欲不振，以及肝、胰腺疾病引起的消化功能障碍等症。胖得生（复方胰酶散），含有淀粉酶与胰酶、乳酶生的成分，适用于治疗消化不良、小儿积食、肠内发酵、腹胀、便秘及小儿发育不良等。

3）*α-淀粉酶* α-淀粉酶（α-amylase）是催化淀粉水解生成糊精的一种淀粉水解酶，在食品、轻工和医药领域都有重要的应用价值。在疾病治疗方面，α-淀粉酶可以治疗消化不良、食欲不振。当人体消化系统缺少淀粉酶或者在短时内进食过量淀粉类食物时，往往引起消化不良、食欲不振的症状，服用含有淀粉酶的制剂，就可以达到帮助消化的效果。黑曲霉α-淀粉酶因具有耐酸性，适用于制造助消化的药物，开发适合于胃酸性环境的耐酸性α-淀粉酶，医疗效果更为有效。另外，医学上常用α-淀粉酶和β-淀粉酶一起作为消化剂使用。目前常用的有麦芽淀粉酶、胰淀粉酶、米曲霉淀粉酶（高峰淀粉酶）等，通常淀粉酶与蛋白酶、脂肪酶组成复合制剂使用。通常淀粉酶或者复合酶制剂都是制成片剂，以口服方式给药。

4）*脂肪酶* 脂肪酶（lipase）是催化脂肪水解的水解酶。当消化系统内缺乏脂肪酶或者在较短时间内进食过量脂肪类物质时，从食物中摄取的脂肪类物质就无法消化或者消化不完全，结果引起消化不良、食欲不振，甚至腹胀、腹泻等病症。服用脂肪酶制剂具有治疗消化不良、食欲不振的功效，常用的有胰脂肪酶、酵母脂肪酶等。

在临床遇到消化不良的问题时，这些消化类酶通常都是必需的。目前临床多采用口服多酶片等复合酶制剂。多酶片含有胃蛋白酶与胰蛋白酶、胰淀粉酶、胰脂肪酶等成分，适用于治疗消化不良、慢性萎缩性胃炎与病后胃功能减退及饮食过饱、异常发酵，尤其是老年人胃肠胀气等症。

2. 纤溶酶类 纤溶酶类是能专一降解纤维蛋白凝胶的蛋白水解酶，是解决纤维蛋白的过多凝聚而产生血栓问题的重要酶类。

1）*尿激酶* 尿激酶（urokinase，UK）是一种具有溶解血栓功能的碱性蛋白酶，是从健康人尿中分离而得的一种蛋白水解酶，也可由人肾细胞培养制取，无抗原性。

尿液中天然存在的尿激酶的相对分子质量约为54 000，称为高分子质量尿激酶（H-UK）；经过尿液中尿胃蛋白酶（uropepsin）的作用，去除部分氨基酸残基，可以生成相对分子质量为33 000的低分子质量尿激酶（L-UK）。H-UK的溶血栓能力比L-UK强。前者对纤溶酶原的K_m值为后者的50%。

UK可以激活纤溶酶原成为有溶解血纤维蛋白活性的纤溶酶。催化血纤维蛋白，血纤维蛋白原，凝血因子Ⅴ、Ⅶ、Ⅷ、Ⅸ等蛋白质或多肽水解，因而具有溶解血栓和抗凝血的功效。尿激酶是一种高效的血栓溶解药物，能激活体内纤溶酶原转为纤溶酶，从而水解纤维蛋白使新鲜形成的血栓溶解。临床上用于治疗各种血栓性疾病，如急性心肌梗死、急性脑血栓形成和脑血管栓塞、肢体周围动静脉血栓、中央视网膜动静脉血栓及其他新鲜血栓闭塞性疾病、风湿性关节炎等。

尿激酶的给药一般采用静脉推注或静脉滴注，在治疗急性心肌梗死时，也可以采用冠状动脉灌注的方式。由于尿激酶都水解多种凝血蛋白，专一性较低，使用时要控制好剂量，以免引起全身纤溶性出血。

2）*纳豆激酶* 纳豆激酶（nattokinase，NK）又名枯草杆菌蛋白酶，纳豆激酶是在纳豆发酵过程中由纳豆枯草杆菌产生的一种丝氨酸蛋白酶，由275个氨基酸按照固定排列方式组成，分子质量为27 728Da。纳豆激酶可以催化血纤维蛋白水解，同时可以激活纤溶酶原成为纤溶酶，具有溶解血栓、降低血黏度、改善血液循环、软化和增加血管弹性等作用。

纳豆激酶与其他溶栓药物相比具有成本低、安全性好、分子质量小、口服效果好、溶栓活性高、作用持续时间长等优点。纳豆激酶对交联状态的纤维蛋白（已形成血栓的纤维蛋白）尤其敏感，可以将其直接降解，对血浆纤维蛋白无影响，不易引起出血，有望被开发为一种市场竞争能力强的新型溶栓药剂。

纳豆激酶的相对分子质量较小（约为27 000），可以通过肠道黏膜进入体内，故此采用口服给药方式也可以达到溶栓效果。

3）*豆豉纤溶酶* 豆豉纤溶酶（douchi fibrinolytic enzyme，DFE）是继纳豆激酶之后发现的一种具有强烈纤溶活性的丝氨酸蛋白酶，来源于中国传统发酵食品——豆豉。豆豉纤溶酶可以特异地降解血栓中的交联纤维蛋白，从而使血栓溶解，可口服给药，并且用于体内溶栓较为安全，在防治血栓性心脑血管疾病方面有重要的应用前景，有望被开发并研制成使用方便的新型口服溶栓药物。

4）*组织纤溶酶原激活剂* 组织纤溶酶原激活剂（tissue plasminogen activator，tPA）又称组织型纤维蛋白溶酶原激活剂或纤溶酶原激活因子，是一种由527个氨基酸组成的丝氨酸蛋白酶。tPA是体内纤溶系统的生理性激动剂，在人体纤溶和凝血的平衡调节中发挥着关键性的作用，它可以催化纤溶酶原水解，生成具有溶纤活性的纤溶酶，是去除纤维蛋白沉积的主要酶，在纤溶系统中有重要作用。组织纤溶酶原激活剂激活纤溶酶原，形成纤溶酶，溶解血纤维蛋白，具有很强的溶纤功效。而且它具有很高的专一性，只对纤维蛋白有亲和性，而对纤维蛋白原的亲和力很低，所以引起全身纤溶性出血的可能性很小。其生物学效应包括血块降解、血管重塑等。尤其tPA是采用人的*tPA*基因表达的产物，不存在抗原性问题，是一种较为理想的溶纤药物，在治疗心肌梗死、脑血栓等方面疗效显著。

3. 消炎及抗氧化酶类

1）*溶菌酶*　溶菌酶（lysozyme）又称胞壁质酶（muramidase）或*N*-乙酰胞壁质聚糖水解酶，是一种能水解细菌中黏多糖的碱性酶，也是一种应用广泛的药用酶，具有抗菌、消炎、镇痛等作用。该酶广泛存在于人体多种组织中，鸟类和家禽的蛋清、哺乳动物的泪、唾液、血浆、乳汁等液体及微生物也含此酶，其中以蛋清中含量最为丰富。溶菌酶主要从蛋清和植物及微生物中分离得到。其中根据其来源的不同，可以将其分为4类，分别是植物溶菌酶、动物溶菌酶、微生物溶菌酶及蛋清溶菌酶。

溶菌酶主要作用于细菌的细胞壁，可使病原菌、腐败性细菌等溶解杀灭，溶菌酶主要通过破坏细胞壁中的*N*-乙酰胞壁酸和*N*-乙酰氨基葡萄糖之间的β-1,4-糖苷键，使细胞壁不溶性黏多糖分解成可溶性糖肽，导致细胞壁破裂，内容物逸出而使细菌溶解。此外，溶菌酶对抗生素有耐药性的细菌同样起溶菌作用，具有显著疗效且对人体的副作用很小，是一种较为理想的药用酶，临床上主要用于治疗各种炎症。溶菌酶与抗生素联合使用，可显著提高抗生素的疗效，常用于难治的感染病症的治疗。

此外，溶菌酶可以与带负电荷的病毒蛋白直接结合，与DNA、RNA、脱辅基蛋白形成复合体，使病毒失活，所以具有抗病毒作用，常用于带状疱疹、腮腺炎、水痘、肝炎、流感等病毒性疾病的治疗。

将胰蛋白酶、胰凝乳蛋白酶、溶菌酶、凝血酶及溶葡萄球菌酶等固定于膜上或纤维上制成敷料贴于伤口，可用于止血、防污染、抗炎、促进伤口愈合等。

2）*蛋白酶*　蛋白酶通常可作为消炎剂，对于治疗各种炎症有很好的疗效。常用的有胰蛋白酶、胰凝乳蛋白酶、菠萝蛋白酶、木瓜蛋白酶等。蛋白酶之所以有消炎作用，是由于它能分解一些蛋白质和多肽，使炎症部位的坏死组织溶解，增加组织的通透性，抑制水肿，促进病灶附近组织积液的排出并抑制肉芽的形成。给药方式为口服、局部外敷或肌内注射等。

3）*超氧化物歧化酶*　超氧化物歧化酶（superoxide dismutase，SOD）是一种催化超氧负离子（O_2^-）进行氧化还原反应，生成氧和过氧化氢的氧化还原酶，其主要从动物血液、大蒜、青梅等植物中提取分离得到，也可以通过微生物发酵得到。

由于SOD是一种专一清除氧自由基的金属酶类，能治疗由氧自由基引起的疾病，具有抗氧化、抗衰老、抗辐射作用，是一种很有发展前途的药用酶。临床上用于治疗关节炎、结肠炎、红斑狼疮、皮肌炎、类风湿关节炎等自身免疫性疾病、缺血再灌流综合征、氧中毒等具有显著疗效，此外在抗辐射、抗肿瘤和预防衰老等方面也起到了重要作用。

SOD可以通过注射、口服、外涂等方式给药。不管用何种给药方式，SOD均未发现有任何明显的副作用，也不会产生抗原性，所以SOD是一种多功效、低毒性的药用酶。SOD的主要缺点是它在体内的稳定性差，生物半衰期短，在血浆中半衰期只有6～10min，易被酶解，通过酶分子修饰可大大增加其稳定性，为SOD的临床使用创造条件。

4. 抗肿瘤酶类

1）*L-天冬酰胺酶* L-天冬酰胺酶（L-asparaginase）催化天冬酰胺水解，生成L-天冬氨酸和氨。

L-天冬酰胺酶是第一种用于治疗癌症的酶，是对肿瘤细胞具有选择性抑制作用的药物，对急性粒细胞型白血病和急性单核细胞白血病有一定疗效。将L-天冬酰胺酶注射进入人体后，能使血清中的天冬酰胺水解，人体的正常细胞内由于有天冬酰胺合成酶，可合成L-天冬酰胺而使蛋白质的合成不受影响。而对于缺乏天冬酰胺合成酶的癌细胞来说，由于本身不能合成L-天冬酰胺，外来的天冬酰胺又被L-天冬酰胺酶分解掉，使肿瘤细胞缺乏天冬酰胺，因此蛋白质合成受阻，从而起到抑制生长的作用，最终导致癌细胞死亡。

临床上L-天冬酰胺酶是一种静脉注射或静滴药品，注射L-天冬酰胺酶时，有可能出现过敏反应，偶尔还可能出现过敏性休克。但停药后，这些副作用会消失。因此，在注射L-天冬酰胺酶之前，应做皮下试验。在一般情况下，注射该酶可能出现的过敏性反应包括发热、恶心、呕吐、体重下降等。对比起可怕的白血病来，这些副作用是轻微的痛苦，在未找到其他更好的治疗方法之前，是可以接受的。

2）*PEG-KYNase* 得克萨斯大学奥斯汀（Austin）分校的研究人员开发了"酶疗法"用以治疗癌症，名为PEG-KYNase的酶作用机制是不直接杀死癌细胞，而是增强免疫系统自身清洁不需要的细胞的能力。正常情况下，机体的免疫系统掌控全身，通常可以识别并消除癌细胞，而肿瘤细胞可产生犬尿氨酸（kynurenine）这些抑制免疫系统的物质，而PEG-KYNase可降解犬尿氨酸，清除免疫细胞的障碍物，从而起到恢复免疫细胞的正常监测功能，达到治疗肿瘤的目的。酶疗法以前曾用于特定治疗，如癌症、白血病，这一次它被设计成发挥"免疫检查点抑制剂"的作用，这种酶疗法刺激了被癌细胞抑制的人类自身免疫系统，释放了身体抵抗疾病的能力，可作为肿瘤治疗的新思路。接下来即将对该肿瘤的酶疗法启动临床试验来测试酶的安全性和有效性。通过开闸免疫抑制，被激活的体内免疫系统就能顺利地杀死癌细胞并根除肿瘤，希望不久的将来能真正进入临床为肿瘤患者带来福音。

5. 调节血管活性酶类

1）*弹性蛋白酶* 弹性蛋白酶（elastase）是从动物的胰脏或细菌发酵获得的，具有明显的β-脂蛋白酶作用，能活化磷脂酶A，降低血清胆固醇，改善血清脂质，降低血浆胆固醇及低密度脂蛋白、甘油三酯，升高高密度脂蛋白、阻止脂质向动脉壁沉积和增大动脉的弹性，具有抗动脉粥样硬化及抗脂肪肝作用。在医学临床主要用于治疗高脂血症，防止动脉粥样硬化、脂肪肝。

2）*激肽释放酶* 激肽释放酶（kallikrein，KLK）又称血管舒缓素，是激肽系统的主要限速酶，它是一组存在于多数组织和体液中的丝氨酸蛋白酶，是一种肽链内切酶，特异性地在碳端切割底物肽，可裂解激肽原释放具有活性的激肽，由激肽发挥对心血管系统及肾功能的调节作用。KLK分为两大类：血浆KLK和组织KLK，它们在分子质量、底物、免疫学特性、基因结构和释放的激肽种类方面有很大差异。血浆型KLK参与凝血和纤溶过程，一方面作用于高分子质量激肽原释放缓激肽调节血管紧张性、炎症反应及内源性血液凝固和纤维蛋白溶解过程；另一方面可促进单链尿激酶和纤溶酶原的活化，发挥抗血栓形成作用。组织KLK分解低分子质量激肽原生成激肽，参与多种生理过程，对血压调节、电解质平衡、炎症反应等生理或病理过程进行调控。

6. 促凝酶类 促凝作用的药物是指能加速血液凝固或降低毛细血管通透性，促使出血停止的药物，又称止血药，用于治疗出血性疾病。不同促凝血作用的酶类有着不同的促凝血作用机制，如蛇毒凝血酶具有促进凝血系统功能的作用；凝血酶原复合物、凝血酶发挥凝血因子制剂的作用；抑肽酶则具有抑制纤维蛋白溶解系统的作用。

1）*蛇毒凝血酶* 蛇毒凝血酶（hemocoagulase）是促进凝血系统功能的止血药。从巴西矛头蝮蛇（*Bothrops atrox*）蛇毒中分离得到的巴曲酶具有促凝血特性，称为蛇毒凝血酶，含有类凝血酶和类凝血活酶这两种酶。类凝血酶作用能促进出血部位的血小板聚集，释放一系列凝血因子，包括血小板因子3（platelet factor 3，PF3），促进纤维蛋白原降解，生成纤维蛋白单体，进而偶联聚合成难溶性纤维蛋白，促进出血部位的血栓形成和止血；类凝血活酶作用由释放的PF3引起，凝血酶原被激活后，可加速凝血酶的生成，促进凝血过程。可用于治疗和防治多种原因的出血，特别是应用于对传统止血药无效的出血患者。

2）*凝血酶和凝血酶原复合物* 凝血酶（thrombin）和凝血酶原复合物（prothrombin complex）含有各种凝血因子，常作为替代和补充疗法，防治凝血因子不足所致的出血。凝血酶是从牛血浆或猪血浆中提取凝血酶原，然后经激活、精制得到的凝血酶无菌冻干品，能使纤维蛋白原转化为纤维蛋白，外用于创口局部，也可口服或局部灌注用于消化道止血，止血效果快。凝血酶主要用于结扎止血困难的小血管、毛细血管及实质性脏器出血，包括脏器表面的渗血、上消化道出血、各种手术中的小血管出血。而凝血酶原复合物含凝血因子Ⅱ、Ⅶ、Ⅸ和Ⅹ，主要用于血浆凝血酶原时间延长的手术，急、慢性肝病及维生素K缺乏者。

3）*抑蛋白酶多肽* 抑蛋白酶多肽（aprotinin）又称抑胰肽酶，是一种广谱蛋白酶抑制剂，是抑制纤维蛋白溶解系统的止血药，这类药物通过抑制纤溶酶原各种激活因子，从而抑制纤溶酶原和凝血酶原的激活，使纤溶酶原不能转变为纤溶酶或直接抑制纤维蛋白溶解，达到止血作用，主要用于手术创伤、体外循环、肝病或肿瘤等引起的纤溶亢进或原发性纤溶活性过强所引起的出血，是心脏搭桥手术常用的止血药。

7. 酶缺陷病替代用酶

1）*乳糖酶* 乳糖酶（lactase）是一种催化乳糖水解生成葡萄糖和β-半乳糖的水解酶。

通常人体小肠内有一些乳糖酶，用于乳糖的消化吸收，但是其含量随种族、年龄和生活习惯的不同而有所差别。有些人群，特别是部分婴幼儿，由于遗传方面的原因，缺乏乳糖酶，在缺乏乳糖酶的情况下，人摄入的乳糖不能被消化吸收进血液，而是滞留在肠道。肠道细菌发酵分解乳糖的过程中会产生大量气体，造成腹胀、产气。过量的乳糖还会升高肠道内部的渗透压，阻止对水分的吸收而导致腹泻，乳糖酶的缺乏会导致乳糖不耐症，乳糖不耐症一般分为三种：先天性乳糖酶缺乏、继发性乳糖酶缺乏、成人型乳糖酶缺乏。

乳糖不耐受最重要的病理改变是乳糖酶缺乏或活性低下，从理论上而言，补充乳糖酶是最佳选择。服用乳糖酶或者在乳中添加乳糖酶可以消除或者减轻由乳糖引起的腹胀、腹泻等症状。

乳酸菌、芽孢杆菌、大肠杆菌均可产生乳糖酶，酵母菌和真菌是商品乳糖酶的重要来源，目前已有商品乳糖酶上市。乳糖酶的作用效果与乳糖的量、乳糖酶量及酶在胃肠道维持的活性有关，但口服时其活性易被胃酸破坏。通过酶分子的修饰技术，可使乳糖酶抗酸和抗蛋白酶水解能力有所提高。

2）*糖原代谢相关酶* 糖原累积病（glycogen storage disease，GSD）Ⅰ型和Ⅱ型是常

染色体隐性遗传疾病，多种糖原代谢酶缺失会造成糖原代谢障碍。其中GSD Ⅰa型是由葡萄糖-6-磷酸酶缺乏所致，典型表现为婴幼儿期发病引起肝脏肿大、生长发育落后、空腹低血糖、高脂血症、高尿酸血症和高乳酸血症等；GSD Ⅰb型则是葡萄糖-6-磷酸转移酶缺乏所致，除了有Ⅰa型表现外，还有粒细胞减少和功能缺陷。GSD Ⅱ型又称为庞贝氏症（Pompe disease），是由4-葡糖苷酶缺陷所致，造成糖原堆积在溶酶体和细胞质中，使心肌、骨骼肌等脏器受损，多发于幼儿，其主要症状为心力衰竭和肌肉无力，幼年时期即可死于心力衰竭。

糖原累积病的酶替代治疗目前正处于研究阶段，特异性酶替代治疗可有两种不同的形式。一种是直接法，直接给体内输入经过微包裹的酶；另一种则为间接法，即利用反转录病毒进行转基因治疗，使患者自体的周围血淋巴细胞或骨髓造血祖细胞逆向转化为含有正常酶基因的细胞，或通过骨髓移植给患者体内植入含有正常酶基因的骨髓细胞，从而使患者体内可以自身合成所缺乏的糖原代谢酶。

3）*腺苷脱氨酶*　腺苷脱氨酶（adenosine deaminase，ADA）是一种参与嘌呤代谢作用的酶。它被用作拆解食物组织中核酸的腺苷，它在人体中的主要功能是免疫系统的发育和维持，在人体中，ADA作为核酸代谢的重要酶类，由于基因缺陷，自身无法生产ADA，其缺乏可导致核酸代谢障碍，影响到胸腺的发育，从而引起免疫功能缺陷，导致严重复合型免疫缺乏症（SCID）。SCID患者该酶活性很低，甚至不及正常人的10%，对于ADA缺乏症的患者可采用人为补充ADA或基因治疗的方法进行治疗。

8. 核酸类酶　核酸类酶（ribozyme）是一类具有生物催化功能的核糖核酸（RNA）分子。它可以催化RNA本身的剪切或剪接作用，还可以催化其他RNA、DNA、多糖、酯类等分子进行反应。

核酸类酶具有抑制人体细胞某些不良基因和某些病毒基因的复制与表达等的功能。据报道，一种发夹型核酸类酶，可使艾滋病病毒（HIV）在受感染细胞中的复制率降低90%，在牛血清病毒（BLV）感染的蝙蝠肺细胞中也观察到核酸类酶抑制病毒复制的结果。这些结果表明，适宜的核酸类酶或人工改造的核酸类酶可以阻断某些不良基因的表达，从而用于基因治疗或进行艾滋病等病毒性疾病的治疗。

三、酶在药物制造方面的应用

利用酶的催化作用将前体物质转变为药物的技术过程称为药物的酶法生产。酶在药物制造方面的应用日益增多。现已有不少药物包括一些贵重药物都是由酶法生产的（表10-4）。

表10-4　酶在药物制造方面的应用

酶	主要来源	用途
青霉素酰化酶	微生物	制造半合成青霉素和头孢菌素
11-β-羟化酶	霉菌	制造氢化可的松
L-酪氨酸转氨酶	细菌	制造多巴（L-二羟苯丙氨酸）
β-酪氨酸酶	植物	制造多巴
α-甘露糖苷酶	链霉菌	制造高效链霉素

续表

酶	主要来源	用途
核苷磷酸化酶	微生物	生产阿拉伯糖腺嘌呤核苷（阿糖腺苷）
酰基氨基酸水解酶	微生物	生产L-氨基酸
5′-磷酸二酯酶	橘青霉等微生物	生产各种核苷酸
多核苷酸磷酸化酶	微生物	生产聚肌胞、聚肌苷酸
无色杆菌蛋白酶	细菌	由猪胰岛素（Ala-30）转变为人胰岛素（Thr-30）
核糖核酸酶	微生物	生产核苷酸
蛋白酶	动物、植物、微生物	生产L-氨基酸
β-葡糖苷酶	黑曲霉等微生物	生产人参皂苷-Rh_2

现举例说明一些酶在药物制造方面的应用。

1. 青霉素酰化酶制造半合成抗生素 青霉素和头孢菌素同属β-内酰胺抗生素，被认为是最有发展前途的抗生素。该类抗生素可以通过青霉素酰化酶的作用，改变其侧链基团而获得具有新的抗菌特性及有抗β-内酰胺酶能力的新型抗生素，工业上已用于固定化酶生产。

青霉素酰化酶（penicillin acylase）是在半合成抗生素的生产上有重要作用的一种酶。它可催化青霉素或头孢菌素水解生成6-氨基青霉烷酸（6-APA）或7-氨基头孢霉烷酸（7-ACA），又可催化酰基化反应，由6-APA合成新型青霉素或由7-ACA合成新型头孢菌素。其化学反应式如图10-1所示。

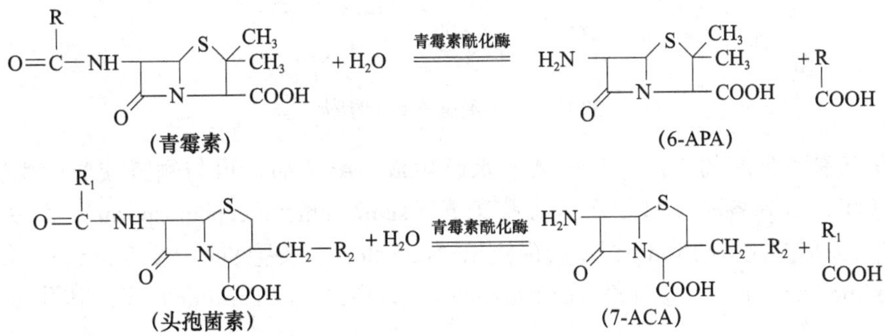

(青霉素) + H_2O —青霉素酰化酶→ (6-APA) + R—COOH

(头孢菌素) + H_2O —青霉素酰化酶→ (7-ACA) + R_1—COOH

图10-1 青霉素酰化酶催化的反应

天然发酵生成的青霉素主要有两种：一种为青霉素G，其侧链基团R为苯甲叉（C_6H_5—CH_2—）；另一种为青霉素V，其侧链基团R为苯氧甲叉（C_6H_5—O—CH_2—），如图10-2所示。

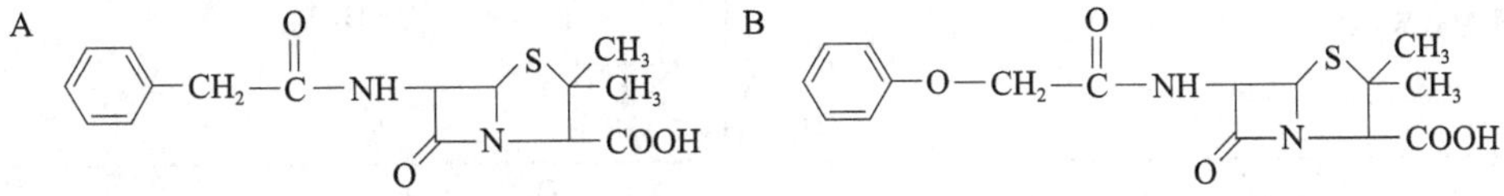

A B

图10-2 青霉素G（A）和青霉素V（B）的结构

通过青霉素酰化酶的作用，可以半合成得到氨苄青霉素、羟氨苄青霉素、羧苄青霉素、磺苄青霉素、氨基环烷青霉素、邻氯青霉素、双氯青霉素、氟氯青霉素等。举例如表10-5所示。

表10-5 通过青霉素酰化酶作用得到的一些半合成青霉素

半合成青霉素	R	半合成青霉素	R
氨苄青霉素	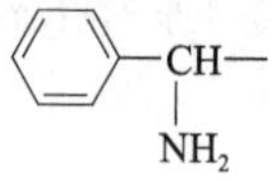 CH— NH_2	氨基环烷青霉素	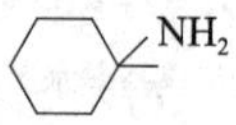 NH_2
羟氨苄青霉素	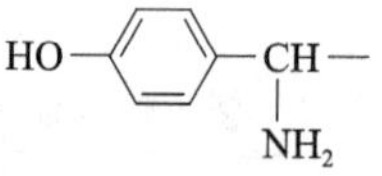 HO— CH— NH_2	邻氯青霉素	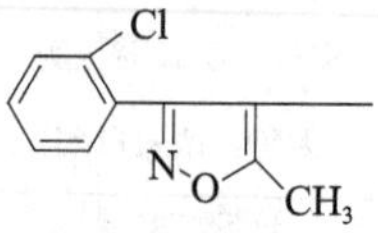 Cl N O CH_3
羧苄青霉素	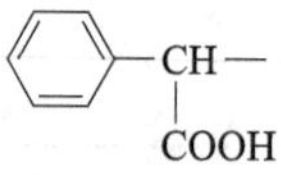 CH— COOH	双氯青霉素	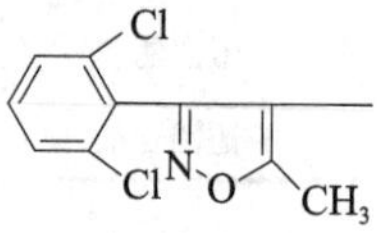 Cl Cl N O CH_3
磺苄青霉素	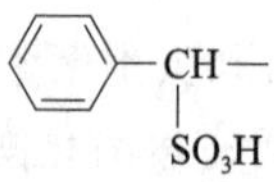 CH— SO_3H	氟氯青霉素	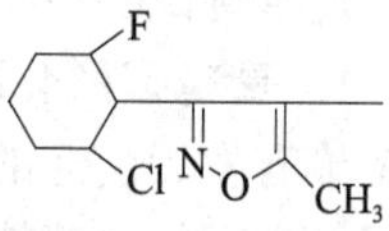 F Cl N O CH_3

通过发酵生产得到的天然头孢菌素是头孢菌素C，其结构如图10-3所示。

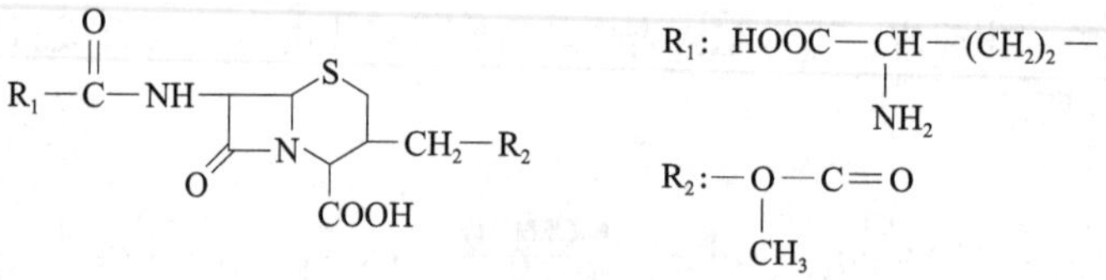

R_1—C(=O)—NH— S N O COOH —CH_2—R_2

R_1：HOOC—CH(NH_2)—$(CH_2)_2$—

R_2：—O—C(=O)—CH_3

图10-3 头孢菌素C的结构

通过青霉素酰化酶的作用，头孢菌素水解生成7-ACA后，再与侧链羧酸衍生物反应，引进侧链基团，得到各种新型半合成头孢菌素（semisynthetic cephalosporin），如头孢氨苄（cefalexin）、头孢拉定（cefradine）、头孢克洛（cefaclor）、头孢克肟（cefixime）、头孢呋辛酯（cefuroxime axetil）、头孢曲松（ceftriaxone）、头孢地尼（cefdinir）等，其化学结构如表10-6所示。

表10-6 一些半合成头孢菌素的化学结构

半合成头孢菌素	化学结构
头孢氨苄	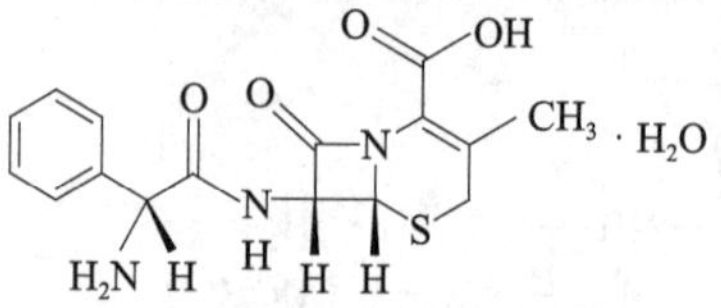 O OH O O N CH_3 · H_2O N S H_2N H H H H
头孢拉定	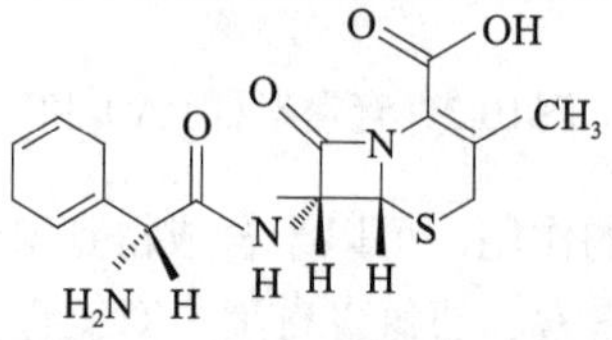 O OH O O N CH_3 N S H_2N H H H H

续表

半合成头孢菌素	化学结构
头孢克洛	O OH O O N Cl · H_2O N H S H_2N H H H
头孢克肟	HO O H_2N S O O N N CH_2 · $3H_2O$ N H S N O H H OH O
头孢呋辛酯	H_3C H O CH_3 O O O O OMe O N O NH_2 N NH S O O H H
头孢曲松	S NH_2 N N O O HN H S O N S O HO O N N N H
头孢地尼	OH N H H S S C C HN N H_2N N O O O N CH=CH_2 COOH

不同来源的青霉素酰化酶对温度和pH的要求不同。同一来源的青霉素酰化酶在催化水解反应和催化合成反应时所要求的条件各不相同，尤其是pH条件相差较大，操作时要控制好。

一般来说，催化水解反应时，pH为7.0～8.0，而催化合成反应时，pH降低到5.0～7.0。

在催化合成反应时，除了要控制好pH、温度和酶浓度外，还要注意反应液中6-APA（或7-ACA）与侧链羧酸衍生物（R-COOH）的比例。理论上的比例是1∶1，但在实际生产中，为了提高产量和转化率，反应液中6-APA（或7-ACA）∶RGCOOH为1∶4～1∶2为宜。反应液中适当加入一些表面活性剂或异丁醇等，可有利于提高其转化率。

2. β-酪氨酸酶制造多巴 β-酪氨酸酶（β-tyrosinase）可催化L-酪氨酸氧化，生成二羟苯丙氨酸（dihydroxy phenylalanine，DOPA，多巴）。反应如下：

$$\text{HO}-\text{C}_6\text{H}_4-\text{CH}_2-\underset{\underset{\text{NH}_2}{|}}{\text{CH}}-\text{COOH}+[\text{O}]\xrightarrow{\beta\text{-酪氨酸酶}}(\text{HO})_2\text{C}_6\text{H}_3-\text{CH}_2-\underset{\underset{\text{NH}_2}{|}}{\text{CH}}-\text{COOH}$$

（酪氨酸） （多巴）

该酶也可以催化邻苯二酚与丙酮酸和氨反应，生成多巴。

$$(\text{HO})_2\text{C}_6\text{H}_4+\text{CH}_3-\overset{\overset{\text{O}}{\|}}{\text{C}}-\text{COOH}+\text{NH}_3\xrightarrow{\beta\text{-酪氨酸酶}}(\text{HO})_2\text{C}_6\text{H}_3-\text{CH}_2-\underset{\underset{\text{NH}_2}{|}}{\text{CH}}-\text{COOH}+\text{H}_2\text{O}$$

（邻苯二酚） （丙酮酸） （氨） （多巴）

多巴是治疗帕金森病的一种重要药物。所谓帕金森病是1817年英国医师帕金森（Parkinson）所描述的一种大脑中枢神经系统发生病变的老年性疾病。其主要症状为手指颤抖、肌肉僵直、行动不便。病因是遗传原因或人体代谢失调，不能由酪氨酸生成多巴或多巴胺（一种神经传递介质）所致。

β-酪氨酸酶在pH为3.5～6.0、温度为33～55℃的条件下，可催化酪氨酸氧化生成多巴。其中黄曲霉β-酪氨酸酶的最适pH为3.5，而其他来源的β-酪氨酸酶的最适pH为6.0左右。转化温度随所使用的抗氧化剂的不同而有差别。当用维生素C时，以50～55℃为宜；用硫酸肼时，以30～35℃较好。之所以要添加维生素C或硫酸肼等抗氧化剂，是为了控制氧化进程，使酪氨酸氧化生成多巴后不再继续氧化。β-酪氨酸酶已经被制成固定化酶来使用。

3. 核苷磷酸化酶制造阿糖腺苷 核苷中的核糖被阿拉伯糖取代可以形成阿糖苷。阿糖苷具有抗癌和抗病毒的作用，是令人瞩目的药物。其中阿糖腺苷疗效显著。

阿糖腺苷（腺嘌呤阿拉伯糖苷）可由核苷磷酸化酶（nucleoside phosphorylase）催化阿糖尿苷（尿嘧啶阿拉伯糖苷）转化而成，而阿糖尿苷可以通过化学方法转化而成。

由阿糖尿苷生成阿糖腺苷的反应分两步完成。首先，阿糖尿苷在尿苷磷酸化酶的作用下生成阿拉伯糖-1-磷酸；然后，阿拉伯糖-1-磷酸在嘌呤核苷磷酸化酶的作用下生成阿糖腺苷（图10-4）。

4. 无色杆菌蛋白酶制造人胰岛素 无色杆菌（*Achromobacter lyticus*）蛋白酶可以特异性地催化胰岛素B链羧基端（第30位）上的氨基酸置换反应，由猪胰岛素（Ala-30）转变为人胰岛素（Thr-30），以增加疗效。

人胰岛素与猪胰岛素只有在B链第30位的氨基酸不同。在无色杆菌蛋白酶的作用下，首先将猪胰岛素第30位的丙氨酸（Ala-30）水解除去，生成去丙氨酸-B30的猪胰岛素，再在同一酶的作用下使之与苏氨酸丁酯偶联，然后用三氟乙酸（TFA）和苯甲醚除去丁醇，即得到人胰岛素。

5. 多核苷酸磷酸化酶 多核苷酸磷酸化酶（polynucleotide phosphorylase，PNP）又称为多核苷酸核苷酰转移酶（polynucleotide nucleotidyltransferase，EC 2.7.7.8），它催化多核苷酸与核苷二磷酸反应，释放出磷酸，同时生成多一个核苷酸残基的多核苷酸。反应如下：

$$n\text{NDP} = \text{RNA}_n + n\text{Pi}$$

$$\text{RNA}_n + \text{核苷二磷酸} = \text{RNA}_{n+1} + \text{磷酸}$$

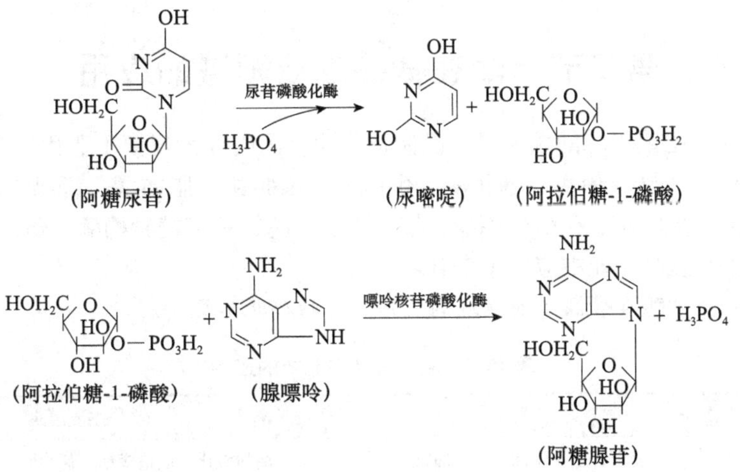

图10-4 阿糖尿苷生产阿糖腺苷的过程

该酶可以催化肌苷酸聚合生成聚肌苷酸（poly I），也可以催化胞苷酸聚合生成聚胞苷酸（poly C），还可以催化肌苷酸和胞苷酸混合聚合生成混聚物聚肌胞（poly IC）等。聚肌胞在体内具有高效诱导干扰素（INF）生成的功能，具有广谱的抗病毒、抑制肿瘤细胞生长、增强机体免疫力等功效。PNP已经被制成固定化酶来使用，笔者团队在固定化PNP的研究中取得了可喜成果。

6. β-D-葡糖苷酶制造抗肿瘤人参皂苷 β-D-葡糖苷酶（β-D-glucosidase，EC 3.2.1.21）是一种水解非还原端β-D-葡萄糖残基，释放出β-D-葡萄糖的水解酶。

人参皂苷是人参的主要有效成分，含量约4%。人参皂苷属于三萜类皂苷，根据其皂苷元和侧链基团及所含糖基的不同可以分为多种。不同类型的人参皂苷的结构和功效有所不同。其中人参皂苷Rh_1和Rh_2能够抑制癌细胞生长和增殖，具有抗肿瘤的功效。尤其人参皂苷Rh_2的抗肿瘤功效最为显著。然而其在天然人参中的含量很低，仅占人参中总皂苷含量的十万分之一左右。

人参皂苷Rh_2属于人参二醇皂苷，与其他人参二醇皂苷的差别在于糖基的不同，如果将糖基改变，就可能从其他人参二醇皂苷制造得到所需的人参皂苷Rh_2。

首先，将人参二醇皂苷经过酸水解，去除它们在C20位置上的糖链，就可以获得人参皂苷Rg_3。其次，人参皂苷Rg_3在β-葡糖苷酶的催化作用下，水解去除C3位置上糖链的末端葡萄糖残基，就可获得所需的人参皂苷Rh_2（图10-5）。

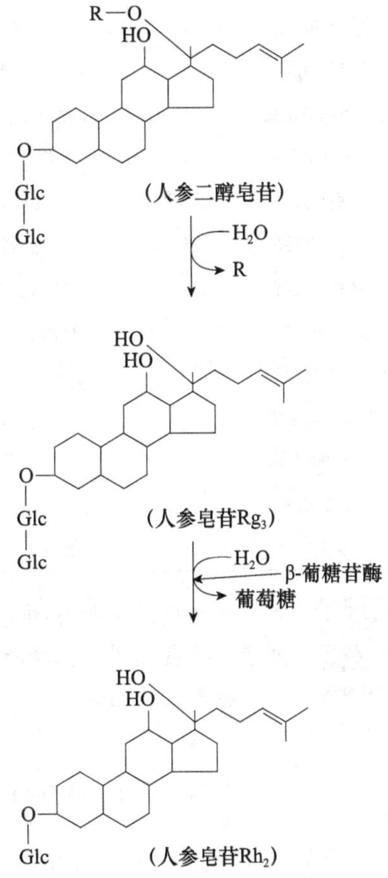

图10-5 人参皂苷Rh_2的制造

第二节　酶在食品工业领域的应用

目前国内外广泛使用酶的领域是食品制造行业。国内外大规模工业化生产的α-淀粉酶、β-淀粉酶、异淀粉酶、糖化酶、蛋白酶、果胶酶、脂肪酶、纤维素酶、氨基酰化酶、天冬酰胺酶、磷酸二酯酶、核苷磷酸化酶、葡萄糖异构酶、葡萄糖氧化酶等大部分都在食品工业中应用（表10-7）。

英文讲解 10-1

相关"酶在食品工业领域的应用"可扫码听英文讲解。

表10-7　酶在食品工业中的应用

酶	来源	主要用途
α-淀粉酶	枯草杆菌、米曲霉、黑曲霉	淀粉液化，制造糊精、葡萄糖、饴糖、果葡糖浆
β-淀粉酶	麦芽、巨大芽孢杆菌、多黏芽孢杆菌	制造麦芽，啤酒酿造
糖化酶	根霉、黑曲霉、红曲霉、内孢霉	淀粉糖化，制造葡萄糖、果葡糖
异淀粉酶	气杆菌、假单胞杆菌	制造直链淀粉、麦芽糖
蛋白酶	胰脏、木瓜、枯草杆菌、霉菌	啤酒澄清，水解蛋白质、多肽、氨基酸
右旋糖酐酶	霉菌	糖果生产
果胶酶	霉菌	果汁、果酒的澄清
葡萄糖异构酶	放线菌、细菌	制造果葡糖、果糖
葡萄糖氧化酶	黑曲霉、青霉	蛋白质加工、食品保鲜
橘苷酶	黑曲霉	水果加工，去除橘汁苦味
橙皮苷酶	黑曲霉	防止柑橘罐头及橘汁出现浑浊
氨基酰化酶	霉菌、细菌	由DL-氨基酸生产L-氨基酸
天冬氨酸酶	大肠杆菌、假单胞杆菌	由反丁烯二酸制造天冬氨酸
磷酸二酯酶	橘青霉、米曲霉	降解RNA，生产单核苷酸用作食品增味剂
色氨酸合成酶	细菌	生产色氨酸
核苷磷酸化酶	酵母	生产ATP
纤维素酶	木霉、青霉	水解纤维素生成葡萄糖
溶菌酶	蛋清、微生物	食品杀菌保鲜

延伸阅读 10-2

酶在食品工业方面主要用于食品保鲜、食品加工、食品添加剂的生产，以及增强或改善食品风味和品质等，现介绍如下。

推荐扫码阅读英文文献《微生物酶在食品工业中的应用》。

一、酶在食品保鲜方面的应用

食品保鲜是食品加工、食品运输、食品保藏中的重要课题。

随着人们对食品各方面的要求越来越高和科学技术的不断进步，一种崭新的酶法保鲜技术越来越受到人们的关注和欢迎。

酶法保鲜技术是利用酶的催化作用，防止或者消除各种外界因素对食品产生的不良影响，从而保持食品的优良品质和风味特色的技术。

酶可以被广泛地应用于各种食品的保鲜，有效地防止外界因素，特别是氧和微生物对食品所造成的不良影响。

1．食品除氧保鲜 氧气是影响食品质量的主要因素之一。氧的存在容易引起某些富含油脂的食品发生氧化作用，引起油脂酸败，产生不良的味道和气味，降低营养价值，甚至产生有毒物质；氧化还会使去皮的马铃薯、苹果等水果及果汁、果酱等果蔬制品变色；氧化也会使肉类褐变。

解决氧化问题的根本方法是除氧。葡萄糖氧化酶（glucose oxidase，EC 1.1.3.4）是一种有效的除氧保鲜剂。葡萄糖氧化酶是催化葡萄糖与氧反应生成葡萄糖酸和过氧化氢的一种氧化还原酶。

$$\underset{\text{(葡萄糖)}}{C_6H_{12}O_6} + \underset{\text{(氧)}}{O_2} \xrightarrow{\text{葡萄糖氧化酶}} \underset{\text{(葡萄糖酸)}}{C_6H_{12}O_7} + \underset{\text{(过氧化氢)}}{H_2O_2}$$

通过葡萄糖氧化酶的作用，可以除去氧气，达到食品保鲜的目的。

应用葡萄糖氧化酶进行食品保鲜时，食品应该置于密闭容器中，将葡萄糖氧化酶和葡萄糖一起置于这个密闭容器中。例如，将葡萄糖氧化酶和葡萄糖混合在一起，包装于不透水但可以透气的保鲜薄膜袋中，封闭后，置于装有需要保鲜食品的密闭容器中，密闭容器中的氧气透过薄膜进入保鲜袋，与葡萄糖反应，由此除去密闭容器中的氧，防止氧化作用的发生，达到食品保鲜的目的。

葡萄糖氧化酶也可以直接加到罐装果汁、水果罐头等含有葡萄糖的食品中，起到防止食品氧化变质的效果，同时也可以有效地防止容器的氧化作用。

2．蛋类制品脱糖保鲜 蛋类制品，如蛋白粉、蛋白片、全蛋粉等，由于蛋白质中含有0.5%～0.6%的葡萄糖，会与蛋白质反应生成小黑点，并影响其溶解性，从而影响产品质量。

为了尽可能地保持蛋类制品的色泽和溶解性，必须进行脱糖处理，将蛋白质中含有的葡萄糖除去。以往多采用接种乳酸菌的方法进行蛋白质的脱糖，但是该方法处理时间较长，效果不大理想。

应用葡萄糖氧化酶进行蛋白质的脱糖处理，是将适量的葡萄糖氧化酶加到蛋白液或全蛋液中，采用适当的方法通进适量的氧气，通过葡萄糖氧化酶作用，使所含的葡萄糖完全氧化，从而保持蛋品的色泽和溶解性。

3．食品灭菌保鲜 微生物的污染会引起食品的变质、腐败。防止微生物污染是食品保鲜的主要任务。杀灭微生物污染的方法很多，诸如加热、添加防腐剂等，但这些方法可能引起食品品质的改变，防腐剂的添加还可能给人体健康带来某些不良的影响。如果采用溶菌酶进行食品保鲜，不但效果好，而且不存在食品安全问题。

溶菌酶（lysozyme，EC 3.2.1.17）是一种催化细菌细胞壁中的肽多糖水解的水解酶，专一地作用于肽多糖分子中*N*-乙酰胞壁酸和*N*-乙酰氨基葡萄糖之间的β-1,4-糖苷键，从而破坏细菌的细胞壁，使细菌溶解死亡。

用溶菌酶处理食品，可以杀灭存在于食品中的细菌，以达到防腐保鲜的效果。溶菌酶已在干酪、水产品、啤酒、清酒、鲜奶、奶粉、奶油、生面条等生产中得到广泛应用。

二、酶在食品生产方面的应用

酶在各种食品的生产方面应用广泛，现举例如下。

1．酶在淀粉类食品生产方面的应用 淀粉类食品是指含有大量淀粉或者以淀粉为主要原料加工制成的食品。淀粉类食品是世界上产量最大的一类食品。

淀粉可以在各种淀粉酶的作用下水解生成糊精、低聚糖、麦芽糖和葡萄糖等产物，或者经过葡萄糖异构酶、环糊精葡萄糖基转移酶等的作用生成果葡糖浆、环糊精等产物。主要用酶如表10-8所示。

表10-8 酶在淀粉类食品生产中的应用

酶	用途
α-淀粉酶	生产糊精、麦芽糊精
α-淀粉酶、糖化酶	生产淀粉水解酶、葡萄糖
α-淀粉酶、β-淀粉酶、支链淀粉酶	生产饴糖、麦芽糖，啤酒酿造
支链淀粉酶	生产直链淀粉
糖化酶、支链淀粉酶	生产葡萄糖
α-淀粉酶、糖化酶、葡萄糖异构酶、α-淀粉酶	生产果葡糖浆、高果糖浆、果糖
环糊精葡糖苷酶	生产环糊精

1）*葡萄糖的生产* 现在国内外葡萄糖的生产大都采用酶法。酶法生产葡萄糖是以淀粉为原料，先经α-淀粉酶液化成糊精，再用糖化酶催化生成葡萄糖。

α-淀粉酶（α-amylase，EC 3.2.1.1）又称为液化型淀粉酶，它作用于淀粉时，随机地从淀粉分子内部切开α-1,4-葡萄糖苷键，使淀粉水解生成糊精和一些还原糖，所生成的产物均为α-型，故称为α-淀粉酶。

糖化酶又称为葡萄糖淀粉酶（glucoamylase，EC 3.2.1.3），它作用于淀粉时，从淀粉分子的非还原端开始逐个地水解α-1,4-葡萄糖苷键，生成葡萄糖。该酶还有一定的水解α-1,6-葡萄糖苷键和α-1,3-葡萄糖苷键的能力。

在葡萄糖的生产过程中，淀粉先配制成淀粉浆，添加一定量的α-淀粉酶，在一定条件下使淀粉液化成糊精。然后，在一定条件下加入适量的糖化酶，使糊精转化为葡萄糖。

所采用的α-淀粉酶和糖化酶都要求达到一定的纯度。尤其是糖化酶中应不含葡萄糖苷转移酶。因为葡萄糖苷转移酶会催化葡萄糖生成异麦芽糖等杂质，会严重影响葡萄糖的收率。

2）*果葡糖浆的生产* 果葡糖浆是由葡萄糖异构酶催化葡萄糖异构化生成部分果糖而得到的葡萄糖和果糖的混合糖浆。1966年日本首先用游离葡萄糖异构酶工业化生产了果葡糖浆；1973年以后，国内外纷纷采用固定化葡萄糖异构酶进行连续化生产。

果葡糖浆生产所使用的葡萄糖，一般是由淀粉浆经α-淀粉酶液化，再经糖化酶糖化得到的葡萄糖，经过精制获得浓度为40%～45%的精制葡萄糖液，要求葡萄糖值（dextrose equivalent，DE）大于96。

精制葡萄糖液在一定条件下，由葡萄糖异构酶催化生成果葡糖浆。异构化率一般为42%～45%。

钙离子对α-淀粉酶有保护作用，在淀粉液化时需要添加，但它对葡萄糖异构酶却有抑制作用，所以葡萄糖溶液需用层析等方法精制。

葡萄糖异构酶（glucose isomerase，EC 5.3.1.5）的确切名称是木糖异构酶（xylose isomerase）。它是一种催化D-木糖、D-葡萄糖、D-核糖等使醛糖可逆地转化为酮糖的异构酶。

葡萄糖转化为果糖的异构化反应是吸热反应。随着反应温度的升高，反应平衡向有利于生成糖的方向变化，如表10-9所示。异构化反应的温度越高，平衡时混合糖液中果糖的含量也越高。但当温度超过70℃时，葡萄糖异构酶容易变性失活。所以异构化反应的温度以60～70℃为宜。在此温度下，异构化反应平衡时，果糖可达53.5%～56.5%。但要使反应达到平衡，需要很长的时间。在生产上一般控制异构化率为42%～45%较为适宜。

表10-9　不同温度下反应平衡时生产的葡萄糖组成

反应温度/℃	葡萄糖/%	果糖/%	反应温度/℃	葡萄糖/%	果糖/%
25	57.5	42.5	70	43.5	56.5
40	52.1	47.9	80	41.2	58.8
60	46.5	53.5			

异构化完成后，混合糖液经脱色、精制、浓缩，以至固形物含量达71%左右，即为果葡糖浆。其中含果糖42%左右、葡萄糖52%左右，另有6%左右为低聚糖。

若将异构化后混合糖液中的葡萄糖与果糖分离，将分离出的葡萄糖再进行异构化，如此反复进行，可使更多的葡萄糖转化为果糖。由此可得到果糖含量达70%、90%甚至更高的糖浆，称为高果糖浆。

3）*饴糖、麦芽糖的生产*　　饴糖是我国传统的淀粉糖制品，是以大米和糯米为原料，加进大麦芽，利用麦芽中的α-淀粉酶和β-淀粉酶，将淀粉糖化而成的麦芽糖浆。其中含麦芽糖30%～40%、糊精60%～70%。

β-淀粉酶（β-amylase，EC 3.2.1.2）又称为麦芽糖苷酶，是一种催化淀粉水解生成麦芽糖的淀粉水解酶。它作用于淀粉时，从淀粉分子的非还原端开始，作用于α-1,4-葡萄糖苷键，顺次切下麦芽糖单位，同时发生沃尔登转位反应（Walden inversion）生成的麦芽糖由α-型转为β-型，故称为β-淀粉酶。

饴糖除了用麦芽生产以外，也可以用酶法生产。使用时，先用α-淀粉酶使淀粉液化，然后再加入β-淀粉酶，使糊精生成麦芽糖。酶法生产的饴糖中，麦芽糖的含量可达60%～70%，可以从中分离得到麦芽糖。

4）*糊精、麦芽糊精的生产*　　糊精是淀粉低程度水解的产物，被广泛应用于食品增稠剂、填充剂和吸收剂中。其中，DE值在10～20的糊精称为麦芽糊精。淀粉在α-淀粉酶的作用下生成糊精。控制酶反应液的DE值，可以得到含有一定量麦芽糖的麦芽糊精。

5）*环糊精的生产*　　环糊精是由6～12个葡萄糖单位以α-1,4-糖苷键连接而成的具有环状结构的一类化合物，能选择性地吸附各种小分子物质，起到稳定、乳化、缓释、提高溶解度和分散度等作用，在食品工业中有广泛用途。其中，应用最多的是α-环糊精（含6个葡萄糖单位），又称为环己直链淀粉；β-环糊精（含7个葡萄糖单位），又称为环庚直链淀粉；γ-环糊精（含8个葡萄糖单位），又称为环辛直链淀粉。其中α-环糊精的溶解度大，制备较为困难；γ-环糊精的生成量较少；所以目前大量生产的是β-环糊精。

β-环糊精通常以淀粉为原料，采用环糊精葡萄糖苷转移酶（cyclodextrin glycosyltransferase，CGT）为催化剂进行生产。环糊精葡萄糖苷转移酶又称为环糊精生成酶。

由于反应液中还含有未转化的淀粉和极限糊精，需要加入α-淀粉酶进行液化，然后经过脱色、过滤、浓缩、结晶、离心分离、真空干燥等工序，获得β-环糊精产品。

2. 酶在蛋白质类食品生产方面的应用 蛋白质是食品中的主要营养成分之一。以蛋白质为主要成分或以蛋白质为主要原料加工而成的食品称为蛋白质类食品，如乳制品、蛋制品、鱼制品和肉制品等。

酶在蛋白质制品加工方面的应用很广泛。在蛋白质类食品的生产过程中应用的酶主要有蛋白酶和乳糖酶等。

蛋白酶（proteinase）是一类催化蛋白质水解的酶。

根据蛋白酶的来源不同，可以分为动物蛋白酶（如胰蛋白酶、胃蛋白酶等）、植物蛋白酶（如木瓜蛋白酶、菠萝蛋白酶等）、微生物蛋白酶（如枯草杆菌蛋白酶、黑曲霉蛋白酶）等。

1）水解蛋白的生产　蛋白质在蛋白酶的作用下，水解生成蛋白胨、多肽、氨基酸等水解产物，统称为水解蛋白。这些产物在食品、医药、饲料、细胞培养等方面得到广泛应用。例如，用各种肉类生产肉类水解蛋白，用于保健食品、营养食品、调味品等；用鱼类生产鱼粉、可溶性鱼蛋白粉和鱼露等，广泛用于饲料、营养食品和调味品等方面；用蛋白酶水解乳蛋白得到的乳蛋白（酪蛋白）水解物，在细胞培养的研究和开发方面得到广泛应用。

用于生产水解蛋白的原料可以是动物蛋白，也可以是植物蛋白或是微生物蛋白。水解条件根据所使用的蛋白酶和原料蛋白质的不同而有所差别。

2）氨基酸的生产　蛋白质在蛋白酶的催化作用下，可以完全水解生成各种氨基酸。其中，苏氨酸、甲硫氨酸、亮氨酸、异亮氨酸、苯丙氨酸、赖氨酸、色氨酸、缬氨酸8种氨基酸是人体内不能合成，要从食品中摄取的必需氨基酸，具有重要的营养价值和生理功能。

蛋白质在加酶水解之前，一般可以采用加热处理的方法使其变性，以利于酶的水解。

在加酶水解过程中，要控制好温度、pH等水解条件，使蛋白质完全水解为各种氨基酸。水解完成后得到的各种氨基酸的混合液，可以直接应用，也可以通过各种生化分离技术，将不同的氨基酸分开，得到单一的氨基酸产品。

3）明胶的生产　明胶是一种可溶于热水中的蛋白质凝胶，在食品工业和制药工业中有广泛用途。以富含胶原蛋白的动物的皮或骨等为原料，在蛋白酶的作用下，不溶于水的天然胶原蛋白的三股螺旋结构解体成为单链，生成溶解于热水的明胶。

明胶溶液冷却至35℃以下，即成为凝胶，经过干燥得到明胶产品。

4）干酪的生产　干酪（cheese）又称为奶酪，是乳中的酪蛋白凝固而成的一种营养价值高、容易消化吸收的食品。其主要成分是蛋白质和乳脂，还含有丰富的维生素和少量无机盐。

干酪的生产可以采用乳酸菌发酵或通过加入凝乳蛋白酶的方法进行。

采用凝乳蛋白酶生产干酪的基本原理为：牛乳的蛋白质中含有三种酪蛋白，即α-酪蛋白、β-酪蛋白和κ-酪蛋白。κ-酪蛋白可以保护蛋白质胶体不凝固。在凝乳蛋白酶的作用下，κ-酪蛋白水解生成副κ-酪蛋白，释放出相对分子质量为6000～8000的可溶性糖肽。副κ-酪蛋白可以与钙离子结合而凝固。α-酪蛋白和β-酪蛋白本来就对钙离子不稳定，再加上失去κ-酪蛋白的保护作用，所以一起凝固，形成奶酪。

5）低乳糖奶的生产　乳中含有乳糖，乳糖是由葡萄糖和半乳糖组成的二糖。它本身没有甜味，溶解度低，不能直接被小肠吸收。当它被乳糖酶水解生成葡萄糖和半乳糖后，其甜度为蔗糖甜度的0.8倍，容易被小肠吸收。

通常人体小肠内有一些乳糖酶，但是其含量随种族、年龄和生活习惯的不同而有所差别。有些人，特别是汉族人群中的部分婴幼儿，由于遗传上的原因，缺乏乳糖酶，不能消化乳中的乳糖，致使饮奶后出现腹胀、腹泻等症状。这些婴幼儿和体内乳糖酶活性低下者需要饮用低乳糖奶。

低乳糖奶的生产可以采用分离方法除去乳中的乳糖，也可以采用游离的乳糖酶或者通过固定化乳糖酶的作用，使乳中的乳糖水解生成葡萄糖和半乳糖，得到低乳糖奶。

乳糖酶（lactase）是一种催化乳糖水解生成半乳糖和葡萄糖的酶。该酶也可以水解β-半乳糖苷，故又称为β-半乳糖苷酶（β-galactosidase，EC 3.2.1.23），其系统命名为β-D-半乳糖苷半乳糖水解酶（β-D-galactoside galactohydrolase）。

3．酶在果蔬类食品生产方面的应用　果蔬类食品是指以各种水果或蔬菜为主要原料加工而成的食品。在果蔬加工过程中，可以加入各种酶，以提高果蔬类食品加工生产的产量和质量。

1）柑橘制品去除苦味　柑橘果实制品，如柑橘罐头、橘子汁、橘子酱等，由于柑橘果实中含有柚苷而具有苦味。

柚苷又称为柚配质-7-芸香糖苷。可以在柚苷酶的作用下，水解生成鼠李糖和无苦味的普鲁宁（柚配质-7-葡萄糖苷）。普鲁宁还可以在β-葡糖苷酶的作用下进一步水解生成葡萄糖和柚配质。

柚苷酶（naringinase）又称为β-鼠李糖苷酶（β-rhamnosidase，EC 3.2.1.43），它催化β-鼠李糖苷分子中非还原端的β-鼠李糖苷键水解，释放出鼠李糖。

柚苷酶可由黑曲霉、米曲霉、青霉等微生物生产，鼠李糖和各种鼠李糖苷对该酶的生物合成有诱导作用。

在柑橘制品的生产过程中，加进一定量的柚苷酶，在30～40℃处理1～2h，即可脱去苦味。

2）柑橘罐头防止白色混浊　柑橘中含有橙皮苷，会使汁液中出现白色混浊而影响产品质量。

橙皮苷又称为橙皮素-7-芸香糖苷，其溶解度小，所以容易生成白色混浊。

橙皮苷在橙皮苷酶作用下，水解生成溶解度较大的鼠李糖和橙皮素-7-葡萄糖苷，能有效地防止柑橘类罐头制品出现白色混浊。

橙皮苷酶（hesperidinase）也是一种鼠李糖苷酶，它催化橙皮苷分子中鼠李糖苷键水解，生成鼠李糖和橙皮素-7-葡萄糖苷。

3）果蔬制品的脱色　许多果蔬含有花青素，在不同的pH条件下呈现不同的颜色，在光照或高温下变为褐色，与金属离子反应则呈灰紫色。其对果蔬制品的外观质量有一定的影响。

如果采用一定浓度的花青素酶处理水果、蔬菜，可使花青素水解，以防止变色，从而保证产品质量。

花青素酶是催化花青素水解生成β-葡萄糖和它的配基的一种β-D-葡糖苷酶（β-D-glucosidase，EC 3.2.1.21）。

在实际应用过程中，只需要在果蔬制品中加入一定浓度的花青素酶，于40℃条件下保温20～30min，即可达到脱色效果。

4）*酶在果汁生产中的应用*　水果中含有大量果胶，在果汁和果酒生产过程中会造成压榨困难、出汁率低、果汁混浊等不良影响。为了达到利于压榨、提高出汁率、使果汁澄清的目的，在果汁的生产过程中，广泛使用果胶酶。

果胶酶（pectinase）是催化果胶质分解的一类酶的总称，主要包括果胶酯酶（PE）、聚半乳糖醛酸酶（PG）、聚甲基半乳糖醛酸酶（PMG）、聚半乳糖醛酸裂合酶（PGL）和聚甲基半乳糖醛酸裂合酶（PMGL）等。其中PE和PG最为常见。

（1）果胶酯酶（pectinesterase，PE，EC 3.1.1.11）：是一种催化果胶甲酯分子水解，生成果胶酸和甲醇的果胶水解酶。

（2）聚半乳糖醛酸酶（polygalacturonase，PG）：是催化聚半乳糖醛酸水解的一种果胶酶。根据其作用方式的不同，可以分为内切聚半乳糖醛酸酶和外切聚半乳糖醛酸酶。内切聚半乳糖醛酸酶（endo-polygalacturonase，endo-PG，EC 3.2.1.15）随机水解果胶酸和其他聚半乳糖醛酸分子内部的糖苷键，生成分子质量较小的寡聚半乳糖醛酸。外切聚半乳糖醛酸酶（exo-polygalacturonase，exo-PG，EC 3.2.1.15）从聚半乳糖醛酸链的非还原端开始，逐个水解α-1,4-糖苷键，生成D-半乳糖醛酸和每次少一个半乳糖醛酸单位的聚半乳糖醛酸。

在果汁生产过程中，通过果胶酶的处理，有利于压榨、提高出汁率，在沉降、过滤、离心分离过程中，有利于沉淀分离，达到果汁澄清的效果。经过果胶酶处理的果汁稳定性好，可以防止在存放过程中产生混浊，因此已广泛应用于苹果汁、葡萄汁、柑橘汁等的生产。

5）*酶在果酒生产中的应用*　果酒是以各种果汁为原料，通过微生物发酵而成的含乙醇饮料。其主要指葡萄酒，此外还有桃酒、梨酒、荔枝酒等。

在葡萄酒等果酒的生产过程中，已经广泛使用果胶酶和蛋白酶等酶制剂。

果胶酶用于葡萄酒生产，除了上述在葡萄汁的压榨过程中应用，以利于压榨和澄清，提高葡萄汁和葡萄酒的产量以外，还可以提高产品质量。例如，使用果胶酶处理以后，葡萄中单宁的抽出率降低，使酿制的白葡萄酒风味更佳；在红葡萄酒的酿制过程中，葡萄浆经过果胶酶处理后可以提高色素的抽出率，还有助于葡萄酒的老熟，增加酒香。

在各种果酒的生产过程中，还可以通过添加蛋白酶，使酒中存在的蛋白质水解，以防止出现蛋白质混浊，使酒体清澈透明。

三、酶在食品添加剂生产方面的应用

食品添加剂是指为改善食品品质和色、香、味，以及为防腐和加工工艺需要而加入食品中的化学合成或天然物质。

按照添加剂的功能不同，食品添加剂可以分为酸味剂、增味剂、甜味剂、乳化剂、增稠剂、强化剂等。

随着酶工程的发展，作为高效、安全的生物催化剂，酶在食品添加剂的生产中已经得到较为广泛的应用。现简介如下。

1. 酶在酸味剂生产中的应用　以赋予食品酸味为主要目的的食品添加剂称为酸味剂。在食品中添加一定量的酸味剂，可以给人们一种爽快的刺激，起到增加食欲的效果，有利于钙的吸收，有一定的防止微生物污染的作用。

目前广泛采用酶法生产的酸味剂主要有乳酸和苹果酸。

1）采用乳酸脱氢酶，催化丙酮酸还原为乳酸　乳酸又称为α-羟基丙酸，是一种无色或浅黄色浆状液体，无嗅，略有脂肪酸味，可以与水、乙醇、乙醚、丙酮等混溶。乳酸分子中含有一个不对称碳原子，故具有旋光性。天然存在于肌肉中的乳酸是右旋体，而在酸奶中存在的乳酸为外消旋体。

乳酸具有两种不同的构型，即D型乳酸和L型乳酸，两者互为对映体。D型乳酸和L型乳酸的等量混合物为外消旋乳酸。

D型乳酸由D-乳酸脱氢酶催化丙酮酸还原而成，L型乳酸由L-乳酸脱氢酶催化丙酮酸还原而成。

2）采用2-卤代酸脱卤酶，催化2-氯丙酸水解生成乳酸　以L-2-氯丙酸为底物，通过L-2-卤代酸脱卤酶（L-2-haloacid dehalogenase，EC 3.8.1.2）的催化作用，将L-2-氯丙酸水解生成D型乳酸。

3）采用延胡索酸酶催化反丁烯二酸水合，生成苹果酸　苹果酸（malic acid）又称为羟基丁二酸，在苹果中含量最高并且最早从苹果中分离得到，故名苹果酸。由于构型不同，苹果酸可以分为L-苹果酸和D-苹果酸。现在国内外生产的都是L-苹果酸。

苹果酸的酸味柔和、持久，可以掩盖蔗糖以外的一些甜味剂的味道，有效提高食品中的水果风味，已在食品生产中得到广泛应用。

随着酶工程的发展，特别是固定化技术的应用，现在酶法生产已经成为生产L-苹果酸的主要方法。

L-苹果酸的酶法生产可以用延胡索酸（反丁烯二酸）为底物，通过延胡索酸酶的催化作用，水合生成L-苹果酸。

2. 酶在食品增味剂生产中的应用　食品增味剂或称食品风味增强剂（flavour enhancer）是指补充或增强食品原有风味的一类物质，通常又称为鲜味剂。

鲜味是由鲜味物质刺激人们的味觉器官而产生的一种鲜美感觉。能够刺激味觉器官产生鲜美感觉的物质称为鲜味剂。已知的鲜味物质有40多种，如味精、肌苷酸钠等。

鲜味剂除了本身具有鲜味以外，还可以补充或者增强食品原有的风味，所以又称为风味增强剂，简称增味剂。

酶在食品增味剂的生产中主要用于氨基酸和呈味核苷酸的生产，现简介如下。

1）L-氨基酸的酶法生产　L-氨基酸是组成蛋白质的主要成分。有些氨基酸，如L-谷氨酸、L-天冬氨酸等具有鲜味，称为氨基酸类增味剂。

氨基酸类增味剂是当今世界上产量最大、应用最广的一类食品增味剂。目前我国许可使用的氨基酸类增味剂只有L-谷氨酸钠一种。国际上一些国家许可使用的氨基酸类增味剂还有L-谷氨酸、L-谷氨酸铵、L-谷氨酸钾、L-谷氨酸钙、L-天冬酰胺钠等。

通过酶的催化作用生产L-氨基酸类增味剂的主要有通过蛋白酶催化蛋白质水解生成L-氨基酸混合液，再从中分离得到鲜味氨基酸；谷氨酸脱氢酶催化α-酮戊二酸加氨还原，生成L-谷氨酸；转氨酶催化酮酸与氨基酸进行转氨反应，生成所需的L-氨基酸；谷氨酸合酶催化α-酮戊二酸与谷氨酰胺反应，生成L-谷氨酸；天冬氨酸酶催化延胡索酸（反丁烯二酸）氨基化，生成L-天冬氨酸等。

2）呈味核苷酸的酶法生产　呈味核苷酸都是5′-嘌呤核苷酸，主要有鸟苷酸和肌苷酸等。

通过酶的催化作用生产的核苷酸类增味剂主要有5′-磷酸二酯酶催化RNA水解，生成呈味核苷酸（4种5′-单核苷酸，即腺苷酸、鸟苷酸、尿苷酸和胞苷酸的混合物）；腺苷酸脱氨酶催化AMP脱氨，生成肌苷酸等。

GMP和IMP是高效食品增味剂，一般以鸟苷酸二钠和肌苷酸二钠的形式使用。由于呈味核苷酸与谷氨酸钠的呈味效果具有叠加效应，即两者混合使用时，鲜味大大增强。所以核苷酸类食品增味剂在使用时通常与谷氨酸钠混合使用，即在味精中加入5%～10%的呈味核苷酸。

3．酶在甜味剂生产中的应用　食品甜味剂能够改进食品的可口性和其他食用性质，满足一部分人群的爱好，在食品中得到广泛应用。

通过酶的催化作用可以生成各种甜味剂。具体介绍如下。

1）嗜热菌蛋白酶催化天冬氨酸和苯丙氨酸反应生成天苯肽　天苯肽（aspartein）是由L-天冬氨酸和L-苯丙氨酸甲酯缩合而成的二肽甲酯，是一种常用的甜味剂。其性质接近蔗糖，甜味纯正，甜度为蔗糖的150～200倍，可以与蔗糖等一起使用。其甜度高而热量低，在甜度相同的情况下，天苯肽的热量仅为蔗糖的1/200，所以在食品、饮料等方面得到广泛应用。天苯肽在pH为2～5的酸性范围内非常稳定，特别适合在微酸性或偏酸性的食品中使用。

天苯肽可以通过嗜热菌蛋白酶在有机介质中催化合成。

嗜热菌蛋白酶（thermolysin，thermophilic protease）是从一株嗜热细菌中分离得到的一种蛋白酶。它可以在有机介质中催化L-天冬氨酸（L-Asp）与L-苯丙氨酸甲酯（L-Phe-OMe）反应缩合生成天苯肽（L-Asp-L-Phe-OMe）。其反应式为

$$\underset{\text{(L-天冬氨酸)}}{\text{L-Asp}} + \underset{\text{(L-苯丙氨酸甲酯)}}{\text{L-Phe-OMe}} \xrightarrow{\text{嗜热菌蛋白酶}} \underset{\text{(天苯肽)}}{\text{L-Asp-L-Phe-OMe}}$$

在反应过程中，苯丙氨酸的羧基必须酯化，而天冬氨酸的氨基也必须采用苯酯化加以保护，以免产生其他副产物，如Asp-Asp、Phe-Phe、Phe-Asp等二肽或多肽。

在生产中通常采用化学合成法得到的消旋化DL-苯丙氨酸甲酯为底物，反应后剩下未反应的D-苯丙氨酸甲酯可以分离出来，经过外消旋化后重新使用。

2）葡萄糖基转移酶生产帕拉金糖　帕拉金糖（α-D-吡喃葡萄糖苷-1,6-呋喃果糖）是一种低热值甜味剂，是蔗糖的一种异构体，甜味与蔗糖近似，但甜度较低。

帕拉金糖可以通过葡萄糖基转移酶的催化作用由蔗糖转化而成。其反应式为

$$\underset{\text{(蔗糖)}}{\alpha\text{-D-吡喃葡萄糖苷-1, 2-呋喃果糖}} \xrightarrow{\text{葡萄糖基转移酶}} \underset{\text{(帕拉金糖)}}{\alpha\text{-D-吡喃葡萄糖苷-1, 6-呋喃果糖}}$$

3）果聚糖蔗糖酶生产低聚果糖　低聚果糖是指在蔗糖的果糖基上结合1～3个果糖分子而成的非还原性糖。低聚果糖存在于洋葱、香蕉等果蔬之中，但含量很低。其甜度约为蔗糖甜度的60%。

低聚果糖的生产可以采用蔗糖为原料，通过果聚糖蔗糖酶（levansucrase，EC 2.4.1.10）的催化作用生成。

果聚糖蔗糖酶可以通过黑曲霉发酵得到。在低聚果糖的生产过程中，可以在55%～60%的蔗糖溶液中，加入含有果聚糖蔗糖酶的黑曲霉菌体，在60℃条件下，反应24h而得到低聚果糖。也可以采用固定化含酶菌体进行连续化生产。

4）葡萄糖醛酸苷酶生产单葡萄糖醛酸基甘草皂苷　β-葡萄糖醛酸苷酶（β-glucuronidase，EC 3.2.1.31）是一种催化β-葡萄糖醛酸苷水解，释放出β-葡萄糖醛酸的水解酶。

甘草皂苷（glycyrrhizin）是一种三萜皂苷，由甘草皂苷元与2分子β-D-葡萄糖醛酸组成，β-D-葡萄糖醛酸之间通过β-1,4-葡萄糖醛酸苷键相连。

甘草皂苷是甘草的主要有效成分，具有免疫调节和抗病毒等功能；甘草皂苷及其钠盐是一种低热值的甜味剂，其甜度为蔗糖甜度的170～200倍；甘草皂苷还可以用作乳制品、蛋制品、可可制品及羊肉除膻增香等香味增强剂。

甘草皂苷的生物活性与其分子中的β-葡萄糖醛酸基有密切关系。通过β-葡萄糖醛酸苷酶的作用，去除甘草皂苷末端的一个β-D-葡萄糖醛酸残基，得到单葡萄糖醛酸基的甘草皂苷，其甜度约为蔗糖甜度的1000倍，比甘草皂苷的甜度提高5～6倍，是一种高甜度、低热值的新型甜味剂。

4. 酶在乳化剂生产中的应用　食品乳化剂是使食品中互不相溶的液体形成稳定的乳浊液的一类食品添加剂。目前国内外最普遍使用的乳化剂是甘油单酯及其衍生物和大豆磷脂等。

利用脂肪酶的作用，将甘油三酯水解生成的甘油单酯，简称为单甘酯，是一种被广泛应用的食品乳化剂。目前工业产品主要是经过分子蒸馏含量达90%以上的单甘酯，以及单甘酯含量为40%～50%的单双酯混合物。

四、改善食品的品质和风味

酶不仅被广泛用于食品的制造和加工，而且在改善食品的品质和风味方面也有很大作用。

（1）风味酶的发现和应用：酶在食品风味的再现、强化和改变方面有广阔的应用前景。例如，用奶油风味酶作用于含乳脂的巧克力、冰淇淋、人造奶油等食品，可使这些食品增强奶油的风味。一些食品在加工或保藏过程中，可能会使原有的风味减弱或失去，若在这些食品中添加各自特有的风味酶，则可使它们恢复甚至强化原来的天然风味。

（2）在面包制造过程中，在面团中添加适量的α-淀粉酶，催化部分淀粉水解生成麦芽糖和葡萄糖，从而调节麦芽糖和葡萄糖的生成量，有利于酵母的生长和二氧化碳的产生，达到缩短面团发酵时间，使制成的面包更加松软可口的效果；添加适量蛋白酶，使一部分蛋白质水解生成氨基酸，不仅可以促进酵母的生长和二氧化碳的产生，同时还有利于面筋软化，增强其延伸性，使二氧化碳在面团中保持时间较长，从而缩短面团发酵时间，使制成的面包更加松软可口，色香味俱佳，而且可以防止面包老化，延长保鲜期；添加适量的β-淀粉酶，催化淀粉水解，生成麦芽糖，可以改善面包风味，同时起到防止面包、糕点老化的作用；有些面包在制造过程中添加了一些脱脂奶粉，此时适量添加乳糖酶，可使奶粉中的乳糖分解生成葡萄糖和半乳糖，葡萄糖和半乳糖属于发酵性糖，可以被酵母利用，从而有利于酵母生长，促进发酵，改善面包的色泽与质量；添加适量的脂肪酸氧化酶，可使面粉中存在的少量不饱和脂肪酸氧化分解，生成具有芳香风味的羰基化合物。

（3）在含有蔗糖的糕点、饮料等的生产过程中，添加适量的蔗糖酶，可以催化蔗糖水解生成葡萄糖和果糖。果糖具有类似蜜糖的风味，从而使产品风味大为改善，同时还可以防止蔗糖析出结晶。

（4）在可溶性鱼蛋白水解物的生产过程中，往往会产生苦味肽，使产品带有苦味。为了去除或者减轻产品的苦味，可以添加适量的羧肽酶或者氨肽酶，催化苦味肽水解生成氨基酸，从而改善鱼蛋白水解物的风味。

（5）乳制品的特有香味主要是由脂肪酸及其分解物产生的。在乳制品的生产过程中，添加适量脂肪酶或酯酶，可以催化乳中脂肪的水解，生成脂肪酸和甘油二酯或甘油单酯等，从而显著增加干酪、奶油等乳制品的香味，同时增强乳化性。

第三节　酶在轻工、化工领域的应用

英文讲解10-2

酶在轻工和化工领域有多种用途。概括起来主要有三个方面的用途：用酶进行原料处理；用酶生产各种轻工、化工产品；用酶增强产品的使用效果。现简单介绍如下。

相关“酶在轻工、化工领域的应用”可扫码听英文讲解。

一、酶在原料处理方面的应用

许多轻工原料在应用或加工之前都需要经过原料处理。其中有不少原料可以用酶进行处理，以缩短原料的处理时间，增强处理效果，提高产品质量，改善劳动条件，减轻劳动强度等。

1．发酵原料的处理　发酵工业大多数以淀粉为主要原料。然而除了霉菌以外，许多微生物都由于本身缺乏淀粉酶系，无法直接利用淀粉进行发酵。因此，必须先经过原料处理，将淀粉转化为可发酵的单糖或二糖才能利用。淀粉原料的处理，一般是采用α-淀粉酶进行液化，然后再经糖化酶进行糖化，将淀粉转变为葡萄糖。

含纤维素的发酵原料可用纤维素酶处理，使纤维素水解为可发酵的葡萄糖。

含戊聚糖（如木聚糖、阿拉伯聚糖等）的植物原料可用各种戊聚糖酶处理，将戊聚糖水解为各种戊糖后用于发酵。

2．纺织原料的处理　在纺织工业中，为了增强纤维的强度和光滑性，便于纺织，需要先行上浆。将淀粉用α-淀粉酶处理一段时间，使黏度达到一定程度就可用作上浆的浆料。

纺织品在漂白、印染之前，还需要将附着在其上的淀粉浆料等除去，利用α-淀粉酶使淀粉浆料水解，就可使浆料退尽，这称为退浆。

有些纺织品上浆时用的是动物胶作胶浆，可用蛋白酶使之退浆。

有些纤维原料的表面上附着有一些短小的纤维，用这种纤维制成的纺织制品，外观质量受到一定的影响。采用纤维素酶处理，使表面的短小纤维水解被除去，可以使纤维表面柔和、光滑、有光泽，显著提高制品质量。

3．制浆、造纸原料的处理　造纸原料的纤维中含有大量木质素，若不除去则会引起纸变成黄褐色，降低强度，严重影响纸的质量。通常采用碱法制浆除去木质素，因而造成严重的环境污染。用木质素酶（ligninase）处理，可以使木质素水解而被除去，不但可提高纸的质量，而且使环境污染程度大为减轻。

纸浆漂白是造纸过程的重要环节。通常采用二氯化盐进行漂白，一则影响环境，二则影响纸的光泽和强度。国际上已经采用木聚糖酶（xylanase）、半纤维素酶、木质素过氧化物酶（lignin peroxidase）等进行漂白，不仅减轻了环境污染程度，而且使纸的强度和光泽得以改善。

回收利用的纸张上，油墨等污迹难以完全除去，影响纸的光洁度，通常用化学药剂处理，费用较高，应用纤维素酶对再生纸进行处理，则可显著降低成本。

4. 生丝的脱胶处理 天然蚕丝的主要成分是不溶于水的有光泽的丝蛋白。丝蛋白的表面有一层丝胶包裹着，在缫丝过程中，必须进行脱胶处理，即将表面的丝胶除去，以提高丝的质量。采用胰蛋白酶、木瓜蛋白酶或微生物蛋白酶处理，可在比较温和的条件下催化丝胶蛋白水解，进行生丝脱胶，从而使生丝的质量显著提高。

5. 羊毛的除垢处理 羊毛在染色之前需经预处理，以除去羊毛表面的鳞垢，才能使羊毛着色。羊毛表面的鳞垢是由一些蛋白质堆积而成的聚合体，利用枯草杆菌蛋白酶或其他适宜的蛋白酶处理，通过蛋白酶的催化作用，可以去除羊毛表面存在的鳞垢，提高羊毛的着色率，并保持羊毛的特点，显著提高羊毛制品的质量。

6. 皮革的脱毛处理 皮革是由牛、羊、猪等动物的皮，经过脱毛处理后鞣制而成的。传统的脱毛方法是采用石灰和硫酸钠溶液浸渍，不仅时间长、劳动强度大，而且会对环境造成严重污染。现在普遍采用酶法脱毛处理，即采用细菌、霉菌、放线菌等微生物产生的碱性或中性蛋白酶，将毛与真皮连接的毛囊中的蛋白质水解除去，从而使毛脱落。

脱毛处理后得到的原料皮，还要加进适量的蛋白酶和脂肪酶进行处理，以除去原料皮上黏附的油脂和污垢，使皮革松软、光滑，从而提高皮革制品的质量。

7. 烟草原料的处理 烟草原料的处理是烟草工业的一个重要环节，处理效果的好坏直接影响烟草制品的质量。烟草原料的处理主要有用纤维素酶、半纤维素酶和果胶酶进行烟梗和烟末的处理，可以提高烟草质量，降低生产成本；用一定量的硝酸还原酶和蔗糖转化酶处理烟草，可以增加香气；用一定量的α-淀粉酶、蛋白酶等进行处理，可以促进烟叶内部有机物质的分解与转化，使各组分的比例趋向协调和平衡。这些处理方法具有缩短发酵周期、协调烟草香气、减轻刺激性气味、提高香气质量的作用。

8. 甜菜糖蜜的处理 甜菜是一种制糖原料，甜菜中含有0.05%～0.15%（相当于蔗糖含量的1%左右）的棉子糖（raffinose）。棉子糖的存在会影响蔗糖结晶，从而影响蔗糖的收得率。

棉子糖是由半乳糖、葡萄糖和果糖组成的三糖，可以看作由半乳糖和蔗糖（葡萄糖-1,2-果糖）组成，也可以看成由蜜二糖（半乳糖-1,6-葡萄糖）和果糖组成。

在pH为5.2、温度45～50℃的条件下，蜜二糖酶可以催化棉子糖水解生成半乳糖和蔗糖。所以在甜菜制糖的过程中用蜜二糖酶进行处理，一则可以提高蔗糖的含量，二则可以减少棉子糖对蔗糖结晶的影响，显著提高蔗糖的回收率。也可以采用蜜二糖酶对甜菜糖蜜进行处理，以回收糖蜜中的蔗糖。

9. 植物油的脱胶处理 植物油在精炼之前，除了甘油三酯以外，还含有游离脂肪酸、磷脂、蜡质等杂质，需要通过精炼而除去。其中脱胶处理的目的主要是除去植物油中的磷脂。除去磷脂可以采用磷脂酶作用于磷脂的1位或者2位的酯键，将疏水性的二脂肪酸甘油磷脂水解生成亲水性的单脂肪酸甘油磷脂（溶血磷脂），然后通过水化作用而除去磷脂。2000年左右笔者团队的研究表明，有些脂肪酶在特定条件下具有磷脂酶的催化活性而其甘油三酯的水解活性很低，可以用于植物油的脱胶。

$$\begin{array}{l} CH_2—COO—R_1 \\ | \\ CH—COO—R_2 \\ | \\ CH_2—O—PO_2X \end{array} + H_2O \xrightleftharpoons{\text{磷脂酶}A_1} \begin{array}{l} CH_2—OH \\ | \\ CH—COO—R_2 \\ | \\ CH_2—O—PO_2X \end{array} + R_1COOH$$

（磷脂）（亲水磷脂）（脂肪酸）

$$\begin{array}{l} CH_2—COO—R_1 \\ | \\ CH—COO—R_2 \\ | \\ CH_2—O—PO_2X \end{array} + H_2O \xrightleftharpoons{\text{磷脂酶}A_2} \begin{array}{l} CH_2—COO—R_1 \\ | \\ CH—OH \\ | \\ CH_2—O—PO_2X \end{array} + R_2COOH$$

（磷脂）（亲水磷脂）（脂肪酸）

（式中X根据磷脂的不同，分别代表胆碱、乙醇胺、肌醇、氢等）

二、酶在轻工、化工产品制造方面的应用

利用酶的催化作用可将原料转变为所需的轻工、化工产品，也可利用酶的催化作用除去某些不需要的物质而得到所需的产品。

1. 酶法生产L-氨基酸 利用酶或固定化酶的催化作用，可以将各种底物转化为L-氨基酸，或将DL-氨基酸拆分而生产L-氨基酸。

有多种酶可用于L-氨基酸的生产，其中有些已采用固定化酶进行连续生产，举例如下。

（1）氨基酰化酶光学拆分DL-酰基氨基酸生产L-氨基酸。氨基酰化酶（aminoacylase，EC 3.5.1.14）可以催化外消旋的*N*-酰基-DL-氨基酸进行不对称水解，其中L-酰基氨基酸被水解生成L-氨基酸，余下的*N*-酰基-D-氨基酸经化学消旋再生成DL-酰基氨基酸，重新进行不对称水解。

如此反复进行，可将通过化学合成方法得到的DL-酰基氨基酸几乎都变成L-氨基酸。

$$\begin{array}{l} H—N—OOC—R' \\ \quad\ | \\ R—CH—COOH \end{array} + H_2O \xrightarrow{\text{L-酰基氨基酸}} \begin{array}{l} \quad\ NH_2 \\ \quad\ | \\ R—CH—COOH \end{array} + R'COOH$$

（*N*-酰基-L-氨基酸）（水）（L-氨基酸）（有机酸）

$$N\text{-酰基-D-氨基酸} \rightleftharpoons N\text{-酰基-L-氨基酸}$$

（2）用天冬氨酸酶将延胡索酸氨基化生成L-天冬氨酸。天冬氨酸酶又称为天冬氨酸氨裂合酶（aspartate ammonia-lyase，EC 4.3.1.1），是一种催化延胡索酸（反丁烯二酸）氨基化生成L-天冬氨酸的裂合酶。其催化反应如下：

$$\begin{array}{c} H—C—COOH \\ \| \\ HOOC—C—H \end{array} + NH_3 \xrightarrow{\text{天冬氨酸酶}} \begin{array}{c} COOH \\ | \\ H—C—H \\ | \\ H—C—NH_2 \\ | \\ COOH \end{array}$$

（延胡索酸）（氨）（L-天冬氨酸）

工业上已用固定化大肠杆菌菌体的天冬酰胺酶连续生产L-天冬氨酸。

（3）工业上已用固定化假单胞菌菌体的L-天冬氨酸-4-脱羧酶（L-aspartate-4-decarboxylase，EC 4.1.1.12），将L-天冬氨酸的4-位羧基脱去，而连续生产L-丙氨酸。

$$\underset{\text{(L-天冬氨酸)}}{HOOC—CH_2—\overset{\displaystyle NH_2}{\overset{|}{C}H}—COOH} \xrightarrow{\text{L-天冬氨酸-4-脱羧酶}} \underset{\text{(L-丙氨酸)}}{CH_3—\overset{\displaystyle NH_2}{\overset{|}{C}H}—COOH} + CO_2$$

（4）用己内酰胺水解酶生产L-赖氨酸。该法由L-α-氨基-ε-己内酰胺水解酶与α-氨基-ε己内酰胺消旋酶联合作用，将DL-α-氨基-ε-己内酰胺转化为L-赖氨酸。

所用的原料DL-α-氨基-ε-己内酰胺（DL-ACL）是由合成尼龙的副产品环己烯通过化学合成法得到的。原料中的L-α-氨基-ε-己内酰胺经L-α-氨基-ε-己内酰胺水解酶作用生成L-赖氨酸。余下的D-α-氨基-ε-己内酰胺在消旋酶的作用下变为DL-型，再把其中的L-型水解为L-赖氨酸。如此重复进行，可把原料几乎都变成L-赖氨酸。

(L-α-氨基-ε-己内酰胺) —己内酰胺水解酶→ (L-赖氨酸)

（5）用噻唑啉羧酸水解酶合成L-半胱氨酸。将化学合成的DL-2-氨基噻唑啉-4-羧酸中的L-2-氨基噻唑啉-4-羧酸经噻唑啉羧酸水解酶作用生成L-半胱氨酸。

$$\text{(L-2-氨基噻唑啉-4-羧酸)} + 2H_2O \xrightarrow{\text{噻唑啉羧酸水解酶}} \underset{\text{(L-半胱氨酸)}}{\underset{\displaystyle SH}{\underset{|}{C}H_2}—\overset{\displaystyle NH_2}{\overset{|}{C}H}—COOH} + NH_3 + CO_2$$

余下的D-2-氨基噻唑啉-4-羧酸再经消旋酶作用变为DL-型。反复进行，不断生成L-半胱氨酸。

2. 酶法生产有机酸 有机酸是一类有重要应用价值的轻工、化工产品，通过酶的催化作用可以生产各种有机酸。

1）用延胡索酸酶生产L-苹果酸 延胡索酸酶又称为延胡索酸酶水合酶（fumaratehydratase，EC 4.2.1.2），是催化延胡索酸与水反应，水合生成L-苹果酸的裂合酶。其催化下述反应：

$$\underset{\text{(延胡索酸)}}{\begin{matrix} H—C—COOH \\ \| \\ HOOC—C—H \end{matrix}} + H_2O \xrightleftharpoons{\text{延胡索酸酶}} \underset{\text{(L-苹果酸)}}{\begin{matrix} COOH \\ | \\ CH_2 \\ | \\ H—C—OH \\ | \\ COOH \end{matrix}}$$

工业上已采用固定化黄色短杆菌或产氨短杆菌的延胡索酸酶连续生产L-苹果酸。

2）用环氧琥珀酸酶催化环氧琥珀酸水解生成L-酒石酸 L-酒石酸是从葡萄酒的酒石

中分离得到的一种有机酸，可以通过环氧琥珀酸酶催化环氧琥珀酸水解，开环而生成L-酒石酸。

$$\begin{array}{cc} & \mathrm{COOH} \\ & | \\ & \mathrm{CH} \\ \mathrm{O} & | \\ & \mathrm{CH} \\ & | \\ & \mathrm{COOH} \end{array} + H_2O \xlongequal{\text{环氧琥珀酸酶}} \begin{array}{c} \mathrm{COOH} \\ | \\ \mathrm{HO-C-H} \\ | \\ \mathrm{HO-C-H} \\ | \\ \mathrm{COOH} \end{array}$$

(L-环氧琥珀酸)　　　　(L-酒石酸)

3．酶法制造化工原料　化工原料的生产通常采用化学合成法，需要在高温高压的条件下进行反应。对设备的要求高，投资大，甚至会造成环境污染。如果采用酶催化，则由于酶具有作用条件温和等显著特点，可以在常温常压的条件下生产许多化工原料，从而减少设备投资，降低生产成本。例如，腈水合酶可以催化腈类化合物加水，合成丙烯酰胺、烟酰胺、5-腈基苯戊胺等重要的化工原料。

丙烯酰胺是一种重要的化工原料，可以用于聚合生成聚丙烯酰胺，广泛用作絮凝剂和制成各种凝胶。利用丙烯腈为原料，在腈水合酶的催化作用下，可以水合生成丙烯酰胺。

$$\text{丙烯腈+水} \xlongequal{\text{腈水合酶}} \text{丙烯酰胺}$$

腈水合酶也可以催化3-腈基吡啶水合，生成烟酰胺。

$$\text{3-腈基吡啶+水} \xlongequal{\text{腈水合酶}} \text{烟酰胺}$$

腈水合酶还可以催化己二腈水合，生成5-腈基苯戊胺。

$$\text{己二腈+水} \xlongequal{\text{腈水合酶}} \text{5-腈基苯戊胺}$$

三、加酶增强产品的使用效果

在某些轻工产品中添加一定量的酶，可以显著地增强产品的使用效果，现举例如下。

1．加酶洗涤剂　在洗涤剂中添加适当的酶可以大大缩短洗涤时间，提高洗涤效果。根据洗涤对象的不同，所添加的酶也不完全一样。其中最广泛、最大量使用的是碱性蛋白酶（alkaline proteinase）。目前全世界所生产的酶之中，总产量的1/3左右是碱性蛋白酶。碱性蛋白酶大部分用于加酶洗涤剂。蛋白酶的添加量一般为洗涤剂的0.1%～1%。为了使酶与固体洗涤剂能够混合均匀，可将酶制剂加工成一定形状、一定相对密度的颗粒，已有多种型号的造粒机可供选择使用。酶也可以加到肥皂中制成加酶肥皂等。

除了碱性蛋白酶以外，固体和液体洗涤剂中还可按需要添加淀粉酶（amylase）、脂肪酶（lipase）、果胶酶（pectinase）和纤维素酶（cellulase）等。

2．加酶牙膏、牙粉和漱口水　将适当的酶添加到牙膏、牙粉或漱口水中，可以利用酶的催化作用，增加洁齿效果，减少牙垢并防止龋齿的发生。

可添加到洁齿用品中的酶有蛋白酶、淀粉酶、脂肪酶和右旋糖酐酶等。其中右旋糖酐酶对预防龋齿有显著功效。

3．加酶饲料　在家禽、家畜的饲料中添加淀粉酶、蛋白酶、植酸酶、纤维素酶和半纤维素酶等，可以增加饲料的可消化性，促进家禽、家畜的生长，提高家禽的产卵率等。

幼龄或体弱的家禽、家畜体内的蛋白酶、淀粉酶、脂肪酶等活性较弱，必须在饲料中给予适当补充，以提高禽、畜的健康水平。

饲料中含有纤维素、果胶、木聚糖、β-葡聚糖等非淀粉多糖，禽、畜体内缺乏分解这些多糖的酶系，在饲料中适量添加纤维素酶、果胶酶、木聚糖酶、β-葡聚糖酶等，可以将这些非淀粉多糖水解，使包裹在其中的营养成分释出，容易被消化吸收，从而提高饲料的利用率和转化率，促进禽、畜生长，提高家禽产卵率。

饲料中的磷，70%左右以植酸（肌醇六磷酸）形式存在，由于大多数单胃动物体内的植酸酶活性很低，因此大多数植酸磷无法利用。这不但使畜禽不能获得足够的磷，而且磷从粪便中排出，还会造成环境污染。为此需在饲料中添加适量的植酸酶。在蛋鸡饲料中加入不同量的植酸酶替代磷酸氢钙的研究表明，添加0.006%的植酸酶可以降低饲料成本，提高蛋鸡的生产性能。

4．加酶护肤用品　在各种护肤品及化妆品中添加超氧化物歧化酶（SOD）、溶菌酶、弹性蛋白酶等，可有效地提高护肤效果。

超氧化物歧化酶有抗氧化、抗衰老、抗辐射的功效。加进各种护肤品中，涂布在皮肤表面，可以有效地防止紫外线对人体的伤害；消除自由基的影响，减少色素沉淀。

添加溶菌酶的护肤品，可以有效消除皮肤表面黏附的细菌，起到杀菌消炎的作用。

加到护肤品中的弹性蛋白酶，可以水解皮肤表面老化、死亡细胞的蛋白质，达到皮肤表面光洁、有弹性的效果。

第四节　酶在环保和新能源开发领域的应用

酶的提取与分离纯化是通过将酶分离提纯以获得高度纯净的酶制剂的方法，是酶的生产中最早采用并一直沿用至今的生产方法，在采用其他方法进行酶的生产过程中，也必须进行酶的提取和分离纯化，在酶学研究方面，酶的提取和分离纯化是必不可少的环节。

人类的生产和生活与自然环境密切相关，地球环境由于受到各方面因素的影响，正在不断恶化，已经成为举世瞩目的重大问题。如何保护和改善环境质量是人类面临的重大课题。

随着生物科学和生物工程的迅速发展，生物技术在环境保护领域的研究、开发方面已经展示了巨大的威力。酶在环保方面的应用日益受到关注，呈现出良好的发展前景。

一、酶在环境监测方面的应用

环境监测是了解环境情况、掌握环境质量变化、进行环境保护的一个重要环节。酶在环境监测方面的应用越来越广泛，已经在农药污染的监测、重金属污染的监测、微生物污染的监测等方面取得重要成果，现举例介绍如下。

1．利用胆碱酯酶检测有机磷农药污染　最近几十年来，为了防治农作物的病虫害，大量使用各种农药，虽然农药的大量使用对农作物产量的提高起了一定的作用，然而农药，特别是有机磷农药的滥用，造成了严重的环境污染，破坏了生态环境。

为了监测农药的污染，人们研究了多种方法，其中采用胆碱酯酶监测有机磷农药的污染就是一种具有良好前景的检测方法。

胆碱酯酶可以催化胆碱酯水解生成胆碱和有机酸。

$$\underset{(胆碱酯)}{R-\underset{\underset{O}{\|}}{C}-O-CH_2-CH_2-\underset{\underset{OH}{|}}{N}(CH_3)_3} + \underset{(水)}{H_2O} \xlongequal{胆碱酯酶} \underset{(胆碱)}{HO-CH_2CH_2-\underset{\underset{OH}{|}}{N}(CH_3)_3} + \underset{(脂肪酸)}{R-COOH}$$

有机磷农药是胆碱酯酶的一种抑制剂，所以可以通过检测胆碱酯酶的活性变化，来判定是否受到有机磷农药的污染。早在20世纪50年代，就有人通过检测鱼脑中乙酰胆碱酯酶活性受抑制的程度，来检测水中存在的极低浓度的有机磷农药。现在可以通过固定化胆碱酯酶的受抑制情况，检测空气或水中微量的酶抑制剂（有机磷等），灵敏度可达0.1mg/L。

2. 利用乳酸脱氢酶的同工酶监测重金属污染 乳酸脱氢酶（lactate dehydrogenase，EC 1.1.1.27）有5种同工酶，它们具有不同的结构和特性。通过检测家鱼血清乳酸同工酶（SLDH）的活性变化，可以检测水中重金属污染的情况及其危害程度。镉和铅的存在可以使$SLDH_5$活性升高，汞污染使$SLDH_1$活性升高，铜的存在则引起$SLDH_4$的活性降低。

3. 通过β-葡聚糖苷酸酶监测大肠杆菌污染 将4-甲基香豆素基-β-葡聚糖苷酸掺入选择性培养基中，样品中如果有大肠杆菌存在，大肠杆菌中的β-葡聚糖苷酸酶就会将其水解，生成甲基香豆素。甲基香豆素在紫外线的照射下发出荧光。由此可以监测水或者食品中是否有大肠杆菌的污染。

4. 利用亚硝酸还原酶检测水中亚硝酸盐浓度 亚硝酸还原酶（nitrite reductase，EC 1.6.6.4）是催化亚硝酸还原生成氢氧化铵的氧化还原酶。其反应如下：

$$\underset{(亚硝酸)}{HNO_2} + \underset{(还原型辅酶Ⅰ)}{NAD(P)H} \xlongequal{亚硝酸还原酶} \underset{(辅酶Ⅰ)}{NAD(P)^+} + \underset{(一氧化氮)}{NO} + H_2O$$

利用固定化亚硝酸还原酶制成电极，可以检测水中亚硝酸盐的浓度。

二、酶在废水处理方面的应用

不同的废水含有各种不同的物质，要根据所含物质的不同，采用不同的酶进行处理。

普通的生活废水中含有淀粉、蛋白质、脂肪等各种有机物质，可以在有氧和无氧的条件下用微生物处理，也可以通过固定化淀粉酶、蛋白酶、脂肪酶等进行处理。

工业废水中则以高浓度的有机废水为主，通常造纸、皮革及食品等行业排出的废水化学需氧量（chemical oxygen demand，COD）在2000mg/L以上，其性质和来源各异，成分复杂、毒性高，有异味且具有强酸或强碱，对环境水体的污染程度大，需要较复杂固定化酶和固定化细胞的生物处理过程。

用固定化酶净化工业废水是一项重大的新技术，将酶制成固定化的酶布、酶片、酶管、酶粒等来处理工业废水，可以分解有毒有害物质达到净化污水的目的，有着广泛的应用前景。

过氧化物酶中的辣根过氧化物酶（HRP）、木质素过氧化物酶、漆酶和氯过氧化物酶在工业废水处理方面的应用较为广泛。可产生木质素过氧化酶、锰过氧化物酶和漆酶的白腐真菌是一类丝状真菌，可以非专一性降解大量的化学物质，如可降解人工合成染料为CO_2和H_2O，具有较好的脱色效果，可用于处理工业漂白废水，将其中的有机氯化物转变成为无机氯和CO_2、H_2O，达到去除有机氯化物，降低COD、生物需氧量（biological oxygen demand，BOD）和色度的目的。

漆酶是一种具有较大潜力的废水处理用酶，主要分为漆树漆酶和真菌漆酶，是一种含铜的多酚氧化酶，可以催化氧化酚类或芳胺类等多种物质生成H_2O，从而净化废水。固定化HRP对含酚类和苯胺类化合物的废水具有较好的催化氧化作用，且HRP具有价格便宜、制备容易等优点，在含酚废水处理中具有广泛应用。

另外，冶金工业产生的含酚废水，可以采用固定化酚氧化酶进行处理。

含有硝酸盐、亚硝酸盐的地下水或废水，可以采用固定化硝酸还原酶（nitrate reductase，EC 1.7.99.4）、亚硝酸还原酶（nitrite reductase，EC 1.7.99.3）和一氧化氮还原酶（nitric-oxide reductase，EC 1.7.99.2）进行处理，使硝酸根、亚硝酸根逐步还原，最终成为氮气。其反应过程如下：

$$HNO_3+\text{还原型受体}\xrightarrow{\text{硝酸还原酶}}HNO_2+\text{受体}$$

$$HNO_2+\text{还原型受体}\xrightarrow{\text{亚硝酸还原酶}}NO+H_2O+\text{受体}$$

$$2HNO+\text{还原型受体}\xrightarrow{\text{一氧化氮还原酶}}N_2+\text{受体}$$

总之，生物酶在进行污水处理过程中发挥了较多的优势：①能处理难以生物降解的化合物；②进行处理时酶适用的pH、温度和盐度的范围较广；③不会因为生物物质的聚集而减慢处理速度，处理过程容易控制、简单易行。

三、酶在可生物降解材料开发方面的应用

目前应用于各个领域的高分子材料，大多数是生物不可降解或不可完全降解的材料。这些高分子材料的使用给人们日常生活及社会带来了诸多不便和危害，如医用的手术拆线、塑料的环境污染等。为了解决这些问题，世界各国十分重视研究和开发可生物降解材料，已经将其视为当今21世纪生命保护的重大课题。

在医学方面，生物可降解材料的出现为药物缓释作用提供了可靠的支撑，同时为人工骨的应用也提供了可能性，可生物降解的接骨材料在体内可被降解吸收，不需二次手术取出，可生物降解高分子材料因其无毒和良好的生物相容性而备受医学界关注；在包装工业方面，利用可生物降解塑料可以消除“白色污染”；在农业方面，可降解高分子材料，制作农用地膜、肥料、杀虫剂、除草剂的释放控制材料，可消除它们的残留物对农作物的危害，因此可降解生物材料的开发对人类的现实生活具有深远意义。

传统开发可生物降解高分子材料的方法包括天然高分子的改造、化学合成及微生物发酵生产等，这些传统的方法受到技术本身的限制，生产条件严苛、副产物多等缺点显而易见。国际上近年来一直在探索新的生产方法，并取得了新的进展，酶法合成的出现给人类带来了机遇，利用酶的催化作用合成可生物降解材料已经成为可生物降解的高分子材料开发的重要途径。

用酶法合成可生物降解高分子材料得益于非水相酶学的发展。酶在有机介质中表现出与在水溶液中不同的性质，并拥有催化一些特殊反应的能力（详见本书酶的非水相催化章节）。

利用酶催化的作用合成可生物降解高分子材料，由于酶对底物的高度专一性，聚合过程无副产物生成，产物易分离，酶可回收再利用，大大降低了生产成本，利用酶的立体专一性特点，还能合成一些传统方法很难得到的具有光学活性的可生物降解高分子化合物。

用酶促合成法开发的可生物降解高分子材料都是完全可生物降解的。目前利用酶在有机介质中的催化作用合成的可生物降解材料主要有：利用脂肪酶的有机介质催化合成聚酯类物质、聚糖酯类物质；利用蛋白酶或脂肪酶合成多肽类或聚酰胺类物质等。

四、酶在新能源开发方面的应用

在全世界开发新能源的大趋势下，利用微生物或酶工程技术从生物体中生产燃料也是人们正在探索的一条新路径。例如，利用植物、农作物、林业产物废物中的纤维素、半纤维素、木质素、淀粉等原料制造乙醇和甲醇等液体燃料，以及氢、甲烷等气体燃料。

1. 纤维素发酵生产乙醇 木质纤维素类生物质是地球上最丰富的有机可再生碳源之一，以其为原料制备纤维素基燃料和化学品是当前生物质转化领域的研究热点之一。通过预处理破坏木质纤维素的抗降解屏障，并耦合生物酶法水解其中的纤维素成分构建糖平台，是木质纤维素糖基化的主流技术手段，也是制备纤维素乙醇的基础。由于木质纤维素组分与结构的异质性和多样性，其充分降解依赖适配的多种纤维素酶与辅酶的协同作用。2022年，中国科学院广州能源研究所生物质能生化转化研究室以杨木为代表性原料，将选育出的青霉菌、粗糙脉孢菌和嗜热子囊菌等多菌种混合，通过固态发酵诱导产出高活性、多酶种的纤维素复合酶系，有效提升了杨木酶解糖化效率。

杰能科国际生物公司与美国能源部开展合作，研制开发从木质纤维原料中转化乙醇的生物技术，已经取得了突破性的成就。从2000年起，杰能科国际生物公司与美国能源部下属的美国国家再生能源实验室（NREL）合作，开发低成本的纤维素酶和其他的酶，用来转化生物质生产乙醇和其他产品。

2. 葡萄糖发酵生产氢气、沼气 有些微生物或蓝藻含有氢化酶系，能产生氢。氢化酶系极易失活，但是将菌体固定化后，可以提高氢化酶系的稳定性。

葡萄糖通过甲烷产生菌中的一系列酶作用，能够产生甲烷。我国部分农村已经建立了小型沼气池，以人和畜禽粪便、农作物废弃物、污泥等原料，通过甲烷产生菌等各种微生物的发酵作用，产生农村清洁能源沼气。

3. 生物化学电池 利用固定化酶和固定化微生物制造燃料电池（生物化学电池、微生物电池），将化学能转变成电能。将固定化葡萄糖氧化酶装到铂电极上，制成酶电极，与银电极组成燃料电池。

4. 酶法制造生物柴油 生物柴油是由动植物油脂（大豆油、菜籽油、废食用油等）与一些短链的醇（常用甲醇）在催化剂的作用下发生酯交换反应后，生成的长链脂肪酸酯类物质。生物酶法制备生物柴油具有反应条件温和、对原料油品质要求较低、不需复杂的预处理工艺、产品分离回收简单、无污染排放等优点。

但传统酶法工艺中反应物甲醇容易导致酶失活、副产物甘油影响酶反应活性及稳定性，从而使得酶的使用寿命短，导致酶的使用成本过高，是实现酶法产业化生产生物柴油的关键瓶颈。20世纪初，清华大学提出利用新型有机介质体系进行酶促油脂原料和甲醇制备生物柴油的新工艺，解除了传统工艺中反应物甲醇及副产物甘油对酶反应活性及稳定性的负面影响，大大延长了酶的使用寿命。另外，在该新工艺中，脂肪酶不需任何处理就可直接连续循环使用，并且表现出相当好的操作稳定性。

第五节　酶在生物技术方面的应用

生物技术是当代世界新技术革命的主要内容之一，在国民经济的发展中起着重要作用。党的二十大报告中提出要建设现代化产业体系，其中“生物技术”被规划为新的增长引擎。

生物技术都是以生物体及其代谢产物为主要研究对象。酶是生物催化剂，在生物体及其代谢过程中是必不可少的。上面几节所阐述的酶在发酵原料处理和分析检测等方面的应用与发酵工程密不可分，这里不再重复。现着重介绍酶在细胞工程和基因工程中起着关键性作用的几个方面的应用情况，主要包括酶在除去细胞壁方面的应用、酶在大分子切割方面的应用及酶在分子连接方面的应用。

一、酶在除去细胞壁方面的应用

微生物细胞和植物细胞的表层都有细胞壁。细胞壁对微生物和植物维持其细胞的形状和结构起着重要作用，可保护细胞免遭外界因素的破坏。但在生物工程方面，很多时候都需要除去细胞壁。举例介绍如下。

（1）胞内物质的提取：微生物和植物细胞内的许多物质，如胞内酶、胰岛素及干扰素等基因工程菌的产物，天然抗氧化剂等植物细胞次级代谢物等都存在于细胞内。为了将这些胞内物质提取出来，都需要将细胞壁破坏或除去。

（2）原生质体的制备：除去细胞壁后由细胞膜及胞内物质组成的微球体称为原生质体。原生质体由于解除了细胞壁这一扩散障碍，有利于物质透过细胞膜而进出细胞，这在生物工程中很有应用价值。例如，原生质体融合技术可使两种不同特性的细胞原生质体交融结合而获得具有新的遗传特性的细胞；固定化原生质体发酵可使胞内产物不断分泌到胞外发酵液中，而且有利于氧气和营养物质的传递吸收，可提高产率又可连续发酵生产；在基因工程及植物基因工程中，将受体细胞制成原生质体就可提高体外重组DNA进入细胞的效率等。

在制备原生质体或提取胞内某些稳定性较差的活性物质时，既要除去细胞壁，又要不损伤其他成分。这样就不能采用激烈的破碎方法，而只能利用各种具有专一性的酶。

根据不同细胞的结构和不同的细胞壁组分，除去细胞壁时所采用的酶也有所区别。现分述如下。

1）*除去细菌细胞壁*　细菌细胞壁的主要成分是肽多糖。革兰氏阴性菌的细胞壁除了肽多糖以外，还有一层脂多糖。

除去革兰氏阳性菌的细胞壁是采用从蛋清中分离得到的溶菌酶。该酶专一地作用于细菌细胞壁的肽多糖分子中*N*-乙酰胞壁酸与*N*-乙酰氨基葡萄糖之间的α-1,4-键。而对于革兰氏阴性菌需由溶菌酶和EDTA共同作用才能达到较好地除去细胞壁的效果。这是由于EDTA可作用于脂多糖。

2）*除去酵母细胞壁*　酵母的细胞壁分为两层，外层由磷酸甘露糖和蛋白质组成，内层由β-葡聚糖构成细胞壁的骨架。

除去酵母细胞壁主要采用β-1,3-葡聚糖酶。该酶作用于细胞壁内层的β-葡聚糖分子中的β-1,3-糖苷键，使作为细胞壁骨架的β-葡聚糖水解，从而使细胞壁被破坏。由于蜗牛的消化液中含有较多的β-1,3-葡聚糖酶，故常用于酵母的破壁。此外，若β-葡聚糖酶与磷酸甘露糖酶及蛋白酶联合作用，则可使细胞壁的内外两层同时被破坏，而显著提高破壁效果。

3）*除去霉菌细胞壁*　霉菌的细胞壁结构比较复杂。不同种属的霉菌，其细胞壁结构和组分有较大差别。因此，若要除去霉菌的细胞壁，需要弄清属于什么霉菌，再选用适宜的几种酶共同作用，才能达到较好的破壁效果。

毛霉、根霉等藻菌纲霉菌的细胞壁主要由几丁质（*N*-乙酰-D-氨基葡萄糖以β-1,4-键结合而成）和壳多糖（氨基葡萄糖以β-1,4-键结合而成）等多种物质组成。破壁时主要采用放线菌或细菌产生的壳多糖酶、几丁质酶及蛋白酶等多种酶的混合物。这些混合多酶制剂一般称为细胞壁溶解酶（lytic enzyme）。

米曲霉、黑曲霉和青霉等半知菌纲霉菌细胞壁的主要组分是几丁质和β-葡聚糖等。破壁时主要使用β-1,3-葡聚糖酶和几丁质酶的混合物。

4）*植物细胞壁的破除*　植物细胞壁主要由纤维素、半纤维素、木质素和果胶等组成。破除植物细胞壁主要采用纤维素酶、半纤维素酶和果胶酶组成的混合酶。这几种酶大多数是由霉菌发酵产生的。

二、酶在大分子切割方面的应用

生物工程中经常用到生物大分子。在许多情况下需要把大分子切割成较小的分子或片段，以便在生物工程的相关领域使用。在生物大分子的切割过程中往往要求在特定的位点上进行，这就只能借助于有关具有专一性的各种水解酶或其他酶类才能做到。

用于生物大分子定点水解的酶很多，可以加以选择，用于生物工程的各有关方面。这里主要介绍在基因工程方面常用的几种水解酶。

1. 限制性内切核酸酶　限制性内切核酸酶是一类在特定的位点上，催化双链DNA水解的磷酸二酯酶，1968年由Meselson和Yuan在大肠杆菌细胞中首次发现。至今为止已发现的限制性内切核酸酶有300多种，已成为基因工程中必不可缺的常用工具酶。

限制性内切核酸酶具有高度的专一性，表现在它能够识别双链DNA中某段碱基的排列顺序，并且只能在某个特定位点上将DNA分子切开。

限制性内切核酸酶的碱基识别顺序一般由4～6个核苷酸组成。这个识别顺序呈二元对称结构，即从两条链的5′端向3′端读出时，这个识别顺序完全相同。在基因工程中使用的限制性内切核酸酶，其切割位点一般都在其识别顺序之内。限制性内切核酸酶在切割DNA分子时，有些在两条链上的切点是错开的，称为黏性末端；有些在两条链上的切点是平整的，称为平整末端。

限制性内切核酸酶在基因工程中用以从双链DNA分子中切取所需的基因，并用同一种酶将质粒DNA或噬菌体DNA切开，以便进行DNA的体外重组。在应用时可根据需要选用适宜的限制性内切核酸酶。

现将一些常见的限制性内切核酸酶的名称、来源、识别序列和作用位点列于表10-10中。

表10-10 一些限制性内切核酸酶的来源与作用位点

酶	识别序列与作用位点（5′→3′）	来源
Alu Ⅰ	AG↓CT	藤黄节杆菌
Ava Ⅰ	C↓PyCGPuG	多变鱼腥藻
Bam H Ⅰ	G↓GATCC	解淀粉芽孢杆菌
Bgl Ⅱ	A↓GATCT	球芽孢杆菌
Eco R Ⅰ	G↓AATTC	大肠杆菌Rye 13
Hae Ⅲ	G↓GCC	埃及嗜血杆菌
Hind Ⅲ	A↓AGCTT	流感嗜血杆菌
Hpa Ⅰ	GTT↓AAC	副流感嗜血杆菌
Kpn Ⅰ	GGTAC↓C	肺炎克雷伯菌
Pst Ⅰ	CTGCA↓G	司徒氏普罗菲登斯菌
Sal Ⅰ	G↓TCGAC	白色链霉菌
Sma Ⅰ	CCC↓GGG	黏质沙雷氏菌
Xba Ⅰ	T↓CTAGA	巴氏黄单胞菌
Xho Ⅰ	C↓TCGAG	螺旋黄单胞菌

2. DNA外切核酸酶 DNA外切核酸酶是一类从DNA分子末端开始逐个除去末端核苷酸的酶。这些酶中有些可以从DNA链的5′端开始作用，有些从3′端开始作用，有些则可同时作用于5′端和3′端。它们的作用方式如图10-6所示。

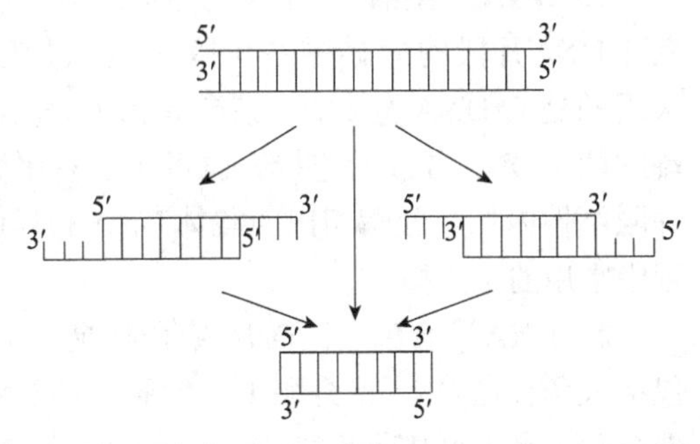

图10-6 DNA外切核酸酶的作用方式

DNA外切核酸酶在基因工程中用于载体或基因片段的切割加工。当获得的基因载体或基因片段太大时，可利用DNA外切酶从两条链的末端各除去若干个核苷酸，而使DNA片段变小一些，以满足使用的需要；当获得的DNA片段为平整末端时，为使它变成黏性末端，可以采用从5′端或3′端作用的DNA外切酶，以获得所需的带有黏性末端的DNA片段，以利于体外重组DNA。该酶还可以DNA生产脱氧核苷酸。

3. 碱性磷酸酶 碱性磷酸酶可以除去DNA或RNA链中的5′-磷酸。在基因工程中主要用于防止质粒DNA的自我环化而除去5′-磷酸，或在用^{32}P对DNA或RNA进行5′端标记之前除去5′-磷酸。

碱性磷酸酶还可以用于水解核苷酸生成核苷，并在酶标免疫测定方面应用。

4. 核酸酶S_1 核酸酶S_1作用于单链DNA或RNA。在基因工程中，用于从具有单链末端的DNA分子中除去单链部分的核苷酸，而变成平整末端的双链DNA。在以mRNA为模板，合成互补DNA（cDNA）时，往往会发生“发夹状”环，用核酸酶S_1就可使这些“发夹状”环除去。

5. 自我剪切酶 自我剪切酶（self-cleavage ribozyme）是一类催化本身RNA分子进行剪切反应的核酸类酶，是具有自我剪切功能的R酶RNA的前体。它可以在一定条件下催化本身RNA进行剪切反应，使RNA前体生成成熟的RNA分子和另一个RNA片段。

1984年，阿皮里翁（Apirion）发现T_4噬菌体RNA前体可以进行自我剪切，将含有215个核苷酸（nt）的前体剪切成为含139个核苷酸的成熟RNA和另一个含76个核苷酸的片段。

6．RNA剪切酶　RNA剪切酶是催化其他RNA分子进行剪切反应的核酸类酶。例如，1983年索尔特曼（Saltman）发现大肠杆菌核糖核酸酶P（RNase P）的核酸组分M1 RNA在高浓度镁离子存在的条件下，具有该酶的催化活性，而该酶的蛋白质部分C5蛋白并无催化活性。M1 RNA可催化tRNA前体的剪切反应，除去部分RNA片段，而成为成熟的tRNA分子。后来的研究证明，许多原核生物的核糖核酸酶P中的RNA（RNase P-RNA）也具有剪切tRNA前体生成成熟tRNA的功能。

三、酶在分子拼接方面的应用

许多酶都具有分子拼接能力，能将两个或多个分子连接在一起而合成较大的分子。这些酶类在生物体内是至关重要的，它们催化各种各样的生物合成反应。

在DNA体外重组等生物技术的研究和使用过程中，常常需要使用一些酶使分子拼接起来，主要的有以下几种。

1．DNA连接酶　DNA连接酶是于1967年发现的能使双链DNA的缺口封闭的酶。它催化DNA片段的5′-磷酸基与另一DNA片段的3′-OH生成磷酸二酯键。在基因工程中，主要采用的是T_4 DNA连接酶，该酶是由T_4噬菌体感染大肠杆菌细胞后产生的，可用于具黏性末端的两个DNA片段的连接，也可用于有平整末端的两个DNA片段的连接。因此可将由同一种限制性内切核酸酶切出的载体DNA和目的基因连接起来，成为重组DNA。该酶是基因工程中常用的工具酶。

2．DNA聚合酶　DNA聚合酶是一类催化DNA复制和修复DNA分子损伤的酶，主要包括大肠杆菌DNA聚合酶Ⅰ、大肠杆菌DNA聚合酶Ⅱ、大肠杆菌DNA聚合酶Ⅲ和T_4 DNA聚合酶、水生栖热菌（*Thermus aquaticus*）DNA聚合酶（*Taq* DNA polymerase）等。

DNA聚合酶的共同特点是：①需要模板与引物；②不能起始新的DNA链的合成；③催化脱氧核苷三磷酸加到DNA链的3′-OH端；④合成的方向是从5′端至3′端。

在细胞内，DNA聚合酶主要用于进行DNA缺口的修补，将缺损的DNA分子修复成为完整的双链DNA分子。

在基因工程方面，DNA聚合酶主要用于聚合酶链反应（polymerase chain reaction，PCR）技术进行基因的扩增。

3．末端脱氧核苷酸转移酶　末端脱氧核苷酸转移酶（terminal deoxynucleotide transferase，TDT）是从小牛胸腺分离得到的。其作用是向DNA的3′-OH端转移脱氧核苷酸。在基因工程中利用该酶给DNA片段加上一段同聚体，形成附加末端。采用^{32}P或者荧光标记的脱氧核苷酸进行3′端标记，以便于DNA的分离检测。

4．逆转录酶　逆转录酶又称为依赖于RNA的DNA聚合酶。它以RNA为模板，以脱氧核苷三磷酸为底物，合成DNA。

该酶在基因工程中被广泛应用于从mRNA逆转录生成互补的DNA（cDNA），以获得所需的基因。现在利用各种逆转录酶进行逆转录PCR，可以简便、快速地获得所需的基因。

在使用时，首先要经过分离纯化，获得单一的RNA以作为模板使用，如果RNA不纯，将会产生错误逆转录。此外需要设计和合成一段由15～30个碱基组成的与模板RNA互补的PCR引物，才能进行逆转录。

5. 蛋白酶 利用蛋白酶进行有机合成的研究非常引人注目，并取得了显著成果。例如，用金属蛋白酶催化N端经修饰保护的L-天冬氨酸与L-苯丙氨酸缩合生成甜味剂天苯肽，或称为阿斯巴甜（Aspartame）。利用α-胰凝乳蛋白酶催化苯丙氨酸与丙氨酸合成二肽等。

6. 脂肪酶和酯酶 脂肪酶和酯酶在水溶液中催化酯类水解成为有机酸和醇，而在非水相介质（non-aqueous media）或微水有机介质（micro-aqueous organic media）中却可催化其逆反应，使醇和酸合成酯。

利用这种技术可以在含微量水的有机介质中获得含大量不饱和脂肪酸的油脂及其他酯类，有着极其广阔的应用前景。

7. 自我剪接酶 自我剪接酶（self-splicing ribozyme）是在一定条件下催化其本身RNA分子同时进行剪切和连接反应的核酸类酶。

自我剪接酶都是RNA前体。根据其结构特点和催化特性的不同，该亚类可分为两个小类，即含Ⅰ型IVS的R酶和含Ⅱ型IVS的R酶。

Ⅰ型IVS与四膜虫rRNA前体的间插序列（IVS）结构相似，需要鸟苷（或5′-鸟苷酸）及镁离子（Mg^{2+}）参与，才能催化rRNA前体的自我剪接。

Ⅱ型IVS则与细胞核mRNA前体的IVS结构相似，在催化mRNA前体的自我剪接时，需要镁离子参与，但不需要鸟苷或鸟苷酸。

通过自我剪接酶的催化作用，可以将原来由内含子隔开的两个外显子连接在一起，成为成熟的RNA分子，才能发挥其功用。其催化反应如下式所示：

外显子·内含子·外显子══外显子·外显子＋内含子

（RNA前体）　　　　（成熟RNA）

复习思考题

1. 什么是酶的应用？举例说明酶及酶工程技术在生物医药领域有哪些方面的应用。
2. 举例说明酶在食品保鲜和食品生产方面有哪些重要的应用。
3. 举例说明酶在轻工、化工生产中的应用。
4. 举例说明酶在环境保护方面的应用及其意义。
5. 酶在生物技术领域有哪些重要用途？

习题答案

主要参考文献

卞进发．2010．非水酶催化研究．安徽农业科学，38（8）：3894-3896＋3899.
陈守文．2008．酶工程．北京：科学出版社.
董江萍．2012．FDA批准Erwinaze用于治疗急性淋巴细胞白血病．现代药物与临床，27（1）：42.
杜翠红，方俊，刘越．2014．酶工程．武汉：华中科技大学出版社.
郭华，张蕾，董旭，等．2020．固定化多酶级联反应器．化学进展，32（4）：392-405.
郭勇．2016．酶工程．4版．北京：科学出版社.
赖长龙，曹余，杨玉，等．2022．植物乳杆菌发酵动力学及高密度培养研究．食品与发酵工业，48（20）：137-144.
李俊，彭正松．2005．刺激剂对植物细胞悬浮培养的影响．广西植物，（4）：341-348.
林影．2017．酶工程原理与技术．北京：高等教育出版社.
罗贵民．2003．酶工程．北京：化学工业出版社.
聂国兴．2013．酶工程．北京：科学出版社.
邱树毅，姚汝华，宗敏华．1998．有机相中酶催化作用．四川食品与发酵，（Z1）：4-10.
孙巍，刘学铭．2008．酶的固体发酵生产研究进展．生物技术通报，（2）：64-67.
王福军．2004．计算流体动力学分析．北京：清华大学出版社.
王济昌，王晓琍．2006．现代科学技术名词选编．郑州：河南科学技术出版社.
王镜岩，朱圣庚，徐长法．2007．生物化学．北京：高等教育出版社.
王李礼，陈依军．2009．非水相体系酶催化反应研究进展．生物工程学报，25（12）：1789-1794.
王朋朋，黄书林，张云科，等．2021．哺乳动物细胞无血清全悬浮培养技术研究进展．中国畜牧兽医，48（3）：839-845.
王雅丽，付友思，陈俊宏，等．2021．酶工程：从人工设计到人工智能．化工学报，72（7）：3590-3600.
王召业，杨丽萍．2013．非水相酶催化技术的研究进展．河北化工，36（2）：31-34.
吴敬，殷贵平．2013．酶工程．北京：科学出版社.
肖连东．2008．酶工程．北京：化学工业出版社.
许建和．2008．生物催化工程．上海：华东理工大学出版社.
阎金勇，闫云君．2008．脂肪酶非水相催化作用．生命的化学，（3）：268-271.
杨宏黎．2014．脂肪酶催化制备中碳链结构脂和阿魏酰结构磷脂．大连：大连理工大学.
杨仲毅，倪晔，孙志浩．2009．非水酶学和非水相生物催化研究进展．生物工程学报，25（12）：1779-1783.
约翰D．安德森．2007．计算流体力学基础及其应用．北京：机械工业出版社.
张今．2004．进化生物技术：酶分子定向进化．北京：科学出版社.
张松平，王平．2006．化学修饰——提高酶催化性能的重要工具．生物加工过程，（1）：4-8＋15.
张晓娜，杨镒峰，许保增．2017．端粒及端粒酶活性检测方法研究进展．特产研究，39（4）：40-46.
周康熙，吴铮，冯哲瀚，等．2021．凝胶珠固定化细胞发酵研究进展．中国酿造，40（3）：27-32.

Cao T, Pázmándi M, Galambos I, et al. 2020. Continuous production of galacto-oligosaccharides by an enzyme membrane reactor utilizing free enzymes. Membranes, 10 (9): 203.

Casadei C M, Gumiero A, Metcalfe C L, et al. 2014. Heme enzymes. Neutron cryo-crystallography captures the protonation state of ferryl heme in a peroxidase. Science, 345 (6193): 193-197.

Chapman J, Ismail A E, Dinu C Z. 2018. Industrial applications of enzymes: Recent advances, techniques, and outlooks. Catalysts, 8: 238.

Cui Y L, Wang Y H, Tian W Y, et al. 2021. Development of a versatile and efficient C-N lyase platform for asymmetric hydroamination via computational enzyme redesign. Nat Catal, 4 (5): 364-373.

Julian J. 1982. Supercritical fluids. Environ Sci Technol, 16 (10): 548A-551A.

Kirk O, Borchert T V, Fuglsang C C. 2002. Industrial enzyme applications. Curr Opin Biotechnol, 13 (4): 345-351.

Kondo A, Ueda M. 2004. Yeast cell-surface display-applications of molecular display. Appl Microbiol Biotechnol, 64: 28-40.

Li X W, Zhao Y. 2019. Chiral gating for size-and shape-selective asymmetric catalysis. J Am Chem Soc, 141 (35): 13749-13752.

López-Serrano P, Cao L, van Rantwijk F, et al. 2002. Cross-linked enzyme aggregates with enhanced activity: application to lipases. Biotechnology Letters, 24 (16): 1379-1383.

Ma C X, Tan Z L, Lin Y, et al. 2019. Gel microdroplet-based high-throughput screening for directed evolution of xylanase-producing *Pichia pastoris*. Journal of Bioscience and Bioengineering, 128 (6): 662-668.

Pepin P, Lortie R. 2001. Influence of water activity on the enantioselective esterification of (R, S) -ibuprofen by crosslinked crystals of Candida antarctica lipase B in organic solvent media. Biotechnology and Bioengineering, 75 (5): 559-562.

Raveendran S, Parameswaran B, Ummalyma S B, et al. 2008. Applications of microbial enzymes in food industry. Food Technol Biotechnol, 56 (1): 16-30.

Rosa G P, Barreto M D C, Pinto D C G A, et al. 2020. A green and simple protocol for extraction and application of a peroxidase-rich enzymatic extract. Methods and Protocols, 3 (2): 25.

Su G D, Huang D F, Han S Y, et al. 2010. Display of *Candida antarctica* lipase B on *Pichia pastoris* and its application to flavor ester synthesis. Appl Microbiol Biotechnol, 86: 1493-1501.

Syngenta Participations A G. 2014-08-21. Method of extraction of an enzyme from plant or animal tissue. [2023-05-20]. US2014234871A1.

Tamami N, Hiroaki T, Taizo U, et al. 2022. Obtaining highly active catalytic antibodies capable of enzymatically cleaving antigens. Int J Mol Sci, 23 (22): 14351.